ENCYCLOPÉDIE AGRICOLE

Publiée sous la direction de G. WERY

A. FRON

SYLVICULTURE

Encyclopédie Agricole

Chaque volume : broché, 5 fr. 50 ; cartonné, 7 fr.

Botanique agricole	MM. Schribaux et Nanot, prof. à l'Inst. agro…
Chimie agricole, 2 vol.	M. André, prof. à l'Inst. agron.
Géologie agricole	M. Cord, professeur d'agriculture.
Hydrologie agricole	M. Diénert, ingénieur agronome.
Microbiologie agricole	M. Kayser, maître de conf. à l'Inst. agron.
Zoologie agricole Entomologie et Parasitologie agric.	M. G. Guénaux, répétiteur à l'Inst. agronomique.
Analyses agricoles, 2 vol.	M. Guillin, dir. du lab. de la S. des agr. de France.
Agriculture générale, 2 vol.	M. P. Diffloth, professeur d'agriculture.
Engrais Céréales Prairies et plantes fourragères	M. Garola, dir. des serv. agric. d'Eure-et-Loir.
Plantes industrielles Plantes sarclées	M. Hitier, maître de conf. à l'Inst. agron.
Cultures potagères	M. L. Bussard, prof. à l'Éc. d'hort. de Versailles.
Arboriculture fruitière	MM. L. Bussard et G. Duval.
Sylviculture	M. Fron, inspecteur des eaux et forêts.
Viticulture Cultures de serres	M. Pacottet, chef de lab. à l'Instit. agron.
Cultures méridionales	MM. Rivière et Lecq, insp. de l'agric. à Alge…
Maladies des plantes cultivées, 2 vol.	MM. Delacroix et Maublanc.
Zootechnie générale, 2 vol. — Races bovines — Races chevalines — Moutons, Chèvres, Porcs — Lapins, Chiens, Chats	M. P. Diffloth, professeur d'agriculture.
Aviculture	M. Voitellier, maître de conf. à l'Inst. agron.
Apiculture	M. Hommell, professeur d'apiculture.
Pisciculture	M. G. Guénaux, répétiteur à l'Inst. agronomique.
Sériciculture	M. Vieil, insp. de la séricic. de l'Indo-Chine.
Alimentation des animaux	M. R. Gouin, ing. agronome.
Hygiène et maladies du Bétail	MM. Gagny, méd. vétér., et R. Gouin.
Hygiène de la ferme	MM. Regnard et Portier.
Élevage et Dressage du Cheval	M. G. Bonnefont, officier des haras.
Chasse, Élevage du gibier, Piégeage	M. A. de Lesse, ing. agronome.
Pratique du Génie rural	MM. Rolley, Provost, ing. des amél. agr.
Machines agricoles, 2 vol.	M. Coupan, chef de travaux à l'Inst. agronomique.
Matériel viticole Matériel vinicole	M. Brunet, introduction par M. Viala.
Constructions rurales	M. Danguy, dir. des études de l'École de Grignon.
Arpentage et Nivellement	M. Muret, professeur à l'Institut agronomique.
Irrigations et Drainage	MM. Risler et Wery.
Électricité agricole	M. Petit, ingénieur agronome.
Météorologie agricole	M. Klein, ingén. agronome, docteur ès sciences.
Meunerie	M. L. Ammann, prof. à l'Éc. de Grignon.
Sucrerie	M. Saillard, prof. à l'École des ind. agr.
Brasserie Distillerie	M. Boullanger, chef de lab. à l'Inst. Past. de L…
Pomologie et Cidrerie	M. Warcollier, dir. de la stat. pomolog. de C…
Vinification Eaux-de-vie et Vinaigres	M. Pacottet, chef de lab. à l'Inst. agron.
Laiterie	M. Ch. Martin, anc. dir. de l'École d'ind. l…
Cons. de Fruits et de Légumes, 2 vol.	M. Rolet, professeur d'agriculture à A…
Indust. et Com. des Engrais	M. Pluvinage, ingénieur agronome.
Économie rurale Législation rurale	M. Jouzier, prof. à l'École d'agric. de R…
Comptabilité agricole	M. Convert, professeur à l'Institut agronomique.
Commerce des Produits agricoles	M. Poher, insp. commercial à la Cie d'Or…
Comment exploiter un domaine	M. Vuigner, ingénieur agronome.
Valeur de la terre en France	M. P. Caziot, ingénieur agronome.
Le Livre de la Fermière	Mme O. Bussard.
Précis d'Agriculture Lectures agricoles Dictionnaire d'agriculture, 2 vol.	M. Seltensperger, professeur d'agriculture.

ENCYCLOPÉDIE AGRICOLE

Publiée par une réunion d'Ingénieurs agronomes

SOUS LA DIRECTION DE G. WERY

SYLVICULTURE

PAR

Albert FRON

INSPECTEUR DES EAUX ET FORÊTS

Troisième édition revue et corrigée

Avec 94 figures intercalées dans le texte

PARIS

LIBRAIRIE J.-B. BAILLIÈRE ET FILS

19, rue Hautefeuille, près du Boulevard Saint-Germain

1918

L'Institut National Agronomique.

INTRODUCTION

[illegible] les choses se passaient en toute justice, ce n'est pas [illegible] qui devrais signer cette préface.

[illegible] honneur en reviendrait plus naturellement à l'un de [illegible] deux éminents prédécesseurs :

[illegible]ugène Tisserand, que nous devons considérer comme [illegible] créateur en France de l'enseignement supérieur [illegible] agriculture ; n'est-ce pas lui qui, pendant de longues [illegible], a pesé de toute sa valeur scientifique sur nos gou[illegible] et obtenu qu'il fût créé à Paris un Institut agro[illegible] comparable à ceux dont nos voisins se montraient [illegible] depuis déjà longtemps ?

[illegible]ugène Risler, lui aussi, aurait dû, plutôt que moi, présenter au public agricole ses anciens élèves devenus des maîtres. Près de douze cents ingénieurs agronomes, répandus sur le territoire français, ont été façonnés par lui ; il est aujourd'hui notre vénéré doyen, et je me souviens toujours avec douce reconnaissance du jour où j'ai débuté sous ses ordres et de celui, proche encore, où il m'a désigné pour être son successeur (1).

Mais, puisque les éditeurs de cette collection ont voulu que ce fût le directeur en exercice de l'Institut agronomique qui présentât aux lecteurs la nouvelle *Encyclopédie*, je vais tâcher de dire brièvement dans quel esprit elle a été conçue.

Des Ingénieurs agronomes, presque tous professeurs d'agriculture, tous anciens élèves de l'Institut national agronomique, se sont donné la mission de résumer, dans une série de volumes, les connaissances pratiques absolument nécessaires aujourd'hui pour la culture rationnelle du sol. Ils ont choisi pour distribuer, régler et diriger la besogne de chacun, Georges Wery, que j'ai le plaisir et la chance d'avoir pour collaborateur et pour ami.

L'idée directrice de l'œuvre commune a été celle-ci : extraire de notre enseignement supérieur la partie immédiatement utilisable par l'exploitant du domaine rural et faire connaître du même coup à celui-ci les données scientifiques définitivement acquises sur lesquelles la pratique actuelle est basée.

Ce ne sont pas de simples Manuels, des Formulaires irraisonnés que nous offrons aux cultivateurs; ce sont de brefs Traités, dans lesquels les résultats incontestables sont mis en évidence, à côté des bases scientifiques qui ont permis de les assurer.

Je voudrais qu'on puisse dire qu'ils représentent le véri-

(1) Depuis que ces lignes ont été écrites, nous avons eu la douleur de perdre notre éminent maître, M. Risler, décédé, le 6 août 1905, à Calève (Suisse). Nous tenons à exprimer ici les regrets profonds que nous cause cette perte. M. Eugène Risler laisse dans la science agronomique une œuvre impérissable.

table esprit de notre Institut, avec cette restriction qu'ils ne doivent ni ne peuvent contenir les discussions, les erreurs de route, les rectifications qui ont fini par établir la vérité telle qu'elle est, toutes choses que l'on développe longuement dans notre enseignement, puisque nous ne devons pas seulement faire des praticiens, mais former aussi des intelligences élevées, capables de faire avancer la science au laboratoire et sur le domaine.

Je conseille donc la lecture de ces petits volumes à nos anciens élèves, qui y retrouveront la trace de leur première éducation agricole.

Je la conseille aussi à leurs jeunes camarades actuels, qui trouveront là, condensées en un court espace, bien des notions qui pourront leur servir dans leurs études.

J'imagine que les élèves de nos Écoles nationales d'agriculture pourront y trouver quelque profit et que ceux des Écoles pratiques devront aussi les consulter utilement.

Enfin c'est au grand public agricole, aux cultivateurs, que je les offre avec confiance. Ils nous diront, après les avoir parcourus, si, comme on l'a quelquefois prétendu, l'enseignement supérieur agronomique est exclusif de tout esprit pratique. Cette critique, usée, disparaîtra définitivement, je l'espère. Elle n'a d'ailleurs jamais été accueillie par nos rivaux d'Allemagne et d'Angleterre, qui ont si magnifiquement développé chez eux l'enseignement supérieur de l'agriculture.

Successivement, nous mettons sous les yeux du lecteur des volumes qui traitent du sol et des façons qu'il doit subir, de sa nature chimique, de la manière de la corriger ou de la compléter, des plantes comestibles ou industrielles qu'on peut lui faire produire, des animaux qu'il peut nourrir, de ceux qui lui nuisent.

Nous étudions les manipulations et les transformations que subissent, par notre industrie, les produits de la terre :

la vinification, la distillerie, la panification, la fabrication des sucres, des beurres, des fromages.

Nous terminons en nous occupant des lois sociales qui régissent la possession et l'exploitation de la propriété rurale.

Nous avons le ferme espoir que les agriculteurs feront un bon accueil à l'œuvre que nous leur offrons.

Dr Paul Regnard,
Membre de l'Académie d'Agriculture de France,
Directeur honoraire de l'Institut National Agronomique.

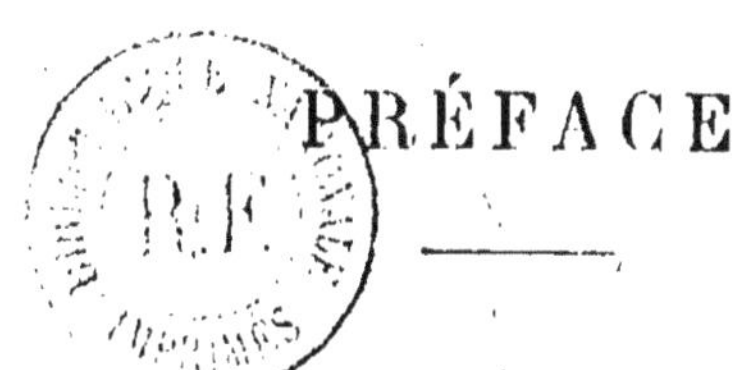

PRÉFACE

Répandre au sein des populations agricoles les notions classiques de sylviculture afin de faire comprendre la forêt, de la faire aimer et respecter ; donner en même temps les notions pratiques nécessaires au propriétaire qui gère un domaine boisé : tel est le double but de cet ouvrage.

Professeur à l'Ecole forestière des Barres, chargé avec nos collègues de préparer aux fonctions d'agent une élite de préposés forestiers, nous avons entrepris ce travail à la demande d'un grand nombre de nos camarades de l'Agriculture qui n'ont pas, comme nous, suivi les cours spéciaux de l'Ecole forestière de Nancy, et qui ont soit à enseigner comme professeurs d'agriculture, soit à appliquer comme propriétaires forestiers les règles générales de la sylviculture. C'est à eux que nous le dédions.

A tous points de vue, d'ailleurs, l'art forestier est à divulguer auprès du propriétaire foncier.

S'il s'agit d'un domaine forestier, beaucoup trop de propriétaires, en en exceptant toutefois les professionnels, considèrent la forêt comme un bien qui se gère tout seul, sans règle, au hasard des caprices ; ils considèrent le terrain sur lequel repose la forêt comme un sol indéfiniment fertile, susceptible de donner des produits ligneux et aussi de la litière, sans exiger aucune restitution ; souvent alors, après des exploitations trop hâtives, après des fautes culturales répétées, le massif s'interrompt, les bonnes essences disparaissent et sont progressivement remplacées par des morts-bois, des épines, des ronces, de la bruyère ou des genêts ; le sol s'appauvrit et à la forêt se substituent peu à peu des friches incultes et improductives.

S'il s'agit d'un domaine agricole, beaucoup trop de propriétaires dédaignent la forêt, et ne comprennent pas le rôle qu'elle est appelée à jouer pour améliorer les mauvaises terres et pour équilibrer les cultures. Aujourd'hui où la culture intensive s'impose plus que jamais en agriculture, où la main-d'œuvre de plus en plus rare ne peut se multiplier sur d'immenses surfaces à faible rendement, le propriétaire paraît avoir intérêt à concentrer ses efforts sur les terres de bonne et de moyenne qualité ; il doit rendre les mauvais sols à la culture forestière ; c'est une conséquence des conditions économiques actuelles et de l'emploi raisonné du fumier et des engrais ; c'est aussi une conséquence des défrichements exagérés qui ont été effectués au cours des siècles précédents, alors que la culture extensive demandait d'immenses surfaces pour assurer la production normale des denrées agricoles.

S'il s'agit enfin des terres définitivement abandonnées, qu'on laisse à tort à l'état de friches ou de pâtures dégradées, beaucoup trop de propriétaires ne paraissent pas se douter qu'on peut les restaurer progressivement, et souvent même les remettre en valeur par la culture forestière et les prés-bois.

Dans notre carrière forestière, nous avons toujours été en contact avec le propriétaire foncier, possesseur du sol contigu aux forêts soumises au régime forestier ; mainte fois des propriétaires de terres et de bois, des régisseurs de domaines boisés, des agriculteurs et des instituteurs s'intéressant aux questions forestières, nous ont demandé des conseils pratiques sur les choses concernant notre profession spéciale. En publiant dans l'*Encyclopédie agricole* un volume de sylviculture, nous avons voulu compléter et généraliser ces conseils.

PRÉFACE DE LA TROISIÈME ÉDITION

Chargé, dès le mois de décembre 1914, d'organiser dans la région forestière des montagnes du Jura le premier centre d'approvisionnement de bois pour les armées, nous avons suivi depuis lors la progression croissante des besoins en bois de toutes catégories pour la guerre moderne.

A l'heure où nous écrivons ces lignes, la consommation en bois de chauffage, en poteaux et piquets d'abri ou de réseaux, en bois de mine, en bois d'estacades, de construction ou de caisserie, en traverses et en débits spéciaux nécessaires à tous les organes des armées dépasse toutes les prévisions.

La reconstruction des régions envahies et dévastées par l'ennemi accuse de nouveaux besoins et demain, après la victoire, le propriétaire forestier va se trouver en présence de nouveaux problèmes : — nécessité de continuer les exploitations pour satisfaire aux besoins du pays ; — restauration des massifs ruinés ; — reconstitution lente et progressive par la forêt des terres bouleversées et détruites ; — mise en valeur par la forêt des domaines abandonnés et des friches temporairement inutilisables pour la culture en raison de l'absence de main-d'œuvre ; — enfin nécessité absolue de reconstituer en France les réserves forestières épuisées par la guerre.

L'édition nouvelle du volume de *Sylviculture* de l'Encyclopédie doit répondre à cette situation, et c'est en pleine guerre que le public agricole la demande.

Tenant compte de cette situation, nous avons modifié dans un sens pratique plusieurs parties du texte et nous y avons ajouté les compléments nécessaires.

Le travail est hâtif, parce qu'un soldat a aujourd'hui d'autres devoirs à remplir et qu'il ne peut y faillir ; — l'ouvrage conserve sa charpente générale ; — dans la mesure du possible nous l'avons adapté aux besoins présents.

A. Fron.

Lons-le-Saunier, 15 *juillet* 1917.

SYLVICULTURE

PREMIÈRE PARTIE

LA FORÊT EN GÉNÉRAL ET SES ÉLÉMENTS CONSTITUTIFS

I. — VIE DE L'ARBRE EN GÉNÉRAL.

Tout végétal dont la durée embrasse un nombre d'années considérable, qui présente à la base une tige ligneuse, nue et simple, portant à une hauteur plus ou moins grande une couronne formée ou d'un faisceau de feuilles, ou d'un grand nombre de branches subdivisées en rameaux sur lesquels les feuilles sont fixées, est un arbre.

Un arbre, dans nos climats, est un végétal phanérogame, c'est-à-dire un *être vivant*, du règne végétal, pourvu de racines, d'une tige, de feuilles, et qui donne naissance à des organes apparents qu'on désigne sous le nom de fleurs.

La fleur, dont les parties essentielles sont les étamines (organe mâle) et le pistil (organe femelle), donne après fécondation le fruit et la graine. Le végétal arbre, parvenu à l'âge adulte, dissémine ses graines tout autour de lui, dans un rayon plus ou moins grand suivant que la semence est lourde (gland, faîne, etc.), légère (bouleau, etc.), ailée (arbres résineux), ou munie d'organes accessoires facilitant son transport à distance (peuplier, orme, érable, etc.).

De la graine, placée dans des conditions favorables à la germination, naît un nouvel individu, semblable à ses parents.

Germination. — Lorsqu'on place une graine d'arbre, par exemple un gland (semence du chêne), dans un sol meuble, c'est-à-dire *perméable à l'air*, *humide* et abrité par des feuilles contre la vive lumière du soleil, on voit au bout de quelques jours, si *la température est suffisamment élevée*, ce gland se gonfler et son enveloppe écailleuse se fendre ; l'embryon contenu dans cette graine passe de l'état de vie ralentie à l'état de vie active, et développe d'abord sa radicule en une petite racine qui se dirige de haut en bas dans le sol; puis les deux cotylédons, en s'écartant, laissent sortir la gemmule qui se dirige vers le ciel. Dans le chêne, la germination est *hypogée*; la tigelle ne s'accroît que faiblement, et les cotylédons restent emprisonnés dans le sol (fig. 1). Pendant cette première période de son existence, le jeune chêne, encore attaché au gland d'où il est sorti, se nourrit des éléments de réserve contenus dans les cotylédons ; bientôt la radicelle s'implante dans le sol, la jeune pousse donne naissance à des feuilles normales qui s'étalent au-dessus du sol ; les cotylédons épuisés, flétris, devenus inutiles, se détachent et le petit chêne vit de sa vie propre. Il est, à la vérité, à l'état d'ébauche, mais il est complet. Son accroissement ultérieur s'opérera par la multiplication et la différenciation progressive des organes dont il est pourvu à ce moment.

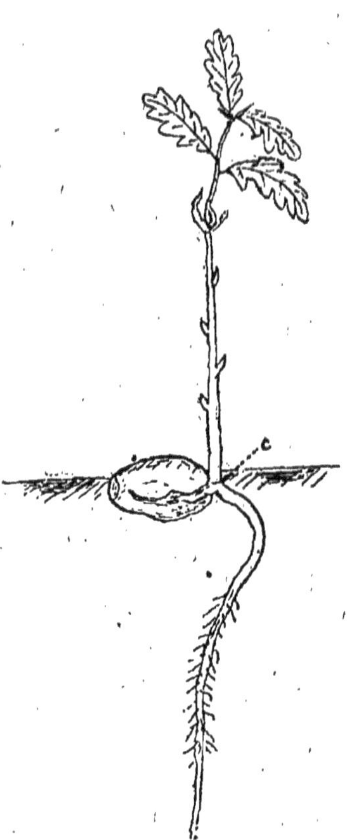

Fig. 1. — Jeune plant de chêne (germination hypogée).

c, collet de la racine.

Une faîne (semence de hêtre) germe dans des conditions analogues; toutefois la tigelle, en se développant, porte à l'extérieur du sol les deux cotylédons contenus dans la graine, qui s'épanouissent en feuilles cotylédonaires; on dit dans ce cas que la germination est *épigée* (fig. 2).

Chez le sapin, la germination est épigée et le jeune plant possède cinq à sept feuilles cotylédonaires.

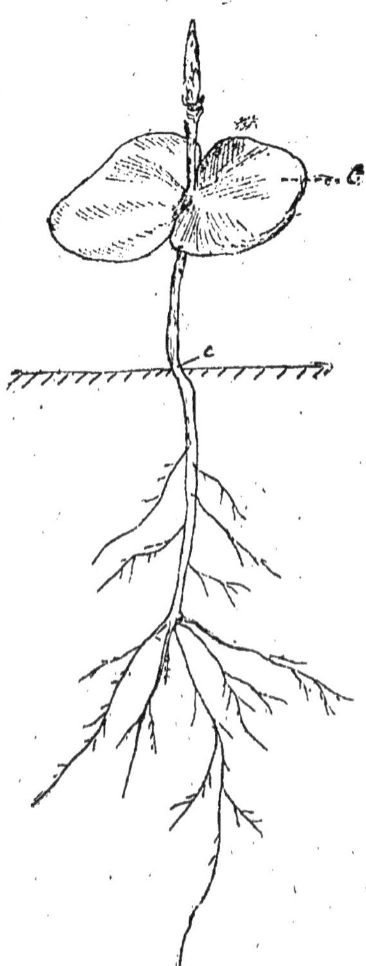

Fig. 2. — Jeune plant de hêtre (germination épigée).

C, feuilles cotylédonaires. — c, collet.

Toutes les graines qui tombent sur le sol ne germent pas; beaucoup servent de nourriture aux animaux; il s'en perd un grand nombre, faute d'avoir trouvé, sur le point où elles sont tombées, les conditions nécessaires à leur germination : dans un terrain trop humide, elles pourrissent; elles se dessèchent au contraire, si l'eau fait défaut. Le froid arrête la germination, une chaleur modérée l'accélère, mais la vive lumière lui est défavorable.

De même, toutes les graines qui ont commencé à germer ne réussissent pas; pour que la jeune racine puisse pénétrer dans le sol et s'y développer, il faut, non seulement que ce sol soit meuble et humide, mais encore que la graine en germination ne soit pas séparée du sol par un obstacle, tel qu'une couche trop épaisse de feuilles mortes; si le sol est dur, tassé, la radicelle trop tendre ne peut percer la couche superficielle ; elle se dessèche et la plante meurt. Elle meurt aussi quand le sol est trop aqueux, trop compact et par suite insuffisamment aéré.

Un jeune plant (jeune arbre issu directement d'une graine), pendant toute cette première phase de la végétation, est constitué par des tissus pleins de liquide et par suite très tendres ; il ne présente pas la même vigueur et la même force de résistance contre les excès du froid, de la chaleur et de la sécheresse, que l'arbre fait ; un hâle de quelques heures, un coup de soleil suffisent pour le flétrir ; aussi, dans les premières années de leur existence, beaucoup de jeunes semis ont-ils besoin d'abri.

En général, la nature a pris soin de leur assurer elle-même cette protection, d'abord par les feuilles mortes qui couvrent le sol, puis par le feuillage des arbres porte-graines ; plus les jeunes plants sont sensibles, plus ces abris naturels sont puissants, et on voit presque toujours les arbres à feuillage touffu, à semences lourdes, produire de jeunes plants *délicats* (c'est-à-dire ayant besoin d'abri pendant leur toute jeunesse), tandis que les arbres à feuillage léger donnent naissance à des plants *robustes* (c'est-à-dire susceptibles de se passer d'abri dès leur jeune âge, tout au moins dans les circonstances climatériques qui leur sont appropriées).

Enracinement. — La racine se développe en profondeur dans le sol, de telle manière que l'extrémité de la racine principale aille verticalement vers le centre de la terre. Elle est constituée en principe par un axe conique allongé qui présente une région de *poils absorbants* et dont le sommet (extrémité tournée vers le bas) est recouvert par un tissu de protection, la coiffe. De bonne heure cet axe principal émet latéralement des ramifications de premier ordre, ayant la même constitution que la racine principale ; ces ramifications émettent elles-mêmes des ramifications de second ordre, qui deviennent de plus en plus grêles et constituent ce qu'on appelle le chevelu.

Dans le genre chêne, l'axe principal ou pivot s'enfonce, sauf obstacle, profondément dans le sol, continuant à s'accroître aussi verticalement que possible, et il conserve toujours une prédominance marquée sur les racines latérales dont les principales ont une tendance à s'enfoncer plus ou moins verticalement, surtout si le pivot vient à être oblitéré de bonne heure. L'enracinement est dit pivotant, ou plutôt *profond*.

Dans le genre épicéa au contraire, la vitalité se maintient peu active sur le pivot et se reporte de bonne heure sur les ramifications latérales qui ont une tendance à s'écarter horizontalement ; l'enracinement est dit traçant, ou plutôt *superficiel*.

Dans le genre châtaignier, l'enracinement se compose de quelques racines à peu près de même force pénétrant obliquement dans le sol à une assez grande profondeur ; il est dit *oblique*.

On trouve d'ailleurs, dans les enracinements des arbres forestiers, tous les termes intermédiaires ou mixtes.

Il est à remarquer que, dans leur jeune âge, la plupart des essences ont des racines pivotantes, et ce n'est que peu à peu que se caractérise l'enracinement.

L'axe du pivot est dans le prolongement de l'axe de la tige ; on appelle *collet de la racine* la région de partage entre la racine et la tige, région qui se trouve normalement au niveau du sol.

Tige feuillée, ramification. — Le petit chêne dont nous avons suivi l'évolution jusqu'au moment où il a commencé à vivre de sa vie propre, est composé de parties bien distinctes : la *tige*, la *racine*, les *feuilles* qui s'étalent à l'extrémité de la tige, le *bourgeon terminal*, sommet extrême de la tige, et les *bourgeons axillaires* nés à l'aisselle des feuilles, c'est-à-dire à l'angle d'insertion de celles-ci sur la tige.

La ramification est due à l'épanouissement des bourgeons axillaires qui donnent, en se développant, des rameaux ou branches attachés sur les flancs de l'axe principal.

Ces rameaux se couvrent, comme la tige, de feuilles et de bourgeons, et ils peuvent fournir de nouvelles ramifications ; l'arbre peut ainsi porter des axes de deux, de trois, de quatre ordres, etc., d'autant plus âgés qu'ils sont plus éloignés du sommet.

La tige et ses ramifications ne s'allongent, d'année en année, que par le développement de nouvelles pousses, issues du bourgeon terminal des pousses de l'année précédente ; la hauteur totale d'un arbre est dès lors égale à la somme des pousses annuelles de sa tige principale.

Chez le Chêne, le Hêtre, etc., les branches ne tardent pas à l'emporter en croissance sur la tige principale, dont l'importance diminue progressivement ; à un moment donné le bourgeon terminal de cet axe principal s'étiole, la tige principale ne continue plus à s'accroître, et la croissance en hauteur de l'arbre est terminée ; la tête de l'arbre se présente sous la forme d'*une cime* plus ou moins étalée ; d'autre part, les rameaux se développent à l'aisselle des feuilles, en des points quelconques de la pousse ; la ramification est plus ou moins irrégulière ou *diffuse* (fig. 3).

Chez le Sapin, l'Épicéa, etc., la croissance de la tige principale conserve toujours une avance sur celle des branches ; de même la croissance des axes de premier ordre conserve une avance sur les ramifications de second ordre, et ainsi de suite ; l'ensemble de la tige et de ses ramifications prend la forme générale d'*une pyramide* plus ou moins élancée. En outre, les bourgeons axillaires de la tige se développent seulement à l'extrémité de chaque pousse annuelle, presque immédiatement au-dessous du bourgeon terminal de même âge qu'eux ; leur base est tellement rapprochée qu'elle semble disposée dans un même plan horizontal ; la ramification de l'axe principal prend l'aspect d'une forme dite verticillée.

Les nombreuses différences qui existent dans la ramification des arbres donnent aux diverses essences un aspect souvent caractéristique (fig. 4).

Feuilles caduques; feuilles persistantes. — En sylviculture, on distingue : les essences à feuilles *caduques*, chez lesquelles les feuilles nées au printemps tombent avant l'hiver de la même année, ou tout au moins avant la pousse du printemps suivant, et les essences à feuilles *persistantes*, chez lesquelles les feuilles restent sur l'arbre pendant plusieurs années, de sorte que celui-ci n'est jamais dépouillé de feuilles pendant l'hiver. Si les feuilles persistent à l'état desséché sur l'arbre pendant l'automne et une partie de l'hiver pour tomber avant le printemps suivant, on les dit *marcescentes*.

Élagage naturel. — On appelle *tronc* ou *fût* la tige principale proprement dite, jusqu'à la naissance des plus grosses branches ; le restant de l'arbre forme la *tête de l'arbre*, qu'on désigne aussi sous le nom de *cime* ou de *houppier*.

A l'état isolé, le fût de l'arbre, du chêne, par exemple, s'allonge peu, les branches principales, spécialement les branches basses, prennent un développement considérable ; la cime s'étale et prend une forme plus ou moins arrondie. Mais un phénomène important vient, suivant les essences, faire varier cette forme théorique, c'est l'*élagage naturel.*

Durant toute la période de croissance en hauteur de l'arbre, les branches basses, de plus en plus dominées et privées de nourriture par les ramifications qui se forment et se développent dans la partie supérieure de la cime, cessent rapidement de s'accroître, puis dépérissent lentement, se dessèchent et finissent par tomber, laissant sur le tronc de l'arbre une cicatrice peu importante qui se ferme d'elle-même, sans causer de dommage sensible au fût ; cet élagage naturel a pour effet d'élever la cime au-dessus du sol et par suite d'augmenter la hauteur du fût. Un moment vient toutefois où la croissance en hauteur se ralentit beaucoup, et dès lors les rameaux des régions basses mieux nourris ont leur existence assurée ; ils s'affirment, s'allongent, grossissent et se constituent en branches principales.

D'une importance relativement faible, lorsque l'arbre, croissant à l'état isolé, est frappé de tous côtés par la lumière, l'élagage naturel prend une importance capitale dans un massif.

Port de l'arbre. — L'ensemble du fût et de la cime constitue un faciès spécial auquel on donne le nom de *port de l'arbre*. Le port d'un arbre

Fig. 3. — Chêne (forme spécifique).
Quercus heterophylla Michx. (Arboretum national des Barres.)

dépend beaucoup de sa ramification ; il varie d'abord avec l'espèce (fig. 5), et, dans une même espèce, il varie suivant l'âge du sujet, et aussi suivant les conditions de fertilité du sol, de végétation et de climat. Ce faciès de l'arbre isolé est fortement modifié quand l'arbre croît en massif ; tous les sujets tendent à y prendre une forme, dite *forme forestière*, toute spéciale (fig. 10).

Couvert et ombrage. — Le port d'un arbre, sa ramification plus ou moins serrée, son feuillage plus ou moins abondant et régulier, permettent de concevoir une notion nouvelle, très importante en sylviculture, celle du *couvert* d'un arbre. Par couvert il faut entendre l'abri exercé par la masse de feuillage sur l'espace situé au-dessous de lui, abri qui se traduit par une diminution dans l'intensité et dans l'action des radiations solaires (chaleur et lumière) et par une diminution des précipitations atmosphériques sur les plants qui croissent au-dessous de lui ; le couvert, qui empêche aussi la formation de la rosée, exerce son influence sur la projection horizontale de la tête de l'arbre, c'est-à-dire sur la surface qui est immédiatement dominée par la cime et les branches.

Suivant les cas, le couvert est dit *épais, léger* ou *très léger* ; le couvert des arbres, utile en certains cas, est en général nuisible à la végétation sous-jacente ; son effet dépend de l'âge et de l'essence des arbres dominés et dominants. Toutes choses égales d'ailleurs, il varie : 1° avec la fertilité du sol, le climat et l'exposition ; 2° avec la hauteur de la cime au-dessus du sol, car plus les branches sont près de la terre, plus le même couvert est écrasant et nuisible.

Le couvert ne doit pas être confondu avec l'*ombrage*, ombre portée par un arbre frappé obliquement par les rayons solaires ; l'ombrage diminue simplement l'ardeur du soleil, empêche la trop grande dessiccation du sol, sans toutefois soustraire les végétaux à l'action utile et nécessaire de la lumière, de la chaleur, de la pluie et de la rosée.

Les essences à couvert épais ont généralement des jeunes plants à tempérament délicat ; dès lors elles sont susceptibles de se maintenir et de continuer à vivre, sinon à s'accroître, pendant un certain temps, sous le couvert d'arbres plus âgés ; en sylviculture, on leur donne la dénomination d'*essences d'ombre.*

Par opposition, on appelle *essences de lumière* celles qui ne peuvent pas persister sous un certain couvert, et que l'absence de lumière fait disparaître promptement ; généralement, les essences de lumière ont le couvert léger, et le jeune plant issu de leurs graines a le tempérament robuste.

Remarquons toutefois que cette aptitude spéciale de vivre ou de disparaître sous l'influence d'un couvert prolongé, varie non seulement avec l'essence, mais souvent, pour une même essence, avec l'âge, la station et aussi, dans une grande mesure, avec le degré de fertilité du sol.

Croissance en hauteur, longévité, dimensions. — Dans la première partie de son existence, le jeune plant croît en général très lentement ; il pousse des branches et des

Fig. 4. — Sapins. *Abies Numidica* De Lannoy. — *Abies Concolor* Lindl.

(Arboretum national des Barres.)

feuilles, mais l'effort de la végétation se porte principalement sur le développement des racines, et la tige s'élève peu. Dans des conditions normales, elle s'élève par exemple de 5 à 6 centimètres par an pour le sapin et l'épicéa ; de 8 à 12 centimètres par an pour le chêne, le hêtre, le pin sylvestre, etc. Dès l'âge de six à dix ans, la croissance en hauteur s'accentue, les jeunes plants prennent leur essor, les pousses annuelles mesurent 10 à 20 centimètres, parfois 30 centimètres et plus ; en même temps l'arbre croît en grosseur et cet accroissement se traduit à l'extérieur par une augmentation du diamètre, et de la circonférence ou tour de l'arbre.

En général, les arbres qui ont une croissance très rapide atteignent plus tôt que les arbres à croissance lente le terme de leur développement et même de leur existence. Les essences forestières présentent à ce point de vue de très grandes différences.

La vie d'un arbre se compose de trois périodes, dont la durée est variable, suivant les essences et les conditions locales : la première, celle de *la jeunesse*, se manifeste à l'extérieur par la tendance de la tige à s'élever ; pendant cette période, le feuillage est abondant, l'écorce est lisse et saine, les jeunes pousses sont longues et droites. La deuxième période est celle de la *maturité* ; pendant sa durée, l'arbre cesse peu à peu de croître en hauteur, mais son accroissement en grosseur ne subit pas de ralentissement ; les branches prennent un grand développement, le feuillage reste vigoureux, l'écorce est encore saine, mais elle devient rugueuse ; l'arbre prend une cime plus ou moins arrondie, plus ou moins relevée. A cette période succède celle de *retour* ou de la *décrépitude* qui se manifeste d'abord par le dessèchement lent et progressif des branches du sommet de la cime ; celles-ci meurent les unes après les autres, et finissent par tomber, en laissant après la tige des chicots qui se décomposent et deviennent spongieux. Dès lors, la décomposition de l'arbre commence au centre et à la base du tronc, et s'étend progressivement ; l'arbre continue à vivre par ses couches superficielles jusqu'à la fin de cette phase qui se traduit par la mort ou la chute de l'arbre.

Floraison, fructification. — L'arbre, pendant le cours de son existence, se met à fleurir et à fructifier ; en général, les fleurs de nos arbres forestiers sont petites ou peu apparentes, et à ce point de vue, ces végétaux phanérogames sont

Fig. 5. — Épicéa columnaire, forêt du Risoux (Jura).

(Boppe et Jolyet, *Les Forêts*.)

dits monoïques, dioïques, hermaphrodites ou polygames (1).

Les fruits de nos arbres forestiers ont des formes très variables suivant les essences ; il en est de même des graines. En sylviculture, on donne le nom de semence tantôt à des fruits, tantôt à de simples graines, et on distingue au point de vue de la dissémination : les *semences lourdes* (gland, faîne, etc.) qui tombent, en raison de leur poids, au pied des arbres porte-graines ; les *semences légères* ou graines légères, généralement ailées ou munies d'organes spéciaux qui facilitent leur transport à de grandes distances au moment de la dissémination.

Pour la formation de la graine, nous savons qu'il est nécessaire que l'arbre ait accumulé dans ses tissus une certaine réserve d'éléments nutritifs; la qualité de cette réserve dépend de l'âge du végétal, de la station, de la lumière, de l'essence, du climat, de l'année, des conditions de végétation, etc. ; l'âge auquel commence une fructification normale et abondante est dès lors assez indéterminé pour nos arbres forestiers. Toutefois, on peut dire que l'âge de la plus forte production de graine est, en général, celui qui suit la période du plus grand accroissement en hauteur, celui où la cime commence à se développer et où la production du bois de tige se ralentit ; cette période se prolonge souvent jusqu'à un âge avancé.

Les graines contiennent beaucoup d'éléments minéraux ; une grande accumulation et une grande assimilation de principes nutritifs sont nécessaires à leur formation abondante ; aussi les terrains frais et riches donnent-ils toujours une fructification plus abondante et des graines plus fertiles que les terrains maigres ; mais, en outre, les graines demandent pour arriver à maturité une somme d'énergie vitale (chaleur et lumière) plus considérable que celle dont a besoin le bois pour se former ; de là l'importance, au point de vue de la fructification des arbres, de la station, du climat et, en particulier, de la latitude et de l'altitude ; de là l'importance d'une assimilation abondante, et par suite d'un feuillage développé, bien exposé à l'accès

(1) Monoïque : l'arbre porte sur le même pied, mais sur des rameaux ou à des places différentes, des fleurs mâles et des fleurs femelles (chêne, sapin) ; — Dioïque : l'arbre n'a que des fleurs mâles (pied mâle) ou des fleurs femelles (pied femelle) (saule) ; — Hermaphrodite : l'arbre porte des fleurs munies chacune d'étamines et de pistil (tilleul, érable) ; — Polygame : l'arbre porte à la fois des fleurs mâles, des fleurs femelles, et des fleurs hermaphrodites (frêne).

de la lumière. Il est un fait reconnu depuis longtemps, c'est que seuls, *les arbres dont la cime est bien développée et baignée de lumière ont une abondante fructification*, tandis que ceux qui en sont privés pour une raison quelconque ne portent point de fruits.

Selon l'essence, le climat et les conditions de végétation, un arbre parvenu à l'âge adulte fructifie d'une façon abondante, soit *régulièrement* toutes les années, soit *irrégulièrement*, et dans ce dernier cas les années à graines ne se reproduisent que périodiquement à des intervalles plus ou moins éloignés.

Croissance en diamètre, bois. — Un jeune bourgeon terminal présente dans la région en voie de croissance une structure très simple, très peu différenciée. Une jeune pousse, qui n'a pas encore terminé son accroissement en longueur, présente sous l'épiderme une ou plusieurs assises corticales, entourant un cylindre central de structure primaire. Un axe, dont la croissance en longueur est terminée, continue à s'accroître en diamètre ; cet accroissement est dû au fonctionnement de deux assises de cellules génératrices, l'une interne, le *cambium*, située entre le liber primaire et le bois primaire, formant un anneau complet dans le cylindre central ; l'autre externe, située à des profondeurs variables dans le parenchyme cortical. L'accroissement en diamètre se produit d'une façon inégale suivant les circonstances, mais il dure pendant toute l'existence de l'arbre.

C'est à la multiplication des cellules dans la zone génératrice interne, multiplication qui ne s'effectue dans nos climats que pendant la durée de la saison de végétation, qu'est due la formation lente et progressive du bois secondaire ou bois proprement dit. Cette multiplication se fait, chez les essences indigènes du moins, de l'intérieur vers l'extérieur dans le sens du rayon sur une section transversale du fût, de telle sorte que la masse de bois fabriqué est formée d'une série de couches annuelles, dont les plus anciennes sont au centre de l'arbre et les plus jeunes vers le cambium.

Il est, en général, facile, sur la tranche d'une tige exploitée, de distinguer les différentes couches ligneuses. Tantôt, en effet, d'après MM. Boppe et Jolyet (1), le bois fabriqué au

(1) Boppe et Jolyet, *Les Forêts*. Paris, J.-B. Baillière et fils, 1901.

début de la saison de végétation, dit *bois de printemps*, est franchement distinct du *bois d'été* qui se forme plus tard ; et comme, dans ce cas, la caractéristique du bois de printemps est d'être constitué par des éléments à parois minces et à grosses cavités intérieures, il apparaît toujours sous l'aspect d'un tissu tendre et blanchâtre, par opposition au tissu plus dur et plus coloré du bois d'été (chêne, sapin, etc.). Tantôt, au contraire, le bois de printemps et le bois d'été se ressemblent ; mais alors les derniers éléments de celui-ci, ceux qui bordent la couche vers l'extérieur, sont très minces et souvent colorés en brun, ce qui rend encore les formes annuelles distinctes l'une de l'autre, avec plus de difficulté toutefois (hêtre, bouleau, charme, fruitiers).

Dans le premier cas, le bois est dit non homogène ; il est beaucoup plus homogène dans le second cas. La plupart de nos essences feuillues et toutes nos essences résineuses ont un bois non homogène, dans lequel la zone de printemps est moins dense et de qualité inférieure à celle de la zone d'été.

La couche annuelle, produit de l'activité du végétal pendant une saison de végétation, a une épaisseur qui varie avec cette activité. Dans les mêmes lieux et pour une même essence, si la croissance est rapide, la couche annuelle est plus épaisse ; si l'inverse se produit, la couche annuelle est moins épaisse, et dès lors l'activité de la végétation est susceptible d'influer sur la qualité du bois. Chez les essences feuillues à bois homogène ou sensiblement homogène, les qualités du bois paraissent indépendantes de l'épaisseur de la couche annuelle ; chez le chêne, et généralement chez tous les arbres *feuillus* à bois non homogène, l'épaisseur de la formation de printemps reste sensiblement la même ; une croissance rapide, des conditions de végétation très favorables tendent à accroître dans chaque couche annuelle la proportion de bois d'été, et comme la différence entre la qualité du bois de printemps et celle du bois d'été est prononcée, le bois tend à devenir plus dur, plus résistant, plus nerveux, en un mot mieux lignifié.

Mais pour que cette loi soit exacte, il ne faut comparer que des arbres soumis aux mêmes conditions de climat ; le climat et l'exposition ont, en effet, une influence analogue sur la proportion de bois d'été et de printemps dans la couche annuelle. C'est ainsi que le chêne, même à croissance rapide, a un bois moins dense, moins dur s'il provient de régions septentrionales de son aire d'habitation.

Chez le sapin, au contraire, et généralement chez tous les arbres *résineux*, c'est l'épaisseur de la formation d'été qui semble rester sensiblement constante ; une végétation active tend à augmenter la proportion de bois de printemps ; par suite, la densité et les qualités du bois sont inversement proportionnelles à la rapidité et à la vigueur de la végétation, et par conséquent à l'épaisseur des couches annuelles (1).

Aubier, bois parfait. — Chez la plupart de nos grandes essences on distingue ordinairement, dans le bois d'un arbre, deux régions, l'aubier et le bois parfait.

L'*aubier* est le bois jeune, périphérique, que recouvre immédiatement l'écorce ; sa couleur est légèrement jaunâtre ou blanchâtre, ce qui permet de le distinguer du bois parfait, plus coloré ; gorgé de sève ou, en hiver, de réserves nutritives, il est par suite sujet à la pourriture et à la vermoulure quand il est mis en œuvre.

Le *bois parfait* est formé par les couches les plus internes, c'est-à-dire les plus anciennement formées du bois, couches qui, en vieillissant, se sont modifiées physiquement et chimiquement ; leur couleur devient plus foncée, leur densité, leur dureté augmentent ; les cellules qu'elles renferment se vident de leur protoplasme, perdent une partie de leur eau, épaississent leurs membranes qui s'incrustent de substances nouvelles, très riches en carbone et en hydrogène ; leurs tissus cessent de laisser circuler la sève, et le bois parfait ainsi constitué d'éléments morts n'est plus susceptible de se modifier ultérieurement, sinon par altération, puis par décomposition et destruction des tissus. Ce bois est plus dur, plus dense que l'aubier, peu sujet aux fermentations ; il est de meilleure qualité et moins exposé aux ravages des insectes (2).

En sylviculture on classe les principales essences, par

(1) Comme conséquence, chez la plupart des arbres feuillus, le bois des branches, qui pousse plus rapidement, est inférieur au bois des axes principaux ; il est plus poreux, plus léger, moins dense, par suite inférieur comme combustible. Chez les arbres résineux le bois des branches, parce qu'il pousse plus lentement, est plus dense et de beaucoup supérieur comme combustible à celui du tronc.

(2) Les arbres très âgés présentent souvent dans le cœur du bois parfait une coloration plus foncée, variable avec les essences et qui, sur une section transversale de la tige, apparaît en tache à contours irréguliers, dont le périmètre ne suit pas les limites des couches annuelles ; c'est un commencement d'altération, et la désorganisation lente des tissus finit par constituer dans l'axe de la tige et tout d'abord à la base du tronc, des régions creuses où le bois se dissocie peu à peu.

rapport à leur bois (bois parfait), sous les dénominations de :

Bois durs : Chênes, Châtaignier, Hêtre, Charme, Frêne, Erables, Ormes, Micocoulier, Fruitiers.

Bois demi-durs : Bouleau, Aune.

Bois tendres, improprement dits blancs : Tilleuls, Peupliers, Saules.

Bois résineux : Sapin, Épicéa, Mélèze, Pins.

Chez certaines essences, l'aubier est de très mauvaise qualité et doit être rejeté ; chez les autres, il est moins mauvais, et il s'emploie concurremment avec le bois parfait dont il diffère peu.

En général, les bois parfaits les meilleurs au point de vue de la dureté et de la résistance à la décomposition sont accompagnés du plus mauvais aubier (chênes et pins), tandis que ceux de qualité inférieure offrent un aubier passable (peupliers, sapins, épicéas).

Enfin, certaines essences ont beaucoup d'aubier (pins) ; d'autres passablement (chênes) ; il en est qui en présentent fort peu (châtaignier, mélèze) ; autrement dit, l'âge auquel l'aubier passe à l'état de bois parfait est variable chez les diverses essences : de plus de quarante ans chez le frêne et chez certains arbres où le bois demeure indéfiniment en apparence à l'état initial, il est de quinze à vingt ans en moyenne chez le chêne, et seulement de quatre à cinq ans chez le châtaignier, le robinier. Ces chiffres ne sont que des moyennes, car le climat, la nature du sol, le mode de culture et l'âge des arbres influent sur l'épaisseur de l'aubier.

Il résulte des faits constatés que, toutes choses égales d'ailleurs, la proportion qui existe entre l'aubier et le bois parfait diminue avec l'âge, fait intéressant à noter pour les arbres à bois précieux qu'il y a, à ce point de vue, intérêt à conserver sur pied aussi longtemps que possible.

Bourgeons. — A l'extrémité des pousses des arbres, et généralement à la base des feuilles, on observe des corps de forme assez variable, d'où doivent sortir les pousses nouvelles et les fleurs ; ces corps sont les bourgeons, dits bourgeons normaux.

Ces bourgeons sont soit *terminaux*, et alors ils concourent à l'allongement de l'axe qu'ils terminent, soit *axillaires*, et alors ils concourent à la formation de la ramification de l'arbre. Les bourgeons axillaires occupent sur l'axe qui les porte une place déterminée par l'arrangement des feuilles sur la tige et sur les rameaux, arrangement soumis à des lois dont la rigueur rappelle celle des lois mathématiques ; suivant les cas, on les dit *alternes, opposés* ou *verticillés* (1).

Le bourgeon normal, formé ou plutôt simplement ébauché à l'aisselle de la feuille d'une année, ne se développe en principe que l'année qui suit celle de sa formation ; toutefois il arrive que pour des causes accidentelles, certains bourgeons se développent dans la saison même où ils se sont formés, ce qui leur a valu la dénomination de *prompts bourgeons.* Par opposition, on appelle *bourgeons dormants* ceux qui, une fois formés, passent au moins un hiver sans se développer.

Tous les bourgeons dormants ne se développent pas forcément l'année qui suit leur formation ; un certain nombre peuvent avorter complètement ; beaucoup d'entre eux, privés de nourriture par leurs voisins plus robustes ou privés de la lumière nécessaire à leur développement, peuvent être susceptibles de rester à l'état de vie latente ; ils suivent lentement la croissance de la tige à laquelle ils appartiennent, sans se développer à l'extérieur, et constituent ce qu'on appelle des *bourgeons proventifs.*

Indépendamment de ces bourgeons normaux, dont la position est définie sur le végétal par une règle commune à l'espèce, il peut s'en produire d'autres dits *bourgeons adventifs* qui n'ont pas de situation déterminée sur le végétal ; on les voit apparaître sur les organes les plus divers, déjà même avancés en âge : racines, tiges, branches, etc., peuvent émettre des bourgeons adventifs et les causes les plus diverses favorisent le développement de ces bourgeons spéciaux ; une des plus déterminantes est une blessure voulue ou accidentelle assez profonde pour atteindre la couche génératrice ou cambium ; les cellules de ce tissu tendent à fermer la plaie en for-

(1) Alternes : on n'observe qu'une feuille ou un bourgeon à un niveau donné, et cette disposition présente un grand nombre de variations, suivant l'indice d'insertion dont les plus communs sont 1/2 (disposition distique), 1/3, 2/5, 3/8, etc.

Opposés : les feuilles ou bourgeons s'attachent sur l'axe dans un même plan horizontal, aux deux extrémités d'un même diamètre ; les diamètres passant par les points d'insertion de deux paires voisines sont perpendiculaires l'un à l'autre.

Verticillés : si au lieu de deux feuilles ou bourgeons au même niveau, il en existe trois, quatre, cinq ou davantage ; dans tous les cas, les points d'insertion d'un même verticille sont toujours également espacés et alternent (en projection) avec ceux du verticille inférieur ou supérieur.

mant un bourrelet cicatriciel ; le bourgeon adventif naît d'un bourgeonnement de ce tissu cicatriciel auquel il appartient ; à la différence du bourgeon proventif, il n'est pas, au moment de son développement, intimement lié comme ce dernier à l'axe même à la surface duquel il apparaît.

Les essences feuillues offrent à cet égard de très grandes différences ; suivant l'essence, le nombre des bourgeons proventifs est très variable et leur *vitalité, à cet état de vie ralentie,* se conserve plus ou moins longtemps. Tant que dure cette vitalité, le bourgeon proventif est susceptible de se réveiller et de reprendre un développement normal, si les causes qui l'ont arrêté dans sa croissance viennent à cesser. Ainsi un fût de chêne, mis en pleine lumière après avoir été longtemps abrité, se couvre de *branches gourmandes*, dont la formation est due au brusque réveil des bourgeons proventifs, et c'est pour la même cause que certains arbres feuillus, le chêne par exemple, réparent facilement les accidents survenus dans leur cime, et sont susceptibles de remplacer par des rameaux jeunes et vigoureux, les quelques branches dont les vents, le givre, la gelée, etc., ont pu déterminer la mort.

Rejets de souche. Drageons. — Certains arbres possèdent la faculté d'émettre des *rejets de souche* et des *drageons.* Ces rejets et drageons ont une grande importance forestière ; c'est sur leur production qu'est basé le traitement en taillis.

Rejets de souche. — On appelle rejets de souche les *jeunes pousses feuillées qui se forment* sur la section d'abatage d'un arbre. Pour exploiter l'arbre *rez terre*, on a dû faire à la cognée une section nette du *tronc ; la zone génératrice* ou cambium, alimentée par les réserves nutritives contenues dans la souche, forme circulairement sur le pourtour de la section un *bourrelet cicatriciel ;* chez les arbres *susceptibles* de rejeter de souche, on voit se produire sur ce bourrelet un plus ou moins grand nombre de bourgeons adventifs ; ces bourgeons *entrent immédiatement en évolution, et donnent* naissance à une première série de rejets de souche, insérés sur la section même de la souche, entre l'écorce et le bois. Ces *rejets sont relativement grêles et assez fragiles,* en raison de leur faible adhérence à la souche elle-même.

En outre, la partie de la tige comprise au-dessous de la section développe, sous l'influence de l'afflux de nourriture et de lumière qui se produit alors, un certain nombre de bourgeons proventifs ; ces bourgeons donnent naissance à de nouveaux rejets, généralement plus nombreux et plus vigoureux que les précédents, et surtout mieux assis, en raison de leur origine antérieure qui les relie intimement avec le corps de la souche. Ces rejets d'origine proventive sont insérés latéralement sur le pourtour de la souche (fig. 6).

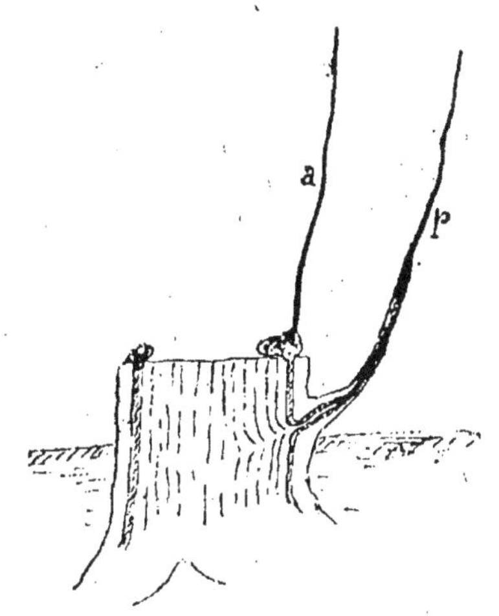

Fig. 6. — Rejets de souche.

a, d'origine adventive ; *p*, d'origine proventive.

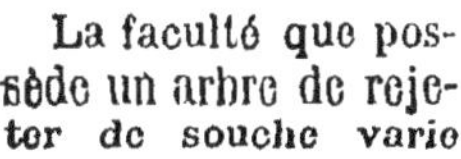
La faculté que possède un arbre de rejeter de souche varie d'abord avec l'essence; elle varie aussi avec l'âge du sujet exploité; disons plus exactement que les bourgeons proventifs dont nous avons besoin *pour obtenir de bons rejets de souche, ont une vitalité qui ne dure* pas indéfiniment ; cette vitalité, longue chez le chêne, puisqu'elle persiste parfois au delà de cent ans, ne dure en moyenne, chez toutes *les essences susceptibles de rejeter de souche, qu'environ une quaran*taine d'années ; passé cet âge, la vitalité du bourgeon proventif disparaît ou tend à disparaître, et celui-ci n'est plus susceptible de donner une pousse feuillée.

Le rejet *proventif, inséré latéralement* autour de la souche, se trouve de bonne heure en contact avec le sol ; il est dès lors dans d'excellentes conditions pour se constituer rapidement un enracinement propre ; très fréquemment, il s'isole ainsi de la souche pour vivre d'une vie *indépendante ; nourri d'abord abondamment par les réserves accu*mulées dans la souche, il présente une végétation vigoureuse, supérieure à celle d'un semis de même âge ; mais issu d'un bourgeon resté *longtemps en souffrance, il ne conserve pas cette vigueur. Le rejet* adventif s'affranchit plus difficilement ; inséré sur une souche qui ne tarde pas à périr et à se décomposer, il est dans des conditions moins favorables, et se ressent toute sa vie de cette tare originelle.

Dans tous les cas les rejets de souche possèdent, toutes choses égales d'ailleurs, une longévité moins grande que les arbres de franc pied.

En sylviculture, on donne le nom de *cépée* aux divers rejets issus d'une même souche.

Sur certains terrains, on voit apparaître de véritables rejets de souche à la base d'arbres (de chênes, notamment) trop âgés pour le sol qui les porte ; la maturité de ces arbres est arrivée, et elle se traduit en même temps par l'apparition de branches mortes dans la cime. La nature donne dans ce cas au propriétaire des arbres une leçon de sylviculture.

Drageons. — On donne le nom de drageons aux pousses feuillées produites par les bourgeons adventifs qui naissent sur les racines. Le développement de ces bourgeons est dû à une mutilation soit de la tige, soit de la racine ; il se produit quelquefois quand les arbres sont trop vieux, observation à rapprocher de la même remarque faite au sujet des rejets de souche.

Les drageons prennent rapidement un enracinement propre à leur base, puis ils s'isolent du pied mère et constituent des pieds indépendants.

Les essences forestières présentent à ce point de vue de très grandes différences; celles qui sont susceptibles d'émettre un grand nombre de drageons sont dites *drageonnantes*.

Composition et alimentation de l'arbre. — L'analyse chimique des divers arbres y fait retrouver constamment les éléments suivants : carbone, oxygène, hydrogène, azote ; soufre, phosphore, silicium, chlore, potassium, sodium, calcium, magnésium, manganèse, fer, etc.

Les quatre premiers sont des éléments organiques ; les composés ternaires (formés de carbone, d'oxygène et d'hydrogène) tels que la cellulose, la cutine, la lignine, l'amidon, les sucres, et les composés quaternaires (formés de carbone, hydrogène, oxygène et azote) — matières albuminoïdes par exemple — qui résultent de leur combinaison, ne se rencontrent que dans les corps organisés. Ces principes organiques constituent essentiellement la trame du végétal, et des divers composés qui se forment en lui sous l'influence de la vie ; soumis à la combustion, ils disparaissent à l'état de gaz ou de vapeurs, et c'est à ce titre qu'on les appelle des *corps vola-*

tils; 90 à 95 p. 100 de la substance des arbres sont fournis par eux.

Les autres éléments sont dits inorganiques ou minéraux; ils se retrouvent dans les cendres après la combustion et existent en proportion variable, mais toujours très faible dans les arbres; on les appelle *principes fixes*.

Tous ces corps se combinent entre eux de façons très diverses, pour former des composés dont la nature varie avec les différentes essences, et dans chaque arbre avec les différents organes qui le constituent.

Le bois est en grande partie composé de carbone (50 p. 100 environ de son poids), élément puisé en très grande partie par le végétal dans l'atmosphère; il renferme peu d'azote (en moyenne moins de 1 p. 100) et très peu d'éléments minéraux, principes fixes qu'on retrouve dans les cendres (0,9 à 1,3 p. 100). L'analyse chimique a démontré que le bois constitué de tout échantillon ayant dépassé les dimensions de branchettes et de brindilles, renferme en quantité très faible les matériaux rares et précieux qui proviennent du sol, comme l'azote, l'acide phosphorique, la potasse, et qu'il en est de même pour les autres principes minéraux; elle a constaté que les feuilles et les aiguilles sont de beaucoup les parties les plus riches du végétal, car, à poids égal, elles renferment trois fois plus de matières minérales que le bois; que l'écorce est plus riche encore en principes minéraux que les brindilles et les jeunes branches, et qu'enfin les parties les moins riches en éléments minéraux puisés dans le sol sont les branches les plus grosses et le tronc des arbres. Il en est de même dans la racine où les parties les plus jeunes sont les plus riches. Enfin le végétal accumule dans la graine d'abondantes réserves alimentaires qui la rendent riche en principes utiles, notamment en azote.

L'arbre vivant, qu'il soit issu de l'embryon contenu dans la graine ou du développement d'un simple bourgeon, demande tous ces principes aux milieux extérieurs sous forme d'aliments; il puise ces aliments dans l'atmosphère et dans le sol, sous l'action de deux fonctions primordiales qui caractérisent un végétal supérieur : la respiration et la fonction chlorophyllienne.

Respiration. — Dans tout être vivant, végétal ou animal, le protoplasme est le siège exclusif de la vie, et cette dernière s'y manifeste toujours par les mêmes phénomènes essentiels; partout le protoplasme absorbe de l'oxygène, rejette de l'acide carbonique, et cet échange qu'on appelle respiration est le résultat d'une oxydation, d'une combustion lente de la matière organique.

Cette oxydation s'accompagne de la mise en liberté d'une certaine quantité de force vive, susceptible d'être transformée en un travail interne.

La respiration de l'arbre se traduit par l'absorption de l'oxygène de l'air, et le rejet dans l'atmosphère de l'acide carbonique.

Cet échange gazeux avec l'atmosphère s'effectue aussi bien le jour que la nuit et l'activité seule du protoplasme contenu dans les cellules vivantes y suffit.

Fonction chlorophyllienne. — Grâce à la vitalité du protoplasme et sous l'influence de certaines radiations solaires, il se développe dans l'intérieur des tissus de la feuille et des jeunes pousses un composé spécial, la chlorophylle ; c'est la présence des grains de chlorophylle dans les cellules qui donne leur couleur aux organes verts de l'arbre.

Le grain de chlorophylle, sous l'influence de la lumière du jour, absorbe certaines radiations solaires, et accumule ainsi une force ou calorique qu'il est susceptible de dépenser en phénomènes chimiques très importants qui se traduisent par :

1° *L'assimilation chlorophyllienne.* — L'acide carbonique de l'atmosphère interne des organes verts, en contact du grain de chlorophylle et sous l'action des radiations solaires, est décomposé en oxygène qui est mis en liberté au moins partiellement, et en carbone. Ce carbone à l'état naissant se fixe aux éléments de l'eau, peut-être aussi à l'hydrogène et à l'oxygène d'autres composés, pour former des hydrates de carbone, tout d'abord du glucose ; pour se transformer ensuite en d'autres composés ternaires, en amidon par exemple qui est le produit presque immédiat et le plus apparent de l'assimilation du carbone par les feuilles, pour se combiner à l'azote des nitrates ou à d'autres éléments, l'action de la chlorophylle et de la lumière n'est plus nécessaire, l'activité du protoplasme suffit.

Quant à l'acide carbonique décomposé, il est remplacé par une quantité équivalente d'acide carbonique que l'organe vert prend à l'atmosphère en vertu des lois générales d'équilibre et de diffusion des gaz, de même qu'en vertu des mêmes lois, l'oxygène mis en liberté se dégage à l'extérieur.

Ainsi l'arbre, sous l'action de la chlorophylle et de la lumière, prend à l'air extérieur de l'acide carbonique et rejette dans l'atmosphère de l'oxygène. Ce phénomène d'assimilation ne cesse que pendant la nuit, car la chlorophylle ne se développe et n'agit que sous l'influence des radiations lumineuses (lumière et certaine quantité de chaleur).

2° *La chlorovaporisation.* — De même, et grâce au fonctionnement de la chlorophylle, l'arbre transpire (1) pendant le jour une très grande quantité d'eau qui se perd dans l'atmosphère à l'état de vapeur d'eau.

Pour être remplacée dans le végétal au fur et à mesure de sa disparition, cette eau est puisée par les racines dans le sol. Quelques chiffres sont utiles pour donner une idée du besoin d'eau qu'ont les plantes, et spécialement les végétaux forestiers.

D'après Haberland, la quantité d'eau absorbée dans le sol pendant une période annuelle de végétation par les racines d'une futaie de hêtre âgée de cent quinze ans, serait représentée par une lame d'eau épaisse de 0m,450 (2) ; cette lame d'eau serait seulement de 0m,228 pour l'avoine et de 0m,118 pour le blé ; enfin, d'après Lawes et Gilbert, la formation d'un kilogramme de matière sèche nécessiterait l'absorption de 250 à 350 kilogrammes d'eau.

Cette énorme masse d'eau absorbée chemine, par voie d'osmose et de diffusion, au travers des cellules, fibres ou canaux qui lui sont ménagés à cet effet dans les tissus du bois, et se trouve appelée ainsi, en vertu des lois d'équilibre, vers les cellules des tissus verts, afin de les maintenir turgescentes.

L'alimentation de l'arbre feuillé se trouve assurée par ces deux grandes fonctions : l'arbre élabore des hydrates de carbone dans ses tissus verts, en décomposant l'acide carbonique de l'air ; il absorbe directement l'oxygène de l'air ; il est capable, à l'aide de l'eau qui circule dans ses tissus, d'aller chercher par voie d'osmose dans les parties du sol où fonctionnent ses poils radicaux, tous les éléments organiques : carbone, hydrogène, oxygène et azote, ainsi que tous les éléments minéraux qui lui sont nécessaires et qui s'y trouvent, en solution ou autrement. L'oxygène lui est apporté par l'air, par l'eau, et par les composés oxygénés puisés dans le sol ; l'hydrogène par l'eau et par l'ammoniaque du sol et de l'atmosphère ; l'azote par le sol sous forme de sels minéraux ainsi que par les matières nitreuses en dissolution dans les eaux météoriques ; l'azote est aussi fourni à l'arbre, dans une

(1) A cette eau transpirée, s'ajoute la perte d'eau par simple évaporation, qui s'effectue à l'air chez les plantes vivantes aussi bien que chez les plantes mortes et les corps inertes, d'après les lois physiques, lorsqu'elles renferment plus d'eau que l'air ambiant.

(2) Pour se rendre compte de la quantité énorme d'eau transpirée par le végétal, il suffit de se rappeler qu'en France, pays très bien arrosé par les pluies, la quantité d'eau qui tombe annuellement sur l'ensemble du territoire peut être représentée par une lame d'eau d'une épaisseur moyenne de 60 centimètres environ.

mesure importante mais encore mal définie aujourd'hui, par l'humus des sols forestiers.

Quant aux éléments minéraux, c'est également le sol qui doit en pourvoir la plante, et qui doit restituer au végétal ce qu'il a perdu momentanément, par la chute d'organes (feuilles, semences, etc.) relativement riches en mêmes éléments minéraux.

Ainsi s'établit chez les végétaux forestiers une rotation, une circulation continue d'éléments nécessaires à la vie, qui dans une certaine mesure permet d'expliquer :

1° Pourquoi les végétaux forestiers sont moins exigeants que les végétaux agricoles, sur la composition chimique des sols ;

2° Pourquoi les végétaux forestiers peuvent se passer des engrais qu'on emploie en agriculture, et ont même la réputation, justement méritée, d'entretenir la fertilité d'un sol ou de l'améliorer ; ceci, à la condition expresse que la culture soit bien faite, et qu'elle ne prive le sol d'aucun des débris végétaux qui constituent, sous un arbre ou sous une forêt, la couverture morte ou litière et par suite l'humus.

Si l'on ajoute à ces considérations que la récolte du produit bois enlève au sol beaucoup moins d'éléments que la récolte agricole, on comprendra pourquoi la culture forestière, ou culture d'arbres, est moins épuisante que la culture agricole et peut se maintenir indéfiniment et dans de bonnes conditions sur le même sol, sans l'intervention de l'homme.

II. — LES ESSENCES FORESTIÈRES.

Les essences forestières ou espèces d'arbres qui peuplent nos forêts se divisent en deux groupes : les *essences feuillues* et les *essences résineuses*. Parmi les premières, il en est qui peuvent, à elles seules, former des massifs purs ; ce sont les *essences sociales*. D'autres, au contraire, ne se trouvent dans les bois que par bouquets ou sujets isolés, sans arriver à elles seules à former un peuplement ou même une partie notable de peuplement ; ce sont les *essences disséminées*. Quant aux essences résineuses, elles sont toutes sociales.

Indépendamment des arbres, on trouve en forêt, à titre accessoire, des *arbustes*, *arbrisseaux* ou *sous-arbrisseaux*, végétaux qu'au confond généralement sous le nom de *morts-bois*.

Les grandes espèces ligneuses se comportent différemment en présence des agents naturels de la production (lumière, humidité atmosphérique, température, exposition, altitude ; qualités chimiques et physiques du sol, fertilité) ; les unes affirment des exigences spéciales, les autres marquent de simples préférences, d'autres enfin sont indifférentes et s'accommodent même des conditions les plus mauvaises. Si en même temps que de ces aptitudes diverses on tient compte de la longévité, on obtiendra toutes les données qui, réunies, constituent le *tempérament des essences*.

La lumière (influence des radiations solaires) joue dans la vie des arbres un rôle prépondérant et dans leur entier développement toutes les essences recherchent la lumière ; mais dans leur jeune âge, quelques-unes demandent le plein découvert quand d'autres ont besoin d'abri.

En sylviculture on dit qu'une essence est à *tempérament robuste* quand, dans les circonstances climatériques qui lui sont appropriées, les jeunes plants de cette essence peuvent être élevés sans abri, dès l'époque de leur levée ; toutefois un léger abri peut être utile à plusieurs d'entre eux pendant la première année et parfois la seconde année de leur existence, surtout contre les chaleurs de l'été, alors que les conditions de sol et d'exposition sont défavorables. L'essence est dite à tempérament assez robuste si, dans la plupart des cas, ses jeunes plants demandent à être abrités, au moins pendant quelques années. Enfin, une essence est *à tempérament délicat* lorsqu'elle demande à être protégée dans sa période de jeunesse pendant plusieurs années (sapin) ; les jeunes plants de cette essence supportent le couvert, même quand il ne leur est plus utile ; leur végétation est sans doute peu active, mais quand on vient à les découvrir peu à peu ils renaissent insensiblement et ne tardent pas à s'élancer ; le sapin et le hêtre sont remarquables à cet égard. Les essences susceptibles de vivre ou tout au moins de persister sous le couvert sont dites *essences d'ombre*.

Au contraire, pour la plupart des essences à tempérament

robuste, un couvert prolongé entrave pour longtemps et parfois même pour toujours la végétation du semis ; beaucoup même ne tardent pas à dépérir (pin sylvestre, mélèze, chêne, orme, bouleau, tremble...); ces essences, qui ont absolument besoin de lumière, non seulement pour se développer dans la première jeunesse, mais encore plus tard pour pouvoir subsister, sont dites *essences de lumière*.

Ajoutons toutefois que les conditions de fertilité du sol, ainsi que le climat si l'on s'éloigne des régions moyennes d'habitation d'une essence, peuvent modifier le tempérament de cette essence.

Les végétaux forestiers se montrent moins exigeants au point de vue de la fertilité du sol que les plantes agricoles, et certains d'eux se contentent de terrains où ne pourrait réussir aucune autre culture ; toutefois, parmi les essences forestières les unes sont dites *exigeantes* parce qu'elles préfèrent un sol plus fertile, et les autres *frugales*.

Les essences exigeantes ne se trouvent qu'à l'état disséminé en forêt ; tels sont les *feuillus à grande consommation* (frêne, peupliers, ormes, tilleuls, érables, fruitiers).

Les essences semi-frugales ou frugales sont toutes des essences sociales ; tels sont : les *feuillus à consommation moyenne* (tremble, saules, chênes, charme, hêtre) et les *feuillus à faible consommation* (bouleau, aune).

Quant aux arbres résineux, dont le plus frugal est le pin noir d'Autriche, ils sont d'une extrême frugalité et leur faible besoin d'eau en fait des essences désignées pour reboiser les sols dénudés et complètement appauvris.

La connaissance des arbres forestiers dans leurs stations normales, par leurs caractères pratiques de détermination, les exigences de ces arbres en ce qui concerne le sol, la nature de l'enracinement, le tempérament, l'épaisseur du feuillage et par suite le couvert, les modes de fructification et de propagation, les allures forestières ainsi que l'emploi des bois sont des éléments indispensables à posséder lorsqu'on veut s'occuper de la gestion des forêts.

Nous avons groupé ces diverses données, sous une forme concise, dans les pages suivantes.

TABLEAU GÉNÉRAL

POUR RECONNAITRE LES ARBRES, ARBUSTES OU ARBRISSEAUX.

I. — Feuilles composées de folioles distinctes.		TABLEAU I.
II. — Feuilles non composées.		
1° Feuilles opposées ou verticillées par trois		TABLEAU II.
2° Feuilles alternes.		
Branches épineuses		TABLEAU III.
Branches non épineuses.	Feuilles persistantes, ordinairement épaisses ou coriaces	TABLEAU IV.
	Feuilles non persistantes, ordinairement minces et molles	TABLEAU V.

I

Feuilles composées de folioles distinctes.

I. — Feuilles opposées.

1° Tige grimpante		*Clématite.*
2° Tige non grimpante.		
Folioles disposées en éventail : bourgeons gros, visqueux		*Marronnier.*
Folioles sur deux rangées parallèles.	Bourgeons 2-4 écailles, gros et noirs ; branches à moelle peu développée ; fruit en samare sèche, allongée	*Frêne commun.*
	Bourgeons à plus de 2-4 écailles, non noirs ; branche à moelle développée ..	*Sureau.*

II. — Feuilles alternes.

1° Tige portant des épines ou des aiguillons.		
Épines par 2, à la base des feuilles (Stipules transformés en épines) ; fleurs blanches en grappes, fruits en gousse		*Robinier.*
Aiguillons çà et là sur la tige	Stipules longuement soudés au pétiole ..	*Eglantine.*
	Stipules non longuement soudés au pétiole	*Ronce.*
2° Tiges sans épines ni aiguillons.		
Folioles dentées et aiguës.	Bourgeons velus et non visqueux, fruits pulpeux rouge corail à maturité	*Sorbier des oiseleurs.*
	Bourgeons sans poils et visqueux ; fruit en petite poire ou petite pomme.....	*Sorbier domest.*
Folioles entières.	Feuilles à 3 folioles, fleurs jaunes en grappe, fruit en gousse ; arbrisseau de 5 à 10 mètres en général	*Cytise.*
	Feuilles à plus de 3 folioles ; arbrisseau de 3 à 5 mètres en général ; gousse à coque herbacée, renflée	*Baguenaudier.*

II

Feuilles simples, opposées ou par trois.

I. — Feuilles coriaces et persistantes
(existant encore sur les rameaux âgés).

Feuilles étroites, piquantes, verticillées par trois ; arbuste résineux .... *Genévrier commun.*

Feuilles non piquantes ; arbrisseau ou sous-arbrisseau non résineux.
- Feuilles ovales, luisantes, sans poils (arbrisseau). *Buis.*
- Feuilles étroites ou poilues (sous-arbrisseau) ...... *Bruyères.*

II. — Feuilles non coriaces et caduques
(séchant et tombant à la fin de la saison).

1° **Tige grimpante s'enroulant autour des branches...** *Chèvrefeuille grimpant.*

2° **Plante épineuse, bourgeons assez gros............** *Nerprun.*

3° **Plante ni grimpante ni épineuse.**

a. *Bourgeons poilus ; feuilles d'un vert clair en dessus, blanchâtre en dessous ; arbrisseau à écorce grise et lisse* .... *Chèvrefeuille des buissons.*

b. *Plante n'ayant pas ces caractères.*

Bourgeons sans écailles, jeunes pousses à couche épaisse de poil gris .... *Viorne flexible.*

Bourgeons écailleux.
- Une seule écaille aux bourgeons ; feuilles à 3-5 lobes *Viorne obier.*
- Plusieurs écailles.
  - Feuilles à nervures secondaires arquées et se rapprochant vers le sommet .... *Cornouiller.*
  - Feuilles à nervures secondaires non arquées vers le sommet.
    - Bourgeons globuleux ; rameaux d'un vert mat .... *Fusain.*
    - Bourgeons aigus.
      - Feuilles en cœur à la base...... *Lilas.*
      - Feuilles en coin à la base ...... *Troëne.*
  - Feuilles à nervures en éventail. Fruit en double samare .... *Erable.*

III

Feuilles simples, alternes et branches épineuses.

I. — **Feuilles et rameaux, tous transformés en épines vertes; arbrisseau peu élevé à feuilles persistantes**..........	*Ajonc.*
II. — **Branches feuillées naissant à l'aisselle des épines qui sont des feuilles transformées; arbrisseau à écorce d'un jaune vif en dedans**.....................	*Epine vinette.*

III. — **Rameaux transformés en épines; feuilles non épineuses.**

1° **Bourgeons exactement appliqués contre les rameaux; feuilles jeunes poilues; feuilles âgées sans poils**..............................			*Pommier sauvage.*
2° **Bourgeons étalés.**			
Rameaux rugueux, peu épineux; feuilles presque sans dents, cotonneuses en dessous............			*Néflier.*
Rameaux lisses.	Bourgeons aigus; feuilles jeunes poilues; feuilles âgées sans poils		*Poirier sauvage.*
	Bourgeons arrondis.	Feuilles profondément divisées	*Aubépine.*
		Feuilles entières	*Prunellier.*

IV

Feuilles simples, persistantes et non opposées.

I. — **Feuilles aplaties et larges.**

1° **Arbuste grimpant; feuilles aplaties divisées en lobes**..................................		*Lierre.*
2° **Arbustes non grimpants.**		
Feuilles épineuses.	Feuilles soudées à un rameau et formant une lame aplatie à une épine.	*Petit houx.*
	Feuilles à surface gondolée, ordinairement à nombreuses épines......	*Houx.*
Feuilles sans dents épineuses		*Laurier commun.*

II. — **Feuilles étroites (en aiguille) allongées et isolées** (arbre résineux).

1° **Feuilles aplaties et pointues: rameaux non verticillés; fruit charnu, rouge à maturité**.....	*If.*
2° **Feuilles peu aplaties: rameaux verticillés.**	
Feuilles portant 2 raies blanches en dessous; cône dressé à écailles caduques	*Sapin pectiné.*
Feuilles à quatre angles; cône pendant, à écailles persistantes	*Epicéa commun.*

III. — **Feuilles étroites, allongées et réunies en faisceau par deux ou plus** (arbre résineux).

1° **Faisceau formé d'un grand nombre de feuilles; cône dressé, à écailles caduques....** *Cèdre.*

2° **Faisceau formé de 2 à 5 feuilles.**

Feuilles réunies par cinq .... *Pin Weymouth.*

Feuilles réunies par deux.
- Feuilles de 5 à 6 centim., glauques ; écorce bronzée vers le haut de l'arbre s'il est âgé .... *Pin sylvestre.*
- Feuilles de 10 à 25 centim.
  - Écorce à lames d'un gris argenté et à écailles d'un rouge brun .... *Pin Laricio.*
  - Écorce à lames d'un rouge violet et à écailles d'un rouge brun clair .... *Pin maritime.*

V

Feuilles simples, alternes, non persistantes et non épineuses.

I. — **Feuilles étroites, allongées, molles, non piquantes, non persistantes, et groupées en faisceaux sur des rameaux courts, arbre résineux**................ *Mélèze.*

II. — **Bourgeons à 0-3 écailles.**

1° **Bourgeons sans écailles; feuilles plus luisantes en dessous qu'en dessus ; arbrisseau ou petit arbre**........................... *Bourdaine.*

2° **Bourgeons à une seule écaille; feuilles ordinairement pointues**...................... *Saules.*

3° **Bourgeons à deux ou trois écailles.**

Feuilles sans pointe au sommet ; bourgeons de côté, portés à l'extrémité d'un petit pédicelle... *Aune*

Feuilles ayant une pointe au sommet ou divisées en lobes pointus.
- Feuilles en cœur à la base, bourgeons ovales .... *Tilleu.*
- Feuilles ovales, allongées, pointues, à dents un peu recourbées ...... *Châtaignier.*
- Feuilles divisées en lobes à nervures en éventail .... *Platane.*

III. — Bourgeons à plus de 3 écailles.

1° Bourgeons et feuilles distiques (placés sur deux lignes opposées sur les rameaux situés de côté).

a. *Feuilles sans dents ; bourgeons très aigus ; arbre à écorce grise et lisse* .... *Hêtre.*

b. *Feuilles dentées.*

Bourgeons presque globuleux ; feuilles peu allongées à pétiole velu .... *Noisetier*

Bourgeons aigus :
- Jeunes pousses grêles, retombantes, non lisses ; feuilles élargies vers la base .... *Bouleau.*
- Jeunes pousses non retombantes :
  - Feuilles à une ou plusieurs nervures secondaires fourchues, ordinairement rudes .... *Orme.*
  - Feuilles sans nervures secondaires fourchues, lisses.......... *Charme.*

2° Bourgeons et feuilles non distiques (placées tout autour des branches, même sur les rameaux de côté).

a. *Feuilles à divisions arrondies, irrégulières et profondes ; bourgeons du sommet des rameaux réunis en groupe.*

Gland pédonculé, feuille sessile .... *Chêne pédonculé.*
Gland sessile, feuille pétiolée .... *Chêne rouvre.*

b. *Pétiole aplati à la base, et aplati en sens inverse au sommet ; bourgeon à première écaille grande, enveloppant les autres.*

Feuilles à dents fines et régulières sans poils, même quand elles sont jeunes ; écorce se gerçant en long :
- Branches étalées...... *Peuplier noir.*
- Branches contre la tige principale .... *Peuplier pyramidal ou d'Italie.*

Feuilles à divisions comme celle des chênes, ou à dents irrégulières, les jeunes poilues ; écorce lisse à moins que l'arbre ne soit âgé :
- Feuilles blanches ou grises, velues en dessous ; bourgeons non visqueux.......... *Peuplier blanc.*
- Feuilles âgées sans poils; bourgeons visqueux .... *Peuplier tremble.*

c. *Arbre n'ayant pas les caractères précédents.*

Bourgeons à écailles vertes bordées brun :
- Feuilles dentées, blanches en dessous ; fruit rouge pulpeux..... *Alisier blanc.*
- Feuilles lobées ; fruit brun charnu. *Alisier torminal.*

Bourgeons à écailles bruns :
- Écorce lisse et luisante s'enlevant en travers :
  - Bourgeons aigus ; rameaux dressés...... *Merisier.*
  - Bourgeons presque obtus ; rameaux ordinairement pendants. *Cerisier cultivé.*
- Écorce peu ou pas luisante ne s'enlevant pas en travers :
  - Bourgeons allongés, presque appliqués... *Cerisier à grappe.*
  - Bourgeons assez courts, non appliqués ...... *Prunier.*

Principales essences forestières.

1 : Station et sol. — **2** : Caractères pratiques de détermination. — **3** : Enracinement. — **4** : Tempérament, couvert. — **5** : Fructification, modes de propagation. — **6** : Longévité, allures forestières. — **7** : Emplois du bois et produits.

Les chiffres gras dans le texte renvoient à l'explication ci-dessus.

Alisier blanc, dit Allouchier (*Sorbus Aria*, Crantz). — **1** : Petit arbre qu'on trouve à l'état *disséminé* dans les bois montueux, sauf dans l'ouest, un peu sur tous les sols ni trop humides, ni trop compacts. — **2** : Feuilles simples, entières, *blanches tomenteuses en dessous ;* fruits de la grosseur d'une cerise, rouges, farineux, pulpeux. — **3** : Profond et étendu. — **4** : Robuste ; essence de lumière ; couvert assez complet. — **5** : Septembre ; les fruits semés tels quels immédiatement après la récolte ne germent qu'en partie au printemps suivant ; repousse vigoureusement de souche et drageonne quelquefois. — **6** : Taillis simple et taillis-sous-futaie. — **7** : Ouvrages de tour, outils, pièces de machines... ; très bon combustible ; charbon estimé.

Alisier torminal (*Sorbus torminalis*, Crantz). — **1** : Arbre commun à l'état *disséminé* dans les bois de plaines ou de montagnes peu élevées, sur les sols frais et légers, calcaires ou sablonneux. — **2** : Feuilles simples découpées en lobes triangulaires aigus ; fruit comestible (alise ou alose) brun, à chair molle à maturité. — **3** : Profond et étendu. — **4** : Robuste, essence de lumière ; couvert assez complet. — **5** : Automne ; graines conservées dans du sable et semées au printemps, germent en trois, quatre semaines ; rejette assez mal de souche. — **6** : Taillis simple et taillis-sous-futaie. — **7** : Gravure, tour, instruments, pièces de machines... ; bon combustible ; bon charbon.

Aune. — Les aunes sont des arbres ou arbrisseaux qu'on trouve généralement le long des cours d'eau, ou dans les parties humides des bois et des terres ; — ils sont caractérisés par des jeunes pousses triangulaires avec *bourgeons latéraux stipités* (portés à l'extrémité d'un petit pédicelle), par des feuilles simples, plutôt ovales arrondies, assez coriaces, d'un vert brillant en dessus, et par des *petits cônes ligneux*, qui s'entr'ouvrent à maturité sans se désarticuler et persistent assez longtemps sur l'arbre avant de tomber. — Les graines se disséminent en automne ; on cueille à la main les cônes, ou on gaule les arbres avant dissémination, par temps sec et calme, après avoir étendu des toiles sous les arbres ; on sème en pépinière graine en mélange avec sable sur planche préparée et on irrigue en été.

Aune glutineux (*Alnus glutinosa*, Gaertn.). — **1 :** Essence *sociale* (terrains humides) ou *disséminée* dans bois humides et au bord des eaux de toute la France. — **3 :** D'autant plus traçant que le terrain est plus humide. — **4 :** Robuste ; essence de lumière ; couvert assez léger. — **5 :** Automne (à partir de quinze à vingt ans à l'état isolé et de trente-cinq à quarante ans en massif) ; rejette bien ; drageonne peu. — **6 :** Dépasse rarement cent ans ; taillis et taillis-sous-futaie ; plantations dans terrains humides (prépare introduction du chêne); essence précieuse pourvu qu'on lui permette d'atteindre la grosseur de belles perches. — **7 :** Menue charpente, chevrons, conduites d'eau, boisage de puits et de mines (pilotis), meubles communs, ustensiles de ménage, boissellerie, saboterie, perches, voliges... ; brûle rapidement (boulangers, verriers) ; charbon léger (poudre) ; écorce riche en tanin, utilisée dans le Nord.

Aune blanc (*A. incana*, D. C.). — **1 :** Régions montagneuses du Jura et des Alpes ; sols calcaires, humides ou frais. — **3 :** Surtout traçant, pivote peu. — **4 :** Essence de lumière ; couvert assez léger. — **5 :** Rejette, drageonne, se marcotte avec facilité, peut se propager par boutures. — **6 :** Précieux en montagne dans les travaux de reboisement pour fixer les pentes calcaires et les berges des cours d'eau. — **7 :** Comme l'aune glutineux ; cercles de futailles.

Aune vert (*A. viridis*). — **1 :** Arbrisseau des régions élevées des Alpes ; sols siliceux frais ou humides. — **3 :** Peu pivotant. — **5 :** Semis, rejets, boutures, marcottes. — **6 :** Utile dans la région alpine pour fixer les pentes humides (plutôt siliceuses). — **7 :** Chauffage (faibles dimensions).

Bouleau verruqueux (*Betula verrucosa*, Ehrh.). — **1 :** Arbre des plaines et montagnes de toute la France, commun plutôt à l'état disséminé ou par bouquets dans les sols frais, légers et sablonneux. — **2 :** *Écorce d'un blanc pur* s'exfoliant circulairement en fines lamelles ; jeunes pousses *verruqueuses* (rudes au toucher) ; rameaux et ramules très grêles et tombants qui lui donnent un port spécial ; *cônes fructifères* allongés, petits, à écailles minces qui mûrissent et se désarticulent en automne et dont les écailles se disséminent en même temps que les semences. — **3 :** Faible et traçant. — **4 :** Très robuste ; essence de pleine lumière ; couvert très léger. — **5 :** Automne ; fructifie régulièrement à partir de dix à vingt ans ; dans sa station envahissant par semis naturel sur sols nus (terrains incendiés) ; semis en pépinière comme pour aune, aussitôt après récolte graines ; rejette ; drageonne fréquemment. — **6 :** Dépasse rarement cent à cent vingt ans ; taillis simple et taillis-sous-futaie ; essence de complément en futaie. — **7 :** Ébénisterie, menuiserie, charronnage, tournerie, échelles, sabots, cercles, harts, balais... ; brûle vite (apprécié pour boulangerie) ; charbon estimé ; écorce riche en tanin (cuir de Russie), semelles, tabatières.

Bouleau pubescent (*B. pubescens*, Ehrh.). — **1 :** Nord, nord-ouest et ouest ; sols humides, marécageux et tourbeux. — 3, etc... Comme pour le *B. verruqueux*.

Buis (*Buxus sempervirens*, Lin.). — **1 :** Arbuste social à végétation très lente ; coteaux et montagnes sauf dans le nord-ouest ; terrains calcaires arides. — **5 :** Semis, boutures, marcottes. — **6 :** Souvent abondant en sous-étage sur sols calcaires (midi) ; des extractions répétées appauvrissent sol, et il vaut mieux le faire disparaître par le couvert. — **7 :** Recherché par les sculpteurs, tourneurs, tabletiers, mais ordinairement trop petites dimensions ; bon combustible. Feuilles employées comme engrais (riches en azote) et pour litière.

Cerisier merisier (*Cerasus avium*, Mœnch.). — **1 :** Grand arbre qu'on rencontre à l'état *disséminé* dans les bois de plaines et de coteaux, sauf dans la région des oliviers, de préférence dans les terrains frais ou humides, plutôt calcaires. — **2 :** Écorce lisse, gris satiné ou d'un brun rougeâtre, se détachant par *lanières circulaires* ; rameaux différenciés en rameaux longs et rameaux courts couverts de cicatrices serrées ; feuilles simples, peu consistantes, à pétiole muni vers le sommet de deux glandes rougeâtres ; fleurs blanches longuement pédonculées groupées en faisceaux à l'extrémité des rameaux courts ; fruits charnus (cerise) doux, sucrés, rouges ou noirâtres. — **3** : Puissant, oblique ou traçant. — **4** : Très robuste ; essence de lumière ; couvert léger. — **5** : Fleurit abondamment tous les ans, mais la fructification n'est pas soutenue ; maturité été ; le noyau du fruit semé en automne germe au printemps suivant ; rejette de souche, drageonne parfois. — **6** : Cent ans environ ; taillis simple ou taillis-sous-futaie. — **7** : Rougeâtre, dur, lourd, tenace ; menues charpentes, ébénisterie (chaises, meubles), cercles, instruments de musique, tabletterie... ; combustible médiocre ; fruits comestibles (kirsch).

Charme (*Carpinus betulus*, Lin.). — **1** : Arbre de taille moyenne très abondant dans les forêts de plaines et de collines du nord et de l'est de la France, rare ou absent dans le midi ; se plaît dans les sols argilo-sablonneux, perméables, frais, mais en réalité peu difficile. — **2** : Tronc *cannelé*, gris clair, à écorce lisse; feuilles, bourgeons et rameaux ***distiques*** (étalés dans un même plan à droite et à gauche du rameau), feuilles simples, doublement et finement dentées, à surface *gaufrée* ; grappes fructifères allongées et pendantes constituées de graines entourées de leur ***involucre herbacé divisé en trois lobes***, qui persistent sur l'arbre une partie de l'hiver. — **3** : Court pivot avec racines latérales. — **4** : Essence intermédiaire entre les essences d'ombre et les essences de lumière ; couvert assez épais. — **5** : Fructifie abondamment à partir de vingt ans ; maturité automne ; semis naturel facile et abondant (si on laisse vieillir quelques cépées de taillis) ; graine semée immédiatement après la récolte, ne germe qu'en faible partie au printemps suivant et le reste germe au deuxième printemps ; rejette très abondamment de souche. — **6** : Cent à cent vingt ans en moyenne ; vit bien en massif serré (essence sociale), très apte au régime du taillis ; taillis-sous-futaie ; essence de complément en futaie. — **7** : Bois dur et homogène ; outils, pièces de machine, dents d'engrenage. Excellent chauffage ; très bon charbon. La feuille donne un bon fourrage.

Châtaignier commun (*Castanea vulgaris*, Lmk.). — **1 :** Arbre des régions montagneuses peu élevées (collines et coteaux, surtout au sud de la Loire) ; sols meubles, frais et profonds, dépourvus de calcaire (*essence calcifuge*). — **3 :** Pivotant, avec fortes racines latérales. — **4 :** Robuste ; essence de lumière à couvert assez épais, intermédiaire entre le chêne et le hêtre. — **5 :** Fructifie annuellement à partir de vingt-cinq à trente ans s'il est isolé, quarante à soixante ans s'il est en massif, maturité en octobre ; on conserve la châtaigne en silo et on la sème au printemps ; rejette abondamment de souche et drageonne. — **6 :** Très grande longévité, mais le bois s'altère rapidement au cœur chez les vieux arbres ; taillis simples, taillis-sous-futaie et plantations par pieds isolés ; il ne forme nulle part de vrais massifs forestiers en futaie. — **7 :** Lourd et dur ; merrains, échalas, cercles de tonneaux... ; combustible médiocre ; écorce et surtout bois assez riche en tanin ; fruit comestible (châtaigne et, par sélection, marron).

Chêne. — **1 :** Le chêne (rouvre et pédonculé) est en France une essence sociale très importante par les qualités de son bois et par la surface qu'elle occupe. Dominant sur presque toute l'étendue du pays, le chêne (rouvre et pédonculé) n'est subordonné, rare ou très rare que dans l'extrême midi, sur le littoral méditerranéen, dans la région calcaire du pin d'Alep et sur le littoral de l'Océan, dans une partie de la région sablonneuse du pin maritime ; il décroît en importance avec l'altitude dans les Vosges, les Alpes, le plateau central et les Pyrénées ; il manque même entièrement dans les régions élevées des trois premières de ces contrées montagneuses. Mélangés sur beaucoup de points, le chêne pédonculé et le chêne rouvre s'isolent sur beaucoup d'autres. Le premier (chêne pédonculé) devient dominant et même se rencontre à peu près seul dans les grandes plaines, basses et humides ; il forme ces haies plantées d'arbres de haute tige qui bordent les herbages de centre et de l'ouest. Le second (chêne rouvre) apparaît dès que le sol se relève et s'assainit ; il produit alors les belles futaies de l'Allier, du Cher, du Loir-et-Cher, d'Indre-et-Loire, de la Sarthe, de l'Orne, etc. ; s'accommodant mieux de la chaleur et de la sécheresse que son congénère, le rouvre s'avance plus que lui vers le sud-est et préfère alors l'exposition nord ; on le rencontre dans les montagnes de l'Ardèche, du Gard, etc., situées au-dessous de la latitude de Valence ; il devient très pubescent (chêne blanc) dans le midi ; il s'élève aussi plus haut dans la montagne, en raison de ses moindres exigences en humidité ; il se plaît jusqu'à la région du sapin et se rencontre jusqu'à l'altitude de 1 000 mètres. — Ces deux chênes atteignent leur maximum d'expansion dans la zone tempérée où ils caractérisent par leur abondance une région se confondant avec celle de la vigne et à laquelle succède la région froide du sapin. La limite supérieure varie comme il suit avec les latitudes et l'espèce :

	Vosges.	Jura.	Alpes de l'Isère.	Plateau Central.	Pyrénées.	Corse.
	m.	m.	m.	m.	m.	m.
Chêne pédonculé	800	850	1.200	900	1.200	»
— rouvre ...	1.000	900	1.500	1.500	1.500	1.500

— **2 :** Les chênes (rouvre et pédonculé) sont des arbres faciles à reconnaître à leur écorce lisse et gris argenté dans le jeune âge, puis épaisse et plus ou moins fortement crevassée longitudinalement ; à leurs bourgeons plus ou moins pentagonaux dont les supérieurs sont agglomérés à l'extrémité des rameaux, à leurs feuilles sinuées lobées caractéristiques, à leurs glands portés à la base dans une cupule écailleuse (caractères du genre). — **3 :** Pivotant, avec fortes racines latérales plus ou moins obliques. — **4 :** Robuste (les jeunes chênes réclament l'action de la lumière directe dès leur jeune âge) ; essence de lumière ; couvert léger ou assez léger. — **5 :** Le chêne (rouvre ou pédonculé) fructifie d'une façon régulière et abondante vers soixante à cent ans, suivant qu'il est isolé ou en massif ; les glandées abondantes sont plus ou moins nombreuses selon les climats ; elles peuvent se produire à deux ans d'intervalle dans les climats doux, et à dix ans ou plus dans les climats moins favorables ; les rejets fructifient dès vingt ans. Le gland tombe dès qu'il est mur (automne) ; les premiers glands qui tombent naturellement de l'arbre sont véreux et mauvais, ceux qui tombent tardivement sont mal formés, et c'est dans la période intermédiaire qu'on recueille les meilleures semences ; on sème à l'automne ou, pour éviter les dégâts des rongeurs, on conserve les glands en silos ou en stratification dans du sable et on sème au printemps. Ils rejettent bien de souche, surtout le rouvre. — **6** : Essences sociales ; très grande longévité ; ces deux chênes (rouvre et pédonculé) se prêtent au traitement en taillis (taillis à écorce), en taillis-sous-futaie (très belles réserves) et en futaie. — **7** : Bois lourd et dur ; charpente, merrain, charronnage, menuiserie, ébénisterie, échalas (bois parfait), lattes, traverses... ; combustible et charbon moyens, diversement appréciés ; écorce à tan recherché.

Chêne rouvre (*Quercus sessiliflora*, Smith). — **1** : Arbre *des terrains meubles, graveleux, frais, parfois secs des collines, plateaux* et *contreforts des montagnes*. — **2** : Tronc à écorce finement et régulièrement fendillée, relativement peu épaisse ; cime régulièrement ramifiée, à feuillage abondant, bien fourni, assez régulièrement réparti, axe principal ne se prolongeant pas directement jusqu'au sommet de la cime ; bourgeons terminaux et ramules légèrement pubescents (poilus) ; *feuilles longuement pétiolées*, régulièrement sinuées lobées (la plus grande largeur au milieu du limbe) ; *glands sessiles*, souvent agglomérés, assez gros, terminés en pointe courte, piquante. — **7** : Bois inférieur pour la construction à celui du pédonculé, mais supérieur pour la fente et le travail (ces qualités varient toutefois suivant la végétation).

Chêne pédonculé (*Quercus pedunculata*, Ehrh.). — **1** : Arbre *des sols humides ou au moins frais et suffisamment profonds des basses vallées, des plaines et des coteaux*. — **2** : Tronc à écorce épaisse, largement et irrégulièrement fissurée (souvent couvert de branches gourmandes) ; cime relativement grêle, irrégulière (branches peu nombreuses, grêles, irrégulièrement insérées), à feuillage groupé par paquets laissant de nombreux vides, axe principal se prolongeant assez directement jusqu'au sommet de la cime ; bourgeons glabres (non poilus), ainsi que les ramules ; *feuilles sessiles* (sans pétiole), irrégulièrement et plus profondément sinuées lobées (la plus grande largeur aux deux tiers supérieurs du limbe) ; *glands pédonculés*, isolés ou insérés en très petit nombre sur un long pédoncule, relativement petits, arrondis au sommet. — **6 :** Entre plus tardivement en végétation que le rouvre et par suite craint moins les gelées printanières. — **7 :** Bois plus nerveux que celui du rouvre et très employé dans les constructions ; son tan est le moins estimé de celui des chênes (ces qualités varient avec les stations et la végétation).

Chêne tauzin (*Q. tozza*, Bosc.). — **1 :** Sud-ouest de la France ; plaines et collines du littoral, plutôt calcifuge, sols siliceux purs ou mélangés d'argile. — **2 :** Ramules et bourgeons *velus* ; jeunes pousses purpurines ; feuille très découpée, à sinus profonds, *veloutée* en dessous. — **3 :** Pivot avec racines latérales traçantes. — **4 :** Robuste, essence de lumière, couvert léger. — **5 :** Rejette bien de souche et émet de nombreux drageons. — **6 :** Taillis à écorce du sud-ouest. — **7 :** Petites charpentes, cercles de futaille ; excellent combustible, charbon estimé, tan de bonne qualité ; glands parfois doux.

Chêne zéen (*Q. Mirbeckii*, Durieu). — **1 :** Très grand arbre des régions montagneuses d'Algérie (jusqu'à 1 400 mètres), rappelant beaucoup le chêne rouvre ; terrains assez fertiles, profonds et frais. — **3 :** Pivotant. — **4 :** Essence de lumière. — **5 :** Repousse très vigoureusement de souche. — **6 :** Taillis et futaies. — **7 :** Bois très lourd, compact, propre aux constructions ; bon combustible, bon charbon ; tan excellent.

Chêne chevelu (*Q. Cerris*, Lin.). — **1 :** Disséminé en France (Doubs, Jura, Vienne, Maine-et-Loire, Loire-Inférieure, Provence, etc...), peu difficile sur la nature du sol, est exposé aux gélivures. — **2 :** Bourgeons à écailles prolongées en lanières ; cupule du gland hérissée de longues lanières molles et pubescentes (chevelure). — **3 :** Très pivotant. — **4 :** Essence de lumière, couvert léger. — **5 :** Maturation bisannuelle ; fructification assez régulière. — **6 :** Essence à peu propager, sauf pour l'ornementation (croissance rapide). — **7 :** Bois très dur, très nerveux : menue charpente, échalas ; très bon combustible, tan de bonne qualité.

Chêne yeuse ou chêne vert (*Q. Ilex*, Lin.). — **1 :** Buisson ou arbre des lieux arides et découverts de la France méridionale ; sols les plus médiocres, de préférence calcaires. —

2 : Feuilles persistantes, dentées épineuses sur les bords (dans le genre de la feuille de houx), vertes et luisantes en dessus, blanches tomenteuses en dessous. — **3** : Pivotant avec racines latérales. — **4** : Très robuste, essence de pleine lumière, couvert épais. — **5** : Fructification abondante, régulière dès huit à dix ans ; rejette et drageonne. — **6** : Couvre soit seul, soit en mélange avec le chêne pubescent et le pin d'Alep, des étendues considérables de la France méridionale et y forme des taillis généralement exploités à courtes révolutions. En Corse et en Algérie, la variété *Ballote* constitue des massifs réguliers importants.

Chêne-liège (*Q. Suber*, Lin.). — **1** : Arbre trapu des coteaux et montagnes de moyenne élévation du littoral méditerranéen (sud-est de la France et Algérie) ; sols granitiques, porphyriques, feldspathiques, schisteux ; il paraît redouter les sols calcaires, ainsi que les sols trop compacts. — **2** : Écorce subéreuse très épaisse produisant le liège ; feuilles persistantes, dentées, coriaces, vertes et peu luisantes en dessus, grises ou blanchâtres en dessous ; feuillage grêle et rare. — **3** : Pivotant ou traçant suivant les sols. — **4** : Essence de lumière, couvert épais. — **5** : Fructification vers quinze ans, abondante et soutenue vers trente ans ; rejette vigoureusement, drageonne quelque peu. — **6** : Croissance assez rapide dans la jeunesse ; il prend bientôt une forme trapue ; l'enlèvement du liège, s'il est bien fait, ne lui est pas nuisible ; il vit cent cinquante à deux cents ans et plus ; est essentiellement traité pour son écorce (liège) ; on ne l'élève qu'en futaie claire, le plus souvent plantée. — **7** : Bois de petite industrie, menuiserie, pièces de machines ; chauffage et charbon estimé ; mais est surtout exploité pour son écorce fournissant le *liège* du commerce.

Chêne occidental (*Q. occidentalis*, Gay.). — **1** : Est l'arbre à liège du littoral de l'ouest (littoral du golfe de Gascogne) où il s'élève des bords de la mer à 185 mètres d'altitude seulement ; essence calcifuge, sols siliceux et argilo-siliceux ; il présente les mêmes caractères généraux que le chêne-liège, mais est à maturation bisannuelle. — **6** : Futaie très claire ; disséminé plutôt qu'en massif ; il s'accommode particulièrement bien du mélange avec le pin maritime, sous lequel il trouve protection sans qu'il ait à souffrir de son couvert léger.

Coudrier noisetier (*Corylus avellana*, Lin.). — **1** : Arbrisseau commun dans les forêts de plaines et de montagnes de toute la France, de préférence sur les sols frais quelle qu'en soit la nature minéralogique. — **3** : Court pivot avec racines latérales. — **4** : Robuste, essence de lumière ; couvert assez épais. — **5** : Fructifie plus ou moins régulièrement à partir de dix ans ; rejette et drageonne très facilement ; son fruit, la noisette, est d'une conservation difficile jusqu'au printemps et on la sème à l'automne. — **6** : Aime la lumière et se rencontre plus fréquemment dans les taillis que dans les futaies ; en sol siliceux divisé, il joue en sous-étage dans les forêts de chênes un rôle fertilisant de grande importance ; sur les terrains calcaires dénudés, le coudrier se montre un des premiers arbrisseaux et un des plus actifs dans la création de la forêt. — **7** : Perches, cercles, tuteurs ; bon chauffage ; charbon léger (poudre, dessin) ; la noisette comestible donne une huile d'un goût agréable.

Cytise faux ébénier (*Cytisus laburnum*, Lin.). — **1** : Petit arbre disséminé dans les forêts des collines et montagnes calcaires de l'est de la France. — **2** : Tige reste longtemps lisse et verte ; rameaux et ramules vert blanchâtre et soyeux avec rameaux courts, étalés, noueux ; feuilles composées de 3 folioles portées à l'extrémité d'un long pétiole commun ; fleurs jaunes groupées en longues grappes pendantes ; fruit en gousse (les feuilles, les gousses et les graines ont des propriétés purgatives prononcées). — **3** : Profond ou traçant suivant les sols. — **4** : Essence de lumière. — **5** : La graine se conserve facilement ; on la sème au printemps. Le cytise repousse très bien de souche. — **6** : Taillis et parcs. Dans sa station il est commode pour boiser les mauvaises pentes calcaires ou crayeuses qu'il fixe bien grâce au développement de ses touffes. — **7** : Bois de bonne qualité mais arbre rare, de faibles dimensions et très disséminé.

Érable. — Les érables sont des arbres à feuilles, bourgeons et rameaux opposés, dont les feuilles simples présentent des lobes (saillants) et des sinus (rentrants) caractéristiques, dont le fruit est constitué par 2 samares accolées par la base. Ils se trouvent à l'état disséminé en forêt, spécialement en montagne et ne constituent jamais à eux seuls des peuplements forestiers. Ils rejettent facilement de souche, fructifient régulièrement ; la maturité des graines se produit en septembre-octobre ; le semis peut être fait à l'automne ou au printemps suivant.

Érable sycomore, dit *faux platane* ou *grand érable de montagne* (*Acer pseudo-platanus*, Lin.). — **1** : Grand arbre disséminé, principalement dans bois montagneux ; sols fertiles, riches en principes nutritifs minéraux. — **2** : Écorce d'abord lisse et gris jaunâtre qui s'*exfolie ensuite par de larges plaques* comme celle du platane ; bourgeons latéraux gros, verdâtres, *non appliqués* contre les rameaux ; feuilles grandes à 5 *lobes ovales à peine acuminés* séparés par des *sinus profonds et aigus* (la base du pétiole de la feuille détachée au printemps laisse suinter un *suc aqueux*) ; fleurs et fruits groupés en belles *grappes pendantes* caractéristiques ; doubles samares *bossues* (à coque ou à graine renflée comme un petit pois) à *ailes rétrécies à la base*, et *rapprochées en accent circonflexe*. — **3** : Pivotant et traçant. — **4** : Assez robuste, essence de lumière, couvert épais. — **5** : Fructification annuelle abondante à partir de vingt à trente ans ; rejette facilement de souche. — **6** : Grande longévité; taillis simple et taillis-sous-futaie (disséminé). — **7** : Menuiserie, ébénisterie, tour, pièces de machines, instruments de musique, sabots ; chauffage et charbon estimés.

Érable plane (*A. platanoides*, Lin.). — **1** : Grand arbre disséminé, s'élève en montagne moins haut que le sycomore ; — moins exigeant que le sycomore. — **2** : Bourgeons latéraux gros, vert rougeâtre, *exactement appliqués* contre les rameaux ; feuilles de consistance herbacée à *lobes et dents acuminés très aigus* séparés par des *sinus ouverts, peu profonds, très arrondis* (la base du pétiole de la feuille laisse suinter un *suc laiteux*) ; fleurs groupées en corymbe dressé (portées dans un même plan) ; doubles samares *planes* à la base (à graine non renflée), à ailes *non rapprochées* (presque dans le prolongement l'une de l'autre) et non *rétrécies à la base*. — **3** à **6** : Comme pour le sycomore, mais n'a pas une croissance aussi active et aussi soutenue. — **7 :** Moins estimé comme bois de travail que le sycomore, mais plutôt supérieur comme combustible.

Érable champêtre (*A. campestris*, Lin.). — **1 :** Petit arbre disséminé dans taillis de plaines et de collines; — sols fertiles de préférence calcaires. — **2 :** Bourgeons petits, brunâtres; jeunes rameaux parfois couverts d'un *liège cassant* développé en côtes saillantes; feuilles un peu semblables à celles du sycomore, mais beaucoup plus petites; doubles samares petites, à graine très nettement *velue*, à ailes dans le prolongement l'une à l'autre ou *divergentes*, non rétrécies à la base. — **3 :** Pivotant et traçant. — **4 :** Essence de lumière. — **5 :** Repousse bien de souche et de racines. — **7 :** Tenace; petite industrie (manches de fouets, outils, instruments aratoires et de musique, tour), menuiserie, crosses de fusil...; très bon combustible.

Érable à feuille d'Obier (*A. opulifolium*, Vill.). — **1 :** Petit arbre disséminé dans les forêts montagneuses du sud et du sud-est de la France; se contente de sols plus maigres que le sycomore. — **2 :** Feuilles grandes à limbe découpé en sinus et lobes très peu prononcés. — **3** à **6 :** Comme pour le sycomore. — **7 :** Bois de couleur rosée, plus dense et plus satiné que le sycomore, recherché pour le tour, la menuiserie et le charronnage; bon chauffage.

Érable de Montpellier (*A. monspessulanum*, Lin.). — **1 :** Petit arbre disséminé, coteaux secs et pierreux du midi de la France, s'accommode des terrains les plus arides, surtout calcaires. — **2 :** Feuilles petites, à pétiole grêle, coriaces, d'un vert luisant en dessus, à limbe divisé en 3 lobes égaux séparés par des sinus ouverts presque à angle droit. — **3 :** Pivotant et traçant. — **4 :** Robuste, essence de lumière. — **5 :** Fructification régulière, abondante; repousse de souche. — **6 :** Petites dimensions, accroissement lent; précieux sur sols les plus secs où il croît jusque dans les fissures des rochers. — **7 :** Bois de couleur rougeâtre, très apprécié pour menuiserie et tour; excellent combustible.

Épicéa commun (*Picea excelsa*, Link.). — **1 :** Grand arbre résineux qui ne se rencontre à l'état spontané que dans la région montagneuse où il occupe une zone supérieure à celle du sapin, mais beaucoup plus restreinte ; forme sur la frontière orientale, et du nord au sud, une longue bande qui couvre les hautes Vosges centrales (500 à 1 250 m.), les plateaux et les crêtes élevées du Jura (700 à 1 550 m.), les régions moyennes des Alpes (900 à 2 400 m.) ; disséminé, rare ou très rare dans le plateau central (Cantal, Haute-Loire, Aveyron, Hérault) et dans les Pyrénées (Pyrénées-Orientales et Ariège) où il a été introduit par la culture ; manque en Corse. En mélange avec le sapin, dans la zone moyenne de ce dernier, il devient plus abondant à mesure que s'accroît l'altitude et finit au-dessus de cette zone par former des peuplements purs. Contrairement au sapin, l'épicéa devient buissonnant aux altitudes supérieures à sa zone normale de végétation et disparaît graduellement. Il est introduit artificiellement à des altitudes inférieures, mais son bois perd de ses qualités. — Comme sol, il est indifférent à la nature minéralogique du terrain ; il croît aussi bien sur les grès et les granites des Vosges que sur les calcaires du Jura et des Alpes ; il demande des sols frais et humides ; ce qu'il lui faut surtout, c'est une atmosphère humide, des pluies fréquentes, de fortes rosées et une grande fraîcheur à la surface du sol. — **2 :** Arbre à fût droit, à écorce devenant rapidement *écailleuse* (écailles petites qui se détachent facilement), à tronc brun rougeâtre, à branches verticillées, grêles, dressées au début puis plus ou moins arquées ; à rameaux et ramules fins, *plus ou moins pendants à droite et à gauche des branches*, à ramules dont l'écorce est rugueuse, comme striée. Aiguilles persistantes isolées, *étalées tout autour du rameau* ; *non planes* (à section quadrangulaire), d'un vert foncé sur toutes les faces, pointues et piquantes. Cônes allongés, *pendants*, à écailles minces, ne se *désarticulant pas à maturité*. — **3 :** Faible et traçant. — **4 :** Assez robuste ; toutefois le jeune plant a besoin d'abri dans son extrême jeunesse, car il craint beaucoup la sécheresse ; essence de lumière, mais qui toutefois est susceptible de former des massifs très serrés ; couvert épais ; l'épicéa a la faculté de développer, en dehors de ses bourgeons normaux, d'autres bourgeons de nature axillaire disposés sans ordre, dont la présence masque la régularité de la ramification et accentue beaucoup l'intensité du couvert ;

cette faculté rend l'épicéa propre à la taille (haies). — **5** : Fructifie vers cinquante ans, mais moins régulièrement que le sapin pectiné ; les cônes mûrissent en septembre, les écailles s'ouvrent en octobre et novembre, et les graines se disséminent ; on récolte les cônes à la main aussitôt après la maturité ; on les place en couches minces (0^m,20 d'épaisseur) sur un plancher et on les remue de temps à autre ; les cônes s'ouvrent et les graines s'en échappent jusqu'au printemps. La conservation des graines est facile, en tas qu'on remue de temps en temps pour éviter l'échauffement. On sème au printemps suivant. — **6** : L'épicéa ne peut se traiter qu'en futaie ; il aime à être en massif serré et se conduit bien en peuplements de même âge ; il donne de très bons mélanges, notamment avec le sapin et le hêtre ; il se montre envahissant dans les pâturages et les coupes de taillis voisins où les graines sont transportées par le vent. C'est une des essences les plus précieuses que nous possédions pour effectuer des travaux de repeuplement et de reboisement, en raison de la facilité avec laquelle il s'élève en pépinière et de la sûreté de sa reprise sur un sol découvert. — **7** : Bois résineux : construction, travail, fente, planches, mâture, boissellerie, bardeaux, bois de résonance (hautes altitudes), allumettes, pâte à papier... ; combustible de qualité moyenne ; résinage assez productif, préjudiciable à l'arbre, peu pratiqué.

Frêne commun (*Fraxinus excelsior*, Lin.). — **1** : Grand arbre des plaines, collines et montagnes peu élevées où il croît à l'état *disséminé* dans les bois et les haies, de préférence sur les sols frais, fertiles et meubles. — **2** : Feuilles, bourgeons et rameaux *opposés* ; écorce d'abord lisse et gris verdâtre, qui devient avec l'âge épaisse et rugueuse, semblable à celle du chêne ; *bourgeons noirs caractéristiques* ; feuilles composées terminées par une foliole impaire ; samares allongées, caractéristiques, groupées en inflorescences qui persistent sur l'arbre une partie de l'hiver. — **3** : Pivotant et traçant. — **4** : Supporte assez bien la lumière ; couvert peu épais. — **5** : Fructification annuelle régulière, au moins dans les pays de plaines et de collines; les semences, mûres en octobre, se disséminent en hiver ou au printemps ; si on les récolte en automne et si on les sème immédiatement, une partie germe au premier printemps et le reste ne germe qu'au deuxième printemps ; le mieux est de les stratifier dans du sable et de les semer au deuxième printemps après la récolte ; on a alors une levée complète et rapide. Rejette bien de souche, drageonne quelquefois. — **6 :** Croissance active et soutenue ; taillis et taillis-sous-futaie (bonne réserve). — **7 :** Service et industrie : carrosserie, rames, avirons, cercles de tonneaux, merrains, menuiserie, ébénisterie, construction... ; bon combustible, bon charbon ; feuille peut servir de fourrage.

Genévrier commun (*Juniperus communis*, Lin.).— **1 :** Buisson ou petit arbre résineux à croissance lente susceptible de croître dans toute la France sur les sols les plus pauvres, sablonneux, pierreux et rocheux, siliceux, mais surtout calcaires. — **2 :** Aiguilles courtes, pointues, verticillées par trois ; fruit en petite baie noir bleuâtre à maturité. — **3 :** Faible. — **4 :** Rustique. — **6 :** Essence utile qui envahit les friches et terres incultes (surtout calcaires) où elle sert, avec les coudriers et autres morts-bois, d'excellent abri pour favoriser l'introduction d'essences plus précieuses. — **7 :** Dur, tenace, compact : échalas; bon chauffage ; fruits donnent liqueur alcoolique.

Hippophae (*H. rhamnoides*, Lin.). —**1 :** Arbrisseau rameux, épineux qu'on trouve dans le midi et l'ouest ; bord des eaux ; sables frais. — **3 :** Traçant. — **4 :** Essence de lumière. — **5 :** Semis, rejets, drageons. — **6 :** Précieux à cause de sa puissance drageonnante pour fixer les atterrissements des cours d'eau, les déjections et les berges mobiles des torrents.

Hêtre commun (*Fagus sylvatica*, Lin.).— **1 :** Le hêtre est un grand arbre de nos forêts qu'on rencontre dans toute la France sauf dans les hautes régions des Alpes, sur le littoral méditerranéen de Nice à Perpignan, et sur celui de l'océan Atlantique de Bayonne aux Sables-d'Olonne; il fait également défaut sur la pointe méridionale de la Corse ; sur la vaste étendue qu'il occupe, le hêtre est dominant dans les régions de collines et dans les régions montagneuses de moyenne élévation, telles que les Vosges, les collines jurassiques de Lorraine et de Franche-Comté, les collines de l'Oise et du Bocage, le Jura, une grande partie du Plateau central, des Alpes, des Pyrénées ; il est subordonné, rare et très rare dans les grandes plaines de la Flandre, de la Champagne, de la Brie, de la Beauce, dans la Bresse et le long de la vallée du Rhône ; il descend au niveau de la mer dans le nord, à 350 mètres dans les Alpes, à 70 mètres dans les Pyrénées, à 700 mètres seulement en Corse ; les altitudes supérieures auxquelles il s'élève sont : 1 250 mètres dans les Vosges ; 1 540 mètres dans le Plateau central ; 1 550 mètres dans le Jura, 2 000 mètres dans les Alpes, 2 100 dans les Pyrénées et 1 800 en Corse. Indifférent à la composition minérale du sol, le hêtre se contente de toute espèce de terrain pourvu que ce terrain soit divisé ; il n'exige qu'une profondeur médiocre, à la condition toutefois que l'épaisse couche de feuilles mortes qu'il produit chaque année soit respectée ; il prospère sur les terrains profonds et frais. — **2 :** Tronc à écorce lisse, gris clair, à section toujours régulièrement circulaire ; bourgeons brun clair très *allongés, fusiformes*, distiques ; feuilles entières minces et coriaces, ciliées sur les bords, à limbe absolument plan, d'un vert brillant en dessus ; fruits ligneux presque épineux qui s'ouvrent à la maturité en 4 valves et renferment 1 à 2 semences (faînes) assez grosses, brunes, luisantes, à 3 faces. — **3 :** Surtout traçant peu profond. — **4 :** Délicat, essence d'ombre, couvert très épais. — **5 :** Fructifie entre soixante et quatre-vingts ans en massif, entre quarante et cinquante ans à l'état isolé ; les faînées sont abondantes tous les cinq à six ans, parfois beaucoup plus rares ; la faîne se conserve difficilement jusqu'au printemps suivant et on préfère la semer de suite, sinon on la conserve en silos ou stratifiée dans du sable ; rejette mal de souche, sauf dans certaines régions (Pyrénées). — **6 :** Pousse lentement pendant les six à dix premières années, puis sa végétation s'accélère et devient rapide jusqu'à l'âge de cent vingt ans environ ; il peut vivre jusqu'à deux cents et deux cent cinquante ans, exceptionnellement trois cents ans. Essence sociale ; le hêtre ne forme pas de beaux taillis ; en taillis-sous-futaie, spécialement en sol calcaire, il donne de belles réserves utiles ; l'état de futaie est celui qui lui convient le mieux ; en futaie il se régénère très bien et peut constituer des peuplements purs. En mélange, il est souvent envahissant ; avec le chêne et le sapin il donne de belles futaies. — **7** : Charronnage, boissellerie, menuiserie, saboterie, tournerie (articles de Paris), socles de charrue, pièces de machine, traverses de chemin de fer (injecté à la créosote)...; excellent combustible, bon charbon ; la faîne donne une huile alimentaire d'un goût très fin.

If commun (*Taxus baccata*, Lin.). — **1** : Buisson ou petit arbre résineux de croissance très lente, disséminé en France dans les bois montagneux, sur sols calcaires et les éboulis de rochers. — **2** : Aiguilles persistantes aplaties et pointues; rameaux non verticillés, graine ovoïde entourée dans une enveloppe charnue, rouge à maturité. — **4** : Supporte assez bien la lumière, couvert très épais. — **5** : Fructification annuelle, régulière ; peut rejeter de souche. — **6** : Croissance très lente, très grande longévité ; aucune importance forestière. — **7** : Très recherché par les tourneurs, sculpteurs, fabricants d'instruments et de jouets; les jeunes pousses renferment un principe narcotique très actif.

Mélèze d'Europe (*Larix europæa*, D. C.). — **1** : Arbre résineux de premier ordre par ses dimensions et ses qualités qui n'apparaît à l'état spontané que dans les régions élevées des Alpes, où il forme de très belles futaies pures ou en mélange. Introduit en tous lieux par la culture (800 à 2 500 m.), du département du Nord aux Pyrénées, des Vosges et du Jura à la pointe du Finistère, sans présenter sous cette forme une importance forestière réelle ; semble ne manifester aucune préférence pour la nature minéralogique du sol, mais pour atteindre ses dimensions normales il demande des terrains meubles, légers, profonds ; les sols argileux compacts lui sont contraires; il recherche les stations abritées contre les vents âpres et secs des hautes régions et préfère d'autre part les expositions froides (expositions nord et est). — **2** : Arbre à fût droit, à écorce rapidement épaisse et gerçurée profondément; à branches généralement irrégulières, étalées, grêles ; à rameaux gris jaunâtre lisses, longs, minces, pendants, garnis de rameaux courts tuberculeux qui en été portent les feuilles; aiguilles caduques, de consistance herbacée, vert clair, groupées en faisceaux sur les rameaux courts; cônes petits, gris brunâtre, à écailles minces ne se désarticulant pas à maturité, persistant plusieurs années sur les rameaux. — **3 :** Pivotant et traçant. — **4 :** Robuste ; le jeune plant est susceptible de résister aux froids comme aux ardeurs du soleil, mais dans les climats doux on fera bien de l'ombrager ; essence de lumière, couvert léger. — **5 :** Fructification précoce mais régulière seulement à l'âge moyen ; les cônes sont mûrs à l'automne et les graines se disséminent naturellement en hiver et au printemps ; la récolte des graines peut s'effectuer sur la neige glacée après gaulage des arbres, ou en cueillant à la main les cônes qu'on fait ouvrir à la chaleur ou qu'on broie. Le mélèze est difficile à élever en pépinière pendant les premières semaines qui suivent la germination ; la petite tige est délicate, et un coup de soleil peut la détruire ; on doit prendre beaucoup de soins pour l'abriter, sauf à la découvrir ensuite, car le mélèze est une essence à laquelle il faut beaucoup de découvert ; c'est dans sa station une bonne essence de premier boisement. — **6 :** Dans les Alpes il croît très lentement et peut vivre trois à quatre siècles ; introduit à des altitudes plus basses, il a une végétation remarquablement prompte, mais ses dimensions, sa longévité diminuent, et son bois devient de qualité très inférieure. — Le mélèze est traité en futaie claire, soit seul, soit associé au sapin, à l'épicéa ou au pin cembro ; il convient bien pour les pâturages boisés (présbois des Alpes). — **7 :** Construction, mâture, bardeaux, merrains, tonneaux, échalas, tuyaux de conduite, etc... ; combustible de moyenne qualité, bon charbon.

Micocoulier (*Celtis australis*, Lin.). — **1 :** Arbre de la région méditerranéenne souvent cultivé en taillis dans le midi en raison des usages spéciaux de son bois (petit bois d'industrie) ; tous terrains, ni trop légers, ni trop humides. — **3 :** Puissant, pivotant et traçant. — **4 :** Essence de lumière à couvert léger. — **5 :** Fructification annuelle abondante ; rejette, drageonne. — **6 :** Taillis simple dans la région du midi (Provence). — **7 :** Avirons, chevilles, cercles, échalas, gaules, cannes, manches de fouets, d'outils ; très bon combustible, charbon estimé.

Orme. — Les ormes sont des arbres à branches étalées, à rameaux allongés et grêles, à bourgeons petits (bourgeons et rameaux distiques), à feuilles généralement rudes au toucher, inéquilatérales à la base, à fleurs petites paraissant avant les feuilles, à fruits en samares planes, orbiculaires, à aile foliacée caractéristique. — Les ormes fructifient de bonne heure et abondamment ; les samares sont mûres au mois de juin ; le vent les dissémine en quelques jours et elles germent aussitôt ; aussi doit-on les semer immédiatement après la récolte.

Orme champêtre (*Ulmus campestris*, Smith). — **1 :** Grand arbre disséminé un peu partout, surtout dans les stations basses ; sols ni trop argileux, ni trop marécageux, ni arides. — **2 :** Ramification serrée avec nombreux rameaux grêles, régulièrement distiques ; écorce des jeunes rameaux dont le liège est souvent développé en côtes saillantes et cassantes (O. subéreux) ; feuilles du genre, relativement petites ; samare dont l'aile obovale de consistance membraneuse est fortement échancrée au sommet et renferme une graine placée au-dessus du milieu de la samare et touchant à l'échancrure. — **3 :** Pivotant et surtout traçant. — **4 :** Essence de lumière, couvert assez épais. — **5 :** Rejette et drageonne. — **6 :** Grande longévité, essence disséminée ; taillis simple et taillis-sous-futaie. — **7 :** Charronnage (moyeux), construction (affûts de canon), ébénisterie (broussins très recherchés) ; excellent combustible ; l'écorce fournit des nattes et des cordages ; les feuilles donnent un bon fourrage.

Orme de montagne (*Ulmus montana*, Smith). — **1 :** Arbre venant partout, mais surtout disséminé parmi les chênes, les hêtres et même les sapins dans les forêts de coteaux ou de montagnes, sur des sols variables, de préférence légers et frais ; croît même assez bien sur sols secs du calcaire jurassique et jusque dans les crevasses des rochers. — **2 :** Ramification moins dense que celle du champêtre et rameaux plus robustes ; feuilles relativement grandes, très rudes au toucher, nettement inéquilatérales à la base ; samare plus grande que celle du champêtre, à aile ovale, de consistance semi-herbacée, renfermant une graine au centre de la samare, ne touchant pas l'échancrure. — **7 :** Mêmes usages que celui de l'orme champêtre, mais de moins bonne qualité ; charbon léger.

Orme diffus (*Ulmus effusa*, Wild). — **1 :** Arbre disséminé dans les plaines et grandes vallées, spécialement dans l'est; sols frais et même humides. — **2 :** Cime irrégulière, diffuse, tige relevée au pied de côtes saillantes, feuilles molles finement pubescentes, samare petite, longuement pédicellée, dont l'aile est garnie sur les bords de poils denses. — **3 :** Pivotant et traçant. — **5 :** Rejette et drageonne abondamment. — **7 :** Rangé dans la catégorie des bois mous (orme blanc), n'est apprécié ni comme bois d'œuvre ni comme combustible.

Peuplier tremble (*Populus tremula*, Lin.). — **1 :** Arbre disséminé dans les bois des plaines et montagnes des régions tempérées, en sol frais ou humide pas trop compact (rarement en sol calcaire). — **2 :** Tronc longtemps lisse, gris verdâtre clair souvent ponctué de lenticelles (taches noirâtres) qui devient plus tard, surtout dans sa partie basse noirâtre, crevassé, à gerçures profondes ; bourgeons aigus, bruns, visqueux ; feuilles à pétiole long, grêle, aplati et presque toujours en mouvement ; feuilles des rejets ou drageons plus grandes, grises veloutées en dessous. — **3 :** Superficiel. — **4 :** Essence de pleine lumière, couvert très léger. — **5 :** Rejette mal, drageonne abondamment, se bouture moins facilement que les autres peupliers. — **6 :** Dépasse rarement soixante-dix à quatre-vingts ans ; taillis et taillis-sous-futaie ordinairement à l'état disséminé. — **7 :** Allumettes, pâte à papier, planches, voliges...; écorce renferme du tanin.

Le *peuplier blanc*, caractérisé par ses feuilles blanches argentées en dessous, le *peuplier noir* à cime très ample et inégale, le *peuplier pyramidal ou peuplier d'Italie* à ramification dressée le long du tronc, à cime resserrée et allongée en hauteur, croissent dans les terres fraîches, humides, et le long des cours d'eau ; ils rejettent et drageonnent abondamment et se bouturent facilement. Le *peuplier du Canada*, originaire de l'Amérique du Nord, très estimé pour les plantations sur le bord des routes et dans les prés, drageonne moins, mais se bouture avec une grande facilité.

Pin. — Les pins sont des arbres résineux caractérisés par leurs feuilles persistantes en aiguilles réunies à leur base par deux, par trois ou par cinq dans une gaine écailleuse ; par leurs cônes à écailles persistantes, généralement épaisses, ligneuses, présentant à leur extrémité un écusson saillant ; par leur ramification verticillée toujours nette dans le jeune âge (on peut déterminer l'âge d'un jeune pin en comptant sur l'axe principal, à partir du sol, le nombre de verticilles successifs) ; tous nos pins indigènes sont à deux feuilles (deux aiguilles dans la gaine écailleuse), sauf le pin cembro qui est à cinq feuilles.

Pin sylvestre (*Pinus sylvestris*, Lin.). — **1** : Régions montagneuses, mais très introduit en plaine pour le boisement, sauf au sud-ouest dans la région du pin maritime et sur le littoral de la Méditerranée dans la région du pin d'Alep ; s'élève à 1 100 mètres dans les Vosges, 1 550 mètres dans le Plateau central, 1 700 mètres dans les Alpes, 2 000 mètres dans les Pyrénées ; préfère les sols profonds, légers et frais, mais vient un peu partout ; sans refuser de croître sur les sols calcaires, il préfère de beaucoup ceux qui ne le sont pas.— **2** : Pin à fût en général tortueux, présentant à partir d'une certaine hauteur sur le tronc ainsi que les rameaux (spécialement chez les arbres vigoureux) une *coloration brun rougeâtre* caractéristique ; aiguilles assez courtes, de couleur vert clair non brillant ; cônes assez petits, gris mat. — **3** : Généralement pivotant et développé. — **4** : Très robuste, essence de lumière, couvert assez léger, puis léger avec l'âge. — **5** : Fructification précoce surtout à l'état isolé et abondante tous les trois à cinq ans; la récolte des cônes se fait en décembre-janvier, avant la dissémination des graines ; on les fait s'ouvrir à la chaleur (au soleil ou à l'étuve) et on brosse les cônes pour faire tomber les graines; la graine est facile à conserver jusqu'au printemps qui suit la récolte ; les jeunes plants sont faciles à élever en pépinière, très robustes, mais il faut protéger les semis contre les oiseaux pendant la germination. — **6** : Croissance rapide dès la deuxième ou troisième année, qui varie beaucoup avec conditions de sol, de climat et d'altitude ; peut vivre deux à trois siècles dans sa station, beaucoup moins en plaine. — En montagne et dans ses limites naturelles, il est traité seul ou mélangé en futaie aux révolutions de cent cinquante à deux cents ans ; en plaine et hors de sa station naturelle, il constitue des plantations qu'on exploite vers trente-cinq à soixante ans et qu'on régénère artificiellement. — Le pin sylvestre est l'essence la plus employée pour effectuer en terrain un premier boisement, (généralement par plantation). — **7** : Mâtures, construction madriers, planches, poteaux télégraphiques, étais de mines; combustible moyen (boulangers, région de Paris) ; bon charbon ; résine peu exploitée, les souches et les racines donnent du goudron.

Pin sylvestre de Riga (*Pinus sylvestris Rigensis*, Hort.). — De tous les pins sylvestres, le pin de Riga est celui qui mérite incontestablement la préférence à cause de sa beauté ; sa tige, parfaitement verticale, s'élève à une grande hauteur en conservant toujours une forme presque cylindrique. — Il serait à désirer que la graine de *Riga* se substituât partout pour les repeuplements, surtout en montagne, aux graines de pin sylvestre qui proviennent d'arbres de toutes sortes dont la forme est plus ou moins défectueuse.

Les repeuplements en *Pin de Riga* doivent se faire par plantations, à cause de la cherté de la graine ; cette graine germe bien en pépinière et donne des plants très vigoureux qui se repiquent avec facilité et dont la transplantation présente de grandes chances de succès.

Pin de montagne (*Pinus montana*, Mill.). — **1** : Arbre ou arbuste des hautes régions montagneuses; tous les sols, de préférence légers et frais et même sols tourbeux (pin à crochets). — **3** : Surtout traçant. — **4** : Essence de lumière, résiste au couvert. — **5** : Fructification très précoce, vers dix ans, abondante, continue. — **6** : Croissance lente, grande longévité ; forme à elle seule dans les hautes régions des Alpes et de Pyrénées (jusqu'à 2 500 mètres) des forêts étendues. Elle peut être utilement employée dans les reboisements aux grandes altitudes pour relever le niveau de la végétation forestière, créer des rideaux d'abri, etc. — **7** : Construction ustensiles de ménage ; chauffage estimé.

Pin noir d'Autriche (*Pinus Laricio austriaca*, Endl.). — **1** : Originaire des montagnes de la basse Autriche, le pin noir a été introduit en France un peu partout par le boisement, car il est peu exigeant et se contente des sols les plus secs, surtout calcaires. — **2** : Arbre élevé, trapu, à fût relativement court, à écorce écailleuse uniformément gris argenté; aiguilles serrées, assez longues, droites, rigides, d'un vert foncé ; cônes assez gros, jaune clair, luisants. — **3** : Traçant mais puissant. — **4** : Essence de lumière, supporte le couvert ; couvert épais. — **5** : Fructification vers trente ans, abondante tous les deux-trois ans ; semis en pépinière faciles à obtenir, jeunes plants robustes. — **6** : Plantations qu'on régénère artificiellement comme celles du pin sylvestre, spécialement sur sols calcaires secs (Champagne pouilleuse) où il est très utile. — **7** : Menue charpente, travail ; chauffage et charbon assez bons ; térébenthine exploitée en Autriche, analogue à celle du pin maritime mais moins abondante.

Pin Laricio de Corse (*P. L. Corsica*, Hort.). — **1** : Régions montagneuses de la Corse, sables granitiques, gras, moyennement frais. — **2** : Arbre plus élevé que le précédent, à fût très droit, à branches et à feuillage plus grêle. — **3** : Faible, d'abord pivotant, puis traçant. — **4** : Essence de lumière, couvert léger (moins léger que celui du pin sylvestre). — **5** : Fructification assez précoce mais irrégulière. — **6** : Belles futaies en Corse ; introduit hors de sa station, il redoute les grands froids ; apprécié pour boisements en certains sols siliceux légers. — **7** : Construction, travail, madriers, planches ; bon chauffage ; le résinage, peu productif, semble préjudiciable à l'arbre (fig. 7).

Pin Laricio de Calabre (*P. L. Calabrica*, Delam.). — **1** : Originaire des montagnes de la Calabre ; terrains siliceux un peu frais. — **2** : Arbre très élevé, à tige très droite, très soutenue. — **6** : Introduit un peu partout en France pour le boisement ; espèce rustique intéressante à propager parfois en lieu et place du pin sylvestre. — **7** : Bois, mêmes usages que le pin sylvestre auquel il serait plutôt supérieur.

Pin d'Alep (*Pinus Halepensis*, Mill.). — **1** : Plaines et collines calcaires de la région méditerranéenne, s'élève du littoral jusqu'à 1.000 mètres environ ; sols légers, surtout calcaires. — **2** : Taille faible ou moyenne, cime arrondie souvent écrasée au sommet, aiguilles longues, très étroites, molles, d'un vert clair, souvent groupées en pinceaux, à l'extrémité des rameaux. — **3** : Développé, en général pivotant, parfois

Fig. 7. — Perchis de noir d'Autriche de 17 ans éclairci une fois; au 1er plan 3 noirs d'Autriche de même âge se détachent du peuplement.

superficiel. — **4 :** Très robuste ; essence de lumière, couvert léger. — **5 :** Fructification précoce, régulière, abondante. — **6 :** Sobre, rustique, très robuste, est très précieux dans sa station pour boisement des versants arides, pierreux, rocheux et presque dépourvus de terre végétale des calcaires jurassiques ou crétacés, à toutes expositions, même en plein midi. — **7 :** Menues charpentes, pilotis, traverses, menuiserie commune, caisses, tonneaux, etc. ; combustible recherché dans les usines ; moins résineux que le pin maritime.

Pin maritime (*Pinus pinaster*, Soland). — **1 :** Espèce essentiellement littorale à l'état spontané, abondamment répandue dans la région sablonneuse qui borde le golfe de Gascogne (dunes et landes) de Bayonne à La Rochelle ; se retrouvant sur les versants méditerranéens des Pyrénées, puis dans la région granitique et porphyrique des Maures et de l'Esterel ; enfin dans la Corse ; propagée abusivement par semis bien au delà de son aire, jusque dans le centre, et même jusqu'au nord où il redoute la gelée et les grands froids. Essence calcifuge, très caractéristique des sols exempts de calcaire tels que les sols granitiques, porphyriques, schisteux, sablonneux ; vient de préférence sur les sols meubles, profonds et frais. — **2 :** Écorce épaisse, foncée, largement écailleuse, profondément gerçurée ; aiguilles longues, épaisses, charnues, d'un vert franc sur les deux faces, luisantes, souvent contournées sur elles-mêmes ; cônes gros, allongés et aigus, d'un roux vif et luisant. — **3 :** Pivotant et traçant. — **4 :** Essence de lumière, couvert faible. — **5 :** Fructification très précoce, vers quinze ans, abondante et presque continue à l'âge moyen ; dissémination en hiver et au printemps ; semis très facile à réussir. — **5 :** Végétation très prompte, longtemps soutenue : futaies gemmées sur le littoral du golfe de Gascogne ; ne produisant plus suffisamment de gemme au nord de la Gironde et sur le littoral de la Méditerranée pour être résiné ; excellente essence de boisement direct par semis pour toute la région du Sud-Ouest sur les sols sableux (dunes et landes).

Pin cembro (*Pinus cembra*, Lin.). — **1 :** Arbre de végétation extrêmement lente, ordinairement disséminé dans les régions les plus élevées des Alpes, de préférence sur les sols frais, profonds et humides. — **2** : Aiguilles réunies par cinq dans une gaine écailleuse, cônes moyens, d'un brun violacé, à écailles peu ligneuses ; graines grosses, comestibles. — **3** : Développé, d'abord pivotant puis traçant. — **4** : Robuste, essence de lumière, couvert assez épais. — **5** : A partir de cinquante ans, abondante tous les quatre à cinq ans. — **7** : Peu propice aux constructions ; menuiserie, sculpture, jouets, bardeaux... ; combustible médiocre ; amande du fruit comestible, donne huile assez agréable.

Pin Weymouth (*Pinus strobus*, Lin.). — **1** : Originaire de l'est de l'Amérique du Nord, cet arbre a, en France, une croissance très rapide dans les plaines et régions peu élevées à sol profond, frais ou légèrement humide. — **2** : Feuilles longues, très grêles, réunies par cinq dans une gaine écailleuse, rudes au toucher quand on les passe à rebours entre les doigts. — **3** : Très puissant, pivotant et traçant. — **4** : Très rustique, essence de lumière, couvert assez complet. — **5** : Fructification précoce, régulière, abondante tous les deux ou trois ans. — **6** : Croissance active, soutenue ; belles plantations dans les stations qui lui conviennent. — **7** : Bois de qualité variable ; menuiserie commune, caisses, pâte à papier ; combustible médiocre.

Prunier épineux ou épine noire ou prunellier (***Prunus spinosa*** Lin.). — **1** : Arbrisseau commun dans les haies et les bois (lisières) sur tous les sols, même les plus secs. — **3** : Traçant. — **5** : Fructifie abondamment en septembre, octobre et donne un fruit bleu noirâtre charnu (la prunelle), dont le noyau doit être semé au printemps.

Le Prunier de Briançon, dont le fruit est jaune, charnu et sans saveur, se rencontre dans les vallées des Alpes jusqu'à 1 500 mètres d'altitude ; il est peu difficile au point de vue du sol et pousse sur les coteaux pierreux.

Robinier faux Acacia (*Robinia pseudo-acacia*, Lin.). — **1** : Arbre de l'Amérique du Nord introduit en France en plaine, coteau et basse montagne de préférence sur sols légers un peu frais ; rustique et vient un peu sur tous les sols. — **2** : Tronc à écorce épaisse profondément gerçurée ; bourgeons très petits, complètement enfermés entre deux fortes épines ligneuses :

feuilles composées de folioles à consistance herbacée ; fleurs blanches odorantes, groupées en belles grappes pendantes ; fruits en gousses brunes moyennes, assez longues. — **3** : D'abord pivotant, ensuite traçant. — **4** : Très rustique, essence de lumière, couvert léger. — **5** : Il fructifie abondamment en automne ; sa graine, facile à conserver, est semée au printemps et germe au bout de dix à quinze jours ; il rejette et drageonne abondamment. — **6** : Taillis et taillis-sous-futaie ; planté en bon sol, il devient un très bel arbre et donne de belles plantations claires ; ses branches sont facilement cassées par le vent ; précieux pour fixer les terres meubles en pente à cause de son enracinement solide et étendu, de ses rejets et surtout de ses drageons. — **7** : Bois jaunâtre, lourd, dur, élastique, durable, excellent pour rais de voiture, échalas, tuteurs, cercles, chevilles, parquets, meubles, ouvrages de tour... ; bon combustible, charbon médiocre ; ses feuilles peuvent servir de fourrage.

Sapin pectiné (*Abies pectinata*, D. C.). — **1** : Grand arbre résineux n'occupant à l'état spontané que les régions véritablement montagneuses : Vosges, Jura, Plateau central, Alpes, Pyrénées et Corse. Il caractérise une région bien définie, comprise entre celle de la vigne et du chêne d'une part et celle de l'épicéa d'autre part ; une atmosphère humide (moins humide que pour l'épicéa) lui convient bien. En France, il ne se rencontre qu'à l'est et au sud d'une ligne brisée qui, partant d'Épinal, passe successivement à Bourg, Clermont, Aurillac, Carcassonne et aboutit en suivant les Pyrénées à Bayonne ; à l'ouest de sa limite occidentale on le trouve par taches isolées, notamment aux environs de Bagnoles, dans l'Orne. On le trouve aux altitudes suivantes : 200 à 1 200 mètres dans les Vosges ; 400 à 1 400 mètres dans le Jura ; 500 à 1 500 mètres dans le Plateau central ; 600 à 2 000 mètres dans les Alpes ; 700 à 2 100 mètres dans les Pyrénées, 800 à 2 100 mètres en Corse. Indifférent à la composition minéralogique du sol, il aime les terrains profonds, frais, divisés, fertiles ; toutefois il prospère sur les plateaux calcaires du Jura où les racines pénètrent jusque dans les moindres fissures des rochers ; il craint les sols marécageux, les sables maigres. —

2 : Arbre résineux à fût droit, à écorce blanchâtre, restant longtemps lisse, à branches verticillées [sur l'axe] principal et à rameaux et ramules étalés dans un seul plan sur les branches, les ramules à écorce toujours lisse, non striée ; aiguilles persistantes, isolées, planes, non pointues au sommet, étalées dans un seul plan à droite et à gauche des rameaux (pectinées), d'un vert foncé luisant au-dessus, munies en dessous de deux raies blanches (stomates) ; cônes dressés, à écailles minces, se désarticulant sur l'arbre à l'automne. — **3 :** Profond et puissant. — **4 :** Délicat, essence d'ombre, couvert épais. — **5 :** Fructification assez régulière et assez abondante à partir de soixante à soixante-dix ans ; les cônes mûrissent et se désarticulent sur l'arbre en septembre-octobre ; on les récolte à la main avant désarticulation ; on les place par couches minces sur un plancher, on les remue à la pelle et ils se désarticulent ; on ne doit pas séparer les graines des écailles, afin qu'elles fermentent moins facilement ; la conservation des graines de sapin est difficile, et on sème de préférence à l'automne, sinon on les stratifie dans du sable. Le sapin est une essence délicate surtout dans les premières années et le jeune plant a besoin d'abri ; en aucun cas on ne doit employer cette essence pour un premier boisement en terrain nu. — **6 :** Pousse très lentement jusqu'à dix et quinze ans ; entre sept à dix ans il forme des verticilles réguliers, puis sa végétation devient plus rapide ; il vit deux cents à trois cents ans, parfois davantage. Futaies pures et mélangées ; c'est essentiellement l'arbre des peuplements d'âges multiples et du jardinage. En dehors de ses stations naturelles, il ne donne rien de bon. — **7 :** Bois dépourvu de résine ; charpente, planches, madriers, poutres, bardeaux, menuiserie, ébénisterie, tuyaux... médiocre combustible, renferme ampoules résinifères dans l'écorce, résinage peu productif.

Saule. — Les saules sont des arbrisseaux ou petits arbres précieux, pour boiser les terres submergées pendant l'hiver ; on les rencontre de préférence sur le bord des fleuves et rivières et dans les terrains humides ; — on les reconnaît généralement à leurs rameaux lisses et flexibles (osiers), à leurs bourgeons recouverts d'une seule écaille qui les entoure complètement ; à leurs feuilles le plus souvent à limbe allongé et peu large, à leurs fleurs en chatons soyeux dont la floraison est précoce. Ils rejettent abondamment de souche, drageonnent et se propagent ordinairement assez facilement par boutures et plançons. Un grand nombre d'espèces, variables suivant les régions et les altitudes, sont utilisées dans les terrains humides pour la consolidation des sols en pente et le boisement des berges ou atterrissements des cours d'eau.

Saule marceau (*Salix caprea*, Lin.). — Le plus répandu en forêt ; petit arbre très commun sur tous les sols, sauf dans le Midi et dans l'Ouest ; il appartient au groupe peu nombreux des saules à larges feuilles, à pousses non effilées, noueuses et peu flexibles ; il fructifie abondamment, rejette bien de souche, mais se propage difficilement par boutures.

Saule blanc (*S. alba*, Lin.). — Grand et bel arbre, assez rare en forêt, plutôt disséminé dans les plaines et les vallées sur les sols légers, frais ou humides, dans les prés et au bord des ruisseaux ; il est caractérisé par ses feuilles longues et étroites, soyeuses, argentées surtout en dessous, et ses rameaux flexibles ; — il rejette, drageonne, se propage par boutures et par plançons et est par suite d'une introduction très facile.

Sorbier domestique ou Cormier (*Sorbus domestica*, Lin.). — **1 :** Bel arbre disséminé dans les bois et les haies de toute la France ; paraît rechercher les sols calcaires. — **2 :** Écorce brun noirâtre qui devient rapidement rugueuse ; bourgeons assez gros, verdâtres, visqueux ; feuilles composées de folioles incomplètement dentées sur les bords ; fleurs blanches assez grandes, groupées en inflorescences, peu fournies ; fruit comestible en forme de petite poire ou de petite pomme (sorbe ou corme). — **3 :** Surtout pivotant. — **4 :** Essence de lumière, couvert léger. — **5 :** Fructification peu constante ; ses graines, semées à l'automne, germent au printemps suivant ; rejette assez abondamment ; drageonne. — **6 :** Croissance lente, très grande longévité, cinq cents à six cents ans ; disséminé en sol calcaire dans taillis et taillis-sous-futaie. — **6 :** Bois très dur, très homogène, très compact et apprécié ; sculpture, tour, ébénisterie, outils, armes ; excellent chauffage ; les fruits, comestibles après maturité, donnent une sorte de cidre.

Sorbier des Oiseleurs (*Sorbus aucuparia*, Lin.). — **1 :** Arbre disséminé un peu partout, mais surtout en montagne, où il atteint de grandes altitudes ; sur tous les sols frais et légers. — **2 :** Écorce reste grise et lisse jusqu'à un âge avancé ; bourgeons latéraux appliqués contre les rameaux, noirâtres, velus, non visqueux ; feuilles composées de folioles finement dentées ; fleurs blanches, petites, groupées en inflorescences fournies ; fruits sphériques lisses, d'un rouge corail à maturité, pulpeux et non comestibles, groupés en inflorescences fournies. — **3 :** Pivotant et traçant. — **4 :** Essence de lumière, couvert léger. — **5 :** Fructification annuelle, abondante ; la semence conservée après dessiccation du fruit et semée au printemps, germe en trois et quatre semaines ; rejette et drageonne facilement. — **6 :** Croissance assez active, longévité moyenne ; essence disséminée. — **7 :** Mêmes usages que celui de l'alisier blanc.

Sureau noir (*Sambucus nigra*, Lin.). — Arbrisseau ou petit arbre à feuilles, bourgeons et rameaux opposés, qu'on rencontre dans les régions peu élevées, sur les sols riches et frais, souvent calcaires ; il a la propriété de se reproduire par boutures. — Il est caractérisé par ses rameaux gros, à branches tortueuses, à moelle très développée, *blanche* ; par ses feuilles composées ; ses fleurs blanches groupées sur un même plan en inflorescence fournie ; par ses fruits (petites baies globuleuses) groupés de la même façon et noirs à maturité.

Sureau rouge ou Sureau à grappes (*Sambucus racemosa*, Lin.). — Arbrisseau à feuilles, bourgeons et rameaux opposés, très commun dans les forêts de montagne, en sol frais et fertile. — Il est caractérisé par ses nombreux rejets assez gros, fragiles, à moelle assez abondante *brun rougeâtre*, par ses feuilles composées, ses fleurs jaune verdâtre peu abondantes, disposées en grappes dressées ; par ses fruits (petites baies globuleuses) groupés de la même façon et rouge-corail à maturité.

Tilleul. — Les tilleuls sont de beaux arbres qu'on trouve à l'état disséminé dans beaucoup de forêts, de plaines et surtout de collines (en montagne dans le Midi) ; ils recherchent les sols frais et humides, et de préférence les sols calcaires ; ils fructifient abondamment à partir de vingt à vingt-cinq ans ; leurs graines sont mûres en automne ou pendant l'hiver ; on les conserve dans du sable et dans un endroit frais ; semées au printemps suivant, elles ne germent que partiellement et la presque totalité ne germe qu'une année après ; ils rejettent vigoureusement de souche et drageonnent parfois.

Le *tilleul à petites feuilles* est caractérisé par un fruit petit, à parois minces et à côtes peu ou point apparentes ; le *tilleul à grandes feuilles* est caractérisé par un fruit plus gros, à parois ligneuses et à côtes saillantes.

Le bois des tilleuls, léger, mou et homogène, est employé pour des usages spéciaux : ébénisterie (meubles), sculpture, tour, échelles, perches, sabots, crayons... ; combustible médiocre ; charbon léger (poudre et dessin). L'écorce (tille) sert à faire des nattes, tapis, paniers, chaussons, cordes, liens. Les fleurs servent pour infusions.

III. — FORÊT ET PEUPLEMENT.

La forêt, de prime abord, est un simple assemblage d'arbres qui naissent, grandissent et meurent sur un sol supposé indéfiniment fertile. Mais en fait, si la forêt se développe sous la seule action des forces qui se meuvent à la surface du globe, son état de végétation est fonction des milieux qui la nourrissent ; si les arbres s'associent ou s'excluent, c'est pour obéir à des exigences physiologiques. Aussi de semblables associations ne peuvent-elles être considérées comme une réunion fortuite de sujets indépendants les uns des autres. Dès que les arbres sont groupés en *massif*, on les voit perdre peu à peu leur individualité, pour concourir à la formation de cet être *nouveau, unique* qu'on appelle la *forêt*. Celle-ci, avec des conditions d'existence et des propriétés spéciales, avec des aptitudes et des besoins qui lui sont particuliers, fonctionne à la façon d'un organisme complexe, dans lequel les végétaux, l'atmosphère et le sol entrent comme facteurs.

En sylviculture on entend : par massif forestier, ou *massif boisé*, un ensemble de bois et forêts, autrement dit une superficie plus ou moins étendue de terrain occupée par des arbres, sans aucune distinction d'essences, d'âge, d'origine et de groupement ; par *peuplement*, la réunion d'un grand nombre d'arbres, en un tout limité, de même nature et indépendant, qui fait l'objet d'un traitement ou d'une exploitation forestière. La réunion d'un certain nombre de peuplements forme une forêt.

Si une partie du peuplement se distingue de l'ensemble, par l'essence, l'âge ou la croissance des sujets, mais se trouve en rapport plus ou moins intime avec lui, elle forme ce qu'on appelle un *bouquet* ou un *groupe* (le groupe a moins d'étendue que le bouquet).

1. — Formation en massif.

Peuplement plein, peuplement clairiéré. — Un terrain dit boisé est occupé par des arbres, autant que possible

Fig. 8. — Peuplement plein ou bon massif. Pins sylvestres et bouleaux avec sous-étage d'épicéas. Forêt de Tharandc (Saxe).

à l'exclusion de toute autre végétation ; l'intervalle qui sépare les arbres peut être très variable, mais l'espace occupé par chaque arbre dans l'atmosphère correspond à un espace semblable occupé par les racines dans le sol. L'ensemble des arbres constitue un peuplement dont la consistance dépend du nombre de tiges ainsi que de la densité du feuillage des cimes.

Si le terrain occupé par les arbres est entièrement couvert par les cimes, le peuplement est dit formé *en massif* ; il importe peu pour cela que les cimes se superposent ou non en plusieurs étages. Le massif est *serré* quand les branches des arbres voisins s'entrelacent entre elles ; il n'existe plus dès que les cimes des arbres sont isolées.

La formation en massif comporte donc une infinité de degrés intermédiaires, entre l'état parfait où les cimes se superposent et empiètent largement les unes sur les autres, et l'état opposé où le couvert n'existe que partiellement ; c'est ce degré qu'on exprime dans la pratique en se servant des expressions : *peuplement plein — massif serré — bon massif*, si les cimes de tous les arbres se touchent l'une l'autre et sont entrelacées (fig. 8) ; *massif suffisant*, ou simplement *massif* si les cimes des arbres se touchent sans s'entrelacer lorsqu'elles ne sont pas agitées par le vent ; *peuplement interrompu* si les cimes des arbres ne se touchent que par certains points ou lorsqu'elles sont agitées par le vent, et peuplement *entrecoupé — clairiéré — clair-planté*, si les arbres ou groupes d'arbres sont séparés par des vides, des clairières. Dans ces derniers cas, le peuplement n'est plus formé en massif, et le sol n'est plus entièrement couvert par un dôme de verdure complet continu.

On nomme *clairières* les surfaces de peu d'étendue, à peu près dégarnies de bois, où les arbres sont rares et disséminés, et où, dans l'intervalle des arbres, l'état superficiel du sol est dégradé par suite d'un couvert insuffisant. Les *vides* sont des surfaces plus étendues, complètement dégarnies d'arbres, et tout au plus couvertes de morts-bois, c'est-à-dire d'arbustes et d'arbrisseaux. Enfin si les clairières et les vides occupent de grandes étendues, le terrain prend la dénomination de *terres vaines ou vagues*.

Le degré de perfection d'un massif dépend de trois causes principales : la fertilité de la station ; le tempérament et le couvert de l'essence ; l'âge du peuplement.

La fertilité de la station influe sur la qualité du massif ; dans une bonne station, où les sujets vigoureux tendent à prendre une cime forte et bien fournie, c'est moins le nombre des sujets que le développement individuel des cimes qui concourt à la perfection du massif.

Le tempérament et le couvert d'une essence sont en rapport intime avec le massif qu'elle forme ; les essences d'ombre à feuillage épais donnent des peuplements mieux formés en massif que les essences de lumière à feuillage clair.

L'âge du peuplement agit sur l'état de massif en ce sens que, dans la jeunesse et l'âge adulte, le massif est généralement plus parfait que dans la vieillesse et dans la vieillesse extrême, époques auxquelles il se fait naturellement du desserrement et des clairières.

2. — Influence de l'état de massif sur les individus.

Forme forestière. — L'arbre qui croît en massif, enserré de toutes parts par les sujets voisins, est soumis à des conditions spéciales de milieu, qui modifient d'une façon sensible sa manière d'exister ; privé latéralement de lumière par le feuillage des arbres voisins, il cherche toujours à s'élever au-dessus d'eux ; tous les sujets se poussent en hauteur, il y a lutte pour la lumière, c'est-à-dire pour la vie ; les dernières branches seules restent assez éclairées pour demeurer vivantes, et la tige se dégarnit de plus en plus ; d'ailleurs ces branches elles-mêmes ne peuvent s'allonger sans se heurter à celles des arbres voisins. Aussi la forme spécifique de chaque sujet disparaît-elle ou à peu près pour faire place à une *forme forestière* uniforme. L'arbre tend à prendre un fût démesurément long surmonté par une cime grêle (fig. 9).

Nous examinerons successivement l'influence qu'exerce l'état de massif sur l'accroissement en hauteur, l'accroissement en diamètre, puis en volume.

Accroissement en hauteur. — Nous distinguons trois cas : A. *L'arbre est susceptible de dépasser en hauteur le massif qui l'entoure.* — Cet état se produit si le massif est constitué par des végétaux de moindre importance forestière, incapables d'avoir la même végétation, et par suite incapables d'atteindre la même hauteur ; ou si le massif est constitué par des végétaux du même genre recépés périodiquement avant qu'ils n'aient atteint la hauteur qu'ils sont susceptibles d'acquérir...

Dans ce cas, le massif, par le couvert latéral qu'il exerce, augmente l'effet de l'élagage naturel ; l'arbre allonge ses jeunes pousses terminales pour aller chercher la lumière, pendant que les branches, privées de lumière par le massif contigu, disparaissent peu à peu dans toute la région enserrée par les sujets environnants.

Le fût de l'arbre est donc plus long que dans le cas de l'arbre isolé, et la cime s'étale au-dessus du massif, tendant à y prendre sa forme naturelle.

Cette forme forestière ne diffère de la forme spécifique de l'arbre que par une cime plus élevée, mais normalement étalée et par un fût plus allongé. Ce cas se présente pour toutes les réserves de taillis-sous-futaie (fig. 10).

Pendant la croissance de l'arbre, spécialement chez certaines essences (le chêne, par exemple), un grand nombre de bourgeons ont pu rester à l'état proventif dans toute la partie de la tige privée de lumière par le massif. Lorsque, pour une cause quelconque, ce massif vient à disparaître, un certain nombre de ces bourgeons, frappés par la lumière, se développent et donnent naissance, le long du fût de l'arbre, à des branches gourmandes.

B. *L'arbre fait partie intégrante d'un massif serré.* — Cet état se produit si l'arbre est destiné à croître avec le massif qui le suit en hauteur.

Dans ce cas, la lutte pour la vie est intense ; chaque arbre allonge ses pousses terminales pour aller chercher la lumière au-dessus du massif et tous les sujets se poussent en hauteur, pendant que leurs branches latérales, serrées par les sujets voisins, tendent à disparaître et que la tige se dégarnit de plus en plus. Les dernières branches seules sont assez éclairées pour demeurer vivantes, mais elles ne peuvent s'étaler librement ; elles se bornent à occuper la place qui leur est strictement mesurée ; la cime reste grêle, resserrée par celles des sujets voisins qui l'arrêtent dans son développement, et est portée à l'extrémité d'un fût démesurément long (fig. 9).

Cet état persiste tant que les circonstances spéciales qui l'ont provoqué ne viennent pas à changer. Deux modifications peuvent survenir :

a. Cette cime étriquée trouve tout à coup, par la disparition voulue ou accidentelle d'un ou de plusieurs sujets voisins, une nouvelle place au soleil ; les branches demeurées vivantes vont aussitôt chercher à s'étendre, à s'étaler librement du côté du jour, jusqu'à ce qu'elles rencontrent un obstacle qui les arrête. Nous verrons plus tard que dans un massif, l'homme sait créer ainsi artificiellement des places libres à côté des cimes qu'il veut développer pour favoriser la croissance des sujets d'avenir ; c'est le principe des éclaircies.

b. L'arbre se trouve subitement isolé de tous les sujets qui l'entourent ; on voit alors sa cime dépérir ; son fût est souvent envahi par des branches gourmandes qui hâtent la mort en cime, et l'arbre est destiné à mourir, s'il n'est pas capable (soit en raison de son essence ou de son âge, soit en raison de conditions favorables de végétation) de développer, en dessous de la première cime, un certain nombre de bourgeons proventifs, et de se créer une nouvelle tête. L'arbre présente alors une cime plus basse, de forme plus normale, et porte en tête de cette nouvelle cime, tout à fait au sommet de l'arbre, des branches mortes.

Ajoutons qu'un arbre subitement isolé est très exposé à être renversé par les vents, si on n'a pas eu soin de le préparer progressivement à cet état d'isolement.

Fig. 9. — Chêne de futaie (forme forestière).
Forêt de Bercé (Sarthe).

C. *L'arbre ayant cru à l'état isolé, se trouve peu à peu enserré au milieu d'un jeune massif qui s'élève autour de lui.*

Au fur et à mesure que ses branches basses sont atteintes par le couvert qui se crée autour d'elles, elles dépérissent et meurent; les pousses terminales recommencent à croître, et l'arbre cherche à se constituer une nouvelle cime, au-dessus du massif naissant qui l'envahit, ou dans la place que lui laissent encore les sujets voisins.

Il est à remarquer que dans ce cas la mort des grosses branches latérales est la cause de tares nombreuses qui se propagent dans le bois et abrègent l'existence de l'arbre.

Accroissement en diamètre. — Pour un même arbre, et dans des conditions de sol, de climat et d'exposition identiques, l'épaisseur des accroissements en diamètre varie beaucoup sur toute la hauteur de l'arbre, ce qui tend à donner au fût une forme géométrique se rapprochant tantôt du cylindre, tantôt du cône, tantôt de volumes plus compliqués. MM. Boppe et Jolyet rapportent les faits suivants exposés par M. le docteur Nordlinger :

a. Dans un jeune arbre garni de ses branches depuis le sol, conséquemment isolé, les accroissements s'amincissent régulièrement de la base au sommet ; la forme de la tige est conique.

b. Quand les branches inférieures sèchent naturellement, les accroissements présentent leur plus grande épaisseur dans le voisinage et au-dessous des premières branches vives ; ils s'amincissent de là jusqu'au pied ; la tige se rapproche du paraboloïde.

c. A l'état de massif, les couches deviennent de plus en plus larges par le haut, souvent deux ou trois fois plus larges qu'au pied ; elles donnent à la tige une forme cylindrique.

d. L'arbre en massif qu'on isole s'accroît dans l'ordre inverse, c'est-à-dire que les grossissements supérieurs s'amincissent, tandis que les inférieurs s'élargissent ; la tige a des tendances à revenir à la forme conique qui est la plus générale chez les arbres crûs isolément.

Accroissement en volume. — L'accroissement en volume d'un arbre est la résultante de son accroissement en hauteur et de son accroissement en diamètre.

Nous empruntons à M. Huffel les conclusions suivantes :

a. *Pour un arbre isolé*, très vigoureux, dont rien ne vient contrarier le libre développement dans toutes les directions, aussi bien dans le sol que dans l'atmosphère, les accroissements annuels de volume (quantité de bois qu'un arbre ajoute chaque année à son volume) suivent une marche ascendante depuis la naissance, et cette marche ascendante persiste parfois jusqu'à la maturité de l'arbre, c'est-à-dire jusqu'à l'époque où on ne peut plus différer sa récolte sans le voir perdre de sa qualité pour la consommation.

Le plus souvent néanmoins cette marche ascendante s'arrête de bonne heure, à partir par exemple du moment où l'accroissement en hauteur se ralentit d'une façon notable ; les accroissements annuels de volume deviennent presque constants, de sorte que ce volume varie alors à peu près proportionnellement au temps. Quelquefois même, des arbres qui ont eu dans la jeunesse une croissance rapide, la ralentissent à un âge plus ou moins avancé.

b. *Pour un arbre réservé dans les taillis-sous-futaie*, dont la cime reste toujours à l'état libre au-dessus du taillis, mais dont les fûts sont tantôt exposés à la lumière et à la chaleur, tantôt englobés dans un massif, il paraît probable que la coupe du taillis produit une augmentation dans l'accroissement des arbres de réserve.

c *Pour un arbre enserré dans un massif*, le plus ou moins d'espace dont dispose l'arbre influe sur la marche de l'accroissement ; l'état de massif serré entrave d'une façon générale le développement de l'arbre, et par contre (fait très important, sur lequel repose toute la pratique

Fig. 10. — Chêne de taillis-sous-futaie (forme forestière). (Jolyet.)

des éclaircies), si l'on vient à dégager un arbre dont la végétation a été contrariée, on le voit bientôt reprendre un accroissement beaucoup plus considérable.

M. Huffel conclut de ce qui précède que l'état de massif exerce une influence prépondérante sur les conditions de la croissance ; le développement relatif de la tige et des branches des arbres, et la proportion entre la hauteur et le diamètre du tronc en dépendent principalement.

Chez l'arbre ayant crû à l'état isolé, le bois des branches a beaucoup plus de développement que celui du tronc, parfois même il le dépasse notablement en volume ; le fût est relativement court et la supériorité de la production ne peut se traduire que par une augmentation de diamètre du tronc, et du développement des branches.

Chez l'arbre ayant crû à l'état de massif, le fût est très développé en longueur et la cime est resserrée, étriquée, confinée à la partie supérieure de l'arbre ; le bois des branches a beaucoup moins de développement que celui du tronc, et lui est toujours notablement inférieur en volume.

3. — Influence de l'état de massif sur la fertilité de la station.

La culture forestière s'applique à transformer par l'intermédiaire de la plante les matières fertilisantes du sol et de l'atmosphère en produits échangeables de plus haute valeur ; mais, à l'inverse de ce qui se passe en agriculture, il n'est généralement pas admis qu'on donne au sol forestier des façons culturales et qu'on lui apporte des restitutions sous forme de fumure et d'engrais. Malgré cela, la forêt est considérée à juste titre comme susceptible de maintenir les terres à bois dans des conditions physiques et chimiques favorables à leur fertilité et même comme capable d'améliorer dans une certaine mesure les conditions de fertilité d'un terrain boisé. L'instrument dont elle se sert est la *couverture du sol*, et cette couverture dépend de l'état du massif.

Action de la forêt sur le sol. — L'action de la forêt sur le sol ne peut être envisagée qu'après avoir défini d'une part la culture forestière et d'autre part la récolte.

La forêt produit lentement un matériel ligneux qu'on réalise au moment de l'exploitation, et la récolte des produits tend à appauvrir le sol forestier. Cette action appauvrissante devient très marquée, souvent même prépondérante, si à la récolte des produits ligneux proprement dits (bois de chauffage, bois d'œuvre, etc.) se joignent des enlèvements continus et abondants de feuilles vertes, de rameaux ou de brindilles pour le bétail, de feuilles mortes, d'humus ou de terreau forestier comme litière ou comme fumure pour les champs, de glands, de faînes, etc., ainsi que des extractions abondantes et périodiques des produits accessoires du sol forestier. Considérée à ce point de vue, la culture forestière ne présente plus rien qui la distingue des autres cultures agricoles ; effectuée sans restitution d'aucune sorte, elle devient essentiellement épuisante pour le sol dont la fertilité décroît alors d'une façon plus ou moins lente, mais continue et très progressive.

Mais tel n'est pas le cas que nous envisageons. Nous considérons la forêt comme une culture spéciale, uniquement destinée à produire de la matière ligneuse, c'est-à-dire des troncs d'arbre et des branches. Dès lors une longue période de jachère sépare les exploitations successives. Pendant cette période de repos, le feuillage des arbres tombe chaque année sur le sol qui se couvre d'une *couverture morte* caractéristique des sols boisés ; les semences des forêts, les bois morts, les brindilles et tous les débris végétaux qui tombent sur le sol s'incorporent à cette couverture morte, soit directement, soit après avoir servi d'aliment aux rongeurs et aux petits animaux de toute espèce qui pullulent dans le sol des forêts, animaux dont les déjections et le corps reviennent tôt ou tard au sol boisé ; il en est de même lors des exploitations pour les débris, les déchets, les écorces si elles ne sont pas utilisées ; les souches et les racines des arbres restent, sauf exception, dans le sol où elles se pourrissent lentement, si elles ne sont pas susceptibles d'émettre des rejets ou des drageons. Seules les tiges ligneuses, transformées après l'abatage en stères de chauffage ou en bois d'œuvre, en étais de mine ou en produits commerciaux utilisables, sont enlevées au moment des exploitations. La récolte nous apparaît ainsi comme très peu riche en éléments minéraux puisés par les racines dans le sol ; strictement limitée au bois ayant acquis une certaine dimension, elle devient beaucoup moins épuisante que la récolte agricole.

La *couverture morte des forêts* accumule la matière organique d'origine végétale qui renferme, outre les éléments puisés à l'atmosphère, la plus grande partie des principes utiles que la forêt a puisés au cours de son existence dans le sol ; tous ces matériaux sont destinés à être naturellement restitués au sol forestier ; l'analyse chimique les y a retrouvés et les a suivis dans les transformations qu'ils subissent. Les déchets qui constituent à la surface du sol une couverture continue se fragmentent d'une façon incessante, se pourrissent et se transforment au fur et à mesure qu'ils sont recouverts par de nouveaux débris ; ils se transforment peu à peu en une matière pulvérulente, très hygroscopique, de couleur brune ou noire, qui dégage une odeur spéciale de moisissure et qu'on appelle humus ou terreau forestier.

L'humus ainsi fabriqué est une substance de composition très complexe dans laquelle nous devons rencontrer de l'eau, des matières ternaires non azotées qui renferment du carbone, de l'hydrogène et de l'oxygène, ainsi que des matières azotées où l'azote se trouve à l'état organique, et enfin des éléments minéraux divers. Sous l'action des bactéries et des ferments du sol, et grâce à la présence de réactifs tels que l'acide humique, la chaux, la potasse, la nature associe ces divers éléments par des formules dont elle a le secret pour faire de l'humus le principal élément de fertilité des sols.

Le *sol forestier* normalement constitué est formé d'assises successives qui se trouvent superposées dans le sens de la profondeur de la manière suivante : 1° *couverture morte* formée de débris organiques non encore décomposés ; 2° *humus* ou terreau proprement dit ; 3° *terre végétale* formée par le mélange des éléments du sous-sol minéral ou de la terre brute avec le terreau ; 4° *sous-sol minéral* ou terre minérale constituée par les débris de roches de la base minéralogique sous-jacente non encore imprégnées de matière organique ; 5° assise géologique en place (fig. 11 et 12).

C'est par la création, l'entretien et le mélange de ces diverses assises que la forêt exerce sur le sol une action essentiellement améliorante.

Action de la forêt sur la richesse en éléments nutritifs du sol. — Par l'humus abondant que la végétation forestière accumule sans cesse dans les couches superficielles du sol, la forêt assure, dans la plupart des cas, d'une façon naturelle et spontanée, la formation d'une terre végétale riche en éléments assimilables ; tout au moins ces résidus de la matière organique restituent-ils au sol la plus grande partie de ce que la végétation forestière lui a pris.

D'autre part, les décompositions et les désorganisations de la matière organique qui se produisent au sein de la masse du terreau constituent un milieu meuble, humide, très riche en acide carbonique ; un tel milieu est essentiellement favorable à la dissolution des principes fixes du sol minéral, c'est-à-dire des éléments minéraux contenus dans les roches sous-jacentes ; suivant l'heureuse expression du professeur Henry, l'humus met en valeur la *réserve du sol* pour la transformer en éléments assimilables. Cette mobilisation de la réserve du sol sous l'influence de la vie du peuplement compense largement la perte de matériaux précieux exportés pour la récolte bois.

Enfin l'humus enrichit notablement le sol en azote assimilable ; grâce à lui, les puissantes assises pénétrées par les racines fixent sous une forme stable l'azote ammoniacal de l'air dont une faible quantité, sans cesse renouvelée, existe dans l'air et dans les eaux météoriques ; la matière organique d'origine végétale se montre plus favorable que nuisible à l'important phénomène de la nitrification, c'est-à-dire à la transformation de l'azote organique en azote nitrique assimilable ; les composés humiques paraissent favoriser le développement de microbes fixateurs d'azote, et les feuilles mortes, par l'intermédiaire de microorganismes encore mal déterminés, analogues à ceux des nodosités radiculaires des légumineuses, paraissent fixer directement l'azote de l'atmosphère.

Sous ces influences diverses, des restitutions d'une part, et des gains importants d'autre part en éléments fertilisants s'effectuent au sein du sol boisé pendant les longues périodes de calme qui séparent les exploitations périodiques des produits forestiers ; ces restitutions et ces gains contribuent à enrichir le sol forestier en éléments nutritifs et à accroître ou tout au moins à maintenir la fertilité de la station.

Fig. 11. — Coupe du sol [illegible].

[illegible] couverture morte ; [illegible] ; [illegible] ; sol minéral ; [illegible].

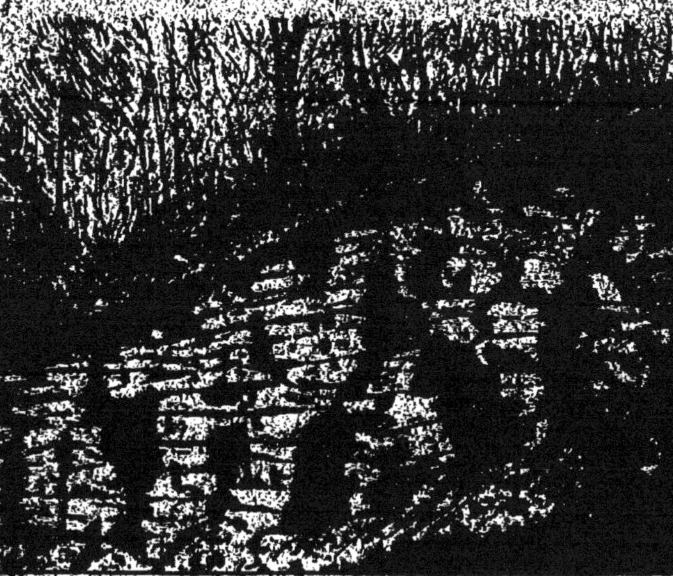

Fig. 12. — Sol et sous-sol [illegible].

[illegible] disposés par [illegible] horizontales, sol peu profond.

Action de la forêt sur les propriétés physiques du sol. — Il suffit de se reporter au rôle de la couverture morte et de l'humus pour se rendre compte des propriétés physiques que possèdent les terres à bois. La couverture morte offre de nombreux espaces capillaires, des sortes de canaux qui la rendent comparable à une éponge et lui permettent de retenir une très grande quantité d'eau d'imbibition, quantité qui peut atteindre deux fois et demi son poids ; elle protège le sol contre une trop active évaporation ; elle empêche le sol de s'échauffer ou de se refroidir trop rapidement ; elle s'oppose enfin, ainsi que le couvert des arbres qui la protègent, au tassement du sol en brisant le choc des gouttes qui viendraient le battre par les grandes pluies ; elle facilite la pénétration des eaux atmosphériques dans les couches profondes, prévenant ainsi le ruissellement des eaux à la surface et le ravinement des terres.

L'humus, matière essentiellement hygroscopique, susceptible de fixer un poids d'eau considérable, donne au sol forestier un pouvoir d'imbibition énorme ; de consistance moyenne, il donne de la ténacité aux terres légères, de la perméabilité aux terres compactes, et se montre ainsi le pondérateur merveilleux des propriétés physiques des sols. Enfin il attire et fait vivre dans le sol forestier les vers de terre et une infinité d'êtres vivants qui par leur travail incessant remuent le sol et l'ameublissent sans cesse.

Action mécanique de la forêt sur le sol. — Les racines des arbres jouent dans le sol forestier un rôle mécanique très important ; susceptibles de pénétrer profondément dans le sol, jusqu'à trois ou quatre mètres et parfois davantage, les racines jouissent d'une force de pénétration toute spéciale qui leur permet de se glisser dans toutes les fissures du terrain ; en y grossissant, elles font l'effet de coins qui disloquent la roche et divisent mécaniquement le sol ; elles tendent ainsi à créer dans les assises les plus profondes un sous-sol plus divisé que ne l'est la base géologique en place, et à faciliter la pénétration de l'air et de l'eau qui hâteront l'ameublissement. Les racines sont susceptibles d'attaquer la roche elle-même par les sucs acides qu'elles sécrètent et de favoriser ainsi la dislocation ultérieure ; indirectement elles agissent encore mécaniquement en transmettant au végétal les éléments minéraux assimilables qu'elles vont chercher dans les parties les plus profondes du sol, car le végétal restitue ces éléments minéraux en très grande proportion au sol superficiel par l'intermédiaire de la couverture morte. Enfin les racines, une fois qu'elles ont joué leur rôle et que le végétal auquel elles appartiennent a disparu, se décomposent dans le sol, laissant à leur place un réseau de canaux et de poches remplies d'une matière meuble qui absorbe l'eau et la laisse filtrer au travers du sol jusqu'à d'assez grandes profondeurs.

Les forêts enfin alimentent, au sein de la matière inerte du sol, toute une faune remuante qui grouille, laboure et draine ; flore et faune vivent solidaires, à bénéfices mutuels, et elles élaborent la fertilité de la terre.

Sous ces influences diverses, et grâce aux mille causes qui remplacent dans les sols forestiers l'action des labours et de la charrue par un brassage lent et progressif, la forêt augmente sensiblement l'épaisseur de la couche active du sol par ses deux faces, l'une extérieure, l'autre intérieure; elle forme sans cesse de la terre végétale par le mélange des éléments minéraux et humiques ; elle contribue ainsi à augmenter la profondeur du sol et à accroître dans ce sol l'épaisseur de la terre végétale.

Influence du massif. — Il résulte de ce qui précède qu'un couvert prolongé et ininterrompu exerce une influence salutaire sur la fertilité du sol.

Si ce couvert vient à disparaître (exploitation à blanc étoc), le sol, exposé à l'action des vents et à l'ardeur du soleil, perd beaucoup d'humidité ; la couverture morte se dessèche et est bientôt entraînée par le vent ; l'humus fait alors défaut et son rôle bienfaisant n'existe plus ; pendant les sécheresses de l'été et dans les années sèches, le terrain perd son eau, non seulement dans les couches superficielles, mais jusque dans les couches profondes, et le sol se contracte et se durcit ; les éléments minéraux restent inertes parce qu'ils n'ont plus à leur portée l'atmosphère saturée d'acide carbonique nécessaire pour les dissoudre, et les éléments solubles qui ne sont pas immédiatement en contact avec des organes d'absorption, n'étant plus retenus par la matière humique, sont entraînés dans les profondeurs du sol par les eaux pluviales ; le gain du sol en azote n'existe plus. Le sol arrivé à cet état a perdu sa fertilité et par suite son aptitude à produire des végétaux ; s'il est pauvre en éléments nutritifs et s'il n'est pas entretenu par d'autres sources d'humidité, il peut être totalement ruiné.

Si, au contraire, le même terrain est occupé par un peuplement formé en massif, et si le couvert est constitué de telle sorte que le vent et le soleil ne puissent pénétrer jusqu'au sol, les causes de dessèchement du terrain sont en grande partie écartées ; la couche d'air humide qui repose à la surface du sol n'est plus mise en mouvement et, unie à la couche de litière qui se décompose lentement, elle constitue un manteau protecteur qui retient l'humidité.

Ainsi une forêt bien traitée se ferme aux influences extérieures et pourvoit elle-même à la conservation des qualités du sol ; ainsi, au double point de vue du maintien de la fertilité et de la quantité d'eau disponible (1), le principal moyen de conserver d'une façon permanente les forces productrices d'une station consiste dans l'entretien continu d'une végétation forestière formée en massif et en rapport avec les qualités du sol.

Rôle du sylviculteur dans la constitution de la couverture morte. — Certaines feuilles, comme celles du hêtre ou les aiguilles d'épicéa, de consistance coriace, se décomposent très lentement ; d'autres, au contraire, comme les feuilles de charme, d'orme, de frêne, se transforment beaucoup plus rapidement en terreau.

D'autre part, quand l'eau est en excès, l'action de l'oxygène et de la chaleur se trouve diminuée, la décomposition des débris organiques devient extrêmement lente et reste toujours incomplète ; les combinaisons acides se produisent abondantes et il en résulte un résidu analogue à la tourbe, dans laquelle, parmi nos grandes essences forestières, l'aune, le bouleau, le tremble, le pin de montagne peuvent seuls résister.

Inversement, quand il y a excès de sécheresse, le terreau se brûle et devient charbonneux, poudreux et fibreux ; cette poussière brune ou noire est une véritable tourbe sèche, avec tous ses inconvénients ; elle se rencontre surtout dans les sables siliceux, auxquels elle se mélange pour donner les terres dites de *bruyère*.

Il appartient, dans ces cas spéciaux, au sylviculteur d'intervenir et de régler les conditions du massif ainsi que l'épaisseur du couvert d'après les exigences de la station.

Sous cette réserve, on peut conseiller au sylviculteur : de choisir des révolutions plutôt longues que courtes, afin de découvrir le sol le moins souvent possible ; — de maintenir les sous-bois ; — de conserver tout autour des enceintes, des arbres de lisière, qui tiennent le peuplement bien clos, à l'abri des coups de soleil et aussi des coups de vent ; — enfin de créer des forêts mélangées où la décomposition des feuilles se fait beaucoup mieux.

Dans les sables grossiers, secs et brûlants : exagérer encore le principe du couvert bas et continu ; — faire tous ses efforts pour maintenir les espèces à feuillage épais qui ont tendance à fuir ces régions où l'humidité leur fait défaut ; — choisir des traitements qui ne découvrent le sol, lors des exploitations, que par très petites surfaces disséminées ; — adopter de longues révolutions. Au contraire, dans les argiles froides et très humides : relever le couvert, pour faciliter l'accès de la chaleur ; — choisir des traitements qui découvrent périodiquement le sol, préférer le taillis-sous-futaie à la futaie pleine.

(1) Les arbres ont besoin de beaucoup d'eau, et l'eau, véhicule de la vie organique, est la principale condition de la fertilité du sol.

En résumé, dans toutes les circonstances, et en tous lieux, maintenir le sol à l'état de *saine fraîcheur* que commande l'hygiène de la forêt (Boppe et Jolyet).

Couverture vivante du sol. — Sous un peuplement clairiéré des taches de végétation herbacée viennent interrompre la couverture morte et le sol est plus ou moins recouvert d'un tapis végétal ou couverture vivante, composé de plantes de petite taille, ligneuses ou herbacées, qui verdissent à la surface du sol, sans jamais s'élever au point d'être confondues avec le sous-bois.

Un bon état de massif, dans lequel le couvert est ininterrompu, entrave la formation à la surface du sol de ce tapis végétal ; par contre, la présence d'une couverture vivante à la surface du sol est toujours l'indice d'une dégradation dans l'état du peuplement.

Cette couverture vivante, indépendamment de l'obstacle qu'elle met à l'installation et à la croissance des jeunes semis, présente l'inconvénient d'absorber à son profit les réserves alimentaires du terrain ; néanmoins elle protège dans une certaine mesure le sol, empêche le tassement et, par les détritus végétaux et les débris morts qu'elle abandonne, elle fournit au terrain des éléments organiques dont les grands arbres peuvent profiter. A ce point de vue, un tapis végétal est encore préférable à un état de dénudation complet du sol.

Enlèvement des feuilles mortes. — Dans certaines contrées où la culture manque de paille pour faire de la litière, on a recours aux feuilles mortes de la forêt. Nous avons suffisamment montré dans ce qui précède l'utilité de la couverture morte pour qu'il soit inutile d'insister sur les effets désastreux de cette pratique, spécialement lorsque cet enlèvement de litière se répète toutes les années.

Dans le même ordre d'idées, on doit respecter les arbustes qui végètent en sous-bois, les mousses et toute la végétation herbacée qui peuvent se trouver à la surface du sol sous les peuplements forestiers, car leurs débris augmentent l'épaisseur de la couverture morte. Tout enlèvement de cette couverture vivante, sous forme de nettoiements mal entendus, peut être considéré comme nuisible au même titre que l'exportation des feuilles mortes, et se traduit à la longue par une diminution sensible dans la fertilité de la station.

Ecobuage. — L'écobuage consiste à faire suivre chaque récolte de bois ou chaque exploitation d'une récolte de céréales, *sans addition d'engrais*, après avoir brûlé au préalable sur le parterre de ladite coupe les herbes et tous les rémanents de l'exploitation, ramilles, brindilles, etc.

Dans les Ardennes, cette pratique prend le nom de sartage et est appliquée à des taillis exploités périodiquement tous les quinze ou vingt ans.

Malgré certains avantages, notamment en sols schisteux, froids et pauvres, un tel procédé de culture est fâcheux et tend d'ailleurs à disparaître. D'abord la récolte agricole prive la végétation forestière d'une partie notable de la richesse minérale du sol ; ensuite on brûle sans profit les principes organiques de la couverture morte ; enfin, en dehors des dangers d'incendie, la dénudation et l'ameublissement des terres sur les pentes rapides sont dangereux, car on les expose sans protection à l'action mécanique des pluies.

L'écobuage, en rompant l'équilibre qui doit exister dans un sol forestier, est une opération beaucoup plus funeste qu'utile et généralement toujours appauvrissante pour la fertilité de la station.

4. — Phases successives de la vie des peuplements.

Dans les peuplements tels que nous les avons définis, le nombre de tiges peut varier à l'infini, en raison de l'âge des arbres, de la nature des essences qui les constituent ainsi qu'en raison de la fertilité de la station ; mais il existe dans chaque cas particulier un certain état de massif qui permet au terrain d'être garni du plus grand nombre possible d'arbres, ayant chacun leur maximum de développement. A cet état correspond la plus forte production de bois sur un espace donné, parce que chaque arbre dispose continuellement de l'espace nécessaire pour se développer, et ce n'est en général ni l'espacement exagéré des tiges, ni le massif trop serré qui permettent de l'obtenir.

Modifications intérieures ; peuplement principal, peuplement accessoire. — Quelle que soit l'origine des éléments qui constituent un peuplement en voie de croissance, les arbres qui avancent en âge demandent un espace de plus en plus grand pour développer leurs cimes dans l'atmosphère et leurs racines dans le sol ; la lutte pour la vie qui s'établit dès le début de la croissance entre les arbres du même massif, tend à créer dans le peuplement une *séparation en plusieurs parties distinctes* ; un grand nombre de sujets disparaissent progressivement pour céder la place à d'autres plus vigoureux qui s'accroissent et qui les dominent ; ceux que rendent plus robustes, soit les conditions de la station ou celles dans lesquelles ils se développent, soit encore leur origine ou la qualité de la semence dont ils proviennent, prennent peu à peu et très lentement l'avantage dans cette lutte pour l'existence qui dure aussi longtemps que la vie du peuplement ; les autres sont dès lors destinés à dépérir et à être éliminés progressivement.

Dans tout peuplement abandonné à lui-même, on trouve, toujours pendant toute la phase active de son existence, *un ensemble de tiges d'élite* qui dominent les autres et se développent avec énergie, et *un ensemble de tiges à toutes les phases du processus de dépérissement*; le peuplement est divisé en deux parties distinctes : le peuplement *principal* et le peuplement *accessoire*.

Modifications extérieures : fourré, perchis, futaie. — Au fur et à mesure de l'accroissement des sujets qui constituent le peuplement, ce dernier change d'aspect, et il est d'usage de caractériser ces modifications extérieures par le degré de son développement. On distingue :

1° La période de fourré, qui caractérise l'état de jeunesse du peuplement jusqu'au commencement de l'élimination des produits accessoires. Le fourré n'est composé que de tout jeunes brins dont les branches persistent jusqu'au sol et ordinairement même s'entrelacent ; il est assez difficile de pénétrer dans l'intérieur d'un fourré.

Les fourrés naturels sont habituellement constitués par un ensemble de tiges de hauteurs très inégales, pressées et entrelacées, par un mélange confus de jeunes sujets de bonnes essences et d'essences secondaires ou de morts-bois, dont la présence hâte la formation du fourré et lui donne la densité nécessaire (fig. 13).

2° La période de perchis suit la précédente ; elle dure jusqu'à ce que les tiges aient 20 centimètres de diamètre à hauteur d'homme. Cette période se subdivise en deux : celle du *gaulis* et celle du *perchis*.

Un peuplement à l'état de *gaulis* est constitué par un très grand nombre de baguettes ou gaules flexibles qui ont déjà perdu leurs branches basses, de telle sorte que le gaulis est déjà plus pénétrable que le fourré ; il renferme à l'unité de surface un moins grand nombre de tiges. L'appareil de feuillage est complet, sinon maximum, et dès cet état il disparaît chaque année à peu près autant de branchages feuillés (feuilles et bourgeons) au-dessous des cimes qu'il s'en forme de nouveaux à la partie supérieure. Le sol entièrement couvert par un dôme de verdure compact, encore peu élevé au-dessus du sol, s'améliore rapidement sous l'effet du couvert bas et complet et, grâce aux abondants détritus végétaux qui constituent sur le sol une épaisse couverture morte. Le nombre des sujets, ou plutôt des petites cimes qui luttent entre elles en s'élevant pour prendre place au soleil, diminue d'année en année, pour ainsi dire à vue d'œil (fig. 14).

Les tiges principales ne tardent pas à atteindre et à dépasser 10 centimètres de diamètre ; le peuplement est alors en partie constitué par des perches dont les cimes se touchent toutes et forment un dôme de verdure complet et déjà élevé, tandis qu'il se trouve entre elles et au-dessous d'elles encore beaucoup de gaules qui forment déjà un peuplement accessoire sans avenir. Cet état correspond à la *période de perchis* proprement dite ou de *bas perchis*, pendant laquelle la production annuelle du bois arrive à son maximum ; c'est la période du plus grand accroissement en hauteur des tiges, période pendant laquelle l'élagage naturel des branches basses s'opère encore avec rapidité, et le nombre des tiges diminue de même (fig. 15).

Lorsque les tiges atteignent une moyenne de 20 centimètres de diamètre à hauteur d'homme, le peuplement principal est constitué par des fûts ayant déjà acquis une grande hauteur ; les cimes dont les branches principales sont déjà fortes occupent chacune une place assez large ; les plus faibles, qui percent encore dans l'étage supérieur, résistent longtemps avant de périr sous l'étreinte de leurs voisines ; la période de grand accroissement en longueur des fûts est terminée, le massif de feuillage formé par les cimes commence à se desserrer, et les arbres s'accroissent en diamètre. Cet état correspond à la période dite de *haut perchis*.

3° La période de futaie commence à ce moment, lorsque les tiges du peuplement principal ont en moyenne plus de 20 centimètres de diamètre à hauteur d'homme. On peut subdiviser cette période en *basse futaie* (lorsque les tiges ont de 20 à 35 centimètres de diamètre à hauteur d'homme), en *moyenne futaie* (troncs de 35 à 50 centimètres de diamètre) et *haute ou vieille futaie* (arbres ayant plus de 50 centimètres de diamètre à hauteur d'homme). Dans cette période de futaie,

Fig. 13. — Peuplement de chêne à l'état de fourré. Forêt de Bercé (Sarthe).

Fig. 14. — Peuplement de chêne à l'état de gaulis. Forêt de Bercé (Sarthe).

les cimes élevées s'étalent avec de fortes branches qui persisteront désormais jusqu'à la chute de l'arbre ou qui ne disparaîtront qu'à la longue en laissant au tronc des tares qui provoqueront la décomposition lente du bois ; les trouées qui viennent à se produire dans le dôme de verdure que forment les cimes, ne se ferment plus que difficilement, et au-dessous d'elles le sol est couvert de semis et d'un sous-étage bienfaisant, ou bien envahi par une couverture vivante d'herbes et de morts-bois. Le nombre de tiges à l'unité de surface est devenu très réduit et la production du massif est désormais plus faible que dans les perchis (fig. 16).

Chacun des états du peuplement que nous venons de définir persiste un temps plus long que celui qui l'a précédé : les fourrés et les gaulis durent moins longtemps que les perchis, et ces derniers moins encore que les futaies ; enfin la vieille futaie, terme extrême de la vie des peuplements, reste constituée d'arbres devenus gros qui approchent de la maturité.

IV. — DIVERSES FORMES DE PEUPLEMENTS.

Forêt naturelle. Action de la nature. — A l'époque où les familles humaines vivaient à l'état isolé, se nourrissant de fruits sauvages et des produits de la chasse ou de la pêche, le territoire de la France était presque entièrement couvert de forêts ; peu à peu les produits de la civilisation, le développement de l'agriculture et de l'industrie ont provoqué la disparition progressive de cet immense domaine forestier qu'une longue suite de siècles a réduit à l'état où nous le trouvons aujourd'hui.

Mais que l'homme abandonne au hasard les terrains qu'il a conquis sur la forêt, qu'il veuille bien ne pas contrarier la nature et la laisser agir seule ! et il ne faudra pas un siècle pour voir se rétablir spontanément de proche en proche toute une végétation ligneuse, là où la forêt n'existe plus.

La nature poursuit lentement son œuvre, à l'aide des moyens qui lui sont propres, qu'il s'agisse de moraines granitiques, d'éboulis calcaires ou de rochers nus, de terrains de toute nature incultes et abandonnés. L'algue et le lichen

Fig. 15. — Perchis de chêne et hêtre obtenu par plantation (chêne) et semis (hêtre) en lignes.

Fig. 16. — Vieille futaie de chêne. Forêt de Bercé (Sarthe).

apparaissent les premiers sur la pierre nue qu'ils attaquent et désorganisent comme le font, d'autre part, les actions atmosphériques; l'herbe et les gazons les plus rustiques les suivent ; les débris de ces végétaux se mélangent aux éléments fins provenant de l'usure et constituent la première terre végétale que le vent et les pluies emploient à combler les vides béants entre les blocs de rochers ; la terre envahie par des plantes sauvages devient une *jachère*, une lande rase, au travers de laquelle pointent bientôt les premiers arbrisseaux qui se sont développés à l'abri du rocher (fig. 17). Dans cette *lande armée*, déjà améliorée, la vie animale reprend ; oiseaux et rongeurs disséminent çà et là les premières semences d'arbres : noix, glands, faînes, noisettes et graines de toute sorte ; un terreau bienfaisant se forme sous les arbustes et dans cette terre végétale reconstituée naissent un peu partout les arbres, arbustes et arbrisseaux de la région ; la *brosse*, puis la *forêt* sont constituées. On peut compter en moyenne, après la première phase plus ou moins longue par les lichens et les végétaux inférieurs, dix ans pour la jachère, vingt-cinq ans pour la lande, trente ans pour la brosse; c'est en tout soixante-cinq ans, à peine un siècle pour arriver à la forêt constituée. Dans cette forêt primitive, constituée par les seules forces de la nature, les arbres atteignent le dernier terme de leur longévité si l'homme n'intervient pas ; ils ne tombent que par vétusté et enrichissent le sol de leurs débris ; partout se trouvent des sujets fertiles dont les graines se disséminent à profusion sur une terre toujours prête à les recevoir, et suivant les conditions de milieu, de sol et de climat les diverses espèces de la région se rendent maîtres de la place au gré de leurs convenances ou des caprices de la nature. Le vieux massif se trouve remplacé, sans que le sol ait cessé d'être complètement couvert, par une nouvelle génération de plants qui s'élèvent en massif serré dans les espaces laissés libres par les arbres de l'étage supérieur ; la lutte pour l'espace s'engage entre les sujets voisins, au fur et à mesure qu'il leur faut plus de place, dans la terre pour développer leurs racines et dans l'air pour étendre leurs branches et participer à l'influence de la lumière ; bientôt tous ne peuvent plus trouver place au soleil ; leur

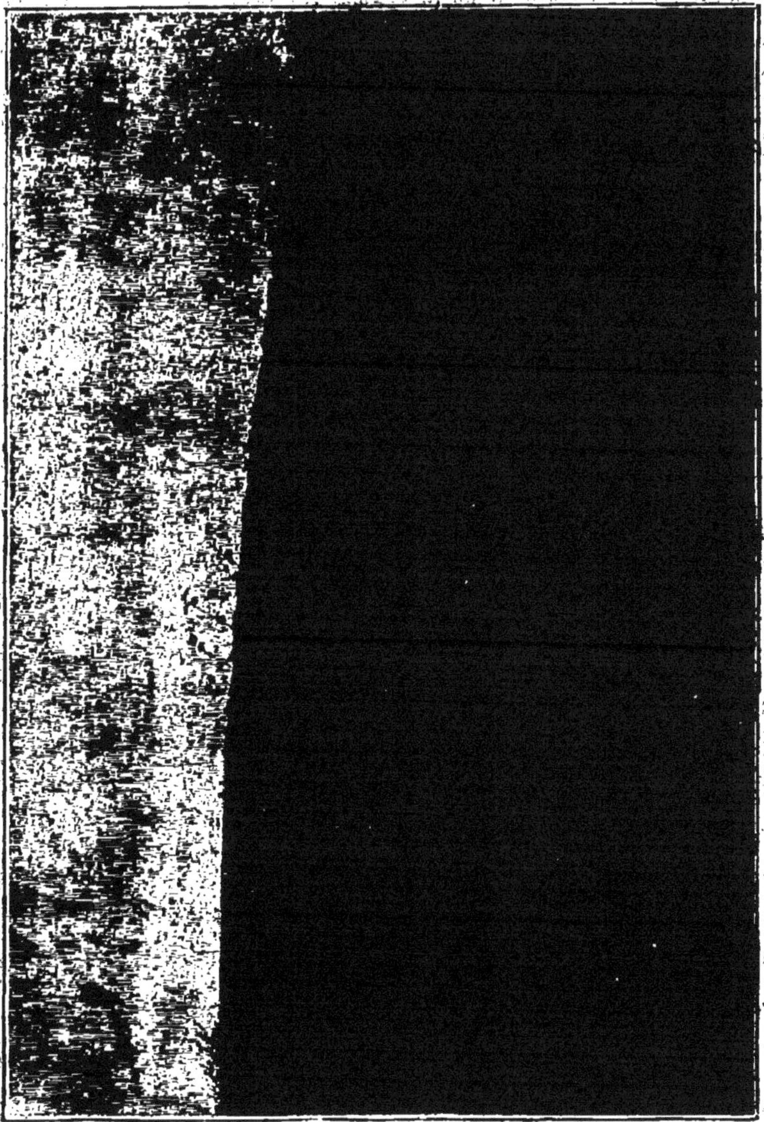

Fig 17. — Une friche sur les calcaires de l'oolithe. (*Les Forêts*, par Boppe et Jolyet.)

nombre diminue peu à peu et les brins les plus faibles, surtout les brins dominés à tempérament peu robuste succombent dans cette lutte, sèchent et disparaissent ; les brins les plus vigoureux, au contraire, forment et allongent leurs fûts en se débarrassant des branches basses, jusqu'à ce qu'ils éprouvent eux-mêmes un ralentissement marqué dans leur accroissement, car les tiges dominées, quoique privées de lumière, sont d'autant plus lentes à disparaître qu'elles ont plus de développement.

Dans toutes les phases successives de cette existence naturelle de la forêt, se retrouve toujours le principe de conservation d'un couvert complet et permanent sur le sol, dont l'effet est de maintenir et d'augmenter constamment la fertilité du sol et par suite d'assurer la perpétuité de la forêt.

Forêt cultivée. Action de l'homme. — La forêt cultivée n'est pas ainsi abandonnée à elle-même ; destinée à l'exploitation, elle est dirigée dans ce but, et l'homme exerce sur toutes les phases de son développement une action, bonne ou mauvaise, qui modifie le mode selon lequel les peuplements prennent naissance et les conditions mêmes de leur croissance.

Sous cette action, les peuplements prennent une composition et une forme déterminée, correspondant au mode de traitement qu'on impose à la forêt.

En sylviculture, nous appelons : *forme d'un peuplement*, la constitution générale de ce peuplement au point de vue de l'origine, de l'âge et des conditions de croissance de ses différentes parties ;

Régime, la méthode générale de culture à laquelle la forêt est soumise ; le régime est caractérisé par la façon dont on opère la régénération ;

Mode de traitement, le procédé d'éducation et d'exploitation dans chaque régime ; il correspond à une forme déterminée de peuplement.

Le nombre des formes de peuplement est très considérable, et nous devons nous contenter de définir les formes principales, qui satisfont dans une mesure suffisante, tant aux lois de la nature qu'aux conditions de l'exploitation.

Nous avons à distinguer trois régimes :

1° Régime de la futaie. — Une forêt est soumise au régime de la futaie, lorsque la régénération est effectuée par brins de semence ; le peuplement est renouvelé par des sujets issus chacun directement d'une graine. On dit, dans ce cas, que le peuplement est une *futaie*.

2° Régime du taillis. — Une forêt est soumise au régime du taillis, lorsque la régénération a lieu par rejets ou drageons ; en fait, le peuplement est plutôt rajeuni par l'évolution des rejets et des drageons qui proviennent des souches récemment exploitées. On dit, dans ce cas, que le peuplement est un *taillis*.

3° Régime du taillis composé. — Une forêt est soumise au régime du taillis composé (ou taillis-sous-futaie), lorsque la régénération a lieu par rejets, drageons et brins de semence ; un tel peuplement participe des deux états précédents et présente un caractère mixte ; on dit dans ce cas indistinctement que le peuplement est un *taillis composé* ou un *taillis-sous-futaie*.

A chacun de ces régimes correspondent divers modes de traitement, et par suite de formes de peuplements que nous allons examiner successivement, tant au point de vue de leur origine, qu'à celui de leur constitution, des dangers extérieurs qui les menacent, de leur production et de leur influence sur la fertilité de la station (1).

1. — FUTAIE.

Un peuplement est dit uniforme ou d'un seul âge quand les différences d'âge de chacun des éléments qui le constituent ne dépassent généralement pas un petit nombre d'années ; ces différences d'âge cessent d'être appréciables dès la période de

(1) La série des vues de projections, avec livret explicatif : *La Forêt, principaux massifs forestiers*, du Musée pédagogique. 41, rue Gay-Lussac, à Paris, est adressée franco à tous les fonctionnaires du Ministère de l'Instruction publique qui en font la demande pour une conférence.

Autres séries : *Le bois, les produits de la Forêt, industries forestières ; Conservation des terres en montagne et sur les pentes*, etc.

perchis ; la futaie adulte est composée de tiges ayant sensiblement le même âge, et par suite les mêmes dimensions.

Il en est autrement quand la période de régénération dure un grand nombre d'années (plus de vingt à trente ans) sur la même surface ; les différences d'âge des éléments qui constituent le peuplement ne s'effacent plus complètement, et restent encore appréciables lorsque la futaie est parvenue à l'état adulte ; le peuplement est formé de tiges de différents âges et conséquemment de hauteurs et de grosseurs différentes ; il ne présente plus une apparence uniforme et il est dit inégal ou d'âges multiples.

Nous avons donc à distinguer les peuplements uniformes ou d'un seul âge et les peuplements inégaux ou d'âges multiples.

§ 1. — Peuplements uniformes d'un seul âge.

Premier type. — Futaie régulière obtenue par coupe unique. — 1° Origine et caractères. — Sous ce premier mode de traitement, la création du peuplement se fait par voie de semis ou de plantation directs sur une surface nue, et exceptionnellement par ensemencement latéral des porte-graines voisins. Dans de bonnes conditions, la croissance peut être vigoureuse dès le début ; néanmoins, l'état de fourré ne se forme généralement qu'au bout d'un certain nombre d'années qui dépend du mode de repeuplement et des essences employées ainsi que de la fertilité du sol et des influences météoriques (fig. 18).

Souvent, pendant cette période de début, notamment dans les coupes blanches (1) effectuées à côté d'autres peuplements fertiles, la surface du terrain reboisé est envahie spontanément par une foule encombrante de morts-bois à graines ailées ou légères qui proviennent des sujets voisins. Ces semis naturels sont plus ou moins envahissants, suivant les stations, suivant la première croissance des essences plantées ; parfois ils forment en peu de temps un couvert qui peut être utile pour

(1) Coupes blanches, coupes à blanc étoc, coupes en bloc, c'est-à-dire surfaces sur lesquelles on exploite en bloc tous les arbres qui garnissent le sol.

le développement ultérieur du jeune peuplement artificiel.

Dès la formation du fourré, l'accroissement en hauteur devient rapide, les branches et le feuillage se joignent, et forment dès lors sur le sol un couvert ininterrompu et très bas, qui s'élève peu à peu pendant la période de gaulis sous l'influence de l'élagage naturel. A ce moment commence l'élimination active du peuplement accessoire, et la prépondérance du peuplement principal ; c'est la période du perchis, qui dure plus ou moins longtemps suivant l'essence et la station ; elle correspond à la formation complète du massif et à un notable accroissement en hauteur ; le couvert ininterrompu s'élève de plus en plus en vieillissant et finit par laisser entre lui et le sol un espace considérable qu'occupent seuls les fûts dégarnis de feuillage, et déjà desserrés. C'est généralement à la fin de cette période de perchis que correspond le maximum d'énergie du peuplement (fig. 7). Alors commence l'état de futaie à partir duquel les arbres s'espacent de plus en plus ; le couvert diminue progressivement d'épaisseur suivant l'essence et les qualités de la station.

Fig. 18. — Coupe à blanc étoc replantée en épicéa dans une forêt de montagne

2° Dangers extérieurs. — Dans un grand nombre de circonstances le peuplement, ainsi créé artificiellement en terrain nu, est exposé à des dangers extérieurs dont l'influence varie suivant la résistance de l'essence et les conditions de la station. Pendant toute la période de jeunesse, il peut avoir à craindre :

a. La *gelée*, qui peut frapper les jeunes plants, parce qu'ils sont directement exposés à son influence, sans aucun abri ; un certain nombre d'essences trop sensibles ne résisteront jamais dans ces conditions.

b. La *sécheresse* de l'été, due à l'action solaire qui frappe directement le sol sans abri et les jeunes plants.

c. Les *variations extrêmes de température* qui ne sont pas atténuées en terrain découvert, et sont défavorables à une bonne végétation forestière.

d. L'*envahissement de la végétation herbacée*, favorisée par un découvert total, qui épuise inutilement le terrain, tend à étouffer les jeunes plants, et trop souvent attire le bétail que le propriétaire ne prend pas le soin d'écarter ; le *pâturage* toléré dans de jeunes repeuplements est la ruine certaine de l'état boisé.

e. L'*invasion des champignons et surtout des insectes*, plus dangereuse dans les peuplements d'un seul âge que dans les autres.

3° Production. — La futaie régulière, en raison même de sa constitution, tend à produire des sujets de même dimension, qui n'ont disposé chacun pour se développer que du minimum d'espace nécessaire, tant dans le sol pour le développement des racines, que dans l'atmosphère pour le développement des cimes ; elle ne tend pas à favoriser le développement de sujets d'élite ayant des dimensions et des qualités spéciales.

4° Influence sur la fertilité de la station. — Nous distinguerons trois phases :

1re phase. — Le sol est complètement mis à découvert par l'exploitation à blanc ; par suite, il est exposé directement à toutes les intempéries, il s'appauvrit, et cet effet est plus ou moins néfaste pour la génération suivante, selon la qualité initiale de la station.

2e phase. — Le couvert se rétablit dès l'état de fourré ; il commence lentement à exercer son action conservatrice des qualités du sol et à rendre à celui-ci les éléments qu'il a perdus, pendant la mise à découvert; mais il n'acquiert réellement cette aptitude qu'à partir de la période de perchis ; c'est à ce moment que règne dans la futaie régulière le massif le plus parfait, et cette situation se traduit par un redoublement de l'activité de la végétation ; mais pour que le sol récupère ses qualités, il faut un bon massif, maintenu aussi longtemps que possible, condition que remplissent bien les essences d'ombre, mais non pas, en général, les essences de lumière.

3e phase. — Le massif tend à s'éclaircir dès la période de futaie, le couvert diminue, et cela d'autant plus que le feuillage s'élève, surmontant un espace libre qu'occupe seulement le fût des arbres. Par suite, plus le peuplement est ancien, plus le vent peut s'introduire dans le voisinage du sol (surtout dans les situations exposées, sur les lisières, dans les parcelles isolées, etc.) ; l'air humide du sous-bois est entraîné, l'évaporation s'active, la couche de feuilles et d'humus se dessèche et est emportée par le vent, et en fin de compte le sol se durcit, s'amaigrit et se couvre de mauvaises herbes ; aussi, dans la futaie régulière, des périodes de révolution très longues entravent-elles souvent l'action conservatrice des forêts sur les qualités du sol.

Les inconvénients de la méthode par coupe unique s'accentuent en raison directe de l'étendue du peuplement, et c'est surtout dans les grandes coupes qu'ils se font sentir ; ils s'atténuent quand il s'agit de petits peuplements et de bouquets de bois environnés de peuplements d'un caractère différent.

Deuxième type. — Futaie régulière obtenue par coupes successives, avec réserves d'ensemencement et d'abri. — 1° Origine et caractères. — Dans une vieille futaie, parvenue à l'époque de l'exploitation, on peut, au lieu d'enlever en bloc tout le matériel sur pied dans une parcelle donnée, le réaliser par fractions en dirigeant les exploitations de telle sorte que le peuplement nouveau résultera : soit de *l'ensemencement naturel* fourni par des porte-graines, répartis uniformément en plus ou moins grand nombre sur le terrain à repeupler ; soit du *repeuplement artificiel* effectué sous l'abri d'arbres réservés lors de l'exploitation du peuplement antérieur.

Dans ces deux cas, le peuplement en voie de formation

ainsi que le sol sur lequel il s'installe sont partiellement couverts et par suite protégés par les arbres réservés ; l'enlèvement total de cet abri n'a lieu que quelques années plus tard, quand la reprise du peuplement est assurée.

a. *On opère par régénération naturelle* ; c'est le cas le plus général (fig. 19).

Nous avons vu précédemment que la fructification des arbres dont la cime est isolée est plus abondante que celle des arbres en massif ; qu'en outre, les influences les plus favorables à la germination d'une semence, ainsi qu'au développement des jeunes plantules issues de la graine sont dues à l'action des trois éléments : air calme, chaleur et humidité, agissant simultanément. Quant à la lumière, son action est peu nécessaire pour la germination et pour le premier développement du tout jeune plant ; ce n'est qu'un peu plus tard, quand les racines de ce jeune plant ont percé la terre pour s'y fixer et que ses feuilles commencent à fonctionner, qu'il réclame plus ou moins vite, suivant les essences et les stations, l'action de la lumière ; pour être bienfaisante à ce moment, cette action doit lui être dispensée avec mesure.

Cet ensemble de conditions favorables peut être réalisé dans une mesure aussi variable que l'exigent l'essence et la station, par une série de coupes successives.

Les premières exploitations faites dans le vieux peuplement ont pour but d'isoler les cimes des porte-graines, et d'obtenir le semis ; les suivantes ont pour but de faire disparaître l'abri dès qu'il devient inutile au recru.

Un réensemencement naturel complet n'est généralement pas obtenu de suite dès la première année ; on doit alors attendre le produit d'une nouvelle année fertile, ou combler artificiellement les vides par semis ou plantation. Malgré cela, les différences d'âge qui en résultent ne doivent pas dépasser un nombre relativement restreint d'années, assez faible pour que, plus tard, les différences de hauteur et de grosseur des arbres puissent s'atténuer totalement.

Les graines, spécialement les semences lourdes, et par suite leurs jeunes plants, ont une tendance à se répartir par bouquets à proximité des porte-graines ; l'abondance des semis

Fig. 19. — Vieille futaie de chêne en régénération. Forêt de Blois (Loir-et-Cher).

naturels est généralement telle que les jeunes plants voisins forment massif dès leur première jeunesse et atteignent rapidement la période de fourré ; les différences d'âge s'accusent de moins en moins au fur et à mesure que les bouquets se rejoignent ; dès le début de la période de gaulis, le massif est continu et le couvert presque sans lacunes ; l'élimination des tiges accessoires et dominées s'effectue dès lors d'une façon très active, en raison de la densité considérable du massif ; la tendance à l'uniformité, aidée des soins de la culture, achève de donner au peuplement les caractères de la futaie régulière.

b. *On opère par semis artificiel* sur toute l'étendue du terrain à repeupler et sous l'abri des arbres réservés.

Ce cas rentre immédiatement dans le précédent, si les arbres réservés sont suffisamment nombreux au moment où l'on effectue le semis.

Mais le semis peut être fait sous un couvert insuffisant ou même complètement nul, en raison du petit nombre d'arbres formant abri et de la hauteur de leurs cimes. Le jeune peuplement qui provient de ce semis est alors exposé aux mêmes dangers et aux mêmes inconvénients que le repeuplement d'une coupe blanche.

2° Dangers extérieurs. — Les conditions sont ici bien plus favorables que dans le cas précédent. L'abri formé par les arbres réservés comme porte-graines atténue les effets des écarts brusques de température et ceux de la gelée sur les jeunes plants ; il les préserve de la sécheresse et des variations dangereuses de température en conservant au sol un certain couvert et par suite une certaine humidité ; il s'oppose, jusqu'à un certain point, au développement de la végétation herbacée et à l'envahissement des morts-bois.

3° Production. — Les conditions de production sont à peu de chose près identiques à celles de futaies régulières du premier type.

4° Influence sur la fertilité de la station. — Dans la futaie traitée par coupes successives, le repeuplement se fait sur une surface toujours protégée par un couvert plus ou moins interrompu ; le jeune plant naît et se développe à l'abri des porte-graines et le sol reste toujours partiellement couvert ; lorsque ces réserves d'abri viennent à disparaître, le repeuplement est à l'état de fourré, et, sa densité étant considérable, la protection du sol est suffisamment assurée. Les peuplements, ainsi obtenus, sont incontestablement préférables à ceux qui sont créés en terrain dénudé, au point de vue de la conservation des qualités du sol.

Toutefois les conditions dans lesquelles s'opère cette régénération ne suffisent pas toujours à prévenir l'influence pernicieuse de la dénudation du sol. Il arrive parfois, qu'après les exploitations qui ont pour but d'isoler les cimes des porte-graines, la fructification se fait longtemps attendre, ou que le recru est détruit ; le sol, alors, est envahi par les mauvaises herbes ; l'abri des porte-graines étant en somme incomplet, le vent et le soleil font leur œuvre. Dans ce cas, quelques bouquets de semis préexistants, même isolés, peuvent devenir fort utiles en maintenant entre eux des couches d'air relativement tranquilles.

§2. — Peuplements inégaux ou d'âges multiples.

Troisième type. — Futaie traitée par coupes successives, ayant un caractère jardinatoire. — 1° Origine et caractères. — Si, dans un peuplement de futaie, les éléments ont des âges variant entre eux, non plus dans les limites relativement faibles indiquées précédemment, mais dans des limites supérieures, autrement dit, si la *période de régénération* d'une surface donnée dure assez longtemps, les diverses parties de ce peuplement ne se raccordent plus aussi facilement ; les différences d'âge, et par suite de diamètre et de hauteur, restent apparentes, non seulement pendant la période de jeunesse, mais pendant longtemps. Le peuplement est composé de groupes et bouquets dont l'ensemble forme un groupe d'arbres d'âges multiples dans lequel le dôme de verdure formé par les cimes ne se tient plus à un niveau uniforme ; l'ensemble des cimes présente des ondulations correspondant à l'âge des divers bouquets sans pour cela présenter de lacunes. Enfin c'est seulement à un âge avancé que le niveau s'établit plus ou moins, en même temps que le couvert se desserre de lui-même.

Sous un tel massif parvenu à l'âge d'exploitation, peuvent se trouver des semis, disséminés par taches, partout où le couvert s'est déjà accidentellement interrompu.

Lors de la régénération, pour maintenir l'état inégal du peuplement, on est conduit à obtenir cette régénération par placeaux, en coupant des arbres de place en place, spécialement là où se trouvent déjà des semis ; sous les trouées ainsi faites dans le couvert, viennent s'installer de nouveaux semis qui constituent un *groupe ou bouquet de semis* ; dans les exploitations suivantes, on a soin de venir élargir peu à peu ces places, et pour cela on fait tomber progressivement les arbres du pourtour qui dominent ces groupes ou bouquets de semis. En opérant ainsi, on obtient, pendant la période de régénération, un nouveau peuplement qui se compose de nombreux bouquets d'âges différents, entre lesquels se trouvent des cordons irréguliers du massif originaire.

A mesure que les jeunes bouquets se développent et qu'il s'en forme de nouveaux dans les parties non encore ensemencées, le peuplement ancien disparaît, au fur et à mesure des exploitations. Supposons la période de régénération fixée à trente ans ; les derniers arbres de l'ancien peuplement tombent à la fin de cette période, et les divers bouquets, âgés de un à trente ans, sont à ce moment presque partout formés en massif ; le peuplement ainsi créé est prêt alors à passer par les périodes du perchis et de la futaie, pour arriver finalement à sa maturité (fig. 20).

A ce moment on recommence une nouvelle période de régénération ; l'exploitation se porte sur les bouquets les plus avancés en âge, et les coupes successives se continuent comme nous venons de l'indiquer.

Les tendances de la sylviculture moderne se portent de nos jours vers des peuplements ainsi constitués.

La durée de la période de régénération influe sur la forme du peuplement ; elle a pour conséquence de provoquer des différences d'âges dans le jeune peuplement, différences d'autant plus appréciables que cette période de régénération

Fig. 29. — Fourrés et gaulis de sapin. Forêt de Thézillien (Ain).

est plus longue. Avec une période de régénération courte, inférieure à vingt ans par exemple, on se rapproche du peuplement uniforme de deuxième type (futaie régulière obtenue par coupes successives) ; avec une période de régénération longue, supérieure à quarante ou cinquante ans, par exemple, on tend vers la futaie jardinée.

Le concours du repeuplement artificiel n'est pas exclu de cette méthode ; dans certaines circonstances même il peut être très utile et il intervient alors sous forme de bouquets artificiellement plantés, là où devraient exister des semis naturels. Cette plantation doit être effectuée assez longtemps avant les premières coupes de régénération, en plusieurs opérations plus ou moins espacées ; remarquons qu'on peut agir ainsi artificiellement pour introduire, par places, des essences qui font défaut ou ne sont guère représentées dans le peuplement originaire, et que la manière de conduire les coupes au-dessus et autour de chaque bouquet laisse une grande latitude à cet égard.

2° Dangers extérieurs. — Cette forme de peuplement tend à se rapprocher beaucoup de la forêt naturelle ; les jeunes bouquets de régénération, abrités par le peuplement qui les domine ou les entoure, se trouvent assez longtemps protégés contre la gelée et la sécheresse ; la même cause agit pour les abriter contre les variations extrêmes de température et, dans une certaine mesure, contre l'invasion de la végétation herbacée ; enfin l'action des vents sur les arbres porte-graines est moins à redouter en raison de leur isolement progressif et de l'abri que leur donnent les cordons du vieux peuplement conservé au moins pendant un certain temps autour des bouquets.

3° Production totale. — Les ondulations qu'offre le niveau des cimes de ce peuplement d'âges multiples permettent aux sujets les plus vigoureux de prendre peu à peu le dessus pendant la période du perchis et de la futaie ; dans les bouquets les plus anciens, formés en massifs quasi réguliers, les sujets d'élite s'espacent avec l'âge, en même temps que le feuillage des cimes s'élève ; le couvert diminue ; il permet l'installation des premiers semis et par suite le commencement des coupes de régénération. Plus on approche de la fin de la période de régénération, plus les sujets aptes à prendre un grand développement s'espacent et sont mis en lumière parmi les bouquets de repeuplement. Cette transition graduelle de l'état de massif à l'état dégagé permet aux arbres de s'adapter facilement aux nouvelles conditions d'existence qui leur sont faites ; l'augmentation de l'afflux de lumière et la bonne conservation de l'humidité du sol permettent enfin au peuplement de conserver sa vitalité jusqu'à un âge plus avancé.

Le traitement par coupes jardinatoires est favorable au développement de sujets d'élite, et il permet de mettre à profit leur valeur individuelle.

4° INFLUENCE SUR LA FERTILITÉ DE LA STATION. — L'action conservatrice des qualités du sol est très nette, et il n'est pas besoin d'insister ; elle est due simultanément aux causes qui agissent dans les futaies du second type, et à ce fait qu'on n'opère la régénération que sur de petites surfaces, autour desquelles persistent les restes du vieux peuplement.

Quatrième type. Futaie jardinée. — 1° CARACTÈRES ET ORIGINE. — Si, dans un peuplement de futaie, les éléments ont des âges variant entre eux, non plus dans des limites relativement restreintes, comme dans les deux cas précédents, mais dans des limites très étendues, atteignant le nombre d'années des tiges exploitables, autrement dit, si la *régénération* se fait par points ou par petites places, en tout temps, sur toute la surface de la forêt, comme dans la forêt naturelle, les diverses parties du peuplement ne peuvent plus jamais se raccorder ; les différences d'âges des arbres deviennent très marquées, jusqu'à atteindre le temps nécessaire aux arbres pour passer de la jeunesse extrême à l'âge exploitable. La futaie jardinée, considérée dans son ensemble, présente un mélange d'arbres de tout âge et de toutes grosseurs, confusément mélangés ; le dôme de verdure formé par les cimes de tous les arbres présente des ondulations très marquées, sans toutefois avoir de lacunes, et cet état persiste indéfiniment. Dans une futaie jardinée, les exploitations annuelles portent, non plus sur des peuplements recouvrant des espaces continus qu'on se propose de régénérer en un temps donné, mais sur des arbres considérés individuellement (choisis uniquement parmi ceux que leur dimension ou leur mauvais état de végétation rendent exploitables), répartis au hasard dans toute l'étendue de la forêt, et la régénération se fait uniquement par points, dans les endroits ainsi découverts, entourés de toutes parts par des arbres en croissance de dimensions variables, dont quelques-uns sont fertiles (fig. 21).

La futaie jardinée se rapproche beaucoup de la forêt naturelle dont elle présente les principaux caractères ; lorsqu'un arbre vient à tomber, la trouée produite permet à l'air et à la lumière de pénétrer jusqu'au sol, en quantité suffisante pour y créer des conditions favorables à l'installation d'un semis, et de jeunes plants ne tardent pas à s'y développer ; mais si l'on n'a fait tomber qu'un arbre à la fois, la trouée se referme assez vite et les jeunes plants qui occupent la place de l'arbre enlevé se trouvent gênés dans leur croissance ; s'il s'agit d'essences de lumière, ils disparaissent rapidement ; s'il s'agit d'essences d'ombre, ils se maintiennent, presque sans se développer, attendant pour repartir la disparition d'arbres voisins ; leur végétation repart alors franchement jusqu'à ce qu'ils soient de nouveau recouverts par le peuplement supérieur dont les branches viennent à nouveau fermer la trouée, et ainsi de suite ; pendant un certain temps, ils vivent par à-coups, ainsi que d'autres semis venus plus tard dans les mêmes conditions qu'eux.

Si, au lieu de considérer une aussi petite trouée, nous supposons qu'on agisse par plus grandes trouées, en prenant, lors de l'exploitation, plus d'un arbre en chaque point, le couvert se referme moins facilement ; les essences de lumière nées en bouquets dans la trouée peuvent subsister jusqu'à ce que l'enlèvement de quelques arbres voisins vienne les sauver définitivement ; les petits groupes et bouquets croissent à l'état de massif et dans chacun d'eux les tiges se dépouillent des branches basses et se développent en hauteur, jusqu'à ce que les sujets bien doués persistent seuls pour former des arbres de fortes dimensions.

Ainsi dans la conduite d'une futaie jardinée, le forestier, tout en imitant la nature, peut chercher à maintenir ou à faire naître les conditions de végétation propres d'une part à assurer la régénération de la forêt au moment voulu et d'autre part à améliorer la croissance.

Fig. 21. — Une futaie jardinée dans le Jura.

L'aspect d'une forêt jardinée change d'ailleurs avec le calibre choisi pour rendre l'arbre exploitable. Plus celui-ci est faible, moins il y a de tiges ayant dépassé l'âge de leur plus grand accroissement en hauteur ; le nombre de celles qui ont des longueurs différentes sera maximum et le profil du massif se dessinera suivant une ligne irrégulièrement brisée. Plus, au contraire, la grosseur sera forte, plus disparaîtra cette forme sinueuse ; les arbres qui, ayant dépassé le terme de leur accroissement en longueur, étalent leurs cimes dans une même zone de hauteur, seront alors plus abondants ; ces sujets, grâce à leur nombre et à leurs grandes dimensions, forment la partie principale du peuplement et la catégorie la plus importante ; comme arbres constitués, ils sont les seuls qui frappent la vue, et cela au point que certains massifs jardinés présentent l'aspect de vieilles futaies régulières à l'état plus ou moins clair, mais dont toutefois le calibre des arbres de même hauteur est essentiellement variable.

2° Dangers extérieurs. — Par l'effet de son couvert continu, la futaie jardinée tend à empêcher les effets désastreux de la gelée et de la sécheresse ; elle s'oppose à l'envahissement de la végétation herbacée ; par le caractère de constance et d'uniformité inhérent à tous les phénomènes de son existence, elle modère dans une large mesure les écarts extrêmes de température et d'humidité de l'atmosphère et du sol ; enfin, mieux que les peuplements uniformes, elle résiste aux effets désastreux des ouragans et des invasions d'insectes. C'est donc justement aux causes de destruction les plus actives que la futaie jardinée oppose la plus grande force de résistance.

3° Production totale. — La qualité des produits peut être inférieure dans les futaies jardinées où les conditions très diverses de croissance d'un même arbre, pendant son existence, occasionnent des accroissements variables et irréguliers ; mais, en revanche, les sujets d'élite y sont mieux dégagés que dans les peuplements uniformes, par suite, particulièrement développés, et la forêt jardinée est la forme la plus apte à produire des *gros bois d'œuvre.*

C'est enfin la *variété des produits* qui caractérise cette forme, car tous, depuis le plus menu bois de chauffage jusqu'au plus gros bois d'œuvre, y sont constamment disponibles.

4° Influence sur la fertilité de la station. — La futaie jardinée est essentiellement conservatrice des qualités du sol; le peuplement conserve toujours le même caractère, car toutes les classes d'âge y sont constamment représentées; l'espace libre entre le sol et les couronnes des arbres n'y existe pas ; il est occupé par le feuillage des jeunes sujets de tout âge, sinon d'une manière absolument continue, du moins en bouquets nombreux ; cette circonstance fait que, même dans les situations très exposées, le vent est arrêté et n'exerce pas d'action néfaste sur le sol et sur la litière qui le recouvre ; enfin les bouquets de fourré disséminés dans le peuplement concourent puissamment, quand le terrain est en pente, à retenir les eaux pluviales, et ils forment avec la couche de litière qui recouvre d'une façon permanente le sol, l'obstacle le plus efficace contre le ruissellement, les glissements des terres et des neiges, et les érosions ou ravinements du sol.

§ 3. — Réserve sur coupe définitive. — Sous-étage.

Réserve sur coupe définitive. — Nous avons vu, dans les formes précédentes de peuplements, qu'à un moment donné, la jeune génération destinée à perpétuer la forêt a besoin, pour se développer, d'air et de lumière ; la coupe définitive est l'exploitation qui a pour résultat de faire tomber, au moment voulu, tout ce qui se trouve au-dessus de cette jeunesse.

En opérant cette coupe définitive, on peut être conduit à soustraire à l'exploitation certains éléments du peuplement supérieur, soit sujets isolés, soit bouquets, et à les laisser subsister pendant une durée déterminée ; on se propose de bénéficier du surcroît de production qu'est susceptible de donner, à ces arbres conservés, l'isolement en pleine lumière. Pour que cette réserve donne de bons résultats, il faut en général que les sujets réservés soient *particulièrement vigoureux*, que le sol soit *fertile* et conserve sa *fertilité*, que le dégagement des arbres qu'on se propose d'isoler ainsi soit *graduel*, et souvent enfin, que ces réserves soient *réunies en groupes ou bouquets.*

Le mode de traitement par coupes jardinatoires permet de réaliser facilement toutes ces conditions essentielles ; pour cela, il suffit, dans les exploitations successives de chaque groupe ou bouquet, de faire sortir peu à peu du massif les sujets de la réserve future, et de ne les dégager complètement qu'à une époque où la jeune génération est suffisamment développée autour d'eux pour exercer elle-même son action conservatrice du sol.

Le mode de traitement par coupe unique ne permet de réaliser aucune de ces conditions ; isolement brusque des sujets de réserve, qui passent au moment de la coupe de l'état de massif à l'état isolé ; disparition totale du couvert du sol, qui perd de ce fait une partie de ses qualités ; appauvrissement progressif du sol pendant la période de la vieillesse et, par suite, perte de vitalité des sujets dès que l'âge d'exploitation du peuplement uniforme devient élevé ; tout concourt à rendre la situation défavorable pour de telles réserves ; elles ne pourront gagner réellement à rester sur pied que s'il s'agit d'essences peu exigeantes et surtout si le terrain est bon, profond, à sous-sol humide.

Dans des conditions moins favorables et souvent lorsqu'il s'agit d'arbres déjà âgés, cette phase critique d'isolement se traduit par un dépérissement de l'arbre réservé qui meurt en cime et devient impropre au but qu'on se proposait en le gardant.

Il résulte de ce qui précède que dans la futaie régulière, ces réserves sont plus à conseiller dans les courtes révolutions que dans les longues : en général, on les maintient alors pendant toute la révolution suivante.

Les arbres ainsi réservés sur coupe définitive sont exposés à être renversés par le vent, spécialement pendant la première période de leur isolement ; à ce point de vue, il est bon de ne pas choisir pour les réserver, en dehors des situations abritées, des arbres à cime trop développée, et d'écarter avec soin de son choix toutes les essences à enracinement superficiel.

Sous-étage. — En étudiant les phases successives de la vie des peuplements, nous avons montré combien il était utile de conserver sous le peuplement principal les tiges dominées et accessoires ; cet ensemble de tiges constitue, à proprement parler, un sous-étage toujours à respecter (sauf en temps de régénération) dans les peuplements de futaie en raison du rôle important qu'il joue dans la constitution du massif (fig. 22).

Fig. 22. — Essence d'ombre (sapin) se constituant à elle-même un sous-étage (forêt des Elieux, Meurthe-et-Moselle).

Un sous-étage de ce genre peut être créé artificiellement, par exemple sous un peuplement dont le couvert s'est relâché avec l'âge soit spontanément, soit par suite d'opérations raisonnées (éclaircies).

Divers cas sont à examiner, suivant le but qu'on se propose :

a. *On se propose simplement de maintenir le couvert sur le sol.* — Certains peuplements de futaie, constitués par des essences de lumière (futaie résineuse de pin sylvestre, par exemple) s'éclaircissent peu à peu avec l'âge ; le massif, d'abord serré, devient de plus en plus lâche, le couvert devient irrégulier et interrompu, et le peuplement cesse alors d'exercer une action bienfaisante sur la fertilité de la station ; le sol tend à se couvrir d'une végétation herbacée et parasite plus ou moins envahissante.

Une plantation effectuée sous ce couvert plein de lacunes, si elle est faite en temps utile, permet d'établir en sous-étage un nouveau peuplement dont le couvert ne tarde pas à protéger le sol et à exercer sur lui une action bienfaisante (fig. 23).

Le sous-étage ainsi introduit constitue pour ainsi dire un peuplement accessoire de protection du sol ; son installation est à recommander sous tous les peuplements qui perdent dans la vieillesse leurs propriétés conservatrices du sol.

Remarquons qu'*à fortiori* le sous-étage naturel qui s'établit souvent spontanément sous un peuplement de ce genre, est toujours à respecter, au moins tant qu'il n'est pas nuisible aux opérations du réensemencement. Tel est par exemple le sous-étage de feuillus qu'il n'est pas rare de rencontrer sous les plantations résineuses, dès qu'elles deviennent un peu desserrées (fig. 24).

b. *On se propose de favoriser l'accroissement de tiges d'élite du peuplement principal par la mise en lumière.*

Dans un peuplement en voie de croissance, l'état de massif peut être desserré ou même interrompu intentionnellement par des opérations culturales ayant pour but de mettre en lumière les cimes des tiges d'élite, afin de favoriser leur accroissement, en diamètre surtout ; de telles opérations se justifient pleinement pendant la période de perchis, alors que les arbres sont en pleine croissance. Un tel dégagement progressif des sujets à croissance vigoureuse a pour résultat une accélération souvent notable de leur accroissement ; mais c'est à la condition que *l'activité des fonctions du sol s'intensifiera dans la même mesure que l'accès de la lumière.* Pour que cette dernière condition soit remplie, il peut être utile de provoquer l'établissement d'un sous-étage sous le peuplement principal dont les cimes desserrées n'assurent plus au sol un couvert suffisant (fig. 25).

c. *Introduction d'essences de mélange.* — La création d'un sous-étage faite dans l'une des conditions indiquées précédemment peut avoir pour objet d'introduire ultérieurement dans le peuplement principal une ou plusieurs essences de mélange ; la situation des essences ainsi introduites s'y prête évidemment et ce n'est qu'une question de culture.

2. — TAILLIS.

Premier type. Taillis simple régulier. — 1° ORIGINE ET CARACTÈRES. — Le régime du taillis ne s'applique qu'aux essences feuillues ; il est basé essentiellement sur la propriété que possèdent les essences feuillues seules et à des degrés différents : 1° de donner *des rejets* si elles sont coupées à fleur de terre ou à certaine distance du sol ; 2° de donner, en outre,

Fig. 23. — Epicéas introduits en sous-étage sous des pins sylvestres.

Fig. 24. — Sous-étage feuillu (chêne et hêtre) sous un peuplement clair de pins sylvestres. Forêt de Tronçais (Allier).

chez un grand nombre d'essences feuillues, des *drageons*, véritables rejets de racines.

Rejets de souche et drageons forment, en se développant, des perches et parfois des arbres, et donnent naissance à une nouvelle forêt, née sur les souches et racines de l'ancienne forêt.

Le peuplement est ainsi, non pas régénéré comme dans la futaie, mais simplement rajeuni à chaque exploitation, et ce rajeunissement peut se répéter plusieurs fois, aussi longtemps que les souches et les racines de la plante primitive continuent à vivre.

Cet ensemble, souche et racines, conserve une vitalité plus ou moins longue suivant les essences, le sol, le climat et les dommages qu'on leur cause pendant l'exploitation ; mais il est à remarquer que dans le végétal arbre ainsi traité, il y a périodiquement rupture d'équilibre entre la partie aérienne et la partie souterraine ; le rajeunissement fatigue les arbres dans une mesure très variable et se traduit par la mort définitive de quelques souches anciennes au passage de chaque exploitation.

Le peuplement ainsi conduit ne peut durer indéfiniment et il tendrait à disparaître progressivement si deux causes ne venaient modifier cet état de choses :

a. Un certain nombre de rejets, spécialement ceux qui proviennent de bourgeons proventifs, ainsi que les drageons, sont susceptibles de se créer, dans la partie où ils sont en contact du sol, un enracinement propre ; peu à peu ils s'isolent de la souche-mère et vivent d'une façon indépendante ; aux exploitations suivantes, leurs nouvelles souches et racines émettent des rejets et drageons, remplaçant ainsi par leur fonctionnement les souches trop âgées qui pourrissent et disparaissent.

b. Des semences apportées sur le sol qui porte le taillis, soit naturellement par dissémination d'arbres porte-graines voisins, soit accidentellement par les mille moyens de la nature (oiseaux, rongeurs, etc., vent et météores), donnent naissance par places à de jeunes brins de semence qui suivent l'évolution du taillis ; à l'exploitation suivante, les souches et l'enracinement de ces jeunes arbres viennent enrichir le vieux taillis.

Ainsi compris, le peuplement de taillis est, en principe, rajeuni à chaque exploitation et la perpétuité du massif dans la suite des temps est assurée progressivement par l'affranchissement de rejets et de drageons, et par la naissance de jeunes sujets issus directement de semences.

Fig. 25. — Sous-étage de hêtre sous un peuplement de chêne fortement éclairci.

Le peuplement de taillis, constitué dès le printemps qui suit la coupe par les rejets et les drageons, naît sur toute la surface à la même époque, et son ensemble représente un type de peuplement uniforme ou de même âge ; il a, tout au moins pendant un certain nombre d'années, une croissance beaucoup plus forte et plus rapide qu'une jeune futaie de même âge, et cela à cause du plus grand développement de son enracinement.

A l'aspect, les rejets ressemblent à des brins de semence ;

mais leur groupement autour de la souche qui leur a donné naissance est caractéristique (1) ; tous ceux qui sont issus d'une même souche forment ce qu'on appelle une cépée (fig. 26) et le peuplement est composé d'un ensemble de cépées.

L'exploitation d'un taillis simple ayant été faite en hiver, les rejets naissent sur les souches coupées dès le printemps qui suit l'exploitation ; les jeunes pousses émergent d'abord par groupes ou îlots de végétation, franchement isolés les uns des autres, chaque groupe formant une cépée, et les cépées laissant entre elles la plus grande partie du terrain à découvert ; ces jeunes pousses naissent en grand nombre autour d'une même souche, mais toutes ne s'élèvent pas verticalement ; il y en a qui poussent obliquement ; d'autres sont même complètement rejetées par les pousses mieux placées et arrivent à pousser presque parallèlement au sol ; il en résulte que la jeune cépée a l'aspect d'un buisson hémisphérique qui s'accroît peu à peu.

Entre chacun de ces buissons, le sol découvert se tapisse de verdure ; aussi, pendant les premières années, malgré la végétation active des rejets, la surface semble produire plus d'herbe que de bois. Avec les années, les rejets se développent, les cépées grandissent rapidement grâce à la vigoureuse végétation des rejets, et par suite les vides laissés entre les cépées diminuent, puis sont complètement recouverts ; le recru parvient à former massif et étouffe la végétation herbacée.

Cette reconstitution de l'état de massif demande un temps plus ou moins long suivant les *essences*, les *conditions de la végétation* et l'*espacement des souches mères ;* — certaines essences, le charme, par exemple, émettent de nombreux rejets, et leurs cépées sont puissamment fournies ; — un bon sol et des conditions favorables de végétation favorisent le développement des cépées ; — quant à l'espacement des souches mères, il varie suivant l'âge auquel le taillis a été coupé,

(1) De jeunes plants recépés une première fois dans un taillis, ne donnent généralement qu'un et rarement deux rejets qu'on peut confondre avec des brins de semence, ce qui ne présente aucun inconvénient. Toutefois un œil habitué les distingue facilement de brins de semence à leur aspect plus vigoureux, à l'empâtement et à la légère courbure de leur base. Les brins de semence, moins vigoureux, n'ont d'ailleurs généralement pas l'âge exact du taillis.

Fig. 26. — « Le Nid de l'Aigle », vieille cépée de chêne très âgée.
Forêt de Fontainebleau (Seine-et-Marne).

devenant d'autant plus grand que la révolution est plus longue. La constitution de l'état de massif demande environ de six à douze ans suivant les cas et il est à noter que la densité d'un taillis, eu égard au nombre de cépées, est fonction de la révolution ; comme chacune de celles-ci se développe avec les années, sa projection occupe d'autant plus d'espace qu'on la laisse vieillir davantage ; par conséquent, le nombre des centres de reproduction est d'autant plus faible, et par suite le fourré véritable (abstraction faite des morts-bois) s'établit d'autant plus tard que les révolutions sont plus longues.

Dans les taillis simples réguliers, à révolutions courtes, souvent inférieures à vingt-cinq ans, tous les sujets ont même avenir, et sont appelés à une même fin prochaine ; les cépées existent aux distances que comporte la révolution ; elles s'étalent sans se gêner l'une l'autre ; dès lors, si la lutte s'engage, ce n'est pas de cépée à cépée, mais de rejet à rejet dans une même cépée ; cette lutte est toujours de courte durée en raison de la révolution ; le peuplement ne dépasse guère l'état de fourré ou de jeune gaulis. Il n'en est plus de même si les révolutions atteignent ou dépassent trente ans.

Quand le massif est parfait, le feuillage s'élève de plus en plus vers le haut des tiges ; il passe peu à peu à l'état de gaulis, puis de bas perchis ; dans chaque cépée, les tiges d'élite se dessinent peu à peu, au détriment des tiges moins vigoureuses qui restent à l'état dominé. Si on laisse vieillir ce peuplement, il prend alors le caractère des futaies régulières obtenues par voie de semis, et ce caractère s'accentue avec l'âge. Il est rare d'ailleurs qu'on conduise le taillis au delà du vieux perchis sur souche.

2° Dangers extérieurs. — Le peuplement de taillis, dans son jeune âge, est très sensible à l'action de la *gelée* ; à ce point de vue il y a lieu de distinguer :

a. *Les gelées tardives de printemps.* — Leur action se manifeste très vivement sur de jeunes pousses pleines de sève, à croissance rapide, et par suite, à tissus mous et très sensibles, à tel point qu'il n'est pas rare de voir les jeunes pousses du taillis complètement desséchées par la gelée, ayant l'aspect de tiges grillées par le feu. A cet égard, les rejets sont plus sensibles qus les brins de semence. Si l'action des gelées tardives de printemps n'est qu'accidentelle, elle n'est pas désastreuse pour le taillis, car la souche conserve la faculté d'émettre de nouveaux rejets ; mais si ces gelées sévissent fréquemment dans un canton, elles entravent la croissance du taillis qui prend un aspect chétif et rabougri caractéristique ; on dirait qu'il a été abrouti par le bétail.

b. *Les gelées hâtives d'automne.* — Dans leur première année surtout, les rejets peuvent être arrêtés dans leur lignification par les gelées d'automne, et disparaître victimes de l'hiver qui les trouve mal « aoûtés » ; c'est alors une année de végétation à peu près perdue, et si l'accident se répète plusieurs années de suite, les souches meurent en grand nombre.

Dans certaines stations basses et humides, les jeunes pousses, spécialement celles qui se trouvent dans la couche d'air voisine du sol, sont exposées d'une façon permanente à l'action des gelées ; cette situation devient souvent désastreuse pour les jeunes taillis.

Enfin les rejets de souche ayant dans leur jeune âge une production totale supérieure à celle des brins de semence, demandent une plus forte somme de chaleur, ou une période de végétation plus longue pour mûrir leur bois ; mais, d'autre part, plus la période de végétation est longue, plus le danger de la gelée est imminent. Ces deux causes expliquent pourquoi le domaine du taillis est beaucoup plus restreint que celui de la futaie et pourquoi son champ d'application est limité aux climats de plaine, où le taillis trouve des écarts de température peu élevés, une grande somme de chaleur et un temps de végétation suffisamment long.

Quant aux autres causes de destruction (dégâts des champignons, insectes, action des vents, etc.), elles sont pour ainsi dire sans action marquée sur les taillis.

3° Production. — Le taillis simple régulier produit surtout du bois de chauffage (rondins ou bois à charbon) et des écorces (taillis de chêne) ; comme bois d'œuvre, il ne produit que des gaules et perches ou menus bois d'industrie, maisla quantité de ces derniers est subordonnée à la longueur des révolutions ; en somme, il produit des jeunes bois.

4° Influence sur la fertilité de la station. — L'influence qu'exerce un peuplement de taillis simple sur la fertilité de la station dépend de facteurs agissant dans des sens très différents ; leur résultante est variable suivant les régions, le climat, le sol, les essences, l'état du peuplement et l'âge d'exploitation. Nous insisterons sur trois de ces facteurs :

a. *Couverture du sol.* — Le peuplement à l'état de taillis simple présente pendant les phases de son existence les caractères du fourré, du gaulis ou du bas perchis ; même avec une révolution très longue pour un taillis, le peuplement n'arrive qu'à l'état de perchis, mais il n'atteint jamais la période avancée qui, dans les futaies régulières, se caractérise par le desserrement du massif et par un dessèchement dangereux du sol. A ce point de vue donc, il donne plus de garanties que la futaie pour la conservation des qualités du sol, à la condition toutefois qu'on suppose le terrain entièrement occupé par un taillis bien planté et bien entretenu. Sinon, rien n'est plus comparable dans les deux régimes.

b. *Coupe blanche à intervalles rapprochés.* — Le traitement en taillis simple dénude complètement les surfaces à des intervalles rapprochés ; il comporte les inconvénients inhérents à chaque coupe blanche et provoque périodiquement l'appauvrissement de la litière, la détérioration de l'humus, un certain durcissement du sol et l'invasion de l'herbe. Toutefois, il est bon de remarquer que la dénudation complète du sol ne dure qu'une année, que dès l'année suivante, en raison de la croissance vigoureuse des rejets, elle n'est plus que partielle, et que dès lors le massif se rétablit rapidement.

c. *Nature de la récolte.* — Le taillis ne produit que des bois jeunes, par suite plus riches que les produits de futaie en éléments nutritifs ; il fatigue le sol, auquel il n'apporte que des restitutions insuffisantes. Les effets de l'épuisement sont d'ailleurs d'autant plus rapides que le terrain est de nature plus sèche et que la révolution est plus courte.

En résumé, il est admis, d'une façon générale, que les taillis peuvent épuiser le sol quand la coupe en est trop répétée.

Deuxième type. Taillis fureté. — 1° Origine et

CARACTÈRES. — Le furetage consiste non plus à exploiter à blanc toute la coupe, mais à parcourir cette surface à de

Fig. 27. — Taillis fureté de hêtre après l'exploitation. Forêt de Castillon (Ariège).

courts intervalles, en se bornant à ne couper, sur chaque cépée, que des perches ayant dépassé une grosseur donnée, généralement 30 à 35 centimètres de tour à hauteur d'homme. Ainsi traité, le peuplement est composé de cépées en forme de buisson, dont les tiges de diverses dimensions fournissent un amas confus de feuillage et constituent un fourré perpétuel de 6 à 10 mètres de hauteur ; il prend dès lors l'aspect des peuplements inégaux, d'âges multiples, avec cette différence que les âges sont distants entre eux d'un nombre d'années en rapport avec celui des intervalles d'exploitation (fig. 27).

Les rejets qui naissent sur les sections d'exploitation généralement faites dans le jeune bois, ne s'affranchissent pas, et quand une cépée meurt de vieillesse ou par accident, elle doit être remplacée par d'autres qui s'obtiennent à l'aide de marcottes ou de plantations.

2° Dangers extérieurs. — Cette forme de traitement procure aux rejets naissants un abri protecteur contre la sécheresse et les gelées, et permet ainsi de faire pénétrer le régime du taillis dans des régions à climat moins doux et moins favorable qui ne conviendraient pas au taillis simple.

3° Production. — Le furetage est surtout appliqué au hêtre dans la basse et moyenne montagne. Comme produits, il fournit une plus forte proportion de rondins que le taillis simple.

4° Influence sur la fertilité de la station. — En maintenant le sol continuellement couvert, le taillis fureté entretient bien la fertilité du sol et le protège contre les érosions.

3. — TAILLIS-SOUS-FUTAIE.

Divers types de taillis-sous-futaie. — 1° Origine et caractères. — Un peuplement est à l'état de taillis-sous-futaie, quand il est composé de deux éléments :

a. Un étage inférieur, exploité à intervalles égaux, à la façon des taillis simples ;

b. Un étage supérieur, composé d'arbres irrégulièrement disséminés, dans lequel on exploite individuellement, lors du passage des coupes, les sujets devenus exploitables, à la façon de la futaie jardinée.

En principe, le rajeunissement du taillis est assuré par le

recépage au moment de la coupe ; la régénération de la futaie est assurée par un certain nombre de brins de semence dont la naissance coïncide en général avec celle des brins du taillis, dans le sein duquel ils restent confondus pendant une révolution ; à partir de la première exploitation du taillis, ces brins, du moins ceux qu'on conserve, entrent dans l'étage supérieur, et constituent ce qu'on appelle *les réserves* (fig. 28 et 29).

Il résulte de cette constitution que, dans l'ensemble, l'étage supérieur se compose d'arbres appartenant à plusieurs classes, dont les âges diffèrent entre eux d'un temps égal à la révolution du taillis, et que, d'autre part, le nombre des classes d'âge de la futaie dépend de la durée de la révolution adoptée pour le taillis, et de l'âge auquel sont exploités les plus vieux sujets.

Autrement dit : si, par exemple, on exploite le taillis à trente ans et les plus vieux arbres de futaie à cent cinquante ans, il se trouvera dans la futaie cinq classes d'arbres, dont les âges différeront entre eux de trente ans, et dont les plus jeunes se confondront avec le taillis ; au moment de l'exploitation, c'est-à-dire tous les trente ans, on réalisera, dans la futaie, individuellement et en jardinant, les arbres devenus exploitables ; on recépera le taillis, en ayant soin de conserver, pour les faire entrer comme réserves dans l'étage supérieur, les brins de l'âge du taillis, en nombre suffisant pour venir compléter la futaie et entretenir sa composition.

On a donné à ces diverses classes d'âge de la futaie des dénominations spéciales : en général le terme de *baliveau* est exclusivement attribué aux brins de l'âge du taillis, aussitôt après leur isolement ; le terme de *moderne* désigne les arbres de deux âges ; le terme d'*ancien* désigne les arbres de trois âges ; le terme de *bisancién* est attribué aux arbres de quatre âges, et celui de *vieilles écorces* aux arbres de cinq âges et au delà (1).

Il résulte encore de cette constitution toute spéciale de la futaie, que le nombre des sujets formant chaque classe n'est

(1) Il est souvent difficile de déterminer l'âge d'une réserve sur pied, aussi se base-t-on sur la grosseur pour qualifier un arbre comme moderne et ancien ; dans la pratique, on appelle anciens les sujets de 35 centimètres de diamètre et au-dessus.

pas indifférent, si l'on veut que l'exploitation puisse rester soutenue ; le bisancien exploité dans la classe la plus âgée doit pouvoir être remplacé pendant la révolution suivante par un sujet de la classe immédiatement inférieure, condition nécessaire puisque l'on veut à la fin de cette nouvelle révolution trouver encore un bisancien à exploiter, et ainsi de suite jusqu'à la plus jeune classe ; *aucune classe ne peut donc avoir un nombre de sujets inférieur à celui des sujets de la classe la plus âgée.*

En outre, au fur et à mesure qu'un jeune baliveau vieillit et monte en grade dans les classes successives de la réserve, il est exposé à mille causes qui peuvent l'empêcher de bien se développer, ou le détériorer ; il peut, à un moment quelconque, ne plus présenter les qualités voulues pour mériter d'être maintenu ; un choix est nécessaire à chaque changement de grade, et, pour permettre ce choix, *une classe doit contenir d'autant plus de sujets qu'elle est plus jeune.*

Il résulte enfin de cette constitution que l'élément taillis qui forme l'étage inférieur présente vis-à-vis de l'élément futaie le caractère d'un *sous-étage* ; dès lors, il existe une solidarité étroite au point de vue de la croissance entre le taillis et la futaie qui le domine ; l'existence et la prospérité de ce sous-étage dépendent de l'accès de la lumière, dont la mesure est déterminée par l'étendue et l'épaisseur du couvert de la futaie. Entre les cas extrêmes, taillis prospère sous futaie claire, et taillis chétif sous couvert épais, se trouve un champ assez large dans les limites duquel on peut concevoir un certain nombre de formes diverses ; mais comme toutes les circonstances qui favorisent ou entravent la croissance, agissent tantôt sur le taillis, tantôt sur la futaie, et comme la prépondérance de l'un entraîne toujours un certain affaiblissement de l'autre, on comprendra qu'une proportion constante des diverses parties du peuplement ne puisse être obtenue que si des soins intelligents conservent son caractère à cette forme essentiellement mobile.

Ce fait de solidarité entre la futaie et le taillis porte à distinguer, dans le taillis composé, trois cas distincts :

1er *Cas : La futaie est normale.* — Autrement dit, la futaie et le

Fig. 28. — Taillis-sous-futaie à longue révolution (Côte-d'Or).
Vue prise après l'exploitation du taillis.

Fig. 29. — Taillis-sous-futaie à futaie surabondante (Morvan).
Vue prise après l'exploitation du taillis.

taillis se trouvent sur un pied à peu près égal. Dans ce cas, on se propose d'obtenir une croissance satisfaisante, uniforme et soutenue du taillis, sans négliger la production de la futaie ; pour cela, il faut avant tout se rendre compte de l'effet produit par le couvert de la futaie sur le sous-étage. Cet effet est très variable selon l'essence, la hauteur des tiges et des cimes de la futaie, la répartition des sujets tant du taillis que de la futaie, ainsi que selon la fertilité des stations, la longueur des révolutions, etc. ; il faut encore que le couvert des réserves soit à peu près le même un peu partout, afin que le taillis vienne également bien dans toutes ses parties ; aussi doit-on toujours chercher à obtenir la répartition à peu près uniforme de la futaie, et pour cela, il ne faut pas perdre de vue les classes d'âges les plus avancés.

Mais comme, d'autre part, le couvert des essences de lumière est beaucoup moins épais que celui des essences d'ombre, et nuit moins à la croissance du taillis, il est à désirer que la futaie se compose, au moins partiellement, d'essences de lumière. L'expérience seule peut établir quelle épaisseur le couvert peut prendre pour ne pas trop nuire à la production du taillis, et c'est par elle qu'on peut définir, dans une station donnée, quel est le nombre des sujets à admettre dans chaque classe, nombre proportionné à leur couvert. De tels chiffres n'auront jamais qu'une valeur relative, et ils devront être considérés comme de simples renseignements, bons à connaître pour la gestion de forêts semblables, car dans toute forêt bien traitée en taillis-sous-futaie, il existe des considérations d'essence, de climat, de sol, de catégories de réserves qui priment celle du nombre de baliveaux de toutes classes.

2e *Cas : La futaie est surabondante.* — Dans cette forme, on se propose de donner une prédominance marquée à la futaie, afin de produire surtout du bois d'œuvre ; cette prédominance de la futaie tend à donner plus ou moins au taillis composé le caractère de la futaie jardinée (fig. 29).

Dans cette forme de peuplement les sujets de la futaie sont plus serrés que dans le type précédent, surtout dans les classes jeunes et d'âge intermédiaire. Si l'on voulait établir ce massif serré dans toute l'étendue du peuplement, on devrait, dans la plupart des cas, à cause du couvert très épais de la réserve, renoncer au sous-étage et par suite au caractère du taillis composé. Il s'ensuit qu'en règle générale, la futaie doit être ici *répartie d'une manière irrégulière.*

3° *Cas: La futaie est insuffisante.* — Dans cette forme, on donne une prédominance marquée au taillis et la futaie se compose d'un petit nombre de sujets disséminés et par suite assez distants les uns des autres. Dans ce type peuvent rentrer : les taillis à longues révolutions, demandant par suite un couvert plus modéré pour pouvoir se développer (fig. 28) ; les taillis à révolutions ordinaires, surmontés d'une réserve qu'on ne laisse pas vieillir au delà de deux et rarement de trois révolutions de taillis ; enfin les taillis avec un très petit nombre d'arbres qu'on laisse vieillir.

Le caractère de ce type est de reléguer la futaie au second plan ; cette forme se rapproche beaucoup du taillis simple.

Il est à remarquer que, sous l'influence des abus de pâturage, des abus commis par une mauvaise administration, songeant plus à jouir du présent qu'à réserver l'avenir, et justement en raison de la souplesse de cette forme de peuplement qui se prête à toutes les exploitations abusives du matériel sur pied, beaucoup de taillis composés ont été conduits par la force des choses à cet état, même dans les régions qui leur présentaient les stations les plus propices.

Les conditions économiques actuelles du marché des bois ne permettent-elles pas de faire mieux? Nous verrons dans la suite de cet ouvrage qu'une bonne gestion doit souvent tendre à se rapprocher progressivement des types précédents, ne fût-ce qu'en vue de conserver, et souvent de restaurer la fertilité de la station, et par suite sa force productive.

Le taillis composé (spécialement la première et surtout la troisième forme) exige, pour les mêmes raisons que les taillis, un climat doux, une longueur suffisante de la saison de végétation, un sol assez frais pour ne pas craindre des découverts souvent répétés, et en plus un terrain dont la fertilité et la profondeur rendent possible la culture des essences précieuses, surtout du chêne.

2° DANGERS EXTÉRIEURS. — Il est facile de se rendre compte,

d'après ce qui a été vu précédemment, que le taillis composé présente une immunité presque complète aux dangers extérieurs, ou tout au moins tend à modérer dans une très large mesure leurs effets très dangereux ; par le couvert de son étage supérieur, il atténue les écarts de température et les dégâts qu'occasionnerait la gelée ; les vieux arbres de la futaie euxmêmes, grâce à l'enracinement solide qu'ils doivent à leur état isolé et à la forme conique de leur tronc, offrent une grande résistance au vent ; ils servent de protection aux plus jeunes réserves ; quant aux insectes et aux champignons, leurs dégâts ne sont jamais que partiels et par suite fort peu à redouter.

En définitive, en toutes circonstances et mieux que la futaie, le taillis composé répare de lui-même les dégâts dont il a pu être victime ; car, quel que soit le sort de la réserve, l'ensouchement du taillis est toujours là pour sauver l'état boisé.

3º Production. — Le taillis composé a été très discuté comme production, ce qui s'explique, puisqu'il existe une infinité de types très dissemblables. Traité d'une manière rationnelle, il est d'un rapport au moins égal à celui de la futaie, et cette comparaison paraît devoir être encore plus à l'avantage du taillis composé, s'il s'agit de futaies régulières.

Quant à la nature de la production, la forme de taillis composé permet d'obtenir du bois d'œuvre d'essences feuillues, particulièrement du chêne, dans un temps relativement court ; elle présente l'avantage de donner à chaque sujet un espace illimité pour s'y développer, et par suite de favoriser le développement des cimes ; comme elle tend à assurer la conservation des qualités du sol, elle a pour effet non seulement d'augmenter la production totale annuelle, mais encore de donner au bois des qualités intrinsèques qui en font du bois d'œuvre.

Notons toutefois que MM. Boppe et Jolyet reprochent au taillis composé de donner du bois d'œuvre à accroissements irréguliers, trop dense, trop nerveux et par suite se tourmentant facilement ; enfin, ils ajoutent que l'alternative d'isolement et d'enclave au milieu d'un sous-étage grandissant dispose les arbres à contracter des tares qui occasionnent un déchet considérable.

En ce qui concerne les fûts, la croissance à l'état isolé tend à leur donner une forme conique inférieure à celle de la futaie, inconvénient qui est compensé, dans une certaine mesure, lorsque la futaie est prépondérante.

Quant aux bois de branches et aux ramilles, leur proportion dans les arbres de réserve est très forte, et il est rare que ces arbres fournissent plus de 40 à 50 p. 100 de leur volume total en bois d'œuvre; le reste n'est que du chauffage, souvent de médiocre qualité.

Quoi qu'il en soit, le taillis composé se recommande au point de vue économique par la variété de ses produits, qui sont de nature à satisfaire les besoins les plus multiples du commerce.

4° Influence sur la fertilité de la station. — De ce qui précède, il résulte qu'un taillis composé, soumis à un traitement raisonné, ne dénude que partiellement le sol à chaque exploitation du taillis ; dès la première année après l'exploitation, les flots de rejets opposent déjà à l'assèchement du sol et à l'enlèvement de la litière, un obstacle beaucoup plus efficace qu'un semis, même âgé de plusieurs années ; dès la formation du massif, le sous-étage joue le rôle d'un peuplement de protection.

D'un autre côté, la présence continue de l'étage supérieur, spécialement dans le type à futaie prépondérante, constitue un autre excellent élément de conservation, et cette forme de peuplement doit être considérée comme d'autant plus favorable à la conservation des qualités du sol, qu'elle se rapproche plus du type futaie.

4. — FUTAIE CLAIRE.

La forêt feuillue, notamment la futaie de chêne, très riche en matériel ligneux de grande valeur, ne constitue pas une exploitation forestière à la portée de toutes les fortunes ; le taillis-sous-futaie comporte une part faite au taillis, part assez importante pour que ce taillis puisse prospérer, même lorsque, immédiatement avant une coupe, le couvert des réserves atteint son maximum ; cela est fâcheux, sans doute, au point de vue de la production du bois d'œuvre, mais c'est inévitable.

Dans certaines régions, notamment dans le nord-est de la France, où les réserves des taillis-sous-futaie, de très belle venue, sont presque exclusivement constituées par des chênes, il semble possible de concevoir un type de forêt plus facilement réalisable que la futaie régulière et plus productif en bois d'œuvre que le taillis-sous-futaie. C'est à ce type que le professeur Huffel a donné le nom de « futaie claire » (1).

Caractéristique de la futaie claire. — Si dans un peuplement de taillis-sous-futaie du type à futaie prépondérante, on marque au passage des coupes successives d'une part assez de baliveaux de l'âge du taillis (200 à 300 à l'hectare, par exemple) et, d'autre part, assez de réserves de toutes catégories pour que la futaie devienne nettement prépondérante, on ne tarde pas à posséder un peuplement dans lequel l'élément taillis devient incapable de servir au recrutement ultérieur de la réserve ; appauvri, presque détruit par le couvert des arbres de l'étage supérieur, le taillis est vite réduit à l'état d'un sous-étage de protection ou d'un sous-bois.

Le sylviculteur exploite ce taillis à des intervalles rapprochés, dix ou quinze ans par exemple (la durée de quinze ans paraît convenable pour le chêne dans les terrains frais du nord de la France) et il se préoccupe alors d'assurer la perpétuité de la forêt uniquement à l'aide des francs pieds ou brins de semence issus directement des graines disséminées sur le sol par les réserves porte-graines. A cet effet, il exploite, à chaque passage d'une coupe de taillis, dans toutes les catégories de réserves, les arbres les moins beaux et les moins vigoureux qui s'y trouvent en excédent du nombre normal assigné à la catégorie ; il recèpe en même temps les jeunes semis mal conformés ou manquant de vigueur, et dégage les autres par un recépage radical de la *souille* qui croît avec eux dans l'intervalle des arbres.

Le peuplement se trouve dès lors constitué par des arbres de l'âge de la révolution du taillis (soit quinze ans) et par des arbres d'un âge double, triple, etc. (trente, quarante-cinq ans, etc.), formant autant de catégories d'âges ou de diamètres qu'il y a de fois quinze dans l'âge des plus vieilles réserves exploitées ; ces arbres sont confusément mêlés, de telle sorte que sur tous les points il se trouve des sujets fertiles et que les semis peuvent, par conséquent, être produits partout, à tout moment. De plus, ces arbres sont isolés, grâce aux exploitations qui portent tous les quinze ans sur des arbres de chaque catégorie, c'est-à-dire qu'ils ne forment pas un massif continu, complet, à un seul étage ; entre les plus grands, se trouvent des intervalles, d'importance déterminée par le tempérament de l'essence, par le besoin de lumière des semis, où croissent des arbres plus petits et où se forment des semis.

A défaut d'autre indication, nous admettrons que chaque catégorie

(1) G. Huffel, *Economie forestière*, t. II, Paris, 1905.

doit occuper une surface égale dans la forêt par le couvert des cimes ; si nous avons dix catégories, chacune couvrira par hectare un peu moins de 1 000 mètres carrés ; nous laisserons ainsi (pour plus de sûreté, notamment dans les forêts de chêne) une portion de la surface inoccupée (non couverte) par le matériel des arbres de manière à faciliter la naissance et le maintien des semis qui s'y trouveront mélangés à une souille, à des morts-bois et à quelques rejets de souche.

Si les exploitations d'arbres reproduites tous les quinze ans sont bien réglementées, et si d'autre part le sylviculteur prend soin, au passage de chaque coupe, d'assurer aux jeunes plants d'essences précieuses et notamment de chêne l'espace, l'air et la lumière qui leur sont nécessaires pour se développer, le peuplement ainsi constitué se renouvellera toujours, à l'état de futaie claire, au fur et à mesure des exploitations.

Ce type tout nouveau de forêt semble, d'après le professeur Huffel, devoir présenter les avantages suivants :

1° *Toutes les glandées*, nous dirions presque tous les glands que la forêt produira seront *utilisés pour la régénération du chêne*, en quelque lieu et à quelque moment qu'elle les produise ;

2° *Le retour fréquent des coupes* sur le même point, qui *est un trait essentiel de la futaie claire*, assurera le maintien des semis une fois formés, grâce à leur dégagement périodique ;

3° Ce retour fréquent permettra de ne laisser, même après la coupe, que de faibles intervalles entre les grands arbres. *Le matériel des arbres pourra donc occuper une plus grande partie du terrain que dans les taillis composés*, sans que son recrutement en soit compromis. Le rendement en bois d'œuvre sera, par suite, augmenté ;

4° Les *arbres*, moins éloignés les uns des autres que dans les taillis, prendront des hauteurs de fût plus grandes, ce qui procurera encore une augmentation de la production en bois d'œuvre et facilitera le maintien des semis ;

5° Le retour fréquent des coupes sur le même point permettra de réaliser d'une façon à peu près continue, à mesure qu'ils se produiront, les arbres viciés, de végétation languissante et les déchets de toute sorte ;

6° Les coupes, plus fréquentes, seront chaque fois moins intenses, moins brutales, ce qui est un avantage à plusieurs points de vue, notamment au point de vue de la production des arbres. Celle-ci sera sans doute supérieure, le matériel ne subissant pas, comme dans les taillis composés, à trente ans d'intervalle, par exemple, des réalisations qui le réduisent périodiquement à moitié de ce qu'il était auparavant. Le capital ligneux en arbres sera moins variable, plus grand en moyenne, les forces productrices seront mieux utilisées.

Enfin, en ce qui concerne les *dangers extérieurs* ainsi que l'*influence sur la fertilité de la station*, il est facile de se rendre compte que le peuplement se présente dans les conditions les plus favorables.

V. — ÉTAT DE LA FORÊT.

Toutes les forêts de la propriété privée rentrent plus ou moins directement dans un des types de peuplement que nous venons d'examiner, quelles que soient les méthodes employées pour les gérer.

Mais en raison même des fautes culturales qui peuvent être commises et renouvelées sans cesse sur le même point, les forêts du même type présentent une variété infinie d'aspects ; nous n'en prendrons qu'un exemple : Sur les bords de la Saône se trouvent de belles forêts traitées en taillis composé ; le sous-étage très complet est formé d'essences de choix ; l'étage dominant se compose de superbes réserves de chêne. A côté, dans des conditions identiques, la forêt voisine, traitée aussi en taillis composé, est en mauvais état ; elle ne renferme que des coudriers, des bois blancs, de mauvaises réserves de chêne et il est impossible d'y faire un bon balivage ; dans ce cas particulier, la forêt est ruinée par une série de révolutions trop courtes qu'on lui a imposées. Cet exemple nous permet de concevoir une notion nouvelle, celle de *l'état de la forêt.*

Cet état de la forêt est très complexe à définir. Indépendamment des circonstances locales, des nécessités du moment et des produits que l'on veut obtenir, toutes choses importantes pour le propriétaire, il est en rapport non seulement avec la forme du peuplement, mais aussi avec les essences susceptibles de composer ce peuplement, essences qui en font, suivant sa forme, une *sorte de peuplement* tout spécial.

Nous caractériserons donc, dans une certaine mesure, l'état de la forêt : 1° par la comparaison entre elles des différentes formes de peuplements ; 2° par la composition des peuplements, c'est-à-dire par les essences qui peuvent entrer dans chaque forme de peuplement, pour en constituer un type spécial.

Cette double étude permettra au propriétaire, à qui nous en laissons le soin, en raison des circonstances locales dans lesquelles il se trouve, de déterminer le type général qui correspond au bon état de sa forêt, ou tout au moins d'apprécier, suivant les cas, quelles sont les considérations qui peuvent le conduire à modifier l'état actuel d'une forêt déterminée.

I. — Comparaison entre les différentes formes de peuplement.

Formes de peuplement. — Au point de vue de l'exploitation forestière dans son ensemble, la forme du peuplement qui doit exister est fonction des éléments suivants :

1° *Essence*. — Certaines essences excluent souvent des formes déterminées de peuplements ; telle essence feuillue (aune, micocoulier, robinier, saule, etc.) ne comporte très ordinairement que la forme du taillis simple, tandis qu'au contraire les essences résineuses ne se prêtent qu'aux formes de futaie, et n'apparaissent comme réserves dans les taillis composés que pour des raisons accidentelles et temporaires.

2° *Qualité de la station*. — La forme du peuplement agit à ce point de vue, soit par ses exigences propres au point de vue de la fertilité du sol, soit par l'action qu'elle exerce sur la conservation de cette fertilité.

En *sol frais et fertile*, l'action conservatrice du peuplement présente un intérêt moins impérieux qu'ailleurs, et les bonnes stations peuvent admettre toutes les formes de peuplement ; par contre, ces bonnes stations sont tout indiquées pour les formes de peuplement qui recourent spécialement à l'emploi de la lumière pour forcer en quelque sorte le développement des sujets d'élite (taillis composés, réserves sur coupe définitive).

En *sol de fertilité moyenne*, en raison d'une constitution physique défavorable, d'une faible profondeur et du peu d'abondance d'éléments minéraux assimilables, ou encore dans les stations plus ou moins exposées aux dangers extérieurs (pentes fortes et ravinements, vents violents, gelée, neige, etc.), l'action conservatrice du peuplement présente un intérêt souvent très impérieux. Les formes de peuplement préférables sont alors celles qui assurent le mieux le couvert continu et le maintien d'un massif complet (futaie traitée par coupes successives, par coupes jardinatoires, futaie jardinée).

En *sol médiocre et mauvais*, dans les stations chaudes et défavorables, la question de l'essence à planter prend le pas sur celle de la forme du peuplement, car la plupart des essences en sont exclues, n'y trouvant pas ce qui est nécessaire à leur subsistance ; on ne peut que choisir, parmi les formes de peuplement qui conviennent à cette essence, celle qui paraît le plus apte à concourir à l'entretien du sol et à la conservation des qualités qu'il peut avoir, et si les circonstances imposent l'exploitation à blanc étoc, on doit éviter d'opérer la coupe en bloc sur de grandes étendues.

D'une façon générale, l'adaptation de la forme du peuplement à la station est d'autant plus nécessaire que la conservation des qualités du sol est plus subordonnée à l'action protectrice de la forêt.

3° ***Dangers extérieurs.*** — Les peuplements d'un seul âge opposent à presque tous les agents destructeurs (ouragans, neige, gelées) moins de résistance que les autres (fig. 30), ils sont moins aptes à parer, dans certaines situations de montagne, aux effets désastreux des eaux de ruissellement, des avalanches, etc. Par suite, dans les stations fréquemment exposées d'une manière plus ou moins permanente à des phénomènes de ce genre, ils sont moins à leur place que les peuplements d'âges multiples ; ces derniers, d'ailleurs, sont toujours plus aptes à produire des peuplements sains, plus susceptibles de résister aux dangers extérieurs.

4° ***Repeuplement.*** — Certaines méthodes excluent des formes déterminées de peuplements, et inversement, suivant les âges d'exploitation que comporte une forme de peuplement, la création des nouveaux sujets ne peut s'effectuer de la même manière.

Les formes du taillis simple et du taillis composé ont recours au repeuplement par rejets et drageons, combiné dans une certaine mesure, pour assurer la perpétuité de la forêt, avec d'autres méthodes de repeuplement ; les formes de futaie ont recours à la régénération naturelle ou à la régénération artificielle suivant l'âge d'exploitation (supérieur ou inférieur à l'âge de fertilité des sujets), ou bien elles demandent une combinaison de ces deux méthodes (semis naturels incomplets).

Fig. 50. — Chablis dans un peuplement pur et uniforme de sapins (ouragan de janvier 1896), forêt de Thézillieu (Ain).

Dans les limites des circonstances où cela est possible, il est économiquement plus avantageux d'obtenir la perpétuité de l'état boisé par voie naturelle plutôt que par voie artificielle.

Dans les formes de taillis, les conditions les plus favorables au repeuplement naturel sont :

1° Jeunesse et état sain des souches, qui doivent disparaître, dès qu'elles n'ont plus la vitalité suffisante, et qu'elles occupent sans profit un espace où peuvent venir s'installer des semis naturels ;

2° Exploitations faites à des âges relativement peu élevés, c'est-à-dire dépassant rarement trente à quarante ans, pour assurer la formation de rejets nombreux et vigoureux, mais en général suffisamment élevés pour amener la disparition complète des morts-bois et des bois blancs ;

3° Présence sur le taillis ou à proximité de porte-graines disséminés, susceptibles d'assurer par ensemencement naturel le renouvellement progressif de l'ancien peuplement ;

4° Existence, dans une certaine mesure, d'un couvert supérieur ou latéral susceptible, pendant les périodes d'exploitation du taillis, de protéger le sol, la couverture morte et l'humus contre le dessèchement et les jeunes sujets (rejets, drageons, semis), contre les dangers extérieurs, tout au moins pendant la période de toute première jeunesse.

Sauf dans le cas de circonstances exceptionnelles dues au climat (par exemple, climat méditerranéen ou du midi), au sol et à la fertilité de la station, le taillis composé remplira mieux toutes ces conditions et sera préférable au taillis simple.

Dans *les formes de futaie*, l'emploi de la régénération naturelle ne sera possible qu'avec des âges d'exploitation suffisamment élevés pour permettre aux porte-graines de fructifier d'une façon abondante et soutenue, et les conditions les plus favorables à cette régénération naturelle sont :

1° Sujets adultes, plus ou moins isolés, ayant par suite une cime développée ; recevant plus de lumière, ces sujets produisent plus de graines ;

2° Sol apte à recevoir la graine et à la faire germer ;

3° Jeunes plants plus ou moins protégés par un couvert supérieur ou latéral pendant la première période de leur existence.

Les peuplements d'âges multiples remplissent ces conditions moins imparfaitement que ceux d'un seul âge.

Mais quand toutes les conditions d'une bonne régénération naturelle font défaut, l'emploi de la régénération artificielle est indiqué ; dans ce dernier cas, on doit encore chercher une forme qui assure l'abri nécessaire à la jeune plantation.

Conclusion. — La comparaison entre elles des formes de peuplement, au point de vue cultural, nous conduit à cette conclusion que la culture forestière doit avoir pour but, non seulement l'exploitation, mais encore la conservation intégrale des forces de production, et que dans bien des cas, une gestion qui n'a en vue qu'un placement pécuniaire aussi élevé que possible est exposée à oublier cette condition.

Nous verrons dans la suite que la comparaison entre le revenu d'une forêt et le capital engagé dans l'exploitation forestière donne le taux de placement de ce capital argent.

C'est la recherche du maximum de taux de placement qui conduit le propriétaire particulier à des exploitations extensives, avec des âges peu élevés ; cette exploitation extensive, que peuvent justifier les considérations économiques du moment, doit toujours avoir pour limite les obligations imposées par les règles culturales, sinon le propriétiare appauvrit peu à peu et systématiquement son domaine boisé. Comme il ne fait pas intervenir cet élément essentiel dans son calcul de placement, les chiffres qu'il obtient sont trompeurs, quelles que soient les combinaisons savantes qui ont permis de les trouver. Mieux vaut, alors, demander franchement à d'autres placements, aussi commodes et aussi sûrs, si on les trouve, le taux exigé.

Sans entrer dans le détail des cas particuliers, où le taillis simple peut être justifié et où la substitution des essences résineuses aux essences feuillues peut être avantageuse, nous croyons pouvoir dire que le propriétaire particulier a aujourd'hui intérêt :

1° A préférer, partout où cela est possible pour le traitement des essences feuillues, le taillis composé au taillis simple, sauf dans des circonstances spéciales et justifiées ;

2° A adopter, dans ces taillis composés, des révolutions assez longues (vingt-cinq à trente-cinq ans) pour l'élément taillis, et à conserver un nombre suffisant de réserves ;

3° A abandonner (sauf exception), les futaies feuillues et à ne pas adopter pour les futaies résineuses de trop longues révolutions, en raison du faible taux auquel fonctionnent ces vieilles futaies.

2. — Composition des peuplements.

Un peuplement peut être composé d'une seule essence, il est dit *pur*; ou bien il peut être formé d'un mélange de deux ou de plusieurs essences diversement associées, il est dit *mélangé*.

Peuplements purs. — Dans la généralité des cas, la nature a une tendance à provoquer spontanément des mélanges ; les peuplements purs ne seraient donc qu'une rare exception si la nature et l'homme n'étaient intervenus ; d'une part la nature en créant des stations où ne peut vivre qu'une seule essence, soit en raison de l'altitude et du climat (stations rudes, à climat rigoureux de l'épicéa, par exemple), soit en raison de situations locales, telles que excès d'humidité (aune, saule), excès de sécheresse et de stérilité (pin sylvestre), etc. ; d'autre part l'homme en propageant, à l'exclusion des autres, l'espèce susceptible de répondre à ses besoins, en vue de produits déterminés, tels que perches, bois pour pâte à papier, bois de charbonnage, bois d'œuvre ordinaire, osiers pour la vannerie, écorces à tan, etc.

Enfin de simples erreurs ou des fautes culturales ont pu conduire accidentellement à la création de ces peuplements purs. C'est ainsi, par exemple, qu'après des coupes à blanc, dans les futaies de chêne et de hêtre, le sol peut se trouver envahi par des semis de charme pur ; que le bouleau ou des essences secondaires se substituent seules aux bonnes espèces dans un sol appauvri par des abus de jouissance, etc.

Peuplements mélangés. — Dans la forêt livrée à elle-même, le mélange des essences s'effectue par les mille moyens dont dispose la nature ; les graines légères, ailées, sont disséminées par le vent ; les graines lourdes sont transportées au loin par les oiseaux, les rongeurs et mille causes accidentelles ; là où elles tombent, elles peuvent trouver des conditions favorables à leur germination et à leur développement ultérieur, et elles constituent un *mélange par sujets isolés*.

Ailleurs, le mélange s'effectue par *groupes ou bouquets*, soit que les graines lourdes, tombées au pied de leurs porte-graines, aient trouvé des conditions favorables à leur développement, soit que des conditions locales se prêtent mieux à l'installation et au maintien d'une essence déterminée, au détriment de toutes les autres; telles peuvent être des conditions de sol, un état plus ou moins favorable de la couverture morte, l'humidité, la présence ou l'absence d'un couvert bas et épais, etc.

Ainsi, dans la nature, les essences ont une tendance naturelle à se mélanger par pieds isolés et par bouquets ; ces deux formes de mélange se présentent souvent simultanément et le mélange peut persister, grâce à la différence des stations, à la différence du tempérament des diverses essences, causes auxquelles s'ajoute une plus ou moins grande rapidité dans la végétation de ces essences.

Dans la forêt cultivée, l'homme qui se propose un but déterminé, intervient pour diriger le mélange, spécialement dans les formes de peuplement qui s'écartent le plus des conditions naturelles. Dès lors, il ne lui suffit pas de créer ou de provoquer ce mélange, il doit savoir maintenir l'équilibre entre des voisins qui luttent à armes inégales. Cette question des mélanges, disent MM. Boppe et Jolyet, est une des plus délicates qui se présentent en sylviculture ; il faut toutes les ressources de l'art forestier pour obtenir, soit naturellement, soit artificiellement, la composition voulue ; chaque station demande pour ainsi dire un mélange différent ; mais en cherchant bien, surtout en interrogeant autour de soi, on trouvera toujours une solution satisfaisante sans sortir des essences spontanées.

Avantages et inconvénients des peuplements mélangés. — Des raisons culturales de premier ordre indiquent que le mélange est l'état de peuplement le plus à désirer dans la plupart de nos stations :

a. Le peuplement mélangé, par sa nature même, s'adapte aux inégalités locales des stations ; ses divers éléments qui trouvent, dans la place qu'ils occupent, un sol en rapport avec leurs exigences, leur enracinement, etc., lui permettent de conserver une croissance également bonne dans toute son étendue, ce qu'il est difficile d'obtenir avec un peuplement pur; par suite, le peuplement mélangé est plus complet dans son ensemble, son état de massif est meilleur, et il utilise mieux la fertilité du sol, ainsi que la lumière disponible.

b. L'état de mélange favorise, dans un grand nombre de peuplements, le maintien prolongé du massif, et nous avons vu que c'est surtout dans les âges avancés que cette densité du massif est utile en vue des qualités du sol pour une bonne régénération ; le peuplement mélangé est, à ce point de vue, bien préférable aux peuplements purs. En outre, sous un peuplement mélangé, les feuilles qui tombent sur le sol ont des consistances diverses ; elles se décomposent plus facilement et la couche de terreau formé est plus épaisse et mieux constituée.

Ainsi, par un couvert plus complet et plus prolongé, par les qualités de la couverture morte et de l'humus, le peuplement mélangé tend à maintenir, bien mieux et plus longtemps que les peuplements purs, la fertilité de la station et l'ameublissement du sol ; par suite, il est plus favorable au réensemencement naturel et assure plus facilement la continuité de l'existence de la forêt.

c. Le mélange présente sur les peuplements purs le même avantage au point de vue de la résistance aux dangers extérieurs, tels que vents violents (essence pivotante adjointe aux essences à enracinement superficiel), bris de neige et de givre (essence à feuillage caduc associée à l'essence plus sensible à feuillage persistant), froid (essence résistante jointe à une essence sensible), incendies (essence feuillue avec essence résineuse), insectes et champignons, etc.

d. Le mélange assure au point de vue économique une plus grande variété dans la production ; par cela même, il augmente l'utilité de la forêt dont les produits sont, en général, plus faciles à écouler dans le commerce. Par la concurrence vitale, il tend à améliorer la croissance de certaines essences, modifiant avantageusement la forme de leur fût ; c'est ainsi que certaines essences feuillues (le hêtre, par exemple), en mélange avec des essences résineuses (sapin, épicéa) tendent à suivre la croissance en hauteur de ces dernières et à allonger considérablement leurs fûts.

Enfin, le peuplement mélangé, présentant moins de fixité que le peuplement pur, se prête, au moins dans certaines limites, bien mieux que ce dernier à des modifications dans les exploitations.

c. Par contre, au point de vue de la gestion, le peuplement mélangé est souvent plus difficile à diriger que le peuplement pur, en raison même de ce qu'il y a lieu de satisfaire, d'une façon permanente, aux exigences de toutes les essences, et que des fautes culturales répétées peuvent provoquer la disparition d'essences précieuses et l'envahissement d'essences de second ordre.

Exigences des mélanges. — Quatre facteurs essentiels agissent sur le peuplement mélangé et exercent sur les diverses phases de son existence une action prépondérante :

a. *Station.* — La station doit être de nature à pouvoir satisfaire toutes les exigences de *chacune* des essences du mélange ; sinon l'essence la moins favorisée disparaît progressivement du mélange.

b. *Fertilité de la station.* — Le mélange ne doit pas être de nature à ruiner la fertilité de la station, sinon le mélange est pire que le peuplement pur par suite de l'éclaircissement prématuré qu'il subit spontanément.

c. *Tempérament.* — Chaque essence doit trouver dans le peuplement les conditions d'espace (espace pour la cime dans l'atmosphère et pour les racines dans le sol) et de lumière qui conviennent à son caractère biologique ; et cette situation doit persister pendant toute son existence ; sinon l'essence ne pourra pas conserver dans le peuplement une bonne croissance et tendra à être éliminée.

d. *Forme du peuplement.* — Le peuplement doit être traité dans une forme appropriée aux essences qui le constituent et au but que l'on se propose ; le choix judicieux de la forme du peuplement est une des conditions les plus importantes de l'existence des mélanges, et du maintien jusqu'à l'exploitabilité de chacune des essences qui le composent.

Dans un peuplement uniforme, mélangé par sujets isolés, les espèces associées n'ont pas la même activité de végétation à leurs différents âges ; ces différences peuvent s'égaliser avec l'âge, mais dans la plupart des cas, le mélange originel tend de plus en plus à se transformer en un peuplement pur ; qu'on associe, par exemple, à une essence de lumière une essence d'ombre, dont les tendances envahissantes par sa nature, sont encore exagérées par une meilleure adaptation au milieu : la première succombe toujours victime de la seconde. Il en est ainsi du chêne et du hêtre dans les forêts du nord et de l'est de la France, où le hêtre, qui se trouve dans le centre de son aire, aura toujours des tendances à dominer le chêne, et l'aura bientôt éliminé, si, par des éclaircies bien conduites, on ne vient pas sans cesse le cantonner dans le rôle secondaire qui lui est dévolu ; ainsi encore du hêtre et du sapin aux altitudes un peu considérables.

Il résulte de ces considérations qu'on est conduit à accompagner le peuplement mélangé, depuis son origine jusqu'à sa vieillesse, de soins passagers, dans le but de protéger l'essence menacée, intervenant toujours au moment et dans le sens voulus.

Des soins culturaux de ce genre, d'un caractère passager et par suite à renouveler pendant toute l'existence du peuplement, exigent une main-d'œuvre adroite et souvent assez dispendieuse.

Mais on peut tendre à maintenir le mélange par d'autres mesures spéciales présentant un caractère permanent :

1° *En faisant préexister*, toutes les fois que cela est possible, l'essence menacée, c'est-à-dire en faisant prendre au moment de la régénération à un certain nombre de sujets de cette essence l'avance sur les autres essences ;

2° *En opérant le mélange, non plus par sujets isolés, mais par bouquets*, par groupes ou par compartiments plus ou moins étendus, en créant en un mot, suivant l'expression de MM. Boppe et Jolyet, des peuplements de composition *zébrée ou mouchetée* ; dans un tel peuplement, chaque espèce est ainsi isolée sans toutefois perdre les avantages du mélange ; elle peut être traitée à l'état pur dans chaque bouquet, suivant les besoins qui lui sont propres ; les sujets de l'essence menacée sont ainsi préservés de l'influence envahissante et peuvent être maintenus jusqu'à leur exploitabilité ; si l'étendue des bouquets est réglée sur la susceptibilité de l'essence menacée, l'effet obtenu peut être permanent ;

3° *En faisant préexister à l'essence envahissante les bouquets de l'essence à protéger* ; l'état du peuplement ainsi mélangé est celui qu'on obtient au moyen du traitement par coupes jardinatoires, qui se prête mieux que tout autre à la conduite et au maintien des peuplements mélangés.

Composition des peuplements mélangés. — Nous avons vu que tout mélange doit être susceptible de se prêter à l'entretien du sol et aux exigences naturelles de chaque essence ; accessoirement, il doit prémunir le peuplement contre les dangers extérieurs.

Pour satisfaire à ces conditions, on cherchera en principe et sauf exceptions : 1° à introduire en majorité dans les mélanges les essences d'ombre ; 2° à associer aux essences résineuses des essences feuillues.

Remarquons en outre qu'on doit tenir compte, dans la détermination du mélange, du but de l'exploitation, en particulier de la valeur industrielle des essences, et, dans certaines situations, de leur résistance aux agents extérieurs.

Rôle du hêtre dans les mélanges. — C'est le hêtre surtout, qui par sa faculté unique de conserver intégralement la fertilité et l'humidité du sol, de se prêter merveilleusement à toutes les combinaisons, mérite de fixer l'attention des sylviculteurs.

MM. Boppe et Jolyet exposent ainsi son rôle dans les mélanges : le hêtre vit en plaine comme en montagne ; son aire d'habitation, très étendue, englobe toutes les espèces, auxquelles il peut être associé comme essence d'ombre. C'est, dès lors, l'espèce indiquée pour faciliter les transitions entre deux stations voisines, dans ces zones indécises si délicates à manier, où une espèce va disparaître quand l'autre n'est pas encore bien installée ; entre la région du chêne et la sapinière par exemple, ou, à la limite supérieure de celle-ci, entre la forêt de rendement et le pâturage.

D'ailleurs son tempérament plastique lui permet d'accepter tous les rôles ; au gré du forestier, il sera sur le même point l'essence précieuse atteignant les plus grandes formes ou le modeste buisson végétant en sous-bois. Nous connaissons trop de forêts qui ont été victimes d'une expulsion systématique du hêtre, pour ne pas demeurer convaincus qu'on a tout à gagner en lui réservant la grande place qu'il mérite ; mais c'est à la condition de rester toujours son maître, sans jamais se laisser dominer par lui.

Conclusion. — Il résulte des considérations précédentes que, d'une façon générale, les peuplements mélangés doivent être préférés aux peuplements purs, et que dans la plupart des cas, ce sont les peuplements inégaux, d'âges multiples, et dans ces formes le mélange par groupes, places ou bouquets, qui favorisent la constitution et le maintien des mélanges.

VI. — UTILITÉ GÉNÉRALE DES FORÊTS.

PRODUITS FORESTIERS, INDUSTRIES FORESTIÈRES.

L'existence de forêts bien réparties sur le territoire d'un pays est un élément de prospérité et de progrès, non pas seulement parce que les peuples jouissent des bénéfices matériels que procurent les forêts, mais encore parce que la destruction exagérée des massifs boisés rompt l'harmonie de la création et fait place aux régions inhospitalières à l'homme.

La forêt est un des dons les plus précieux de la nature, et son maintien en proportion suffisante dans une contrée est, spécialement en montagne, une condition indispensable au bien-être général ; elle nous donne les produits matériels nécessaires à la satisfaction d'une infinité de besoins ; elle assure le salaire journalier au grand nombre d'ouvriers qu'exigent le travail en forêt et le transport des bois ainsi que le fonctionnement des diverses industries qui utilisent le bois comme matière première ; elle nous protège contre les intempéries des saisons, contre les ruines causées par les torrents et les inondations et contribue partout, mais surtout en montagne, à accroître l'habitabilité et la fertilité du pays ; elle est dans bien des régions le charme du paysage qui attire le touriste et aussi la grande régulatrice des sources et des cours d'eau auxquels l'homme demande presque gratuitement la force nécessaire pour alimenter un grand nombre d'industries locales.

Produits des forêts. — Les forêts, beaucoup plus abondantes autrefois sur notre territoire, paraissent à première vue avoir joué dans les siècles précédents un rôle économique plus important qu'aujourd'hui. Un examen plus approfondi démontre que les conditions d'utilisation des produits forestiers se sont simplement modifiées et que, si le propriétaire forestier sait se prêter à cette évolution, la forêt doit lui procurer encore aujourd'hui des produits très recherchés et très utiles.

Il n'est pas sans intérêt, au point de vue de la gestion économique des propriétés boisées, de connaître les principaux produits des forêts, et de comprendre l'importance des industries forestières ainsi que les exigences du commerce des bois.

Bois de chauffage. — Les bois de chauffage débités sur le parterre des coupes sont empilés d'après les anciennes mesures variables suivant les localités ; on distingue : 1° le *gros bois*, ou chauffage proprement dit, qui mesure au moins 0m,21 de tour au petit bout et qui comprend le *quartier*, la *moulée*, le bois de boulange ; 2° le *menu bois*, formé par la charbonnette et les bois de verrerie ; 3° les *fagots* et bourrées. Les *bois flottés* sont des bois de chauffage (gros bois) qui ont été transportés à bûches perdues sur les cours d'eau ; le flottage est encore aujourd'hui très usité en France sur l'Yonne et sur la Cure pour transporter jusqu'aux ports de dépôt (Clamecy, Vermenton), les bûches qui proviennent du Morvan et sont destinées à l'approvisionnement de Paris.

Presque partout des industries naissantes viennent demander mille produits nouveaux ; ici de la charbonnette et des perches de taillis pour la distillation du bois en vase clos, ou des perches ayant des dimensions un peu supérieures pour faire des étais de mine, des perches à houblon, etc., ailleurs les bois qu'on débitait en quartiers ou rondins pour faire des traverses de chemin de fer, de la pâte à papier, des supports de fils électriques (poteaux télégraphiques ou autres), ainsi qu'un grand nombre de produits similaires.

Il appartient au propriétaire forestier de modifier les méthodes de gestion, parfois simplement les âges d'exploitation pour fabriquer les produits les plus recherchés.

Charbon de bois. — Le charbon de bois est le résidu de la combustion incomplète du bois ou de sa distillation en vase clos ; il est plus léger (80 p. 100) que le bois dont il provient, moins encombrant, plus facile à transporter, doué d'une puissance calorifique et d'un pouvoir rayonnant très supérieur, à poids égal.

On fabrique habituellement le charbon de bois sur le parterre des coupes en exploitation avec du menu bois, dit *charbonnette*, constitué par des rondins d'une longueur de 66 à 80 centimètres de long, ayant au petit bout 5 à 20 centimètres de tour ; cette charbonnette est dressée en meules sur des emplacements bien choisis et la cuisson des meules demande une très grande surveillance de la part du charbonnier, afin d'obtenir un charbon à point (fig. 31).

Le procédé de *carbonisation en vase clos*, très utilisé aujourd'hui dans certaines régions, a pour but, soit d'obtenir des charbons particuliers (charbons de poudrerie), soit généralement de recueillir les produits volatils dégagés par la distillisation du bois ; les usines déjà nombreuses, créées en France dans ce but, extraient du bois, par distillation et par traitement chimique, de l'alcool méthylique ou méthylène, de l'acétone employé à la fabrication du chloroforme et de l'iodoforme, ainsi que ses dérivés acide acétique et acétates, des phénols de goudron de bois et des huiles d'acétone, de la créosote, du formol, etc. L'importance de ces produits industriels permet de considérer le charbon de bois comme un résidu de la distillation.

Dans toutes les régions forestières, où des usines de ce genre se sont installées, les prix des bois de chauffage, et même des menus bois, ont pris des cours rémunérateurs ; les propriétaires de bois taillis de la région doivent connaître toutefois les âges d'exploitation qui correspondent aux dimensions les plus recherchées par ces industries spéciales.

Bois d'œuvre. — Sous la qualification de *bois d'œuvre*, on comprend les bois utilisés, sous quelque forme que ce soit, autrement que comme combustible ; on distingue dans le langage courant les *bois de service et de construction*, comprenant les bois de charpente, les bois de menu service, les *bois de travail ou d'industrie*, notamment les bois de sciage, les bois de fente, les bois tranchés.

Le prix des bois employés pour la *construction* et l'*entretien des bâtiments* reste toujours très élevé, malgré la concurrence du fer et de l'acier ; la *charpente de chêne* se vend à des prix plus élevés que jamais ; les charpentes de sapin sont de plus en plus recherchées ; ces bois sont parfois expédiés de la forêt *en grume*, c'est-à-dire tels quels, écorcés ou non ; parfois ils sont équarris sur place ou débités en tronces.

Nous citerons comme catégories principales de bois d'industrie :

Les *bois de fente* qu'on débite sous différentes formes et sous des dimensions très diverses, selon les usages auxquels ces bois sont destinés. Le travail de la fente se fait surtout en forêt, parce que le bois doit être travaillé pour la fente peu de temps après l'abatage (fig. 32) ; on désigne par le nom de *merrains* de petites planches ou *douves* obtenues par la fente et destinées à la fabrication des tonneaux, des barils, des cuves, seaux, etc. Les merrains pour liquides (vins, bières, eaux-de-vie, etc.) se font en chêne, cerisier, sorbier et châtaignier ; les merrains pour matières sèches (ciments, plâtres, etc.), se font en hêtre, aune, bouleau.

On fend aussi les *échalas* pour la vigne (acacia, châtaignier, cœur de chêne), les piquets de vigne et d'embouche, les lattes pour les plafonds, les perches de châtaignier pour cercles de tonneaux, etc.

Les *sciages* de chêne et de résineux ainsi que les sciages d'essences secondaires qu'on utilise en menuiserie et en ébénisterie. Le sciage des

Fig. 31. — Fabrication du charbon de bois en forêt. Meule en préparation. Forêt d'Orléans (Loiret).

bois s'effectue sur le parterre des coupes, sur les chantiers des ouvriers scieurs de long ou à la scierie ; l'ouvrier scieur de long doit dans chaque cas chercher la coupe qui convient aux dimensions et à la forme de la pièce à débiter et en dresser l'épure sur la pièce ; ce travail est long et onéreux ; au contraire, le sciage mécanique est rapide et économique, il donne des surfaces planes régulièrement dressées, qualités que n'a pas le sciage à la main. Aussi dans tous les pays où s'établissent des scieries mécaniques, les bois de sciage acquièrent-ils de ce fait une plus-value assez sérieuse.

Les *étais de mine* dont la valeur dépend surtout du diamètre au gros bout et de la longueur ; les essences les plus employées sont les résineux et surtout les pins, ou encore parmi les feuillus le chêne, l'aune et quelques autres perches de taillis. Souvent quelques années suffisent à faire passer des perches, de la dimension en usage pour les chauffages à celle exigée par les acquéreurs de bois de mines, de même qu'un retard dans l'exploitation des mêmes perches peut les rendre inutilisables à cet égard ; un propriétaire soucieux de ses intérêts doit régler ses exploitations en conséquence.

Les *traverses de chemin de fer* charpentées à la hache ou équarries à la scie, avec des bois parfaitement sains et francs de piqûres, pourritures ou autres défauts ; le chêne, depuis longtemps utilisé à cet égard, tend aujourd'hui à être remplacé par le hêtre injecté à la créosote, depuis qu'on a constaté que la durée d'une traverse de hêtre, de deux ans seulement à l'état nature, s'élève à trente ans au moins après injection à la créosote.

Les *poteaux télégraphiques* et autres, qu'on fait surtout avec des résineux injectés sur place au sulfate de cuivre dans les quinze jours de leur abatage (fig. 33).

Les *bois de râperie*, utilisés pour la fabrication de la pâte à papier, dont les plus recherchés paraissent être le sapin, le tremble, l'épicéa et le pin sylvestre ; cette industrie toute nouvelle a pris en peu d'années un développement extraordinaire qui a donné une très grande extension au commerce des bois résineux de petite dimension et a largement facilité la vente de certains bois feuillus jusqu'alors peu recherchés, le tremble, par exemple (fig. 34).

Les *bois utilisés pour le débit en pavés*, parmi lesquels il faut citer les pins et notamment le pin maritime, le sapin, le mélèze, le hêtre, etc. Les *bois tranchés* utilisés en ébénisterie pour les placages des meubles, la *filoche* ou laine de bois de sapin qui sert aujourd'hui pour emballer les objets fragiles, etc.

A côté de ces grandes catégories, il faudrait énumérer toutes les petites industries locales telles que les *saboteries*, les *fabriques de formes*, de *bobines* ou de *jouets*, de *brosses*, etc., ainsi que des produits plus spéciaux souvent très recherchés tels que *échalas*, *cercles de tonneaux*, *perches à houblon*, *manches de fouet*, *crayons*, *allumettes*, etc.

On construit aujourd'hui des machines qui dans un très grand nombre de ces diverses industries travaillent et façonnent mécaniquement les bois avec une régularité que n'atteindraient pas les ouvriers de métier pour raboter, dresser et dégauchir les bois, rainer ou bouveter les parquets, faire des moulures, des mortaises ou assemblages, des rais de roues, des moyeux, des bois de fusils, des rabots, etc. ; avec les sciures on fabrique des briquettes agglomérées, des pains de bois, ou bien on s'en sert ainsi que des déchets pour alimenter les chaudières qui donnent la force motrice à l'usine.

Ainsi nos futaies feuillues et résineuses, nos taillis et taillis-sous-futaie, indépendamment des produits ligneux qu'ils livrent à la consommation, assurent à une foule d'ouvriers de métiers divers une main-d'œuvre rémunératrice ; les ouvriers bûcherons travaillent en forêt, souvent en morte-saison, pour l'abatage et le façonnage des

Fig. 32. — Fabrication du merrain de chêne en forêt. Forêt de Blois (Loir-et-Cher).

produits, les voituriers accompagnent les transports jusqu'aux emplacements de dépôt, les charpentiers équarrissent les bois et les mettent en œuvre, les scieurs les débitent en poutres, en planches ou en lattes, enfin toutes les industries diverses qui emploient les bois comme matière première les façonnent et les transforment de toutes manières. En France, comme dans tous les pays boisés, des populations entières vivent et travaillent grâce à la forêt.

Les produits forestiers sont parfois lents à atteindre les dimensions qui leur permettent d'être livrés au commerce, et c'est ce qui les différencie des produits agricoles ; mais, tout comme en agriculture, *si les propriétaires forestiers veulent être en mesure de gérer d'une façon rationnelle leurs domaines boisés, ils ne peuvent se dispenser de connaître à quoi sert la matière première qu'ils produisent et sous quelle forme ils ont intérêt à la présenter au commerce.*

Produits accessoires. — Nous avons dans cette esquisse rapide laissé de côté quelques produits accessoires que nos forêts fournissent encore à l'industrie nationale :

Tan. — Certains bois sont riches en *tanin*, et la propriété la plus importante de ce produit réside dans son action sur la gélatine de la peau qu'il transforme en cuir imputrescible. Autrefois on employait exclusivement pour la tannerie le *tan* ou écorce pulvérisée du chêne, et ce produit très recherché donnait une plus-value importante aux taillis à écorce ; aujourd'hui on substitue souvent en tout ou partie à l'action très lente du tan sur les peaux, celle beaucoup plus active des jus tanniques préparés par la décoction ou la macération dans l'eau soit des écorces, soit des bois de certaines essences. Les peaux ainsi préparées semblent, il est vrai, perdre en qualité ce qu'elles gagnent au point de vue du prix de revient.

Liège. — Les forêts de *chêne-liège* qui s'étendent dans le midi de la France constituent une des principales richesses forestières de l'Algérie et de la Tunisie ; à son état naturel, l'écorce du chêne-liège présente deux couches distinctes : la plus extérieure crevassée, lourde, non élastique, dite *liège mâle*, dont la valeur commerciale est presque nulle ; la seconde vivante, verte, dite *mère*, qui est susceptible de donner naissance chaque année par l'intérieur à un nouveau liège, dit de reproduction ou *liège femelle*, remarquablement sain, souple, élastique, qui constitue le liège du commerce. Le liégeage ou exploitation du liège comporte deux opérations distinctes : la mise en production ou *démasclage*, qui consiste à dépouiller avec précaution le chêne de son liège naturel sans toucher à la mère, et la récolte du liège ou *levée* pratiquée dès que le liège femelle a acquis l'épaisseur voulue. Le liège de reproduction est exploitable dès qu'il atteint une épaisseur minima de 23 et mieux de 25 à 30 millimètres ; en général, cette épaisseur est atteinte en dix à quinze ans après le démasclage ou la dernière levée.

Résine. — Les arbres résineux et notamment le *pin maritime* des dunes et des landes de Gascogne, possèdent la propriété de sécréter pendant leur existence de la résine qui s'accumule dans des canaux

Fig. 33. — Poteaux télégraphiques ; atelier pour l'injection des poteaux au sulfate de cuivre.

Fig. 34. — Bois de râperie ; hachage mécanique du bois.

ou poches résinifères du bois et de l'écorce. La pratique du *gemmage* repose sur l'ouverture à la hache dans le corps de l'arbre d'entailles ou *carres* ayant des dimensions en hauteur ou en épaisseur déterminées par l'usage et dont le nombre varie suivant le rôle assigné au sujet gemmé dans le peuplement. On gemme les arbres à mort ou à vie, suivant que l'on se propose de récolter dans le plus court laps de temps possible et sans se préoccuper de l'avenir de l'arbre, la quantité maxima de résine, ou bien qu'au contraire on cherche à prolonger pendant un temps variable la vie des pins avant de les gemmer à mort. L'extraction de la résine, sa distillation pour en obtenir l'essence de térébenthine ainsi que l'utilisation des résidus sous forme de colophane et de brais divers, la fabrication ultérieure du goudron avec les arbres gemmés constituent une grande industrie forestière.

Action des forêts sur le sol. — Nous avons vu précédemment (p. 83), que l'état de massif exerçait une action très importante sur la fertilité de la station, et nous avons défini les conditions de cette action. Les forêts constituées de peuplements en bon état de massif, c'est-à-dire sans clairières, ni vides ou vacants, exercent sur les sols une action essentiellement améliorante. Le boisement en essences rustiques, notamment en résineux, des sols trop pauvres pour être utilisables par la culture agricole, des friches, des terres incultes, en un mot des terrains ruinés de toute nature, est le seul moyen de reconstituer peu à peu une couche de terre végétale suffisante pour les rendre productifs; *la forêt est toujours capable, une fois qu'elle est installée, d'augmenter sensiblement la couche active du sol et d'accroître dans ce sol l'épaisseur de la terre végétale, à la condition qu'on lui permette de former sur le sol un couvert complet et continu.* Les propriétaires forestiers ne devraient pas oublier cette condition essentielle, alors qu'ils pourraient facilement, dans leurs forêts clairiérées et mal venantes, rétablir en peu de temps un bon état de massif à l'aide de quelques plantations dans les vides; après avoir procédé à un semis ou une plantation en terrain nu, ils ne devraient pas négliger de venir compléter en temps utile le boisement à l'aide de plantations.

Action des forêts sur le climat. — Les massifs boisés ont une action incontestable sur le climat local des points où ils croissent et sur le climat général des régions où ils sont importants. La forêt régularise la température, adoucissant les

Fig. 35. — Récolte du liège ; enlèvement d'une planche de liège.
Forêt de Beni-Tonfont (Algérie). Photographie de M. Kuss.

températures extrêmes, diminuant les écarts qui existent entre les saisons ; elle facilite la condensation de la vapeur d'eau et la production des pluies qu'elle tend, surtout en montagne, à rendre plus fréquentes, moins abondantes et plus régulières. La forêt exerce d'autre part une influence bienfaisante sur les régions qui l'avoisinent en modérant l'action des vents violents, ainsi que celle des vents persistants, secs ou fortement desséchants ; elle paraît susceptible de modifier, surtout en montagne, le climat local.

Action des forêts sur le régime des eaux. — En montagne, et plus généralement sur les terrains en pente, l'existence des massifs boisés joue un rôle prépondérant pour régulariser l'écoulement des eaux de pluie et des eaux de fonte des neiges ; l'état boisé supprime le ruissellement superficiel et permet aux eaux de s'enfoncer dans le sol ; il favorise l'existence des sources auxquelles il tend à assurer un débit régulier et constant ; il s'oppose au ravinement du sol et donne aux cours d'eau qui descendent de la montagne des allures moins torrentielles ; il tend à atténuer jusque dans la plaine la soudaineté et la violence des inondations.

En plaine, l'action des forêts sur le régime des eaux est beaucoup moins prépondérante et moins facile à déterminer.

Utilité des forêts de montagne. — En haute montagne, indépendamment des considérations précédentes, la forêt empêche la formation et le départ des avalanches; elle met obstacle au détachement et à la chute des pierres roulantes ; elle réduit dans une certaine mesure les causes de glissement et d'éboulement des terrains. L'influence du boisement des bassins supérieurs de nos grands cours d'eau et de leurs affluents sur la régularité du débit et sur les conditions de navigabilité n'est plus discutée, et, à un point de vue très voisin, l'essor de notre industrie hydro-électrique dépend de l'existence, de la protection et de la reconstitution des forêts de montagne.

CONCLUSIONS. — La disparition progressive des forêts de montagne apparaît comme une cause de dépopulation, de misère et de ruine, alors que la création ou la reconstitution des forêts dans les régions inhospitalières à l'homme devient rapidement une cause de salubrité, de bien-être et de repopulation.

DEUXIÈME PARTIE

PRATIQUE SYLVICOLE

Dans toute exploitation sylvicole raisonnée, l'homme exerce son influence sur la forêt ; il la suit dès la naissance et la dirige pendant toutes les phases de son existence afin de l'amener à l'état de production qu'il considère comme le plus avantageux. Il ne peut agir au hasard sans s'exposer aux plus graves mécomptes ; il doit avoir pour guide des règles de pratique sylvicole, tant pour créer artificiellement une forêt que pour obtenir et diriger le repeuplement naturel ; tant pour régler les différentes opérations relatives aux coupes, que pour disposer sur le terrain l'ordre de ces exploitations et en assurer d'une façon permanente la bonne gestion.

Nous nous proposons d'examiner successivement les pratiques de la sylviculture qui permettent d'agir au mieux des intérêts d'une exploitation sylvicole. Nous étudierons dans cette partie le repeuplement, les opérations culturales et les principales mesures de gestion.

I. — REPEUPLEMENT.

Le repeuplement consiste à obtenir la naissance d'un nouveau peuplement ou d'une partie de peuplement ; il peut avoir pour but soit de créer de toutes pièces une forêt, soit d'assurer la perpétuité de la forêt existante sur le domaine boisé, perpétuité qui comporte l'enlèvement plus ou moins rapide du vieux matériel exploitable et son remplacement par de la jeunesse. Cette création de nouveaux sujets peut être obtenue de différentes manières :

1° Par voie artificielle (semis ou plantation) ; 2° par semis naturel (régénération naturelle) ; 3° par rejets de souches et drageons ; 4° par combinaison de ces différentes méthodes.

1. — PEUPLEMENT ARTIFICIEL.

Un repeuplement est dit artificiel lorsqu'il est obtenu par l'intervention directe et immédiate de l'homme. Divers cas sont à distinguer, suivant que le repeuplement est effectué dans une forêt préexistante ou sur des terrains nus, c'est-à-dire dépourvus de forêts.

Repeuplement artificiel dans une forêt. — Dans la gestion d'une forêt différents cas peuvent se présenter où il est nécessaire d'intervenir :

a. Dans les futaies le semis naturel, sur lequel on comptait, fait défaut partiellement ou même totalement dans un grand nombre de circonstances dont les principales sont : 1° les porte-graines trop vieux ne donnent plus de graines fertiles ; 2° la régénération est manquée sans qu'il soit possible d'y porter remède ; 3° le sol est complètement envahi par de hautes herbes ; 4° la vidange a détruit une partie des jeunes plants, etc.

b. Dans le taillis et le taillis composé, les brins de semence nécessaires au balivage ainsi qu'au remplacement des vieilles souches usées manquent, soit qu'ils aient été étouffés dans leur jeunesse par les essences secondaires, soit que les porte-graines se trouvent trop espacés ou inféconds.

c. Il existe des vides plus ou moins étendus qui rompent l'état de massif du peuplement.

d. On a intérêt à introduire dans la forêt soit une essence nouvelle donnant des produits plus précieux, soit une essence accessoire de mélange utile pour permettre à l'essence principale de se développer plus avantageusement.

e. On substitue complètement la régénération artificielle à la régénération naturelle, soit parce que les bois sont exploités trop jeunes pour donner des semis, soit parce que l'on veut obtenir très rapidement la régénération.

Dans ces circonstances, le repeuplement artificiel s'impose, et sauf peut-être dans le dernier cas où il s'agit de régénérer artificiellement toute la surface du peuplement, ce repeuplement présente un caractère d'utilité générale plutôt qu'un caractère immédiat de spéculation ; autrement dit, l'intervention du repeuplement artificiel se manifeste dans l'économie générale de l'exploitation forestière, moins par les produits bruts qu'est susceptible de fournir ce repeuplement dans un temps donné, que par l'effet qu'il aura sur la reconstitution de l'état de massif et par suite sur le maintien de la fertilité de la station. A ce titre, des travaux de ce genre peuvent être d'une très grande importance ; ils se justifient pleinement, à la condition qu'on agisse avec une grande prudence et en connaissance de cause ; mais il faut se rappeler qu'en agissant trop vite, parfois mal à propos, on s'expose à dépenser inutilement son argent.

Repeuplement artificiel sur terrains nus ou boisement. — Les travaux de repeuplement de ce genre présentent, en général, un caractère d'intérêt privé; c'est un placement qu'effectue le propriétaire, placement sur lequel il compte réaliser un bénéfice. Il est d'une bonne administration de savoir mesurer à l'avance les difficultés de l'entreprise, les dépenses de l'opération ainsi que les recettes probables.

Lorsqu'il s'agit de boiser des friches, des landes ou terres incultes, de couvrir d'une végétation protectrice un sol pauvre et ruiné, de lutter contre l'envahissement de la bruyère, de remédier enfin par le boisement des terrains à de multiples causes d'appauvrissement et de stérilité, il est des principes généraux qu'on ne peut méconnaître :

1° *Là où la terre végétale n'existe plus, la stérilité des sols peut être complète et il est alors impossible de supprimer la phase très lente de restauration naturelle par les lichens, les mousses, la végétation herbacée et la végétation buissonnante et de songer à effectuer de prime abord, avec quelque chance de succès, un boisement, même en essences résineuses ;*

2° *Souvent on ne peut pas boiser directement en essences feuillues, à moins de provoquer, mais alors assez lentement, le processus de reconstitution naturelle ;*

3° *Dans la plupart des cas, quand il s'agit de boiser des terrains nus, incultes et généralement très pauvres, on doit utiliser, tout au moins à titre transitoire, les essences résineuses; car ces essences sont les moins exigeantes et les plus rustiques;*

4° *L'herbe d'une part, ainsi que les essences feuillues d'autre part, réapparaissent en général spontanément, ou sont facilement introduites sous des peuplements résineux qui s'éclaircissent avec l'âge.*

Dès lors la constitution, la plus prompte possible, d'un manteau protecteur du sol s'impose; très souvent elle apparaît comme le seul moyen de chasser la bruyère; elle se montre comme le seul moyen de désacidifier le sol stérilisé par la bruyère et de le rendre apte à porter des essences précieuses. Les résineux, les pins en particulier, sont à cet égard des essences remarquables; parfois ce sont les seules possibles.

En France, dans les pignadas landaises, le pin maritime est doublement précieux; d'une part la réussite facile du semis, la croissance rapide des arbres, la prompte constitution d'un manteau protecteur du sol, font de cet arbre le reboiseur idéal qu'aucune autre essence ne peut supplanter pour la régénération des sables stériles du Sud-Ouest et la fixation des dunes; d'autre part, l'extraction de la résine et la vente du bois sous des formes multiples, font classer aujourd'hui le pin maritime comme l'essence principale à adopter pour le boisement définitif de la région (1).

Ailleurs encore en France, en montagne ou dans la plaine, dans les Alpes, dans le Plateau central et dans les Cévennes, dans le Morvan, dans les Vosges, en Sologne, en Champagne, les pins (spécialement le pin sylvestre, le pin noir d'Autriche, les pins laricio de Corse et de Calabre) ont fait leurs preuves sur les terrains les plus divers et les plus stériles, et le succès des reboisements déjà effectués encourage à persévérer; la réussite possible des semis et des plantations dans des conditions difficiles et la prompte constitution d'un couvert complet sur le sol, sont parfois les seuls arguments à invoquer en leur faveur, mais ces arguments sont sérieux; les pins ont poussé, de prime abord, rapidement et presque sans frais, là où il n'est pas démontré qu'on aurait toujours pu, sans eux, rétablir l'état boisé.

Sous les pins, parfois même au travers de pins encore jeunes et suffisamment éclaircis, partout où il est possible de reconstituer la

(1) Aujourd'hui, alors que le sol des forêts de pin, par la décomposition des détritus de toutes sortes qu'elles ont apportés, s'est profondément enrichi et transformé, la culture des *feuillus* devient possible; le chêne, et en particulier le *chêne blanc*, vient bien dans les Landes et sa culture doit être propagée par tous les moyens possibles. Par une introduction raisonnée du chêne au travers des pignadas landaises on diminuera les chances d'incendie, les dangers de l'invasion des insectes ou des champignons, tout en enrichissant la forêt de pin maritime elle-même.

forêt feuillue, les chênes, hêtres, noyers, châtaigniers et tous arbres ou arbustes de valeur à un titre quelconque qui conviennent au sol et à la station, viendront mieux et plus vite sur des sols primitivement infertiles, que si l'on cherchait à les obtenir directement en suivant les phases très lentes d'une reconstitution naturelle ; sous les pins suffisamment éclaircis, partout où le climat s'y prête, l'introduction artificielle des feuillus les plus précieux sera pratiquement possible, alors que souvent elle est difficile, très lente et par suite trop onéreuse autrement.

Certes, la question est délicate, et il ne s'agit pas de la trancher d'un trait de plume — en tous lieux, sur tous les sols et en toute circonstance ; mais on peut dire qu'il existe aujourd'hui, parmi les terrains à reboiser, bien des sols qui ne sont pas susceptibles, pour de multiples causes, de se prêter d'une façon commode à la réinstallation directe des arbres feuillus ; que par contre, sur ces sols, le résineux moins exigeant, le pin surtout, s'y présente comme l'arbre de boisement par excellence, pouvant être l'*essence transitoire* qui réinstalle rapidement la végétation sur les pentes où elle est immédiatement nécessaire, et qui cède peu à peu et très facilement sa place à l'essence feuillue plus précieuse, si les conditions économiques ou les circonstances locales de station l'exigent et pouvant être ailleurs l'*essence définitive*, si le pin, par ses aptitudes et ses produits, a acquis sans conteste son droit de place (1).

Les considérations générales précédentes nous paraissent d'une importance extrême, lorsqu'on songe à utiliser par le boisement certains terrains privés de toute végétation forestière, appauvris et dégradés, tels qu'il en existe tant aujourd'hui ; elles nous ont permis de préciser qu'on ne remet pas en valeur, par voie de semis ou de plantation, la lande déboisée, ruinée par le pâturage des moutons et des chèvres, envahie et stérilisée par la bruyère, aussi facilement que s'il s'agissait de créer de toutes pièces une forêt sur une terre arable récemment abandonnée par la culture agricole ; elles laissent entendre qu'entre ces deux cas extrêmes, tous les états intermédiaires peuvent se présenter et qu'on doit en tenir compte ; elles tracent enfin la ligne de conduite à suivre pour arriver le plus pratiquement possible au but proposé.

Choix des essences. — Avant de commencer les travaux, le propriétaire doit soigneusement étudier les conditions de

(1) Il est de même des sols se prêtant à la croissance immédiate des arbres feuillus que le propriétaire particulier, soucieux de jouir (car les reboisements particuliers sont toujours faits dans ce but d'intérêt privé), reboise en résineux. La pineraie, dans bien des situations, fonctionne dans des conditions économiques de placement que ne dédaigne pas le reboiseur ; avec le pin, la reconstitution est peu coûteuse, elle promet à la génération qui l'entreprend le bénéfice du résultat de l'entreprise ; elle n'oblige pas enfin les capitaux engagés à rester indéfiniment inertes pendant plusieurs générations d'hommes, pour avoir fonctionné, en fin de compte, à un taux extrêmement faible.

climat, d'*exposition* et de *sol* où il se trouve, afin de décider quelles sont les essences à employer pour réussir, de même qu'il doit, dans la mesure du possible, donner la préférence aux essences susceptibles de lui fournir les produits les plus avantageux. Pour ce choix, il devra, toutes les fois que les circonstances le permettront, prendre comme point de départ les essences mêmes de la région ou celles qui y ont particulièrement réussi. Les agents forestiers locaux sont désignés pour donner à cet égard les avis les plus sérieux et nous pensons qu'on devrait leur demander conseil plus souvent (1).

Pour effectuer un repeuplement, on peut disposer : 1° des essences indigènes ; 2° des essences exotiques.

1° Essences indigènes. — Nous possédons dans nos forêts une série d'arbres appropriés à nos différents climats, à nos différents sols, susceptibles de donner des bois d'excellente qualité et doués d'une vitalité et d'une résistance parfaites. En les utilisant nous aurons toutes les chances possibles de réussir.

a. *Dans le cas de repeuplements à effectuer en sol nu*, on ne dispose pas d'abri pour protéger les jeunes plants au début de leur existence ; le choix des essences à employer, dites *essences de premier boisement*, est alors très restreint. On doit se limiter aux essences suivantes, tout en se conformant aux exigences de climat et de sol spéciales à chacune d'elles :

1° Sur les sols pauvres : les *pins* ; dans le Sud-Est le *pin d'Alep*, spécialement sur les rochers calcaires de la Provence ; dans le Sud-Ouest, sur les sables siliceux du littoral, le *pin maritime* ; à défaut de ces essences, le *pin sylvestre* partout, en plaine, en coteau et en montagne jusqu'à l'altitude de 1 500 mètres dans les Alpes, et le *pin noir d'Autriche* de préférence sur les sols calcaires et dans les Alpes jusqu'à des altitudes de 1 500 mètres aux expositions chaudes ;

2° Sur des sols plus ou moins fertiles : parmi les essences résineuses, les *pins*, dans les conditions indiquées précédemment ; l'*épicéa* en toutes contrées froides et fraîches, surtout dans les sols frais de montagne, sans descendre, sauf exceptions, au-dessous de la station du hêtre dans les Alpes et au-dessous de celle du Sapin dans les autres régions ; — le *mélèze*, dans les lieux bien éclairés et bien aérés, surtout aux hautes altitudes.

(1) Voir à titre d'exemple : « *Le reboisement des terrains en friche dans l'arrondissement de Neufchâteau* », par L. Pardé, inspecteur des eaux et des forêts (Bulletin de la Société forestière de Franche-Comté et Belfort, mars 1906). — « *Emploi des essences forestières indigènes et exotiques pour le boisement des différencs sols* », par L. Pardé (*Id.*, décembre 1904). — « *Les friches de la Haute-Marne*, leur mise en valeur par des travaux forestiers et des pastoraux », par E. Cardot, inspecteur des eaux et forêts. Paris, 1905 ; etc.

Parmi les essences feuillues, le *chêne* se recommande entre toutes, non seulement par les qualités de son bois, mais encore par le bon marché avec lequel il est facile de l'introduire par voie de semis dans les terres qui le comportent et plus particulièrement dans les champs abandonnés par l'agriculture (le chêne rouvre ne doit pas être confondu avec le chêne pédonculé dont il n'a pas les mêmes exigences) ; — l'*aune* s'emploie dans les stations fraîches et même mouilleuses où il prépare souvent l'introduction du chêne ; — le *bouleau* s'emploie un peu partout, à cause de la facilité de sa reprise, même en terrain pauvre, et du bon marché de ses plants ; mais ce n'est pas une raison pour en trop généraliser l'emploi, car les résineux, en même situation, prennent plus de valeur que lui ; — d'autres essences feuillues telles que le *frêne*, les *érables*, les *ormes*, et parfois les *saules*, le *peuplier tremble*, etc., ne peuvent guère être employées sur de grandes surfaces que par pieds ou tout au plus par petits bouquets en mélange avec d'autres arbres feuillus ou résineux.

Rien n'empêche d'autre part, surtout lorsque le sol est de qualité variable d'un point à un autre, d'avoir recours pour le boisement à des essences variées, considérées comme aptes à être immédiatement introduites en terrain nu, et de chercher à créer, dès le début, des peuplements mélangés par taches ou petits bouquets d'essences pures, en ayant soin de ne pas exclure de prime abord les résineux du mélange.

Rien n'empêche enfin, *partout où le climat le comporte*, de profiter de tous les abris qui se rencontrent sur les surfaces à travailler pour introduire à leur ombre, au nord, quelques essences d'ombre, à couvert épais ; les touffes de genévriers, les buissons de coudriers et d'épines, les haies et les rochers sont des auxiliaires précieux à respecter dans les terrains en voie de boisement lorsqu'on sait planter sous leur couvert ou à leur ombre, au nord, quelques pieds de *hêtre* ou de *sapin*. Les jeunes plants de hêtre et de sapin *élevés en pépinière* et bien constitués sont plus accommodants qu'on ne le suppose généralement ; pour peu que l'altitude et le climat s'y prêtent, ces jeunes plants ne sont pas réfractaires aux terrains nus, dès que la moindre broussaille donne un peu d'abri ; il en est ainsi dans toute la zone parisienne à partir de 300 mètres d'altitude et, à plus forte raison, en montagne dans les genêts et les fougères. Sous les climats plus méridionaux il faut renoncer à ces deux espèces et le *châtaignier* peut avantageusement les remplacer ; en sol sableux il croît à merveille sous l'ombrage des pins dont il abrite le pied en les préservant des invasions des insectes.

Plus tard, quand le moment est venu de combler les vides, on remplace les manquants par des sujets d'ombre ; plus tard encore, une fois le massif constitué à l'état de perchis, on peut, sous son couvert, créer, s'il y a lieu, un sous-bois en essences d'ombre.

b. *Dans le cas de repeuplements à effectuer sous une forêt préexistante*, voire même au travers d'un premier boisement en essences transitoires rustiques, on dispose d'un certain abri pour protéger les jeunes plants au début de leur existence. Le choix des essences à employer est, dès lors, bien moins limité, et on peut, en raison des abris donnés par la forêt, introduire toutes les essences indigènes, en se conformant aux exigences spéciales qui leur sont propres, notamment en ce qui concerne le climat, l'altitude, l'exposition, et aussi la lumière nécessaire (fig. 36).

En ce qui concerne le climat, considéré dans ses grandes lignes, nos principales essences se répartissent de la façon suivante :

1° *Région chaude ou méditerranéenne (de l'olivier), 0 à 600 mètres d'altitude.* — Pin d'Alep ; pin pinier ; pin maritime. — Chêne-liège ; chêne vert ; chêne kermès.

2° *Région du chêne ; zone tempérée (jusqu'à 1 000 mètres d'altitude).* — Pin maritime dans les parties chaudes (sud-ouest) ; pin sylvestre ; sapin exceptionnellement. — Chêne rouvre et chêne pédonculé ; frêne, ormes, érables, charme, peuplier, châtaignier, sorbier, etc. ; hêtre exceptionnellement ; aune glutineux.

3° *Zone froide ou subalpine* (1 000 à 1 800 m.). — Sapin, épicéa, mélèze, pin sylvestre, pin à crochets ; — hêtre ; érable sycomore, bouleau, sorbier des oiseleurs ; — aune blanc.

4° *Zone très froide ou alpine* (1 800 à 3 000 m.). — Mélèze, pin de montagne ; pin cembro ; aune vert.

Cette division établie d'après les altitudes n'a rien d'absolu, et peut se trouver constamment modifiée par une série de circonstances spéciales dont l'ensemble détermine un climat local, climat qui pour une même altitude sera surtout différencié par l'exposition.

En ce qui concerne la nature des terrains à repeupler, nos principales essences paraissent convenir dans les conditions suivantes :

1° *Sols siliceux, sablonneux, arides.* — Pin maritime (climats doux du sud-ouest) ; pin sylvestre ; — chêne tauzin et chêne vert (climats du midi de la France).

2° *Sols siliceux, sablonneux frais.* — Résineux en général ; — chêne rouvre, charme, châtaignier, bouleau, robinier.

3° *Sols légers, granitiques.* — Mêmes espèces qu'au numéro 2 ; sur les coteaux, le hêtre ; dans les vallées, le frêne.

4° *Sols silico-argileux.* — Pin sylvestre ; épicéa ; sapin ; — chênes rouvre et pédonculé ; hêtre ; châtaignier ; ormes ; charme ; bouleau ; érables ; frêne.

5° *Sols calcaires.* — Pin noir d'Autriche ; pin d'Alep (Midi) ; pin sylvestre ; épicéa ; sapin (pourvu que la proportion de calcaire ne soit pas trop considérable) ; hêtre ; érable sycomore ; robinier.

6° *Sols marécageux assainis.* — Aune glutineux ; saules ; frêne ; épicéa ; pin sylvestre.

7° *Sols à fonds mouillés, sujets à être inondés.* — Aune glutineux ; frêne ; peupliers ; saules.

8° *Sols tourbeux.* — Bouleau pubescent ; bouleau noir ; saule à oreillettes ; — pin à crochets (en montagne).

9° *Bruyères et landes.* — Pin sylvestre ; pin maritime (région du Sud-Ouest).

Il est intéressant de noter au sujet du choix des essences de boisement qu'on doit, dans une certaine mesure, tenir compte des influences qui ont pu modifier les espèces et créer des variétés ou variations transmissibles par graine. Philippe André de Vilmorin, à qui revient l'honneur d'avoir créé les plantations de pins divers qui existent aux Barres, a permis de démontrer que le pin sylvestre de Riga (*Pinus sylvestris Rigensis* Hort) est, entre tous les pins sylvestres, celui qui mérite incontestablement la préférence, à cause de

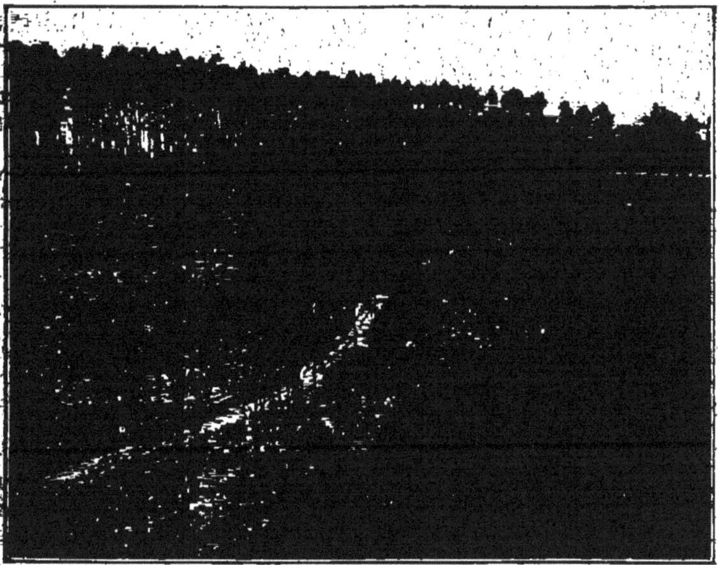

Fig. 86. — Plantations effectuées sous un peuplement clairiéré de pins et de feuillus divers.

sa beauté, et de la rectitude de sa tige parfaitement verticale qui s'élève à une grande hauteur en conservant toujours une forme presque cylindrique. Il serait à désirer, dit l'auteur du catalogue de l'Arboretum national des Barres, que la graine de Riga se substituât partout pour les repeuplements, surtout en montagne, aux graines d'Allemagne qui proviennent d'arbres de toutes sortes, dont la forme est plus ou moins défectueuse. La dépense qui en résulterait ne serait pas très considérable, et on aurait du moins l'avantage d'être sûr d'obtenir de beaux massifs, ne donnant en quelques sorte que du bois de tige qui est de beaucoup le plus précieux.

Cette remarque nous amène à conclure que les essences forestières ne doivent pas être dépaysées au hasard, et qu'il peut être bon de choisir pour les semer ou les planter des graines ou des sujets d'origine certaine, peut-être aussi des graines ou des sujets provenant d'arbres ayant acquis dans la contrée des qualités ou des aptitudes spéciales.

Nous avons donné précédemment (page 45) une étude succincte des principales essences indigènes, étude dans laquelle nous avons résumé leurs diverses exigences.

2° **Essences exotiques.** — Les propriétaires de bois peuvent aussi, dans certains cas, faire avantageusement appel à certaines essences forestières étrangères. Ce serait évidemment une très grosse erreur de donner la préférence aux arbres exotiques sur les indigènes ; les premiers ne doivent jamais, sauf exceptions, occuper dans les boisements qu'une place restreinte ; appelés à jouer un rôle accessoire, ils peuvent entrer dans les peuplements tantôt sous forme de mélange par petites places ou bouquets, tantôt en lisière des bois ou sur les bords des chemins.

Les proscrire systématiquement serait tomber dans une exagération inverse, car il est hors de doute que certains arbres étrangers sont susceptibles de nous rendre de grands services.

Plusieurs d'entre eux ont du reste déjà fait leurs preuves et ont pris place dans notre flore forestière ; nous pouvons citer entre autres :

Le *pin noir d'Autriche*, essence en somme étrangère en France, l'arbre par excellence des terrains calcaires pauvres ; le *pin Weymouth*, remarquable par sa croissance rapide lorsqu'il est placé dans les conditions qui lui conviennent ; le *robinier faux acacia*, précieux pour la fixation des terres remuées ; le *peuplier du Canada*, l'espèce actuellement la plus plantée peut-être du genre (fig. 37) ; le *chêne rouge d'Amérique*, à croissance très rapide, convenant parfaitement pour la mise en valeur des sables de fertilité moyenne ; l'*aune cordiforme* qui rend des services dans les terrains calcaires pauvres ; enfin, sans parler d'autres arbres fruitiers, le *noyer* qui, outre ses fruits, donne un bois de première valeur.

Le pin sylvestre lui-même n'est-il pas une essence introduite dans la plus grande partie de notre France? et n'en est-il pas de même du pin maritime dans le centre de notre pays, en Sologne, par exemple?

D'autres arbres forestiers exotiques, encore peu représentés dans nos forêts, se sont montrés en plusieurs endroits très rutiques chez nous et fertiles ; ils sont dès lors susceptibles d'une naturalisation complète dans notre pays et il est tout au moins intéressant de chercher à les connaître et à les propager.

Question de climat mise à part, une essence étrangère mérite d'être introduite dans nos forêts si elle est susceptible de remplir une des conditions suivantes :

1° Si elle fournit des produits de qualité supérieure à ceux que donnent les essences indigènes similaires ;

2° Si elle produit, de qualité égale ou même un peu moindre, une plus grande quantité de bois utilisable, dans un temps égal ou plus court ;

3° Si elle donne des produits spéciaux que ne peuvent fournir les espèces indigènes et que nous devons faire venir de l'étranger ;
4° Si, quand bien même elle donnerait un bois inférieur en quantité

Fig. 37. — Peupliers du Canada âgés de dix-neuf ans, à Pontvallain (Sarthe).

en qualité, elle se recommande par sa frugalité, par sa résistance au vent, aux gelées, à la sécheresse ; en un mot, si elle présente sur les espèces indigènes des avantages précieux au point de vue de son adaptation à des conditions particulièrement difficiles de climat et de sol.

Il est bien évident qu'il ne faut introduire en forêt que des essences qui, plantées dans les arboretums d'étude, dans les parcs et jardins, ont fait preuve d'une rusticité complète sous nos climats. Quant aux conditions de sol, et surtout de station, il est assez difficile pour le moment de les fixer ; il faut pour cela attendre les essais qui doivent être faits précisément dans ce but. Ces essais doivent naturellement être pratiqués sur de petites surfaces en attendant le jour où l'on pourra se prononcer d'une façon précise sur les qualités de l'essence et la nature de ses produits.

Pour faire ces essais, les propriétaires ont intérêt à introduire ces essences en forêt par petites places d'expérience, par groupes ou bouquets, ou à les planter en lisière des bois ou des coupes. Les graines de ces essences sont généralement chères, et les semis souvent difficiles à réussir. Le moyen le plus simple et le plus économique pour se mettre en mesure d'effectuer des plantations d'essences exotiques, paraît être d'acheter chez un bon pépiniériste des jeunes plants de un à deux ans, et de les repiquer pendant quelques années (deux à trois ans) dans une petite pépinière locale. On met ensuite en place, en temps utile, les plants obtenus.

Nous ne citerons ici, par ordre d'intérêt parmi ces essences, que les plus importantes :

1° Arbres résineux.

Thuya géant de Menziès ou de Lobb (*Thuya gigantea*, Nutt.). — Originaire d'Amérique (Canada et Etats-Unis), le thuya géant est un grand arbre qui se montre rustique chez nous où il demande des sols frais, assez substantiels, et une certaine humidité atmosphérique ; il fructifie régulièrement et abondamment, demande à être un peu abrité dans ses premières années ; il est susceptible de croître en massif et peut être introduit en forêt à titre d'essai ; d'une croissance rapide, il fournit un bois léger propre à de nombreux emplois spéciaux.

Faux Cyprès de Lawson (*Chamæcyparis Lawsoniana*, Parl.). — Originaire d'Amérique, le faux cyprès de Lawson est un grand arbre qui s'est montré très rustique chez nous où il vient de préférence dans les vallées humides ; il demande des terrains profonds, frais, d'une certaine fertilité et une atmosphère humide ; il préfère les sols siliceux et vient mal sur le calcaire et l'argile compacte. Il fructifie régulièrement et abondamment, est susceptible de croître en massif et peut être introduit en forêt à titre d'essai ; d'une croissance assez rapide, il présente le même intérêt que le précédent (fig. 38).

Faux Tsuga de Douglas (*Pseudo Tsuga Douglasii*, Carr.). — Originaire d'Amérique, le taux tsuga de Douglas est un très bel arbre qui s'est montré très rustique chez nous ; il préfère les sols siliceux, profonds, un peu frais, mais se contente de sables relativement secs et d'une fertilité médiocre ; il végète toutefois mal dans les terrains trop secs et ne vient pas dans le calcaire ; il exige une atmosphère humide.

Fig. 38. — Place d'essai de *Chamæcyparis Lawsoniana*, Parl.

Cet arbre, planté en plaine et dans les vallons fertiles, a une croissance très rapide : il fructifie régulièrement. Ses jeunes plants demandent à être abrités pendant les trois à quatre premières années. Il est susceptible de croître en massif et peut être introduit en forêt à titre d'essai.

Sapin de Nordmann (*Abies Nordmanniana*, Link.). — Originaire des montagnes du nord de l'Asie Mineure ; très bel arbre à croissance rapide qui s'est montré très rustique chez nous ; ne semble pas exigeant au point de vue du sol et paraît devoir supporter mieux que notre espèce indigène certains terrains calcaires relativement secs. Il fructifie régulièrement, est susceptible de croître en massif et peut être introduit en forêt à titre d'essai.

Les Sapins d'Espagne (*Abies pinsapo*, Boiss.), *de Cilicie* (*A. cilicica*, Carr.), *de Céphalonie* (*A. Cephalonia*, Lond.), *de Numidie* (*A. numidica*, de Lannoy) sont susceptibles, peut-être mieux que l'espèce indigène, de rendre en montagne des services dans le Midi.

Mélèze du Japon (*Larix leptolepsis*, Gord.). — Grand arbre qui paraît très rustique chez nous, croît rapidement et semble se comporter mieux que notre espèce indigène aux altitudes relativement basses ; il demande des sols frais, légers, et une grande humidité atmosphérique. Essence susceptible de croître en massif et qui peut être introduite à titre d'essai dans nos forêts.

Épicéa piquant (*Picea pungens*, Engel.). — Originaire d'Amérique ; se montre très rustique chez nous, et paraît susceptible de s'accommoder des sols humides, et même tourbeux, parfois aussi des sols secs ; bel arbre à croissance rapide, qui peut être planté de la plaine à la limite supérieure de la végétation, à toutes les expositions ; espèce intéressante à essayer pour le boisement des sols humides et des pâturages ; ses aiguilles très piquantes le défendent contre l'abroutissement du bétail.

Épicéa de Menziès (*Picea Menziezii*, Carr., vel *Picea Sitchensis*, Carr.). — Originaire d'Amérique ; paraît rustique chez nous ; il se plaît dans les terrains frais, de nature siliceuse, et demande une atmosphère humide. Bel arbre, à croissance rapide, qui peut être planté de la plaine à la limite supérieure de la végétation, à toutes les expositions, et mérite d'être utilisé pour le boisement des sols humides et des pâturages ; ses aiguilles piquantes le défendent contre la dent du bétail.

Genévrier de Virginie (*Juniperus virginia*, Lin.). — Vulgairement appelé cèdre rouge. Originaire d'Amérique ; grand arbre à croissance lente ; paraît rustique chez nous et n'est pas exigeant au point de vue du sol ; préfère les terrains sablonneux, frais, riches en humus, mais il s'accommode des terres légères et sèches. En raison de sa rusticité, de ses faibles exigences, et surtout des emplois spéciaux que son bois peut fournir (crayons), il y aurait intérêt à l'introduire dans nos forêts, à titre d'essai, spécialement sur les sols légers des bords de la mer.

Pin de Banks (*Pinus banksiana*, Lamb.). — Originaire d'Amérique ;

susceptible de rendre des services pour le boisement des sols pauvres dans les hautes régions et sous les climats très rudes ; d'une croissance rapide, il paraît supporter mieux que le pin sylvestre les grandes sécheresses ; susceptible de croître sur les terrains sablonneux les plus arides, il semble préférer les sols calcaires, et peut être essayé sur les sols pauvres des plateaux exposés au Midi.

Pin rigide (*Pinus rigida*, Mill.). — Originaire d'Amérique, rustique, peu exigeant au point de vue du sol ; peut rendre des services dans les sables mouvants humides ; notamment dans les dunes du Nord où le pin maritime ne résiste pas au climat.

Sapin concolor (*Abies concolor*, Lindl. et. Gord.) et *Sapin élancé* (*Abies grandis*, Lindl. vel *Gordoniana*, Carr.), remarquables l'un et l'autre par leur belle croissance dans les sols frais, assez fertiles.

Libocèdre décurrent (*Libocedrus decurrens*, Torr.), qui donne un bois propre à des emplois spéciaux ; — *Faux Cyprès de Nutka* (*Chamæcyparis nutkaensis*, Spach. vel *Thuopsis borealis*, Fisch.), l'analogue du faux cyprès de Lawson ; — *Faux cyprès à fruits obtus* (*Chamæcyparis obtusa*, Sieb. et Zucc.), le fameux *Hinoki du Japon* au bois si estimé ; *Cyprès chauve* (*Taxodium distichum*, Rich.), qui, planté au bord des eaux, prend des dimensions énormes et fournit un bois spécial ; — *Tsuga de Californie* (*Tsuga mertensiana*, Carr.) à croissance très rapide, beaucoup plus intéressant au point de vue forestier que son congénère le tsuga du Canada, etc.

2° Arbres feuillus.

Chêne rouge d'Amérique. (*Quercus rubra*, L.). — Grand arbre à croissance assez rapide qui s'est montré très rustique chez nous et résiste bien à la gelée ; se plaît dans les plaines et les vallées, ne semble pas difficile sur la nature du sol et s'accommode très bien des sables de fertilité médiocre, mais il vient mal sur le calcaire. Espèce intéressante à planter par places d'essai dans les mêmes situations que nos chênes rouvre et pédonculé.

Chêne des Marais (*Quercus palustris*, Michx.). — Originaire d'Amérique ; très bel arbre à croissance assez rapide, très rustique chez nous; recherche les sables frais ou même humides des plaines et des vallées ; le meilleur, peut-être, des chênes américains à utiliser dans notre pays.

Chêne à feuilles d'Yeuse ou de Banister (*Quercus ilicifolia*, Wangh.). — Arbre de petite taille, originaire d'Amérique, précieux pour le boisement des terrains sablonneux arides et aussi pour la création de tirés pour la chasse.

Frêne blanc d'Amérique (*Fraxinus alba*, Marsch. vel *americana*, L.). — Bel arbre plutôt plus rustique et à croissance plus rapide que le frêne commun auquel il n'est pas inférieur ; demande des sols humides ; est intéressant à propager sur les berges des ruisseaux et dans les terrains fréquemment inondés.

Noyer noir d'Amérique (*Juglans nigra*, L.). — Très bel arbre, à croissance plus rapide que celle de notre noyer indigène et moins exigeant que ce dernier au point de vue du sol ; très rustique ; réussit dans les sables frais, mais préfère les terres un peu riches ; essence susceptible de vivre en massif, donnant un bois de première valeur et intéressante à essayer par places d'essai en forêt ainsi qu'en allées et aux lisières des bois.

Carya blanc (*Carya alba*, Nutt.) et ***Carya des pourceaux*** (*Carya porcina*, Nutt.). — Arbres originaires d'Amérique, voisins des noyers, qui ont les mêmes mérites et les mêmes exigences que le noyer noir.

Cerisier tardif (*Prunus serotina*, Ehrh.). — Bel arbre originaire d'Amérique, très rustique sous nos climats, qui préfère les sols meubles, frais et profonds, présentant une certaine fertilité, mais s'accommode toutefois des sables relativement pauvres et ne semble pas redouter le calcaire. Cette essence, bien qu'à croissance assez lente, n'est pas sans intérêt au point de vue forestier.

Zelkowa à feuilles crénelées (*Zelkowa crenata*, Spach.), originaire de Sibérie et des régions du Caucase, et Zelkowa à feuilles acuminées (*Zelkowa acuminata*, Planch.), originaire du Japon. Ces deux arbres très voisins des ormes, paraissent rustiques et de croissance assez rapide ; ils résistent bien à la gelée et peuvent être introduits à titre d'essai sur les mêmes terrains et dans les mêmes situations que nos chênes rouvre et pédonculé.

Tulipier de Virginie (*Liriodendron tulipifera*, L.). — Arbre intéressant à propager dans les mêmes conditions que les peupliers, spécialement en sols siliceux.

Cedrela de Chine (*Cedrela sinensis*, A. Juss.), qui fournit un bois de grande valeur, mais exige des terrains frais, profonds et meubles.

Bouleau merisier (*Betula lenta*, L.) et ***Bouleau jaune*** (*Betula lutea*, Michx.). — Ces bois sont très recherchés par les ébénistes.

Pterocarya du Caucase (*Pterocaria caucasica*, C.-A. Mey.). — Qui fournit également un bois de valeur, mais veut des terrains profonds et frais, humides même.

Enfin d'autres essences, moins connues ou d'introduction plus récente, méritent aussi d'être plantées dans nos forêts à titre d'essai ; pour ces dernières, dont la liste serait trop longue à donner ici, il convient évidemment de n'opérer que par petites surfaces et le plus souvent sous forme de mélange (1).

Nous avons vu procéder de la façon suivante : dans un emplacement préparé sous un peuplement convenablement éclairci à cet effet, on crée une petite pépinière de quelques ares (5 à 25 ares), et dans chaque planche les lignes sont convenablement espacées (fig. 39). On y fait

(1) Consulter à cet égard : L. Pardé : « *Les principaux végétaux ligneux exotiques au point de vue forestier* » (Congrès international de Sylviculture, Paris, 1900, et Bulletin de la Société forestière de Franche-Comté et Belfort, décembre 1900), et L. Pardé, « *Arboretum national des Barres* » Paris, 1906.

pendant quelques années des semis et des repiquages (rien n'empêche d'élever en même temps des plants indigènes et des plants exotiques pour utiliser cette pépinière). Puis on repique les plants exotiques à des distances suffisantes, en lignes convenablement espacées ; entre ces lignes, on continue pendant quelques années les semis ou repiquages et on abandonne enfin la pépinière, laissant en place les lignes d'exotiques.

Pendant cette période, on fait tomber progressivement les derniers

Fig. 39. — Pépinière de plants exotiques en forêt.

arbres de l'étage supérieur, on attaque ou l'on met en ensemencement le peuplement qui entoure la pépinière (fig. 40).

La tache d'exotiques prend ainsi une avance de dix à vingt ans sur le peuplement qui l'entoure, puis elle s'élève et croît avec le nouveau peuplement (fig. 41).

Aujourd'hui, les résultats obtenus sur diverses places d'essai ainsi créées dans les forêts deviennent des plus intéressants.

Choix du procédé de boisement. — Le choix de l'essence ou des essences que l'on peut employer étant déterminé, on peut procéder au repeuplement soit par *semis*, soit par *plantation.*

Faut-il semer, faut-il planter ? C'est une question qui se pose dès le début, et il est impossible d'y répondre *à priori*. La nature, a-t-on dit, ne fait que semer ; puisqu'on ne peut faire mieux qu'en l'imitant, il faut donc semer. Mais on oublie trop facilement que les forces naturelles ont pour elles le temps, et qu'elles procèdent toujours lentement et par progression. Quand un terrain est livré à lui-même, il se recouvre de la végétation qu'il peut nourrir ; ce sont d'abord des herbes, puis des broussailles, des morts-bois ; puis des essences rustiques qui demandent peu au sol, et ne craignent pas le plein découvert ; puis enfin les espèces plus précieuses arrivent quand le sol est plus riche, plus frais et elles s'installent à l'abri des premières ; l'abondance des graines assure ensuite le maintien de ces essences précieuses. En pratique, il n'est pas possible d'agir ainsi ; ni le temps ni la quantité de graines dont on dispose ne le permettent.

Toutefois, le semis direct est possible si on dispose d'un terrain suffisamment profond et riche et si, d'un autre côté, l'essence à introduire est rustique et ne demande pas d'abri pendant sa première jeunesse. Malgré cela, il y a toujours cette différence capitale qu'on ne peut pas semer aussi abondamment que le fait la nature, qu'on ne place pas les graines dans des conditions aussi favorables à la germination que le fait la dissémination naturelle, enfin que les graines qu'on sème, non seulement peuvent être mal conservées et avoir perdu, au moins partiellement, leur faculté germinative, mais encore qu'elles sont exposées à être détruites par un grand nombre d'animaux.

Une autre question intervient ; c'est celle du prix de revient ; longtemps on a pu dire que le semis coûtait moins que la plantation ; actuellement, en règle générale, on considère la plantation comme plus expéditive, plus sûre et même souvent plus économique (en comptant les frais d'entretien) que le semis.

Plus expéditive, dit M. Bagnéris, parce qu'on opère avec des plants déjà d'un certain âge et qu'on s'aperçoit, dès la première année, des insuccès qu'on peut réparer immédiatement ; avec le semis, on ne peut juger de la réussite qu'après

Fig. 40. — Place d'essai de *Quercus rubra*, L. sous une futaie de chêne et hêtre en coupe d'ensemencement (*le bouquet, âgé de quinze ans, est limité par une haie d'épicéas*).

Fig. 41. — Place d'essai de *Thuya gigantea*, Nutt., préparée sous une futaie de chênes, hêtres et pins

plusieurs années ; pour le pin sylvestre notamment, on voit beaucoup de semis, et des plus beaux, périr par la défoliation entre la troisième et la sixième année.

Plus sûre, parce que la réussite d'un semis dépend de la qualité des graines ; le plus souvent on est obligé de se les procurer par le commerce, et on est exposé à recevoir des semences vieilles, échauffées ou desséchées, ou recueillies avant la maturité ; — parce que, en supposant la graine de bonne qualité, on a à redouter toutes les circonstances défavorables à la germination, à craindre l'envahissement des plantes herbacées, etc.

Plus économique, parce que dans l'incertitude où l'on est de la qualité des semences, on sème toujours plus de graines qu'il n'en faut, et si toutes réussissent, le semis trop dru est exposé à languir ; — parce que, s'il se produit des vides, il faut les repeupler à l'aide de plantations, qui, ne s'exécutant pas d'une manière suivie, coûtent quelquefois autant que le semis primitif.

Malgré cette supériorité incontestable en général de la plantation, il faut recourir au semis quand on veut boiser de grandes surfaces avec les moindres frais, si on dispose d'une grande quantité de semences à bas prix, si la saison favorable aux repeuplements est de courte durée ; enfin si la main-d'œuvre nécessaire pour une plantation est trop dispendieuse.

Le semis sera préféré en particulier :

1° *Pour reboiser en pin maritime;* 2° *pour reboiser en pin sylvestre, lorsque le sol, suffisamment meuble et frais, est couvert d'une bruyère courte qui procure un abri aux jeunes plants, les préserve du déchaussement et permet de semer à la volée sans préparation du sol;* 3° *dans certains terrains pierreux où la plantation serait très difficile;* 4° *dans les régions où l'on peut obtenir de la graine en abondance et à très bas prix et quand le terrain, pour être ensemencé, ne demande pas une préparation particulière;* 5° *en plaine, pour reboiser en chêne, lorsqu'il y a une glandée abondante dans la région; on peut alors donner un labour à la charrue et semer les glands en même temps qu'une demi-semaille de seigle ou d'avoine; la récolte des céréales devra se faire à la faucille;* 6° *en pays montagneux pour le chêne, dans les taillis sartés ; le semis de glands se fera la seconde année ; 7° en général pour les essences franchement pivotantes.*

La plantation devra être préférée dans les cas ci-après :

1° *Si la graine à employer est rare et chère, ou si l'on procède au boisement dans des endroits où les graines sont exposées à être dévorées par les animaux ; 2° si la reprise des plants est facile ; 3° si le semis direct est difficile à réussir (bouleau, acacia) ; 4° si le sol est compact ou très humide ; 5° si l'on peut avoir à craindre une inondation ; 6° si le sol est envahi par les herbes, par les ajoncs ou par de hautes bruyères, ou s'il est susceptible de s'enherber ; 7° dans le fond des vallées ou encore sur les hauteurs, les plateaux élevés, en un mot, partout où les gelées ou les brouillards sont le plus à craindre ; 8° dans les régions chaudes où les racines doivent être de suite assez profondément enfoncées pour résister à une vive insolation et à des sécheresses prolongées ; 9° si le sol est crayeux, calcaire, granitique ou léger, parce qu'il est exposé à être soulevé lors des gels et dégels successifs, action à laquelle ne résistent pas les radicelles des jeunes semis ; 10° si les travaux doivent être exécutés sur des pentes rapides ; 11° s'il s'agit de repeupler des vides ou clairières de petite étendue entourées d'un peuplement constitué ; ou si l'on veut introduire une essence nouvelle ou multiplier une essence déjà existante dans un peuplement ; 12° s'il s'agit de reboiser des terrains exposés à la dent du bétail ou du gibier.* Dans ces deux derniers cas, il est toujours bon d'employer de forts plants, et la plantation devient très coûteuse ; mieux vaut, cependant, dans ces cas particuliers, faire peu et bien que de s'exposer à n'obtenir aucun résultat.

§ I.— Boisement par semis.

Récolte et conservation des graines. — La première condition pour réussir un semis est de se servir d'une bonne semence. Les graines d'essences forestières, comme les graines des plantes agricoles, paraissent susceptibles de transmettre aux sujets auxquels elles donnent naissance de bonnes ou de mauvaises qualités. Si on veut être sûr de la qualité et de la provenance des semences, il faut, autant que possible, les récolter soi-même et choisir convenablement les sujets porte-graines ; c'est ainsi qu'on recueillera de préférence les graines sur des arbres vigoureux, à cimes étalées, pleinement fertiles et sains ; les sujets trop jeunes ou trop vieux ne conviennent pas. La récolte se fait, autant que possible, par un temps sec ; on gaule généralement les semences lourdes (glands par exemple), au moment de la dissémination naturelle, après avoir ramassé les plus belles parmi celles qui sont déjà tombées et avoir balayé les autres ; on ne doit pas récolter les semences qui tombent de bonne heure ni celles qui tombent tardivement ; on cueille à la main, en montant sur les arbres, les semences qui se disséminent plus lentement ou plus irrégulièrement (cônes de résineux, semences légères de feuillus) ; on ne doit pas faire la récolte trop hâtivement, parce que l'ensemble des graines paraît avoir une faculté germinative d'autant plus grande que ces graines ont pu mieux mûrir sur l'arbre.

Les graines doivent être récoltées par un temps sec, puis on les étend pendant quelques jours sur une surface plane (dans un grenier sec et bien aéré) et on les remue de temps en temps pour assurer leur complète dessiccation.

La semence ainsi préparée doit être conservée avec soin. Si nous exceptons certaines graines petites et légères, telles que celles de saule, de peuplier dont on se sert rarement, celles de bouleau, d'orme ou les semences analogues qu'on sème immédiatement après la récolte, les graines sont, suivant leur nature, conservées :

1° *Etendues à l'air par couches* de 20 à 30 centimètres au plus d'épaisseur, puis en petits tas dans un local sec, aéré et à l'abri du froid (graines de pins, épicéa, mélèze ; semences légères de feuillus, robinier, aune, tilleul, etc.) ;

2° *En sacs* dans les mêmes conditions (semences légères sèches) ;

3° *Stratifiées* (charme, frêne, érable, noyaux de fruits, châtaignes, glands, faînes, pin cembro, etc.) ;

4° *En silos* (châtaigne, glands, faîne, etc.).

Enfin la semence ainsi conservée doit être employée en temps utile, généralement au printemps qui suit la récolte, et exceptionnellement pour certaines semences telles que le charme, le frêne, au deuxième printemps qui suit la récolte ; les semences forestières, même si elles sont conservées dans de bonnes conditions, perdent en effet rapidement leur *faculté germinative*, c'est-à-dire qu'en vieillissant elles deviennent incapables de germer ; exception faite pour le pin maritime qui peut être conservé en magasin sans inconvénient pendant deux ou trois ans, toutes les semences communes de nos arbres résineux et la plupart des semences de nos arbres feuillus ne peuvent être conservées plus de un à deux ans au maximum en magasin sans perdre une grande partie de leur valeur ; les semences de chêne, de hêtre, d'aune peuvent être conservées au plus une demi-année, c'est-à-dire jusqu'au printemps de l'année qui suit la récolte ; la graine de sapin conserve sa faculté germinative encore moins facilement ; enfin les semences d'orme, de bouleau, doivent être semées aussitôt après la récolte.

Les graines conservées à l'air sont étalées en couches de 20 à 30 centimètres au plus d'épaisseur ; toutes celles qui sont susceptibles de fermenter et par suite de s'échauffer doivent être remuées, chaque semaine, surtout au début, à l'aide d'une pelle en bois, en les lançant en l'air ; une fois bien desséchées, on les met en petits tas et on les remue moins souvent ; mal soignées, les graines perdent par échauffement leur faculté germinative.

La conservation des graines en sacs n'est possible que pour des semences légères très bien desséchées ; elle doit être abandonnée pour toute semence susceptible de s'échauffer facilement, car la graine se gâte, surtout si elle est légèrement humide ; les sacs doivent être vidés de temps en temps afin d'aérer les semences. Les semences de résineux (notamment celles du sapin), peuvent être conservées avantageusement pendant un certain temps dans les cônes, à la condition de ne pas superposer les cônes ; la graine paraît ainsi mieux conserver sa faculté germinative.

La *stratification des graines* est un procédé qui consiste à mélanger par couches alternatives les graines avec du sable très pur légèrement humide, dans une caisse en bois ou dans un pot à fleurs ; le récipient de stratification est laissé à l'air libre, près d'un mur lui offrant une légère protection. Les graines restent ainsi pendant quelques mois, subissant une préparation lente et continue analogue à celle qu'elles ont dans les conditions naturelles ; on les visite souvent, et au besoin on entretient une légère humidité par des arrosages prudents. Aussitôt que quelques indices de germination se manifestent après les prémières chaleurs, on exécute le semis, et dès lors la levée se produit régulièrement et rapidement.

La stratification des graines est une pratique excellente qui devrait être d'un usage beaucoup plus répandu ; elle peut servir non seulement à hâter la germination des semences à enveloppe dure ou épaisse (frêne, charme, pin maritime, etc.), mais encore à conserver fraîches, jusqu'à l'époque favorable pour le semis, les graines à enveloppe mince ou riche en essences volatiles (orme, bouleau, sapin, etc.), dont la conservation est toujours difficile. On stratifie dans du sable que l'on maintient sec, si on veut retarder la germination, humide si on veut l'activer.

La *conservation en silos*, très employée pour les châtaignes, les glands, les faînes et les semences analogues, consiste à mettre les graines en tas sur un sol plat, non abrité, mais assaini par une rigole, qu'on creuse tout autour du silo, et à recouvrir ce tas d'une couche de paille, puis de terre en ménageant un orifice d'aération à la partie supérieure, comme on le fait pour la conservation des pommes de terre et des betteraves.

Avec tous ces procédés, les semences sont à protéger contre les dégâts des animaux et spécialement des rongeurs.

Achat des graines au commerce ; garanties à exiger du fournisseur. — La récolte directe des graines demande une main-d'œuvre dont on ne dispose pas toujours ; la conservation des semences exige pas mal de soins ; aussi le propriétaire s'adresse-t-il le plus souvent au commerce.

La qualité de la semence qu'on achète au commerce doit être connue, aussi bien en sylviculture qu'en agriculture, tant pour déterminer la valeur réelle de la marchandise, que pour régler la quantité de semence à utiliser par unité de surface dans un semis. Cette qualité est déterminée dans les stations d'essai de semences par le procédé suivant : un échantillon moyen est prélevé sur l'ensemble de la fourniture ; sur cet échantillon on prélève un nouvel échantillon d'expérience dont on détermine bien exactement le poids ; on opère sur cette partie un triage, mettant d'un côté les graines, de l'autre les impuretés (débris d'écailles, corps étrangers, etc.) ; le poids des graines pures (poids total diminué des impuretés) divisé par le poids total donne le *coefficient de pureté*. On prend ensuite trois ou quatre lots de 100 graines et on les place sur des germoirs séparés placés dans une étuve chauffée entre 20 et 28° centigrades (étuve Schribaux) ; on maintient les graines à un degré d'humidité favorable et on les laisse germer ; on compte le nombre de graines qui germent dans chaque lot : la moyenne des chiffres obtenus donne le *coefficient de faculté germinative*. Le produit de ces deux coefficients exprime la *valeur culturale* de l'échantillon, c'est-à-dire le tant p. 100 de graines pures et capables de germer contenues dans la marchandise (1).

La valeur réelle, ou valeur absolue de la marchandise, c'est-à-dire le prix auquel est payée l'unité de poids des seules graines susceptibles de germer, se détermine en divisant le prix de l'unité de poids de la marchandise vendue (prix du commerce) par la valeur culturale exprimée en fraction décimale.

Exemple : Une semence est achetée à raison de 6 francs le kilogramme ; le fournisseur garantit 0,90 de pureté (c'est-à-dire que sur 100 grammes de fourniture, il y a 90 grammes de graines et 10 grammes d'impuretés) et 70 p. 100 de faculté germinative (c'est-à-dire que sur 100 graines il y a 70 bonnes graines et 30 incapables de germer). La valeur culturale est représentée par le produit de 0,90 par 70, soit 63, ce qui revient à dire que sur un kilogramme de fourniture, il y a seulement 63 p. 100 de cette quantité en graines pures susceptibles de germer. La valeur absolue de cette graine pure, la seule utile, est obtenue, dans les conditions du présent marché, en divisant 6 francs (prix de la fourniture) par 0,63, ce qui donne 9 fr. 52. Ce calcul est le seul qui permette à l'acheteur de déterminer quelles sont, entre les différentes maisons de commerce, les offres les plus avantageuses.

Presque tous les marchands de semences, tant en France qu'à l'étranger, garantissent sur facture un minimum de valeur culturale et donnent à tout acheteur d'au moins 5 kilogrammes d'une même semence la faculté de *faire contrôler gratuitement dans une station d'essai les garanties données.*

Personne en France ne cherche à acheter les semences forestières avec garantie, comme on n'hésite plus à le faire pour les semences agricoles, et surtout à contrôler, après réception de la fourniture, la qualité de la livraison. A notre avis, c'est un tort, et *les acheteurs de semences forestières ne devraient pas hésiter à grouper leurs commandes par l'intermédiaire des syndicats, des sociétés d'agriculture ou des sociétés forestières,*

(1) Voir : « *Analyse et contrôle des semences forestières* ; Des stations d'analyse et de contrôle, prescriptions techniques, méthodes d'analyse, règlements », par A. Fron, Paris, 1906.

de façon à exiger du fournisseur une garantie de qualité et à pouvoir faire exercer gratuitement par l'intermédiaire de stations d'essai de semences, suffisamment outillées dans ce but, un contrôle des garanties données.

On peut en général exiger que les graines résineuses achetées aujourd'hui en grande quantité au commerce pour les reboisements, répondent aux qualités suivantes :

	PURETÉ.	FACULTÉ germinative.	VALEUR culturale.
	p. 100 au moins.	p. 100 au moins.	p. 100 au moins.
Pin sylvestre	95	75 à 80	70 à 75
Pin à crochets	95	70	66
Pin noir d'Autriche.	95	75 à 80	70 à 75
Épicéa............	95	75 à 80	70 à 75
Mélèze	80 à 85	45 à 50	40

Il y a lieu de retenir que lorsqu'on effectue un semis, plus la semence est de bonne qualité, plus la germination est rapide et régulière, et plus le semis est dense sur l'unité de surface, à égale quantité de graine employée ; autrement dit, *on doit régler la quantité de graines à utiliser pour ensemencer une unité de surface sur la qualité de cette semence* et ne pas craindre de doubler ou de décupler la quantité employée si, par hasard, la semence est vieille ou médiocre. D'autre part, *le prix de ces semences doit toujours être basé sur la qualité de la graine*, et en général ce sont les semences qu'on paie le plus cher, en raison de leur bonne qualité, dans les bonnes maisons qui reviennent, tout compte fait, au meilleur marché ; ce sont d'ailleurs les seules qu'on devrait employer dans un semis, soit en place, soit en pépinière.

Indépendamment de cette qualité des graines, il peut être très important, en sylviculture, de connaître non seulement l'*espèce*, mais parfois la *variété* et surtout l'*origine* des semences employées, et les fournisseurs de graine devraient s'habituer à livrer, avec plus-value si cela est nécessaire, des graines d'origine certaine.

Divers modes de semis. — On sème parfois sur le terrain non préparé, et ce procédé se justifie dans certaines circonstances exceptionnelles (semis sur bruyères courtes, sur terrains pierreux, sur terrains meubles non envahis par les herbes) ; on sème aussi par des procédés expéditifs avec une préparation sommaire du sol, soit les grosses semences (glands, faînes, châtaignes), soit des semences d'un prix peu élevé qu'on peut alors, sans grandes dépenses, semer en abondance ; mais en général, pour que la semence se trouve dans des conditions favorables à la germination, il faut que le sol soit préparé avec soin. Cette préparation s'exécute sur la partie de la surface à ensemencer et elle consiste : 1° à débarrasser le sol de toute végétation pouvant nuire aux jeunes plants ; 2° à donner au sol une culture, une façon d'une profondeur variable ; ce travail est d'autant plus utile que le sol est plus sujet à se dessécher et que le climat est plus sec.

Les semis en terrain préparé sont exécutés :

1° *En plein*, quand la semence est répandue uniformément sur le sol ;

2° *Par bandes* quand le terrain est préparé par bandes alternes continues ou brisées courant parallèlement les unes aux autres et que ces bandes seules sont ensemencées ;

3° *Par places* si la préparation du terrain et le semis ne sont effectués que par places isolées de 30 à 60 centimètres de côté environ, que l'on sépare les unes des autres par des intervalles d'environ $0^m,60$ à $1^m,50$;

4° *Par potets* ou par trous, si les semences sont mises seulement en petit nombre sur des potets préparés à cet effet ; ce dernier procédé, très économique, donne parfois de très bons résultats, surtout dans les landes rocheuses où la préparation des potets est faite à la main partout où le sol paraît favorable au semis.

La préparation des sols en vue du semis varie avec les terrains ; elle doit être tantôt légère et superficielle, tantôt plus profonde ; des sols peu cohérents, siliceux, ou des sols calcaires légers perdent très facilement leur fertilité et leur teneur en humus et ils ne doivent pas être travaillés profondément ; il est bon de n'en faire la culture qu'au moment de répandre la graine ; inversement des sols compacts d'une nature argileuse doivent être ameublis avec plus de soin ; le travail de préparation doit alors être profond et fait à l'avance, afin que les mottes de terre remuée aient le temps de se déliter et de se désagréger sous l'action des gelées et des intempéries ; mais il ne doit jamais avoir pour effet d'enfouir trop profondément la terre végétale et de ramener à la surface un sous-sol de mauvaise qualité et peu riche en terreau ; afin de profiter de l'humidité si nécessaire à la germination, la dernière culture de préparation du sol n'est faite qu'au moment de répandre la graine.

Semis à la volée sur terrain non préparé. — Cette méthode ne peut être employée que dans les cas suivants :

1° En sol meuble, si la graine à employer coûte assez bon marché pour être semée en abondance, et si les semis de l'essence employée ont une végétation assez rapide pour être capables de lutter contre les plantes sauvages. Le pin maritime est ainsi employé sur les sables des dunes et landes de Gascogne, ou encore en Sologne, parfois avec une légère préparation du sol à la pioche ;

2° Sur un terrain couvert d'une bruyère maintenue courte par le parcours des animaux ; si la bruyère était trop épaisse, on pourrait la couper, ou mieux la brûler, à la condition de procéder avec les précautions nécessaires, un an avant de faire l'ensemencement. On sème parfois ainsi le pin sylvestre dans les landes montagneuses du Plateau central ; le semis est effectué au printemps ; les grandes pluies, fréquentes à cette époque dans la région, font descendre la graine sur le sol où elle trouve à se loger, et plus tard à germer ; la bruyère fournit, contre les gelées printanières et les chaleurs de l'été, un abri au jeune plant qui acquiert de la force pour se faire jour dès la deuxième année ; une très bonne pratique consiste aussi à faire passer un troupeau de moutons dans les bruyères, aussitôt après le semis. Ce semis se fait aussi sur la neige qui, en fondant, entraîne la graine et la détache de la couverture du sol ; on sème dans ce cas par temps calme, en choisissant une belle journée de printemps, afin que la graine pénètre de suite de quelques millimètres dans la neige.

Le semis à la volée ainsi effectué est très économique ; dans le cas le plus favorable d'un terrain peu accidenté, un ouvrier peut semer un hectare dans sa journée ; avec le pin sylvestre dont on peut employer 5 à 7 kilogrammes par hectare, le prix du boisement d'un hectare peut être ainsi calculé :

Une journée de semeur à 3 fr...	3 fr.	Total 38 à 52 fr.
5 à 7 kilogr. de graine à 7 fr. (prix moyen) l'un	35 à 49 fr.	

Avec ce procédé, les mécomptes sont aussi fréquents que les résultats acceptables, et les dépenses sont parfois fortement majorées par les dépenses ultérieures des plantations nécessaires pour combler les vides du semis.

3° Ce genre de semis est plus justifié dans les terrains rocailleux de la haute montagne, au pied des escarpements, sur les cônes d'éboulis où toute culture est impossible ; dans ce cas, on doit avoir soin de lancer fortement la semence de bas en haut, de façon à faire pénétrer les graines sous les pierres, ce qui les protège contre la sécheresse et l'entraînement par les eaux.

Semis en plein sur terrain préparé. — Le semis en plein est peu en usage lorsque le terrain doit être préparé, parce qu'il entraîne de trop grands frais, et qu'il rend nécessaire l'emploi d'une grande quantité de semences. Toutefois, quand le terrain est peu accidenté, peu pierreux, et qu'il ne contient pas de grosses racines, on peut y pratiquer, à six mois d'intervalle, deux labours en plein à angle droit ; ces labours exécutés à la charrue rompent les gazons et les soulèvent en mottes entre lesquelles les graines trouvent l'abri et la fraîcheur qui assurent leur germination ; en temps voulu on sème à la volée et on recouvre les semences à l'aide de deux coups de herse en sens opposé ; le sol ameubli est d'ailleurs plus aisément pénétré par les faibles racines des plants naissants. Dans les terrains légers et pour les semis de graines légères, on peut se contenter d'une préparation superficielle à l'aide d'une herse lourde à dents en fer.

La dépense du boisement comprend alors, indépendamment du prix des semences, les frais de labour, d'ensemencement et de hersage ; les prix de ces façons sont variables suivant les terrains et les régions ; dans des conditions moyennes, on peut les évaluer entre 20 à 25 francs à l'hectare.

Pour récupérer ces frais de culture, un bon procédé, très employé lorsqu'il s'agit de boiser des terres arables abandonnées par la culture agricole et non encore envahies par les mauvaises herbes, consiste à semer les graines forestières en mélange avec une demi-semaille de céréales précoces (avoine, seigle, orge, sarrasin).

Il est même souvent avantageux de livrer le terrain à l'agriculture avant d'y semer les graines forestières ; le sol ameubli par la culture, amélioré par la fumure qu'elle exige, se trouve alors parfaitement préparé pour recevoir les graines et favoriser la croissance des jeunes plants qui en proviennent. Les récoltes qu'on tire des terrains ainsi traités, peuvent couvrir, et au delà, les frais de l'opération. C'est par ce procédé qu'on a reboisé, en Sologne, tant de friches qui sont devenues de belles forêts.

Voici la série des travaux que nécessite ce mode de procéder, assez avantageux quand on l'applique à des terrains couverts de bruyères, d'ajoncs et de fougères, végétation spontanée qui prouve qu'ils sont siliceux et qu'ils ont une certaine profondeur. Le sol est défoncé à la charrue pendant l'hiver ; ce défoncement est suivi de deux hersages donnés en juillet et en septembre ; après le second hersage on répand la graine d'avoine ou de seigle mélangée avec des engrais phosphatés ; un dernier coup de herse recouvre le tout. La seconde année, on donne deux labours après la récolte, et on sème de nouveau du seigle ou de l'avoine avec une demi-fumure d'engrais. La troisième année, on cultive des plantes sarclées sans fumure, et la quatrième on sème avec l'avoine les graines forestières en y joignant une demi-fumure.

Dans certains terrains argilo-siliceux, frais, il peut être possible d'établir de premier jet la forêt avec des essences spontanées ; mais en général, c'est par les essences rustiques et souvent par le pin sylvestre qu'il faut commencer, sauf à y ajouter, par exemple, un hectolitre de glands à l'hectare, si l'on a des glands, ou mieux encore à planter ultérieurement des plants feuillus (chêne et bouleaux en plaine ; hêtre ou sapin à une certaine altitude, comme en Auvergne, par exemple).

Semis à la volée par bandes. — Le labour en plein est coûteux; aussi, dans beaucoup de cas, on lui substitue le labour par bandes, qui consiste à labourer, sur la surface à reboiser, des bandes de terre de $0^{m},30$ au moins à 1 mètre de largeur, séparées par des bandes incultes plus larges, de 1 à 2 mètres environ. En terrain accidenté, les bandes doivent être tracées horizontalement (perpendiculairement aux lignes de plus grande pente) et les débris de la culture sont placés à l'aval des bandes cultivées. Ce mode de préparation a, sur le labour en plein, de nombreux avantages : il est moins coûteux ; il ne facilite pas l'érosion du sol comme une culture sur toute la surface ; il procure par les herbes et les arbustes qui croissent sur les bandes incultes un abri aux jeunes plants ; enfin il donne aux peuplements une régularité qui facilite l'exécution des travaux d'entretien.

Dans le cas où la charrue ne peut être employée, soit en raison de la nature rocheuse du sol, soit parce qu'il est accidenté, les bandes sont préparées à la herse ; mais alors, au lieu de les faire continues, on les interrompt tous les 4 à 6 mètres, en laissant entre elles, dans le sens de la longueur, un intervalle de 2 à 3 mètres qui reste en friches. Ces bandes brisées ont tous les avantages des bandes continues et coûtent bien moins cher.

Semis par places ou par potets. — La préparation partielle du terrain à la pioche qui ameublit le sol, conserve l'abri et limite la dépense au strict nécessaire, peut être faite par places, potets ou fossettes, partout où on ne craint pas l'envahissement des mauvaises herbes ; chaque place sera débarrassée, à la pioche, des plantes qui la couvrent ainsi que de leurs racines, et le sol sera remué à environ $0^{m},20$ ou $0^{m},30$ de profondeur en enfouissant le gazon la racine en l'air pour qu'il se décompose et serve d'engrais ; les dimensions du placeau varient suivant la hauteur et la vigueur de la végétation qui couvre le sol, et plus cette végétation sera haute, vigoureuse et drue, plus la place devra être étendue pour empêcher les plants d'être recouverts et étouffés. Dans une bruyère haute, la place ne devra pas avoir moins de $0^{m},40$ de côté; dans une bruyère courte, pas moins de $0^{m},30$. Ces places pourront être ouvertes à $1^m,40$ ou $1^m,50$ les unes des autres de centre à centre et par séries parallèles ; on aura soin d'en faire la préparation pendant les chaleurs de l'été, pour favoriser la destruction des végétaux enfouis et pour laisser le sol soumis pendant quelques mois à l'action des agents atmosphériques.

En semant quelques graines par potets, on emploiera environ 4 kilogrammes de semences (pin sylvestre) et dans les conditions que nous venons d'indiquer, avec environ 5 000 potets à l'hectare, le prix de revient du semis peut être approximativement évalué de la façon suivante :

1° Culture partielle du sol ; 16 journées à 2 fr. 50	40 fr.	Soit au total 75 fr.
2° Achat et transport de 4 kilogr. de graines à 7 fr. le kilogr.	28 fr.	
3° Exécution du semis, 2 à 3 journées à 2 fr. 50 (en moyenne)	7 fr.	

Le semis par potets est utilisé avec avantage sur les terrains très accidentés dont la surface est hérissée d'obstacles, roches, buissons, etc., ou bien lorsque la terre végétale est rare, car on doit chercher les points où l'on peut semer. Souvent alors, notamment en sol calcaire peu profond, on a intérêt à ne préparer les potets qu'au moment d'effectuer le semis.

Densité du semis. — Un semis doit être effectué dans des conditions telles que les jeunes plants qui naissent ne soient ni trop nombreux sur la même surface, c'est-à-dire trop serrés, ni trop peu nombreux et par suite trop espacés. La quantité de graines à employer pour atteindre ce résultat dépend tout d'abord de la méthode employée ; elle dépend ensuite de la qualité de la semence ; enfin elle varie avec l'état plus ou moins favorable du terrain et de la station ; à ce dernier point de vue, plus le déchet peut être grand, plus le semis doit être épais.

Les quantités de graines indiquées au tableau suivant peuvent être doublées ou même triplées si les conditions sont mauvaises, en particulier s'il s'agit de semis d'épicéa ou de mélèze sur la neige, de semis de pins sur des bruyères très denses qui ne permettent qu'à un petit nombre de graines de parvenir jusqu'au sol, ou de semis exécutés sur des clapiers, des éboulis rocheux, etc.

Avec des semences pures et de bonne qualité on peut,

dans les conditions moyennes, semer les quantités de graines indiquées dans le tableau donné à la page suivante.

Germination. — Protection et préparation des semences. — La germination des semences s'effectue tantôt rapidement, tantôt plus ou moins lentement, d'après l'espèce, l'état de fraîcheur de la semence, la qualité de cette semence et la saison. Le temps qui s'écoule entre le semis et l'apparition du germe peut être de une à deux semaines pour le peuplier, de deux à six semaines pour la plupart de nos essences communes, et de plus d'une année pour certaines semences telles que le pin cembro, le frêne, le charme, le tilleul. Une semence conservée à l'état frais et non desséché, par la stratification ou l'ensilage, germe toujours plus rapidement et plus régulièrement et ces procédés permettent d'obtenir, même pour les semences telles que le frêne, le pin cembro ou le charme, une levée déjà importante dès le premier printemps qui suit la dissémination.

Si l'on considère que pour toutes les semences, quelles qu'elles soient, plus tôt la graine germe après le semis, moins elle est exposée à être détruite par les animaux, on est conduit dans un grand nombre de cas à préparer la semence à la germination avant le semis ou, à défaut de cela, à protéger les graines qu'on met en terre contre les dégâts des animaux. Ces deux procédés, et notamment le premier, surtout lorsqu'il s'agit de semer des graines en pépinière, devraient être beaucoup plus fréquemment employés qu'ils ne le sont actuellement.

Préparation des semences à la germination. — La préparation des graines en vue de l'exécution d'un semis peut être pratiquée de la façon suivante : les semences sont mises à tremper dans de l'eau propre pendant le temps qui est nécessaire à l'eau pour pénétrer jusqu'au centre de l'amande, en général douze à vingt-quatre heures pour un grand nombre de semences ; beaucoup plus longtemps pour le pin cembro (en coupant quelques graines de temps à autre pendant le trempage, il est facile de constater le degré de pénétration de l'eau dans l'amande) ; on abandonne ensuite les graines disposées en tas dans un local où la température est maintenue à 15 ou 20° C. et on prend soin de déplacer le tas matin et soir et de l'asperger légèrement

ESSENCES.	DURÉE de la germination.	QUANTITÉ DE GRAINES A EMPLOYER A L'HECTARE.				NOMBRE de graines.	OBSERVATIONS.
		Semis en plein.	Semis par				
			bandes.	places.	potets.		
		Hectolitres.	Hectolitres.	Hectolitres.	Hectolitres.	Par hectol.	
Chêne........	4-6 semaines.	8-12	6-8	5-6	3-5	24 000	
Hêtre........	3-4 —	6-8	4	2-4	1-2	150 000	
Châtaignier ...	3-6 —	8	5	4-5	3	20 000	
		Kilogr.	Kilogr.	Kilogr.	Kilogr.	Par kilogr.	
Aune	3-6 —	12-25	15-20	15	—	1 200 000	Introduit en mélange
Bouleau	4-5 —	30-50	25-40	20-30	—	1 800 000	Id.
Charme.......	2e année.	60-70	40	30-35	—	28 000	Id.
Érable........	4-6 semaines.	40-45	25-30	15-20	—	22 000	
Frêne	4-6 — ou 2e année.	40-50	35-40	25-35	—	15 000	Id.
Orme	2-3 semaines.	40	30	15-20	—	130 000	
Robinier	2-4 —	20-25	15-20	12-15	—	52 000	Id.
Épicéa	4-6 —	9-15	6-12	5-10	—	122 000	
Mélèze	3-5 —	20-30	15-20	10-15	—	170 000	
Pin sylvestre..	3-6 —	8-10	5-8	3-5	—	150 000	
— à crochets..	3-6 —	8-10	5-8	3-6	—	125 000	
— laricio	3 —	10-15	6-12	5-10	—	53 000	
— maritime .	3 —	10-15	8-10	5-8	—	19 000	
— d'Alep....	3 —	10-15	6-12	5-10	—	52 000	
— cembro ...	Très lente, irrégulière, souvent la 2e année.	—	—	50-70	50	3 400	Semis expéditifs.
Sapin	3-6 semaines.	75-80	50-60	50	—	31 000	

quand la masse paraît se dessécher ; les graines pour cette préparation peuvent être mélangées ou non avec du sable ou de la sciure de bois ; on exécute le semis deux ou trois jours avant la sortie de la radicule, c'est-à-dire au moment où les graines se gonflent, après les avoir laissées se dessécher très légèrement à l'air. Ce procédé est conseillé par M. Schribaux pour un grand nombre de semences agricoles, pour les graines de conifères et pour toutes les semences qui, en raison de leur volume ou de la dureté de leur enveloppe, mettent plusieurs jours pour absorber l'eau nécessaire à la germination ; *il ne peut être employé sans réserve parce qu'il exige qu'un temps favorable suive l'exécution du semis*, mais nous pensons qu'il peut être employé dans une large mesure pour certains semis effectués en pépinière.

Protection des graines contre les animaux. — La préparation de la semence à l'aide de poudre de minium est employée contre les dégâts des oiseaux et des souris ; à cet effet la semence est humectée assez fortement dans une cuve pour que chaque graine soit effectivement mouillée, mais pas assez pour que l'eau s'accumule au fond de la cuve ; elle est ensuite transvasée et on l'agite avec de la poudre de minium jusqu'à ce que chaque semence soit enduite d'une couche rouge. La semence est alors complètement séchée au soleil ou dans une chambre chauffée afin que la couche de minium prenne une certaine consistance. Cette préparation est relativement peu coûteuse ; elle ne semble pas retarder d'une façon sérieuse la germination des semences ; dans certains cas elle ne paraît pas avoir rendu tous les services de protection qu'on en attendait.

On conseille aussi de se servir de la préparation suivante : 100 grammes de goudron gras, 100 grammes de pétrole épuré et 1 litre et demi d'eau bouillante ; on remue et on laisse refroidir, puis on trempe les graines dans le mélange et on les sème quand elles sont bien ressuyées ; ce procédé a pour effet de retarder la germination, à cause du goudron qui empêche l'eau de pénétrer dans la graine, et il peut donner des mécomptes.

Époque des semis. — Le temps le plus favorable pour exécuter un semis est, en général, celui où la graine se dissémine naturellement, mais à ce moment l'opération est rarement possible. En pratique, on sème :

En été, immédiatement après leur dissémination, les ormes et les bouleaux et, en principe, les semences très légères qui perdent en quelques jours leur faculté germinative.

A l'automne qui suit leur dissémination : 1° les graines difficiles à conserver telles que celles du sapin, des pins à grosse amande, les glands, faînes, châtaignes ; mais il est souvent préférable de les conserver par la stratification ou l'ensilage et de les préparer à la germination pour le printemps suivant, à cause des dégâts des rongeurs ; 2° les graines très lentes à germer, telles que le pin cembro, le frêne, le tilleul, le charme, etc., dont la germination ne se produit que la deuxième année, à moins que la graine ne puisse être préparée à la germination par une stratification appropriée.

Au printemps de l'année qui suit leur dissémination, toutes les semences qu'on peut conserver en bon état pendant la fin de l'été ou l'automne et l'hiver jusqu'en février à l'air libre, et presque toutes les semences que l'on peut conserver en bon état et préparer en même temps à la germination par les procédés que nous avons indiqués.

Le printemps est la véritable saison des semis ; c'est à cette époque que le sol renferme de grandes provisions d'humidité et que la chaleur fait éclore les germes et leur permet de se développer ; c'est à cette époque que tombent en général des pluies chaudes favorables à la végétation. Les graines semées au printemps après une bonne conservation et une bonne préparation à la germination émettent rapidement un germe qui sort de terre ; elles restent peu de temps exposées à la voracité des animaux ; la levée générale est rapide et le semis beaucoup plus régulier.

Recouvrement des graines. — Les graines, à part celles qui sont exceptionnellement fines (bouleau-aune), qu'on se contente parfois de tasser à la surface du sol, doivent être enfouies dans le sol plus ou moins profondément suivant leur grosseur ; l'épaisseur de la terre végétale qui recouvre un semis doit varier avec la grosseur des graines et avec la nature du sol ; dans les conditions moyennes, cette épaisseur peut être égale *à trois fois la grande dimension de la graine.*

Plus le sol est léger et sec, plus la semence peut être enfouie profondément sans inconvénient, et inversement si le sol est compact, argileux ou humide, on doit recouvrir beaucoup moins les semences.

Suivant les cas, le recouvrement de la semence après le semis s'effectue soit à l'aide d'une légère herse articulée, soit à l'aide de râteaux en bois, soit à la main.

Soins à donner aux semis. — Il est impossible de protéger les jeunes semis contre la sécheresse, contre les pluies violentes qui ravinent la terre et ensevelissent les jeunes plants, contre les gelées qui soulèvent la terre, arrachent et déchaussent les racines; tout au plus peut-on lutter parfois contre l'envahissement des mauvaises herbes qui apparaissent en cercle autour des places de semis.

Mais, dès la deuxième année, on comblera les vides par de nouveaux semis, puis, à la troisième année, par des plantations effectuées à l'aide de sujets prélevés sur des places de semis trop serrés.

Dès l'âge de quatre à cinq ans et parfois plus tôt, suivant la rapidité de végétation des plants, on procède au *dépressage* des parties trop serrées en ayant soin de desserrer les sujets les plus vigoureux par l'enlèvement de ceux qui les gênent ; cette opération, utile surtout pour les semis par placeaux ou par potets, s'effectue en coupant les plants surabondants à l'aide d'un sécateur ou de ciseaux plutôt qu'en les arrachant, afin de ne pas ébranler les plants voisins à conserver.

D'une façon générale, les résultats du boisement par semis se font longtemps attendre ; on doit patienter, et si l'on trouve un plant par mètre carré environ, il y a lieu de se déclarer satisfait.

Semis des principales essences.

Le *chêne*, essence dont le jeune plant est robuste, peut être semé en plein découvert ; souvent le semis est préféré à la plantation en raison de l'enracinement profond de cette essence ; on sème au printemps, à la charrue, dans le sillon, et la graine est recouverte par le tracé du sillon suivant ; les glands doivent être recouverts de 4 à 6 centimètres de terre au plus ; on sème également avec des céréales, des pommes de terre ; on pratique également le semis expéditif au plantoir, ou à la houe (3 à 5 hectolitres de glands et 4 à 5 francs de main-d'œuvre par hectare).

Le *semis de hêtre* ne sera tenté qu'en forêt, c'est-à-dire sous abri, en pays de plaine ou de basse montagne ; les faînes sont placées à la houe comme les glands ; conservées jusqu'au printemps en silos, on doit les semer aussitôt la sortie du silo, à défaut de quoi les germes déjà formés peuvent se dessécher ; on sèmera également à l'automne. Le *semis de charme* peut être fait en forêt sur sol frais, sous abri interrompu ; effectué à découvert dans les sols secs, il a peu de chance de réussir ; la graine est enfouie dans les sols nus de 1 à 2 centimètres.

Cette essence ne doit pas être semée dans le midi de la France où elle ne réussit pas.

Le *semis de sapin pectiné* ne réussit qu'en forêt sous un couvert un peu relevé ; il se pratique par placeaux cultivés légèrement de 0m,25 à 0m,40 de côté ; on sème en automne et on recouvre la graine d'un centimètre de terre.

Les *semis d'épicéa* sont faits au printemps sur terrain bien débarrassé des mauvaises herbes, et la graine est légèrement enfouie au râteau ; les jeunes plants très grêles peuvent avoir beaucoup à souffrir de l'hiver.

Les *semis de pin sylvestre* sont, avec ceux des chênes et des pins du midi de la France, les semis les plus faciles à réussir en terrain découvert ; tous les procédés leur conviennent ; les jeunes sujets ainsi obtenus sont très exposés à la maladie du rouge à laquelle échappent les semis naturels.

Le *semis de pin laricio noir d'Autriche* réussit aussi facilement sinon plus que celui du pin sylvestre, mais, en raison du prix de la graine, on plante généralement.

Le *pin maritime* réussit parfaitement en semis sur les terrains les plus pauvres ; il est employé avec succès pour le boisement des sables siliceux des landes et des dunes de Gascogne, des terres de Sologne.

Le *semis de pin d'Alep* réussit sur les sols calcaires les plus arides et les plus brûlants de Provence ; on le sème par potets en automne ou au printemps, complétant au printemps les semis d'automne qui n'ont pas réussi.

Semis de pin à crochets. — On sème dru dans les hautes régions sur des parties gazonnées, en se contentant de fendre le gazon ; au bout de sept à huit ans une partie des plants sont repris en motte et plantés sur les parties voisines (on ne peut dans les hautes régions donner une façon au sol sans être exposé au déchaussement et c'est pour l'éviter qu'on sème au milieu du gazon).

Le *semis de pin cembro* s'effectue dans les hautes régions comme celui du pin à crochets.

Le *mélèze* est semé au printemps sur les éboulis rocheux, les gazons courts de la haute montagne, en hiver sur la neige.

Mélange d'essence. — Enfin, pour obtenir dès le début un mélange d'essences, on sème en même temps les essences ayant les mêmes exigences, ou bien on sème d'abord les graines lourdes, puis ensuite les semences légères.

§ 2. — Boisement par plantations.

Les plantations se font avec des plants de haute tige (plants déjà âgés, et petits arbres), ou avec des plants de basse tige (jeunes plants repiqués ou non repiqués).

Les *plantations de hautes tiges* sont rarement employées en sylviculture ; quand elles s'appliquent à des essences forestières, elles ne diffèrent pas de celles des arbres fruitiers ou d'ornement, qui rentrent dans le domaine de l'horticulture, et on doit y procéder avec les mêmes soins.

Les *plantations de basses tiges* ou jeunes plants sont plus généralement usitées dans la pratique forestière.

Origine des plants. — Le résultat d'une plantation dépend, à un très haut point, des plants employés. On peut se procurer des plants :

1° *Par arrachage de plants en forêt.* — Ces plants ont, en général, les racines mal conformées, garnies de peu de chevelu ; transplantés, ils boudent plusieurs années et une grande partie ne réussissent même pas. On peut toutefois extraire avec avantage, dans des semis naturels peu serrés, de bons plants en mottes (sapin ou hêtre), mais leur prix de revient est alors très élevé ; dans certains cas, on peut extraire en forêt de très jeunes plants (sapin ou hêtre) pour les repiquer pendant quelques années en pépinière, avant la mise en place ; ce dernier procédé est parfois très commode, mais il faut avoir soin, lors du repiquage en pépinière, d'enterrer les jeunes plants (notamment le hêtre) jusqu'à la hauteur du point d'insertion sur la tige des feuilles cotylédonaires.

2° *Par achat chez les pépiniéristes, ou dans les pépinières de propriétaires forestiers* qui n'utilisent pas toute leur production ; il est essentiel de ne pas s'adresser à des commerçants peu sérieux qui cherchent à produire la quantité plutôt que la qualité, ou à des propriétaires qui ne peuvent livrer que le rebut de leur production. On peut, dans le commerce, trouver à se procurer aujourd'hui d'excellents plants. Si on fait venir ces plants de loin, il y a lieu de se méfier des différences de végétation dans les deux stations.

3° *Par production directe en pépinière.* — Les plants qu'on peut élever soi-même en pénipière présentent l'avantage de n'avoir pas à subir de longs transports, de pouvoir être arrachés en temps utile et par suite de pouvoir être plantés toujours bien frais. C'est une erreur de croire qu'un plant vigoureux, élevé en sol fertile, souffrira plus s'il est ensuite planté en sol pauvre, qu'un plant chétif qui aurait été lui-même élevé en sol pauvre. Les pépinières doivent donc être toujours placées dans le meilleur terrain possible, et bien soignées.

S'il s'agit de repeuplements importants et si on dispose du personnel nécessaire, il est possible d'établir chez soi, soit une pépinière fixe, soit des pépininères volantes, destinées à fournir les plants nécessaires. Mais il ne faut pas oublier que la création et l'entretien d'une pépinière demandent de grands soins, qu'on doit s'y prendre à l'avance, éviter la surproduction. Pour un propriétaire particulier qui n'est pas outillé spécialement à cet effet, tous les travaux accessoires des pépinières demandent des frais de main-d'œuvre qui augmentent singulièrement le prix de revient des plants.

Préparation de la plantation. — Le boisement d'un terrain n'est pas une opération qu'on peut entreprendre, de prime abord, sans aucune réflexion, en appliquant les règles générales relatives aux plantations ; il faut que les plants, quelque rustiques qu'ils soient, trouvent des conditions compatibles avec leur développement ; les terrains que nous avons à boiser présentent à cet égard de très grandes différences, et une préparation préalable peut être nécessaire avant de songer à exécuter une plantation ; cette préparation consiste souvent à effectuer des écobuages, des défrichements partiels, des travaux d'assainissement ou des travaux de fixation du sol. Par contre, il serait très mauvais, surtout sur les sols calcaires plus ou moins secs, de ne pas respecter les buissons de coudrier, d'épine ou autres morts-bois qui peuvent se présenter sur les friches à boiser ; ces buissons conservent un peu de fraîcheur et d'abri ; à leur ombre, les plants introduits viendront mieux qu'ailleurs, et plus tard autour d'eux, comme sous les pins, naîtront des chênes, des charmes, des hêtres ou toutes autres essences convenant au terrain, aussi tenaces quand elles ont pris possession du sol que difficiles à ramener quand elles ont disparu.

La *serpe*, aussi bien d'ailleurs que les moutons, doivent être écartés des terrains que l'on se propose d'améliorer par les boisements.

Écobuages. — L'écobuage consiste à détruire par le feu la couverture de plantes sociales qui envahit une lande et rend impossible à cet état le boisement ; suivant les cas, on brûle sur place à feu courant les plantes sur le terrain ou on les réunit en tas après les avoir coupées ou arrachées ; à moins de 200 mètres des propriétés boisées (art. 148 du Code forestier), l'opération ne peut être exécutée qu'avec l'autorisation du propriétaire du domaine boisé contigu (autorisation préfectorale si le bois est soumis au régime forestier).

Défrichements. — Le défrichement qui précède une plantation consiste à arracher à la pioche, par places ou par bandes, toute la végétation nuisible des arbrisseaux envahissants et des plantes sociales, ainsi que le feutre épais d'herbes qui couvre le sol, et à préparer avec soin le terrain sur les emplacements choisis. Souvent dans ce cas le sol est acidifié par les débris organiques et la litière toute particulière que forme une telle végétation, et le terrain lui-même exerce sur la végétation des plantes une influence défavorable ; l'apport d'engrais appropriés (acide phosphorique, potasse) et d'amendements calcaires sur les places ou bandes bien travaillées peut rendre d'immenses services ; sur de tels sols, où il n'est souvent possible d'introduire que des résineux, la végétation forestière qu'on arrive à créer produit peu à peu une transformation complète, et la formation d'un bon terreau précède de peu l'installation spontanée des essences feuillues de la région.

Travaux d'assainissement. — Dans les terrains marécageux où un épais feutrage d'herbes couvre un sol compact, non aéré et froid, aucun boisement ne peut être tenté avant l'assainissement préalable du terrain ; on ouvrira dans ce but un réseau de fossés d'assainissement à pente relativement faible pour ne pas provoquer des ravinements, et d'une profondeur suffisante pour assurer un bon drainage ; parfois les terres pourront être rejetées en ados ou en buttes et la plantation sera effectuée avec plus de succès sur ces ados.

En montagne on a souvent à rechercher si la nappe d'eau souterraine ne provient pas d'infiltrations supérieures, d'eaux accumulées dans des dépressions de terrain, et c'est là parfois qu'il faut effectuer les travaux d'assainissement à l'aide de rigoles ou de drains.

Quand cela est possible, les travaux d'assainissement doivent précéder d'au moins un an la plantation, afin de laisser au terrain le temps de s'améliorer.

Travaux de fixation du sol. — Dans les terrains instables de montagne dont les terres sont entraînées par des ravinements superficiels ou des glissements, les premiers travaux de consolidation du sol par les clayonnages, les fascinages, ou les barrages rustiques, par les cordons de graminées ou de plantes vivaces de la région, ou bien la fixation du terrain par des drainages appropriés, doivent précéder les travaux de boisement.

Enfin, sur les terrains complètement ruinés, où la terre végétale a depuis longtemps disparu, le boisement n'est possible que par places, dans les cavités où il reste encore de la terre végétale, et l'on doit chercher à créer les premiers buissons à l'abri desquels se reformera lentement l'humus et le terreau, le gazon et la végétation forestière.

Saison pour la plantation. — Le temps pendant lequel on peut effectuer une plantation est compris entre l'arrêt de la végétation à l'automne et celui du départ de la sève au premier printemps; certains *préfèrent la plantation d'automne* pour les raisons suivantes : les pluies et les neiges d'hiver forcent la terre à s'agglutiner autour des racines et tassent le sol autour du plant ; — chez les sujets mis en terre dès l'automne, il se produit pendant l'hiver un travail végétatif dont les effets semblent localisés dans les racines ; le chevelu se reconstitue, s'allonge et facilite l'évolution normale au premier printemps ; — on évite le danger des hâles de mars, trop souvent mortels aux jeunes plants que l'on manipule et dont on expose plus ou moins les racines au grand air. D'autres préconisent la *plantation de printemps*, spécialement pour les essences à feuilles persistantes, en se basant sur les faits suivants : la végétation commence immédiatement après la plantation ; — les plants ne sont pas exposés à souffrir des fortes gelées, du *déchaussement* qui sur certains sols calcaires est très à redouter sous l'action de la gelée qui gonfle la terre, soulève les plants, et les laisse déchaussés après le dégel ; — ils souffrent moins du dessèchement en raison des nouvelles radicelles qui alimentent la plante dès la reprise de la végétation ; — le sol au printemps possède généralement un degré de chaleur et d'humidité favorable à la reprise des racines ; — l'envahissement des mauvaises herbes est moins actif ; — enfin les jours déjà assez longs permettent d'abattre beaucoup de travail.

En fait, on plante tantôt au printemps, tantôt en automne, suivant les conditions de climat, de sol et de station où l'on se trouve. *Il y a lieu en cette matière de ne pas avoir de parti pris et de se baser sur l'expérience acquise dans la région* ; là où les hivers sont habituellement humides, les printemps fréquemment secs, les gelées sans importance, on plantera à l'automne ; ailleurs et surtout si le déchaussement par les gelées est à craindre, si les printemps sont habituellement pluvieux, on plantera au printemps, surtout les résineux; ailleurs encore, dans les climats montagneux, où la brusque transition des saisons réduit à quelques jours le temps propre aux plantations, où l'automne n'existe pour ainsi dire pas, c'est au printemps, dès la fonte des neiges, qu'il faut planter; en tout cas, quelle que soit la saison adoptée, *il ne faut jamais planter sur une terre trop détrempée, se prenant en boue collante*, car il est impossible dans ces conditions de la disposer convenablement autour des racines.

Age et qualité des plants à employer. — Les plants doivent être normalement constitués, sains et vigoureux.

M. Demontzey pose en principe que pour une même essence, on obtient un succès d'autant plus assuré que les plants employés sont plus jeunes; il ajoute que la jeunesse de ces plants doit avoir pour limite une conformation de leurs organes suffisante pour se bien développer et lutter contre les dangers qui peuvent les menacer. Il fixe pour les pins d'Alep, maritime, pinier, l'âge d'un an; pour le pin sylvestre et d'Autriche, un à trois ans suivant leur développement; pour le pin à crochets, deux à trois ans; pour l'épicéa et le pin cembro, aux grandes altitudes, trois, quatre et cinq ans; pour le mélèze, deux et trois ans au maximum. Dans ces conditions, ajoute-t-il, le repiquage des résineux ne paraît avoir aucune raison d'être employé pour la production des plants destinés au reboisement des montagnes, parce que l'expérience a démontré que les plants résineux non repiqués produisent des peuplements aussi complets, aussi bien venants que ceux formés avec des plants repiqués et que le repiquage entraîne sans profit à des dépenses considérables.

Si le repiquage peut être supprimé chez les résineux en général, il n'en est plus de même chez les feuillus dont la destination et le mode de plantation exigent l'emploi de plants d'une certaine taille, d'une reprise rapide et facile qui sera favorisée par la présence d'un chevelu serré, abondant; ce chevelu ne peut être obtenu que par le repiquage.

Voici l'âge auquel, sous le climat tempéré de l'arboretum des Barres (Loiret), on peut employer les plants :

Essences feuillues. — Robinier, de deux à trois ans; — frêne, orme, érable, aune, bouleau, charme, de deux à quatre ans ; — hêtre, chêne, de deux à trois ans.

Essences résineuses. — Pin sylvestre, mélèze, pin laricio noir d'Autriche, pin à crochets, de deux à trois ans ; — sapin, épicéa, pin cembro, de trois à cinq ans.

Remarquons qu'une plantation sera d'autant moins onéreuse (indépendamment du prix d'acquisition) que les plants seront plus petits ; il est donc avantageux à ce point de vue d'employer de jeunes plants. Mais il existe des cas où il y a intérêt à employer des plants déjà forts, ayant 0m,25 à 0m,30 de hauteur et par suite repiqués. Nous en citerons quelques-uns :

1° Sur un sol meuble, se soulevant facilement sous l'action de la gelée ; 2° sur un sol envahi par des herbes un peu hautes ; 3° sur un sol déjà planté antérieurement où on ne fait que regarnir les vides ; 4° dans les vides de petite étendue entourés de peuplements plus âgés, et dans toutes les situations où le climat local ou bien des conditions de tempérament nécessitent d'agir vite et d'une façon différente.

Exécution de la plantation. — La première condition, pour réussir une plantation, est d'opérer avec des plants de bonne qualité ; les plants doivent avoir été arrachés en pépinière avec le plus grand soin, de façon à conserver intact tout le chevelu de leurs racines ; ils doivent avoir été soignés minutieusement depuis l'arrachage jusqu'au moment de la plantation, de façon à n'avoir pas perdu une partie de leur valeur par le desséchement ou la détérioration du chevelu de leur enracinement. *Du soin apporté dans l'arrachage, l'expédition et la conservation des plants jusqu'à leur mise en place dépend en partie la réussite de la plantation.*

Nous insisterons spécialement sur l'*emballage*, la *préparation* et la *conservation* des plants :

Emballage et transport des plants. — Les plants livrés par le fournisseur en bon état, doivent être emballés avec soin pour le transport, de façon à éviter le desséchement des racines d'une part, et leur échauffement, d'autre part ; à cet effet, les racines sont protégées par de la mousse humide et les paquets de plants, réunis ensemble, sont protégés par de la mousse, et emballés tantôt dans des bourriches en paille, tantôt dans des caisses à claire-voie, mais jamais dans des caisses pleines ; les racines sont toujours placées au milieu de l'emballage, le plus loin possible du contact de l'air.

Les plants sont toujours *arrachés avant le départ de la végétation du lieu de la pépinière* et ils doivent voyager pendant la morte-saison ; si ces plants doivent être transportés à des altitudes plus élevées, où la plantation peut n'être pas encore possible, ils sont déballés dès la réception et mis en jauge ; ils sont plantés aussitôt que possible. Les *expéditions de plants par chemin de fer doivent toujours être faites par grande vitesse.*

Les plants à racines nues ne doivent jamais rester exposés ni au soleil, ni à un vent sec, ne fût-ce que pendant une dizaine de minutes, et le chevelu de leurs racines doit toujours rester soigneusement protégé ; à cet effet, dès la réception de la caisse, on déballe les plants, on défait les paquets, on creuse en terre un fossé peu profond, on dresse contre les parois de ce fossé les plants, en ayant soin de ne pas trop les serrer, et il suffit ensuite de recouvrir les racines avec la terre extraite du fossé qu'on a soin de bien émietter à la main ; on arrose les plants mis en jauge s'il y a lieu. C'est dans cette jauge qu'on doit ensuite venir chercher les plants, au fur et à mesure des besoins, lors de la plantation.

Préparation des plants. — En principe, un plant n'a jamais trop de racines, et beaucoup de forestiers, pour ce motif, ne taillent jamais les racines des plants avant de les employer ; cela paraît être le meilleur procédé, car il importe toujours de ménager soigneusement le chevelu ; on peut toutefois sans inconvénient couper les racines qui sont dépourvues de chevelu lorsqu'elles sont cassées ou détériorées ; enfin il vaut mieux couper des racines trop longues qui gênent pour la mise en terre, que de placer le plant dans un trou trop étroit avec des racines tassées en paquets au fond du trou ou se relevant le long des parois.

En ce qui concerne les branches et les feuilles, il existe un rapport harmonique entre l'enracinement d'une part et les branches feuillées du végétal d'autre part ; la transplantation ayant pour effet de supprimer des racines, quelque soin qu'on prenne, on est porté à supprimer également des branchages. Nous devons à ce sujet faire une distinction :

1° Lorsqu'on plante des résineux, on doit s'abstenir de toucher à leurs branches ou à leur tige, à moins toutefois qu'il ne s'agisse de plants de forte taille, auquel cas on peut enlever ou plutôt raccourcir les branches basses.

2° Lorsqu'on plante des feuillus, si les plants sont jeunes, on peut se dispenser de les tailler, surtout si le sol où on les place est frais et fertile ; si au contraire le terrain est pauvre, on peut couper quelques branches ou même une partie de la tige ; si les plants sont plus forts, on peut les tailler davantage.

Quant au recépage total des plants feuillus, certains planteurs l'exécutent immédiatement après la plantation, à quelques centimètres du collet ; c'est à notre avis une mauvaise opération, surtout si les plants sont mis en terre en automne, et nous préférons attendre deux ou trois ans ; pendant ce temps, le système de racines se sera développé, le végétal aura fonctionné en place, bien pris corps avec le terrain, et lorsqu'on rabattra le plant, il émettra des rejets vigoureux.

Ce système est applicable aux plantations en essences feuillues exécutées pour enrichir un taillis.

Disposition et espacement des plants. — Pour boiser une surface de terrain, on peut disposer les plants dans un ordre régulier et à intervalles égaux, ou bien choisir les places où le terrain se montre le plus favorable à la réussite des sujets et y placer les plants sans autre préoccupation que de ne pas trop les rapprocher ou de ne pas trop les éloigner les uns des autres, si cela est possible.

Le choix entre ces deux méthodes dépend surtout du terrain ; partout où la bonne végétation des plants paraît devoir dépendre du choix des emplacements, la deuxième méthode doit être préférée.

Une plantation régulière est obtenue en plaçant les plants à l'aide d'un cordeau en lignes régulièrement espacées ; les intervalles des lignes sont, dans ce cas, souvent un peu plus grands que l'espacement des plants sur chaque ligne (fig. 42).

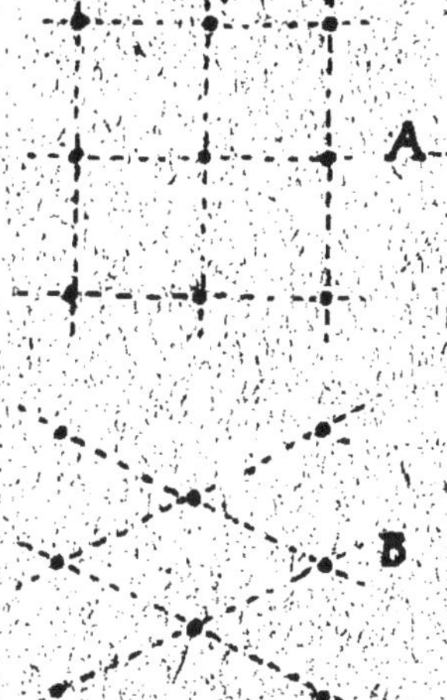

Fig. 42. — Plantations. A, en ligne ; B, en quinconce.

Il résulte d'expériences faites à l'École forestière de Nancy que si l'on veut obtenir des peuplements destinés à rester longtemps sur pied, on a plus d'avantage à planter les essences résineuses plutôt clair et qu'on peut adopter la distance de 2 mètres en tous sens comme répondant à toutes les exigences. Mais il est évident qu'on plantera plus serré si l'on se propose d'exploiter les bois plus jeunes, par exemple à l'état de bas ou de haut perchis ; que, d'autre part, si la plantation a un but spécial, par exemple — mise en valeur et protection de sols en mauvais état, — fixation et utilisation de terres instables, on ne devra pas hésiter à planter serré, à espacer les plants de 0m,80 à 1 mètre ou même moins avec des écartements de lignes équivalents ; le but principal à atteindre, en effet, dès le début, dans ce premier boisement, est de bien couvrir le sol afin de l'améliorer, et plus les plants sont éloignés les uns des autres, plus ils mettent de temps à constituer l'état de fourré; un écartement qui permet la constitution de l'état de fourré en cinq à dix ans paraît devoir être considéré comme bon.

L'écartement des plants doit d'ailleurs varier avec les exigences des essences, et avec les qualités du sol. Pour les essences à tempérament délicat, et spécialement le hêtre, ou encore si on opère sur des sols secs et maigres, on plantera plus serré ; inversement avec des essences à tempérament robuste, à croissance plus rapide, telles que le pin sylvestre, le pin noir d'Autriche, ou encore sur de bons sols fertiles, non envahis par la végétation herbacée, on plantera à de plus grands intervalles.

Dans les conditions moyennes, le nombre de plants utilisés à l'hectare varie ordinairement entre 6 000 et 8 000 plants, et au plus 10 000 ; les espacements variant entre 1m,25 et 1m,50 donnant en chiffres ronds de 6 500 à 4 500 plants par hectare sont généralement adoptés par les forestiers ; enfin, lorsqu'on plante des sujets très forts, on peut espacer à 2 mètres, ce qui correspond à 2 500 plants à l'hectare.

Dans les plantations régulières en lignes, telles que nous les avons définies, la quantité des plants à utiliser sur une surface donnée se calcule en multipliant l'une par l'autre les deux distances adoptées (espacement de ligne à ligne, et de plant à plant dans chaque ligne) exprimées en mètres et en divisant la surface exprimée en mètres carrés par ce produit.

Exemple : dans une plantation les lignes sont espacées de 1m,50 et dans chaque ligne les plants sont à 1 mètre de distance l'un de l'autre ; le calcul précédent donne : 1m,50 × 1 mètre = 2m²,50, d'où l'on déduit que le nombre de plants à l'hectare est de 10 000 mètres carrés divisé par 1,50, c'est-à-dire 6 666 plants.

Si la question d'économie, tant pour l'acquisition des plants que pour les frais de main-d'œuvre, intervient il faut se rappeler qu'*il est toujours préférable, en matière de boisement, de très bien planter, quitte à agir sur de moins grandes surfaces à la fois.*

Dans les terrains accidentés, hérissés de rochers, aux altitudes élevées, il devient très important de placer chaque plant à la place qui est la plus favorable à son développement ; on est guidé dans ce choix par l'état du sol, et par la présence d'abris contre la sécheresse, les vents, la neige, les pierres roulantes, abris tels que des buissons ou des rochers, des troncs d'arbre, etc.

Mise en place des plants. — Quelque simplifié que soit le procédé de mise en place des plants, cette opération doit toujours être faite avec le plus grand soin ; c'est une des conditions essentielles de réussite.

Nous recommanderons tout d'abord d'éviter que pendant cette opération les ouvriers ne laissent les racines des plants exposées au soleil ou à un vent sec ; pour cela, chaque ouvrier planteur peut transporter avec lui de place en place un petit panier dans lequel il conserve sa provision de plants, les racines toujours couvertes de mousse humide, de feuilles ou de terre fraîche.

Pendant une plantation, les ouvriers planteurs doivent être surveillés de très près, car la réussite de la plantation dépend beaucoup de leur travail ; on doit interdire d'une façon très rigoureuse le transport à la main des plants ainsi que leur distribution à l'avance sur le sol à côté de chaque trou. Plus les plants sont gros, plus ils doivent être plantés avec soin. On a renoncé d'une façon très générale à mettre plusieurs plants dans le même trou.

Modes de plantation. — La réussite d'une plantation dépend en grande partie des conditions météorologiques sur lesquelles l'homme ne peut exercer aucune influence ; mais elle dépend en outre de la préparation du terrain qui doit recevoir les plants, des soins à apporter à leur choix, à leur mise en place.

Il est rare qu'on prépare le terrain sur toute sa surface ; la culture en plein n'est praticable que sur des terrains peu accidentés où il n'y a ni pierres, ni racines ; d'ailleurs elle est coûteuse ; elle est généralement remplacée par une préparation partielle qui consiste soit dans l'ouverture de sillons parallèles entre lesquels on laisse des bandes incultes, soit dans le défoncement de petites surfaces diversement espacées.

Les sillons sont ouverts à la charrue ou à la houe, suivant la configuration et l'état du sol ; ils doivent être tracés suivant les lignes de niveau, lorsque le terrain présente une pente accentuée. Les plantes qui couvrent les bandes incultes soutiennent les terres et abritent les jeunes plants.

Enfin, quand on veut planter avec économie, on renonce à préparer à l'avance le terrain.

Voici quelques-unes des méthodes les plus employées quand il s'agit d'exécuter des plantations.

Plantation directe a la pioche. — Ce genre de plantation consiste à soulever d'un coup de pioche la couche superficielle du sol, à engager dans cette fente les racines du jeune plant, puis à tasser le tout avec le pied.

Ce mode de procéder est très économique, mais il ne doit être employé que lorsqu'on a à planter dans un sol naturellement très meuble ou léger et frais, c'est-à-dire en état de permettre aux racines de se développer librement. Dans les sols compacts, quelle que soit leur nature, en procédant ainsi, on échouera.

Pour agir dans de bonnes conditions, l'ouvrier doit avoir soin d'enlever d'un coup de pioche superficiel le gazon, puis d'ameublir le sol ; cela fait, il enfonce vigoureusement sa pioche verticalement puis, en l'inclinant, il dégage un vide dans lequel il place le plant en étalant les racines dans leur position naturelle, aussi bien que possible ; avec le pied, il tasse ensuite fortement la terre de manière à fermer l'entaille.

Notons que dans la plupart des cas il est préférable de faire la plantation par trous.

Plantation par trous ou potets. — Dans la plantation par trous, on doit faire le trou d'autant plus spacieux que le terrain est plus compact, plus argileux et que le climat est plus chaud.

Les trous sont faits à la bêche ou à la pioche ; les dimensions à leur donner peuvent être, par exemple, de 20 centimètres en longueur et largeur sur 20 centimètres de profondeur, ou bien de 20 centimètres sur 30 centimètres ; de 30 centimètres sur 30 centimètres avec une profondeur de 25 à 30 centimètres.

L'ouvrier commence par peler le gazon ; puis il enlève la terre végétale chargée d'humus qu'il met à part. Il creuse ensuite le trou en rejetant la terre et l'épierrant avec soin.

Le planteur prend un plant dans son panier (où les racines sont protégées avec de la terre fine) ; il abat dans le fond du trou la motte de gazon retournée, c'est-à-dire racine en l'air, puis la terre végétale, la disposant en taupinière ; de la main gauche il saisit le plant, étale ses racines dans leur position naturelle sur la motte de terre, puis de la main droite ramène la bonne terre bien fine, secouant légèrement une ou deux fois le plant, afin de permettre à la terre de pénétrer et de se tasser entre les racines.

Le trou comblé, il tasse avec le pied et, s'il trouve quelques pierres à sa portée, il les couche à plat autour du plant en mettant les plus grosses du côté du sud ou du côté de l'amont ; ces pierres ont pour effet de tenir le sol frais et de paralyser l'effet des gelées (soulèvement, déchaussement).

Il faut avoir soin de ne pas enterrer trop le plant ; le collet de la racine doit affleurer à la surface du sol ou plutôt être légèrement en dessus, en raison du tassement qui se produira plus tard.

Ce mode de plantation est de tous le meilleur, et celui qu'il faut préférer, mais il a le défaut d'être le plus cher.

Une très bonne pratique consiste à faire ouvrir les trous à l'avance afin de permettre au terrain de se déliter et de s'aérer, au fond et tout autour du trou, sous l'action des phénomènes atmosphériques (pluies, gelées, etc.).

Plantation a la bêche demi-circulaire. — La bêche demi-circulaire est surtout employée dans les terres meubles et légères.

En deux coups de bêche opposés, l'ouvrier enlève un cylindre de 25 à 30 centimètres qu'il dépose à côté du trou et qu'il divise en deux portions, la partie herbeuse et la terre. Le planteur ou plutôt la planteuse met le plant en terre comme il a été dit précédemment, puis tasse fortement et recouvre la terre remuée à l'aide d'une pierre s'il y en a à proximité.

Plantation par mottes. — Lorsqu'on ne dispose que de jeunes plants âgé d'un ou deux ans non repiqués (certains résineux) situés dans des pépinières volantes, au milieu même des terrains à planter, on peut les extraire avec la motte de terre que l'on dépose dans les paniers des planteurs; ceux-ci détachent à la main une petite motte comprenant plusieurs plants; ils la déposent avec soin, sans détacher la terre, dans le trou préparé et achèvent la plantation dans les conditions habituelles.

Ce procédé donne d'excellents résultats, mais n'est pas applicable si la pépinière est éloignée.

Plantation par buttes. — Lorsque le terrain est marécageux, couvert d'une épaisse couche de mousse, la plantation par trous peut devenir fort difficile, sinon impossible; on peut dans ce cas préparer de petites buttes de terre sur lesquelles on plante le jeune sujet (fig. 43). Ces buttes sont formées soit avec du terrain apporté, soit avec du terrain pris sur place en creusant un trou dans le sol marécageux; cette terre est déposée sur la mousse, en forme de tas conique au milieu duquel se fait la plantation avec tous les soins désirables.

On peut également, lorsque le terrain le permet, tracer à la charrue deux sillons relevant la terre en sens contraire et se joignant deux à deux; on obtient ainsi des lignes de terre, en ados, dans lesquelles on fait la plantation; la butte est assainie par le creusage de la charrue.

Remarquons que ces plantations exceptionnelles en terrains marécageux ne peuvent s'appliquer qu'à certaines essences spéciales; les diverses espèces de peupliers, les aunes, le chêne pédonculé, les frênes et les ormes prospèrent dans ces conditions; le cyprès chauve (*Taxodium distichum*, Richard) est tout indiqué pour le repeuplement de ces sols marécageux; mais cet arbre ne résiste pas aux fortes gelées, il ne faut l'employer que dans les climats tempérés.

Dépenses qu'entraîne la plantation. — Les dépenses que nécessitent les plantations sont très variables suivant la nature du sol (terrain facile à creuser ou non, sol rocheux, etc.), le mode de procéder, le prix de revient des plants, leur taille, l'habileté des ouvriers et enfin suivant le prix de la main-d'œuvre.

a. *Plantation à la pioche.* — Sans avoir besoin d'un auxiliaire (femme ou enfant), un bon ouvrier peut dans sa journée planter de 800 à 1 000 plants au maximum, en prenant les précautions qui ont été indiquées plus haut.

b. *Plantation par trous.* — Il sera toujours préférable et plus économique de faire ouvrir les trous à la tâche en réglant

Fig. 43. — Plantations par buttes dans un terrain marécageux : vallée de l'Ubaye à Barcelonnette (Basses-Alpes).

d'avance leurs dimensions en tous sens, et en exigeant que l'ouvrier sépare et dépose d'une part la terre végétale, d'autre part la terre du fond, de chaque côté du trou. Dans une journée et dans une terre très facile à travailler, un homme peut dans la journée faire jusqu'à 500 trous de 20 centimètres sur 20 centimètres et de 25 centimètres de profondeur. Un planteur peut mettre en terre 600 plants, correspondants à 600 trous, en une journée.

Dans les terres mélangées de pierrailles et difficiles à travailler, on compte qu'une journée d'ouvrier correspond au prix de creusage des trous, et au travail de plantation de 100 plants, les trous ayant 30 sur 40 centimètres et 30 centimètres de profondeur.

Ces données ne sont du reste que très approximatives et il est toujours bon de se rendre compte par expérience du travail qu'on peut exiger par jour dans une région.

Lorsqu'il s'agit de reboisements importants, les ouvriers sont disposés en chantiers mixtes ; d'une part les ouvriers creusent les trous, et derrière eux marchent les planteurs, généralement des femmes. On peut admettre qu'un planteur suffit pour deux ouvriers creusant les trous.

c. *Plantation à la bêche demi-circulaire.* — Ici encore les chantiers peuvent être mixtes ; un ouvrier ouvre les trous, et derrière lui marche une femme qui effectue la plantation. Dans les terrains où ce mode de plantation est applicable, c'est-à-dire dans les terrains suffisamment meubles, dépourvus de pierrailles, un homme et une femme peuvent planter 1 000 plants par jour ; ce mode de plantation revient donc à très bon marché.

d. *Plantation par motte.* — La plantation par motte nécessite la présence de la pépinière au milieu des travaux, en raison du transport des mottes. Ce mode de plantation revient toujours très cher en raison des précautions multiples et des pertes de temps nécessaires pour extraire les plants, transporter les mottes et les défaire avec soin pour conserver de petites mottes. Ce procédé ne peut donc être employé que dans des cas exceptionnels ; on peut l'estimer approximativement à 20 ou 25 francs par 1 000 de potets garnis.

Soins à donner aux plantations. — On ne peut juger de la réussite d'une plantation qu'après deux ou trois ans ; même dans les conditions les meilleures, tous les plants ne réussissent pas et il faut compter au moins sur un déchet d'un dixième.

Dès le milieu de l'été on doit visiter la plantation, marquer les emplacements où les sujets manquent, les faire désherber et les préparer pour une plantation complémentaire.

En automne ou au printemps suivant, les sujets disparus doivent être remplacés, et ce travail est nécessaire afin d'arriver à obtenir le plus tôt possible, sur toute la surface, l'état de massif complet.

Au printemps, les tiges déchaussées par la gelée peuvent être buttées ; les pierres plates qui protègent les plants sont remises en place si elles ont disparu.

Sitôt l'état de fourré acquis, la jeune plantation est devenue un massif forestier auquel il convient de donner les soins prescrits par les règles de la sylviculture.

Applications aux principales essences.

Chêne. — Le chêne est en général semé (mais alors en bon sol) plutôt que planté sur les terrains nus ; on le plante en forêt, et on emploie des plants repiqués de deux à trois ans pourvus d'un abondant chevelu ; dans les taillis-sous-futaie on introduit quelquefois des plants un peu plus âgés, voire même des demi-tiges ou des hautes tiges, mais la plantation doit alors être faite avec grand soin, et dans des emplacements bien choisis.

Il en est de même pour le *châtaignier.*

Hêtre. — Les plantations de hêtre se font surtout en forêt, avec des plants âgés de deux ans, repiqués ; elles ont été employées avec succès en terrain découvert sur quelques chantiers de reboisement en montagne ; en mélange avec d'autres espèces on paraît avoir intérêt à l'établir par bouquets purs, pas trop petits, et dans lesquels les plants sont assez serrés.

Les *aunes* se laissent transplanter très facilement entre un à trois ans et n'ont en général pas besoin de repiquage.

Les *frênes*, les *érables*, les *ormes* sont plantés disséminés au milieu d'autres essences ; on emploiera soit des plants ayant deux ans de repiquage, soit des demi-tiges, soit des hautes tiges en évitant d'utiliser des sujets extraits en forêt, dont la reprise est incertaine.

Le *charme* se laisse transplanter avec une grande facilité ; le *bouleau* peut être mis en place jusqu'à trois ou quatre ans après repiquage ; plus vieux, il prospère plus difficilement et il faut le transplanter en mottes.

Résineux. — L'*épicéa* de trois, quatre, cinq ans, le *pin sylvestre* de un à deux ans, le *pin noir d'Autriche* et le *mélèze* de deux à trois ans sont les essences les plus employées en terrain nu, grâce à leur tempérament particulièrement robuste ; la facilité avec laquelle réussit en particulier l'épicéa amène souvent à abuser de cette essence en l'introduisant sur des sols par trop secs ; ces essences résineuses boudent pendant plusieurs années et ne commencent à s'élancer que lorsqu'elles ont tué l'herbe à leur pied.

L'*épicéa* se repique en pépinière à partir de deux ans s'il a atteint 4 à 5 centimètres de haut ; on le plante généralement repiqué à trois, quatre, cinq ans ; en raison de son enracinement superficiel, le jeune plant craint beaucoup d'être enterré trop profondément.

Le *sapin* se plante habituellement repiqué à cinq, six ans, mais on peut aussi l'employer non repiqué à trois, quatre ans ; les jeunes semis extraits en forêt ne viennent pas bien, sauf avec la transplantation en motte, mais on peut les utiliser avec avantage à l'âge de deux, trois ans pour des repiquages en pépinière, et on les utilise trois ans après.

Le *pin sylvestre* est facilement planté à un an, surtout si le semis n'a pas été trop serré ; si on le garde en pépinière, il doit être repiqué et planté un an après ; l'arrachage en pépinière doit être fait avec soin, car l'écorce se détache des racines très facilement et le jeune plant est très sensible à ces blessures ; la plantation et la reprise sont faciles ; l'espacement des plants doit être un peu plus large qu'avec l'épicéa.

Le *pin noir d'Autriche* est élevé comme le pin sylvestre et planté à deux, trois ans ; s'il doit être placé sur des sols maigres et secs, on le plante de préférence assez serré.

Le *pin d'Alep* planté dans sa station réussit sur les sols les plus stériles pourvu qu'il trouve un peu de terre.

Le *pin cembro* a une croissance très lente ; semé en pépinière, il est repiqué à deux, trois ans et souvent est laissé encore trois, quatre ans en pépinière ; sa plantation ne présente aucune difficulté.

Le *pin de montagne* est repiqué à deux ans et planté à deux, trois ou quatre ans.

Le *pin Weymouth* se plante à deux, trois ans après un repiquage ; sur les sols mouilleux la plantation en butte est avantageuse.

Le *mélèze* peut être planté à deux ans, non repiqué si le semis en pépinière a été suffisamment clair ; repiqué, il peut être planté à trois ans. Déjà en pépinière le mélèze a besoin d'un certain espacement ; mais en place les plants doivent être suffisamment espacés. Au printemps la végétation du mélèze part de très bonne heure, aussi la plantation d'automne, si elle est possible, paraît à conseiller.

§ 3. — Boisement par boutures et par marcottes.

Certains boisements spéciaux, effectués sur des terrains humides ou frais, peuvent être obtenus à l'aide de sujets issus non pas d'une graine, mais d'une branche ou d'un bourgeon. On appelle *bouture* un fragment de rameau, généralement de un à trois ans, garni de bourgeons, détaché au printemps du pied mère avant le départ de la végétation. La bouture, convenablement placée en sol frais, est susceptible de s'enraciner et de se développer.

On appelle *marcotte* une branche ou un rameau d'un végétal qui, après avoir été recourbée en terre, s'est enracinée et qui devient susceptible de vivre par elle-même, d'être séparée du pied mère et d'être transplantée.

Le bouturage n'est possible que pour un nombre très restreint de végétaux ; il ne donne des résultats efficaces qu'en terrain humide ou frais, non exposé à se dessécher complètement en été. On distingue deux sortes de boutures : la *bouture en plançon* et la *bouture à bois de deux ans*.

Le *plançon* ne réussit bien qu'avec les saules de grande taille, le saule blanc, le saule osier ; c'est une branche de 3 à 4 mètres de haut et de 3 centimètres environ de diamètre ; on la dépouille de tous ses rameaux et on la taille en biseau aux deux bouts, ou au moins à son extrémité inférieure ; on obtient ainsi une plus grande surface d'absorption et on assure mieux la reprise. Pour mettre en terre le plançon on doit éviter de l'enfoncer par force, afin de ne pas arracher l'écorce, et on prépare à l'avance, avec un pieu, un trou d'environ 50 centimètres de profondeur qu'on rebouche avec de la terre émiettée à la main.

La bouture à bois de deux ans est employée pour les petits saules, es aunes, les peupliers, et les platanes ; elle est longue de 30 à 70 centimètres et faite avec une branche de l'année à laquelle on laisse une portion de bois de deux ans ; on la taille en biseau par le bas, puis on l'enfonce en terre en ne laissant sortir que les deux ou trois bourgeons supérieurs. Quand le terrain est léger, on peut l'entrer directement, sinon on se sert d'une tige en fer ou bien on cultive le terrain de manière à la placer sans arracher l'écorce ; on peut la placer en terre obliquement. On élève souvent les boutures en pépinière en les disposant en lignes après avoir ameubli le sol.

Les boutures se préparent au printemps, avant tout départ de la végétation, et on peut les garder en jauge jusqu'au moment de la mise en place.

Le bouturage est souvent employé en montagne pour garnir de végétation les éboulis, le bas des berges des torrents, les terrains en glissement consolidés par des drainages ; le marcottage est employé pour provoquer l'embroussaillement des pentes instables, en favorisant l'étalement progressif en tache d'huile des premiers buissons existants.

§ 4. — Pépinières.

Pépinières permanentes et pépinières volantes. — La *pépinière permanente* est un terrain affecté à la production de plants pendant une longue suite d'années ; elle est destinée à satisfaire des besoins multiples, à produire des plants repiqués et des plants non repiqués, voire même des plants de demi-tige ou de haute tige. Le sol épuisé par une culture très intensive a besoin de fortes fumures pour rester fertile et productif.

Les *pépinières volantes* sont des surfaces temporairement affectées à la production des plants nécessaires pour des besoins locaux temporaires ; elles sont placées généralement à proximité des terrains à boiser ; souvent après un semis, puis un repiquage, le terrain est boisé et la pépinière transportée ailleurs. Une fumure dans ce cas n'est pas indispensable, mais cependant elle ne nuit pas à la production des plants ; souvent on prépare le terrain de ces pépinières sans grands rais, à l'aide d'une culture agricole préalable dont la récolte sert à couvrir en partie les frais de mise en état du sol.

Les *bandes pépinières* qu'on emploie souvent en montagne dérivent du semis par bandes interrompues ; mais les parties réservées à la production des plants sont préparées avec plus de soin et elles sont l'objet de fumures et de soins culturaux.

Choix de l'emplacement d'une pépinière. — L'emplacement choisi doit, autant que possible, remplir les conditions suivantes :

1° Être aussi rapproché que possible des terrains à boiser et se trouver dans les mêmes conditions générales de climat en raison de l'époque du départ de la végétation ; en montagne, cette condition est très importante à considérer ;

2° Être situé sur un sol aussi fertile que possible, d'une fraîcheur et d'une profondeur suffisantes, mais exempt d'humidité, à l'exposition est ou nord-est dans la plupart des cas, en pente très douce, et à surface bien uniformément régulière. Les expositions chaudes, favorables à un départ trop hâtif de la végétation, sont à éviter, ainsi que les dépressions humides exposées aux gelées et les bas-fonds. Les sols siliceux, meubles, sont les meilleurs pour l'installation d'une pépinière, surtout s'ils sont riches en humus ; les terres un peu fortes sont préférables pour l'éducation des hautes tiges. Enfin si l'on a le choix entre un terrain gazonné et un terrain resté jusque-là à l'état de bois, c'est ce dernier qui, toutes choses égales d'ailleurs, est préférable ;

3° Être susceptible d'irrigation, si le climat est sec, ou au moins être dans le voisinage immédiat d'eau ; être d'un accès facile et pas trop éloigné de la résidence du surveillant.

Étendue et division de la pépinière. — L'étendue de la pépinière est déterminée d'après le nombre de plants qu'elle doit produire annuellement ; à titre d'exemple, elle pourra en moyenne être, pour le pin sylvestre :

De 4 *ares* pour une production annuelle de 20 000 plants employés à deux ans sans repiquage et divisée ainsi :

Carré n° 1 (1 are, soit 10 planches de 1 mètre de large et de 10 mètres de long). — Semis en lignes par bandes ; un are produit à l'âge de un an 30 000 plants.

Carré n° 2 (1 are). — Semis âgés d'un an ; le déchet pendant la deuxième année est de un tiers ; il reste 20 000 plants.

Carré n° 3 (1 are). — Semis âgés de deux ans, bons à employer à la fin de la deuxième année.

Carré n° 4 (1 are). — Carré maintenu en jachère pour le semis suivant, ou en légumineuse sarclée, ou encore en légumineuse à enfouir en vert.

De 5 *ares* pour une production annuelle de 20 000 plants environ repiqués à un an et plantés un an après, savoir :

Carré n° 1 (1 are). — Semis de l'année.

Carré n° 2 (1 are). — Semis âgé de un an (30 000 plants).

Carré n° 3 (1 are).
Carré n° 4 (1 are). } Plants repiqués. — Un are renferme 14 à 15 000 plants repiqués (espacement des plants 3 centimètres et 6 lignes par planche de 1 mètre de large), dont on retrouve 12 000 en fin d'année et 10 000 en fin de la deuxième année.

Carré n° 5 (1 are). — Jachère ou culture de légumineuse.

La surface ainsi calculée sera double ou triple s'il s'agit de plants feuillus ou résineux à employer seulement à quatre ou cinq ans.

Enfin ces surfaces doivent être augmentées des chemins et fossés nécessaires pour la desserte ainsi que pour la clôture de la pépinière.

Le premier travail consiste à délimiter un certain nombre de divisions par des chemins et sentiers qui permettront de donner aux planches de semis ou de repiquages une longueur de 10 mètres, très commode pour les calculs ; on procède dans la mesure du possible au nivellement des carrés, de façon à rendre, d'une part, inoffensif l'écoulement des eaux pluviales, et à permettre, d'autre part, l'irrigation des carrés. Dans les terrains meubles et filtrants, sous les climats chauds et secs, une très bonne disposition consiste à disposer les carrés en contre-bas de 10 à 15 centimètres, et les chemins ou sentiers en saillie, afin de faciliter l'irrigation et la répartition régulières des eaux pluviales; mais dans ce cas, la surface des carreaux doit être parfaitement horizontale.

Sur un emplacement retiré de la pépinière, on prépare des fosses à fumier ou des pourrissoirs, et on plante sur les points les plus humides, autour des bassins d'irrigation, quelques saules destinés à fournir des osiers (les meilleures espèces sont : *Salix fragilis*, *S. viminalis*, *S. pentendra*, *S. Lambertiana*) et quelques touffes de joncs (*Juncus glaucus* ou autres) destinés à donner des liens.

Préparation de l'emplacement ; défoncement, division en planches. — Le sol des carrés est défoncé à la bêche par tranches successives d'une profondeur d'au moins 0m,40, en ayant soin de ne pas enfouir la meilleure terre, mais de la rapporter toujours en dessus ; ce travail doit, autant que possible, être effectué avant l'hiver, afin de laisser mûrir la terre avant de s'en servir ; on profite de ce travail pour enlever les pierres et les mauvaises racines.

On prépare en même temps les *composts* ; à cet effet, une série de trois fosses doit être préparée successivement de telle sorte que le fond de chacune d'elles, légèrement incliné, permette aux eaux de s'écouler dans un puisard où on les reprend de temps à autre, surtout pendant les périodes de sécheresse, pour arroser les composts (fig. 44). On réunit dans ces fosses, par couches superposées, les *herbes n'ayant pas encore fleuri, c'est-à-dire n'ayant pas de graines*, les feuilles, les aiguilles et autres débris plus ou moins décomposés du sol des forêts, les boues de routes, les genêts ou ajoncs (sans graines) qu'on peut récolter à proximité et dont on supprime les parties ligneuses; en un mot tous les produits pouvant constituer un bon terreau ; ces composts doivent être entretenus légèrement humides et être retournés une à deux fois par an ; ils doivent être bien mûris, ce qui demande deux à trois ans ; en pratique, on prépare une fosse sur trois tous les ans, tandis que la deuxième mûrit et que la troisième est utilisée sous forme de terreau. Le terreau ainsi préparé est tamisé ; il peut être employé en mélange avec de la terre fine ; il agit surtout comme amendement, en améliorant par l'apport d'humus les pro-

Fig. 44. — Préparation d'une fosse à compost dans une pépinière.

priétés physiques du sol ; avec des engrais chimiques, il devient un précieux adjuvant. On s'en sert en couverture lors de l'exécution des semis.

Fumure du sol. — L'apport de fumier ou d'engrais est indispensable dans une pépinière permanente ; il l'est moins dans une pépinière volante où l'on se contente de deux à trois récoltes de plants. Un bon fumier bien consumé est le meilleur des engrais, à la condition qu'il soit donné en quantité suffisante, car il a l'avantage d'apporter au sol de l'humus ; on peut évaluer le minimum de fumure nécessaire par are et par année de culture à un tiers de mètre cube de bon fumier, soit 150 à 200 kilogrammes de fumier. La fumure peut être donnée soit annuellement, soit en bloc pour deux ou trois ans en faisant alors suivre la fumure d'une culture dérobée de légumineuse sarclée qui enrichit le sol en azote. La première fumure d'une pépininère a lieu lors de l'établissement de celle-ci ; dans les conditions ordinaires, elle peut être légère et elle peut même être remplacée par l'apport de cendres de gazon, d'humus récolté en forêt, etc. ; après deux ou trois ans de semis ou de repiquages, une fumure plus importante devient nécessaire et cette fumure peut souvent être donnée pour deux ou trois ans, en une ou deux fois au moment du bêchage des terres. Remarquons, en ce qui concerne l'emploi du fumier, que les racines des jeunes plants, mises en contact immédiat avec des matières fraîches, sont exposées à la moisissure ; pour éviter cet inconvénient, il est bon de faire précéder le semis d'une culture de plantes sarclées, ou mieux, de stratifier les fumiers pendant une année dans des fosses abritées contre les pluies et le soleil et où ils seront nourris.

A défaut de fumier, ou si l'on juge utile de compléter une fumure partielle, on peut se servir des engrais chimiques que l'on mélange au préalable à du terreau de feuilles ; les éléments les plus importants à restituer au sol sont l'acide phosphorique sous forme de scories, de phosphates ou de superphosphates, — la potasse, sous forme de kaïnite, de chlorure de potassium ou de cendre de bois, — l'azote sous forme de nitrate de soude, ou de sels ammoniacaux, de sang desséché, etc.

M. Grandeau conseille pour les pépinières la fumure suivante, à mélanger au sol en le cultivant :

Par are et par année { 20 kilogrammes de scories à 17 p. 100 d'acide phosphorique, ce qui représente 0kg,340 d'acide phosphorique ; 20 kilogrammes de chlorure de potassium à 50 p. 100 de potasse, ce qui représente 10 kilogrammes de potasse ;

en faisant suivre au printemps d'un épandage de 20 kilogrammes de nitrate de soude à 15,5 p. 100 d'azote, ce qui représente par are 0kgr,310 d'azote.

La fumure en acide phosphorique et en potasse peut être donnée plus abondamment seulement tous les deux ou trois ans, en couverture ou bien enfouie au moment des façons du sol ; celle en azote doit être

Fig. 45. — Planche à tracer les lignes de semis en pépinières.

Fig. 46. — Semis en lignes doubles dans une pépinière.

donnée tous les ans, au printemps, en couverture et par petites quantités à la fois.

Remarquons que dans chaque cas particulier il y a lieu d'essayer, à l'aide de petites places d'expériences, quels sont les engrais qui donnent les meilleurs résultats.

Les engrais qu'on enfouit avec les façons doivent être placés à portée du chevelu des jeunes plants, aussi convient-il de les mélanger aussi complètement que possible et régulièrement avec la terre remuée à la bêche. D'autre part, il semble devoir être pris comme règle : *de donner une forte fumure tous les trois ans seulement dans les terres fortes, compactes, c'est-à-dire plus ou moins argileuses ; — de donner au contraire chaque année ou à chaque façon une fumure simple dans les terres légères.*

Si le sol est pauvre en calcaire, ce qui arrive fréquemment, la croissance des plants peut rester chétive malgré de riches fumures en acide phosphorique, en potasse et en azote en raison du manque de calcaire ; des amendements calcaires peuvent être très utiles ; l'emploi des scories qui renferment 50 à 70 p. 100 de calcaire en dehors de leur acide phosphorique est dans ce cas très à conseiller, comme engrais par l'acide phosphorique et comme amendement par le calcaire.

Préparation du fond des racines et division de la surface. — Avant d'exécuter des semis ou des repiquages, il faut au printemps donner au sol une façon culturale à la bêche ou à la fourche à bêcher (fig. 48 et 49), sur une épaisseur de 25 centimètres environ, pour bien nettoyer, bien ameublir le terrain ; on règle ensuite horizontalement ce terrain à l'aide d'un râteau en fer (fig. 50). Les figures 47 à 56 représentent les divers instruments employés pour les travaux en pépinière.

On divise ensuite au cordeau le carré ainsi travaillé en *planches de semis et planches de repiquage* ; ces planches peuvent avoir 1 mètre de large et être séparées par des sentiers de $0^{m},40$ de largeur ; en leur donnant 10 mètres de long, on obtient une subdivision commode pour régler la densité des semis, ainsi que les épandages d'engrais, car chaque planche représente une superficie de 10 mètres carrés ; sur les pentes où il y a à craindre les ravinements on oriente la grande longueur des planches dans le sens horizontal.

Ensemencement de la planche et couverture du sol. — Pour effectuer les semis on procède habituellement par *lignes* ou *rigoles*, procédé qui permet aux jeunes plants d'étaler

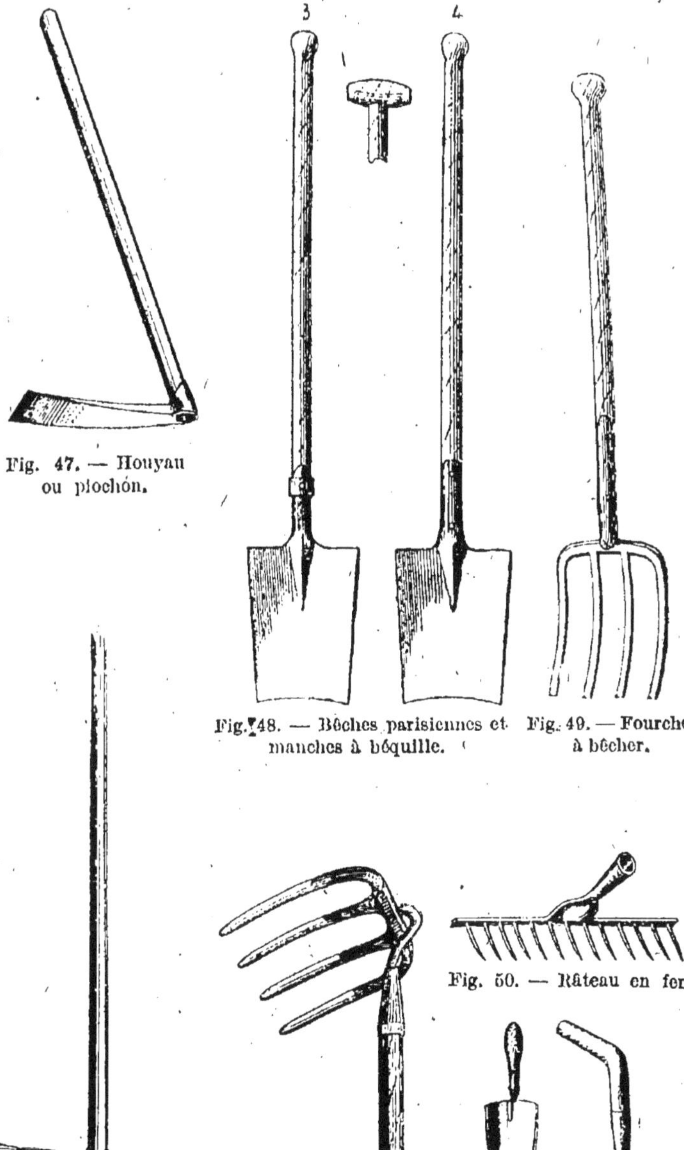

Fig. 47. — Houyau ou plochon.

Fig. 48. — Bêches parisiennes et manches à béquille.

Fig. 49. — Fourche à bêcher.

Fig. 50. — Râteau en fer.

Fig. 51. — Sarcloir.

Fig. 52. — Croc.

Fig. 56. — Plantoir et déplantoir.

librement à droite et à gauche leur feuillage dans l'atmosphère et leurs racines dans le sol ; ce procédé facilite en outre l'exécution des soins culturaux à donner aux jeunes plants.

Les lignes sont tracées, suivant les cas, dans le sens de la plus grande longueur de la planche, ou dans le sens de sa largeur

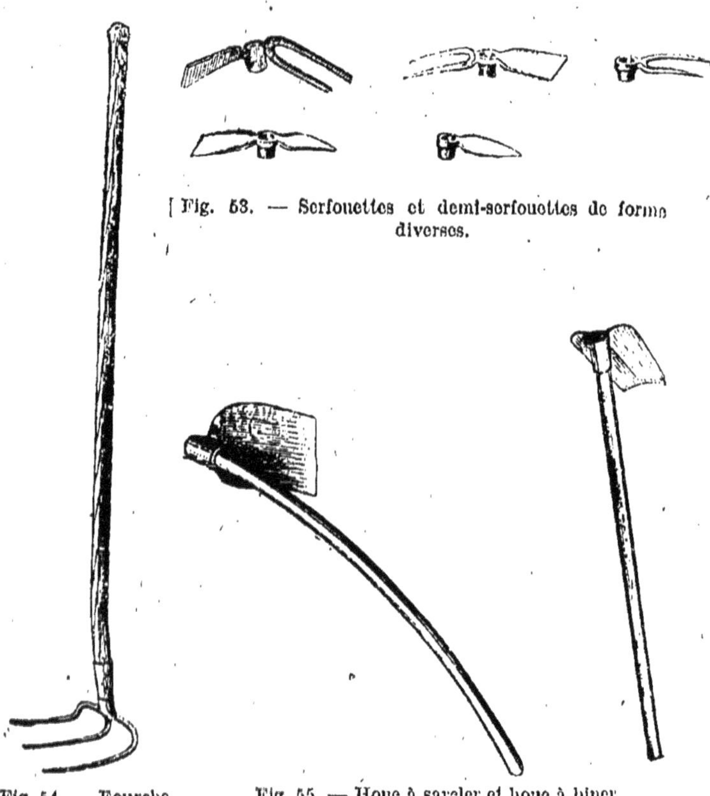

Fig. 53. — Serfouettes et demi-serfouettes de forme diverses.

Fig. 54. — Fourche crochue.

Fig. 55. — Houe à sarcler et houe à biner.

(ce dernier procédé permet d'exécuter plus facilement les binages) ; leur écartement varie entre 14 à 20 centimètres pour les plants résineux suivant l'âge auquel on se propose d'extraire ces plants et l'on adopte pour les feuillus, chêne et hêtre, l'espacement de 20 centimètres ; leur tracé s'exécute soit au cordeau et à la binette (fig. 53), soit avec une *planche à tracer* (fig. 45) qu'on dépose sur le terrain et sur laquelle on appuie légèrement ; ce dernier procédé ne peut être employé qu'avec des sols sableux, légers et compressibles.

Quantité de graines à employer. — La *quantité de graines à employer* varie pour une même espèce suivant la qualité de la graine, la fertilité du sol et aussi suivant la densité du semis qu'on veut obtenir ; les semis à cet égard doivent être d'autant plus clairs que les plants sont destinés à rester plus longtemps en place ; dans tous les cas les graines doivent être régulièrement réparties.

Pour les semis en pépinière, dans les conditions que nous avons indiquées, on peut employer les quantités suivantes :

QUANTITÉS DE GRAINES A SEMER PAR MÈTRE COURANT DE LIGNE OU DE RIGOLE DANS LES PLANCHES DE PÉPINIÈRES.

Pin sylvestre	6-12	grammes.
Pin à crochets	6-12	—
Pin noir d'Autriche	9-12	—
Épicéa	7-10	—
Sapin	30-35	—
Mélèze	8-15	—
Chêne	175-200	grammes.
Hêtre	150-200	—
Frêne	30-50	—
Érable	30-50	—
Orme	12-15	—

Les semences fines sont mélangées avec du sable et semées en plein à la volée sur les planches de semis :

Pour l'aune on sème par are 3 à 5 kilogrammes de graine mélangée à 10 litres de sable ;

Pour le bouleau on sème par are 4 à 5 kilogrammes de graine mélangée à 10 litres de sable.

Couverture de la semence. — La semence mise dans les lignes ou rigoles doit être recouverte de terre ; pour les grosses semences seulement (glands, etc.) on étale au râteau les bords de la rigole ; pour les semences plus petites la rigole est faite

13.

beaucoup moins profondément, et il vaut mieux recouvrir les graines avec une terre fine plus légère ; on peut utiliser à cet effet de la terre végétale prise en forêt, ou un terreau de compost bien décomposé et mélangé s'il y a lieu avec de la terre fine. L'épaisseur de cette couverture varie de un demi à 4 centimètres; d'une façon générale, elle doit être égale à environ trois fois la grande dimension de la graine ; les semences très fines d'aune et de bouleau sont à peine recouvertes et généralement simplement battues sur le sol. Après l'enfouissement des graines, le sol doit être tassé à l'aide d'une planche pour l'empêcher de se dessécher trop rapidement et pour mettre les particules terreuses bien en contact avec les semences.

Enfin, les semences doivent être protégées contre les dégâts des animaux ; on peut les revêtir à l'avance d'une couche protectrice de minium ou d'une préparation à base de goudron, mais il est plus efficace, en pépinière de les faire garder par un gamin qui écarte les oiseaux ou de les protéger à l'aide de claies grillagées ou de branchages.[1]

Protection et soins à donner aux planches semées. — Les jeunes plants sont, dès leur naissance, exposés à une foule de dangers, et il est nécessaire en pépinière de leur donner des soins ininterrompus et attentifs.

Abri. — On protège les jeunes plants contre le dessèchement du sol, contre les froids tardifs et ensuite contre la chaleur du soleil d'été par un abri établi plus ou moins haut au-dessus du sol.

Avec tout abri de ce genre les planches doivent être découvertes de temps en temps pour laisser parvenir aux jeunes plants la rosée et les faibles pluies. A l'expiration de la période des froids on enlève graduellement ces abris, autant que possible par un temps sombre ou pluvieux, et on les replace au moment des grandes chaleurs, mais alors seulement pendant le jour.

On se sert à cet effet de cadres treillagés, constitués chacun par un cadre solide ayant la largeur de la planche et une longueur de 4 à 5 mètres, cadre sur lequel on cloue en travers des lattes de plâtrier, en laissant entre elles des intervalles de 2 centimètres (fig. 57) ; les cadres sont soutenus à 10 ou 20 centimètres de hauteur au-dessus du sol par

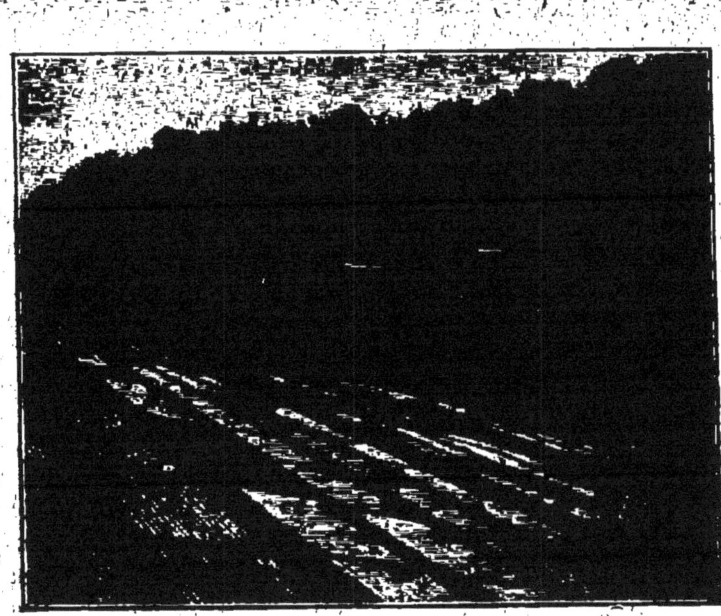

Fig. 57. — Abri pour semis et jeunes plants. Pépinière de Royat (Puy-de-Dôme).

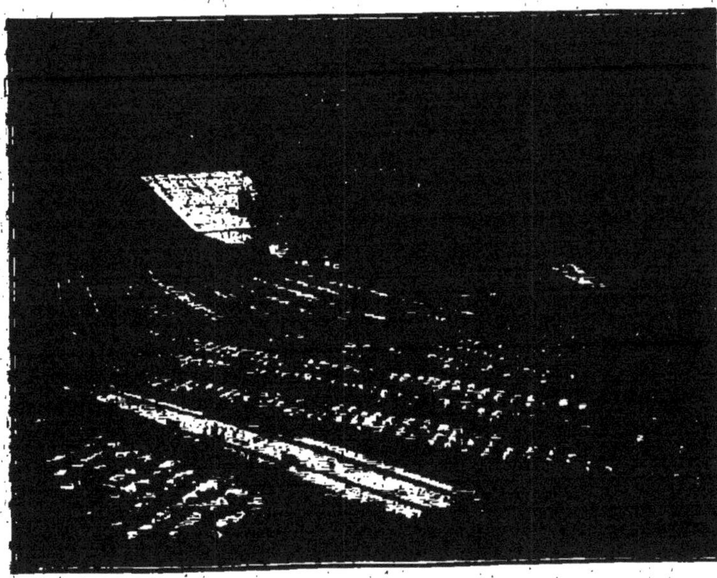

Fig. 58. — Abris en paille pour semis et jeunes plants. Couverture de pierres plates. Pépinière du Riou-Bourdoux (Basses-Alpes).

des supports, et on les place exactement au-dessus des couches de semis ; on se sert encore de cadres grillagés de même forme que la planche, à la condition d'étaler sur le treillis métallique de légers branchages ; ce deuxième procédé permet de graduer l'épaisseur de l'abri suivant les besoins. Un autre procédé consiste à établir de distance en distance, le long des deux bords de la planche, des piquets en bois qu'on réunit dans le sens de la longueur par des lattes ; on place ensuite en travers de ces lattes des branches feuillées ou de la paille qui forment abri relevé au-dessus de la planche (fig. 58) ; on a soin d'écarter les branchages résineux et surtout ceux de l'épicéa dont les aiguilles se détachent trop facilement et nuisent aux jeunes semis ; mais, par contre, d'épaisses ramilles d'épicéa desséchées et privées de leurs aiguilles sont souvent employées et durent plusieurs années.

On protège aussi le sol contre les froids pendant l'hiver, contre le dessèchement par le vent ou par la chaleur à l'aide d'une couverture de mousse, de feuilles sèches, de paille ; ces couvertures rendent de bons services surtout en hiver et au printemps, comme abri contre le froid et les gelées ; dès que les germes sortent, toute couverture de ce genre doit être enlevée sur les lignes de semis, mais elle peut être conservée entre les lignes, à la condition d'être maintenue sur le sol nu à l'aide de petites fourches en bois et de brindilles ; en été, la couverture ainsi maintenue s'oppose au tassement du sol par la pluie, mais elle empêche les rosées et les pluies fines d'humecter le terrain et souvent le résultat obtenu n'est pas très favorable.

En montagne, on se sert avec succès d'une couverture de pierres plates ou de planches qu'on maintient sur le sol entre les lignes de semis (fig. 58).

Haies d'abri. — Les essences délicates qui ont besoin d'abri, telles que le sapin, le hêtre, sont protégées, pendant l'été, contre la chaleur solaire, à l'aide de branches piquées verticalement dans le sol et retenues par des perches fixées horizontalement à l'aide de piquets ; ces haies mortes doivent être peu épaisses ; elles constituent des abris latéraux qui procurent aux plants une ombre bienfaisante sans les priver de la rosée et de la pluie, et elles rendent de grands services.

Quant aux *haies vives* qui découpent parfois les pépinières importantes en grands carrés, elles sont utiles comme abri contre les vents et les intempéries ; elles doivent être peu épaisses pour épuiser le moins possible le sol ; la culture des planches voisines doit être assez profonde pour permettre d'enlever toutes les racines qui proviennent de ces haies.

Binages. — Sarclages. — Le meilleur moyen pour maintenir l'humidité nécessaire dans le sol est d'effectuer souvent des *binages* et des *sarclages* entre les lignes de plants, afin de maintenir toujours le sol meuble et d'enlever toutes les mauvaises herbes (fig. 51, 53, 55) ; *ces deux opérations doivent être effectuées aussi souvent que cela est nécessaire en été ; elles valent mieux que des arrosages* dont on peut généralement se passer, sauf dans les climats très secs.

Arrosages. — Quant aux arrosages, lorsqu'ils sont nécessaires, ils doivent être effectués à l'aide de rigoles latérales qui imbibent les planches par les côtés ; ces irrigations doivent être fréquentes et peu abondantes chaque fois ; les arrosages à l'aide d'arrosoirs tassent le sol en formant à sa surface une croûte dure et sont complètement à rejeter dans certains terrains.

Dépressage. — Lorsqu'un semis en pépinière est trop serré, les plants souffrent et se développent mal ; on doit les dépresser, soit en arrachant un certain nombre de plants si le sol le permet sans soulever les plants voisins, soit plutôt en les coupant avec des ciseaux ; on laisse de préférence les plants les plus vigoureux en les desserrant sur les côtés.

Semis en pépinière des principales espèces ligneuses.

Les semis d'épicéa exécutés bien à temps au printemps réussissent très facilement ; la planche doit être ameublie de très bonne heure et maintenue très propre par des sarclages ; les plants à enracinement superficiel sont à protéger contre les gelées et la sécheresse ; les froids tardifs leur nuisent peu. Une planche de semis de 10 mètres carrés dans les conditions moyennes peut fournir 6 000 plants de deux ans à repiquer.

Les semis de sapin sont à protéger contre les froids tardifs de printemps et les chaleurs de l'été ; ils ont besoin d'abri latéral, de binages et de sarclages ; une planche de semis de 10 mètres carrés peut donner 4 000 plants de deux ans.

Les semis de pin sylvestre sont robustes ; ils n'ont besoin en général ni d'ombrage, ni d'abri contre les froids ; ils craignent l'envahissement des herbes ; les binages, les sarclages et un desserrement suffisant s'imposent. En raison de leur enracinement profond il est bon de ne pas les laisser plus d'un an dans les planches de semis ; les jeunes plants en pépinière sont fréquemment envahis par la maladie du rouge, qui fait brunir et tomber leurs aiguilles ; on combat préventivement cette maladie par l'emploi de la bouillie bordelaise et de solutions analogues ; une planche de semis de 10 mètres carrés peut donner 5 000 plants d'un an.

LE PIN NOIR D'AUTRICHE ET LE PIN WEYMOUTH sont semés comme le pin sylvestre ; les oiseaux en sont très friands ; une planche de 10 mètres carrés peut donner 2 000 à 3 000 plants de un à deux ans.

LES SEMIS DE MÉLÈZE demandent de l'espacement, de la lumière et de grands soins contre l'envahissement des herbes ; dans les climats secs et notamment dans les Alpes françaises le mélèze a besoin d'abris puissants, pendant toute la première jeunesse, jusqu'à ce que les tigelles soient un peu lignifiées, afin de protéger les jeunes plants contre la fonte ; dans les Hautes-Alpes on se sert d'abris latéraux et de pierres ; dans les Basses-Alpes on emploie des abris très élevés placés au-dessus des planches de semis. On doit dépresser fortement les lignes de semis, si on veut les laisser une deuxième année en place ; une planche de 10 mètres carrés, peut donner 2 000 à 2 500 plants d'un an.

LE PIN CEMBRO est semé en pépinière après une préparation convenable à la germination ; la semence est à protéger contre les rongeurs ; la levée est plus ou moins irrégulière.

LE GLAND est mis horizontalement dans les rigoles, à intervalles de 2 à 3 centimètres ; les jeunes plants sont robustes ; des binages et des sarclages fréquents sont indispensables.

LES SEMIS DE HÊTRE comme ceux du sapin sont à protéger contre les froids tardifs et les chaleurs d'été ; des buttages qui enfouissent en partie la jeune tige au-dessous des cotylédons peuvent être employés contre le froid. Une planche de 10 mètres carrés peut donner 2 000 plants de deux à trois ans.

LES SEMENCES D'ÉRABLE sont, autant que possible, à semer de bonne heure au printemps ; les jeunes semis sont à protéger contre les froids tardifs et les mauvaises herbes.

LES SEMENCES DE FRÊNE ont besoin le premier été, même avant leur levée, de binages contre les mauvaises herbes ; les planches de semis de 10 mètres carrés peuvent fournir 2 000 plants de deux à trois ans.

LE SEMIS D'AUNE a besoin, pour réussir, de précautions spéciales ; la graine très fine est semée en plein sur le sol, à peine recouverte de bonne terre fine et bien tassée ; on doit empêcher le dessèchement de la surface du sol par un abri supérieur (claies treillagées) et par l'irrigation latérale ; la lente croissance de l'aune rend nécessaire des sarclages soignés.

Les semis d'aune, de bouleau et de tremble peuvent être effectués en cueillant les branches qui portent les semences un peu avant leur maturité et en les piquant sur les planches préparées pour le semis. Une planche de 10 mètres carrés peut donner 5 000 plants de un à deux ans.

Repiquage. — Le *repiquage* ou le *rigolage* est la transplantation d'un jeune plant, venu de semis, dans une terre bien meuble et bien fertile dans laquelle on le laisse jusqu'au moment où il sera utilisé ou repiqué à nouveau ; ***l'opération du repiquage a pour but de faire développer un chevelu de racines abondant, bien groupé près du collet de la racine***, et de donner ainsi au jeune plant beaucoup de vigueur ainsi qu'une grande force de résistance aux dangers de la transplantation.

Le repiquage est toujours une pratique coûteuse, non seulement à cause de la dépense qu'entraîne l'opération, mais encore à cause de la grande étendue de terrain qu'elle nécessite et dont l'entretien en bon état de production est onéreux.

C'est en faisant les semis d'une manière convenable (suffisamment clairs) et dans des carreaux bien fumés, qu'on pourra dans certains cas, se dispenser de ces repiquages ; car le plus souvent, si les plants résineux de deux ans (pin sylvestre) ne sont pas assez forts pour être plantés à demeure, c'est parce que l'engrais ou les soins nécessaires leur ont manqué. Aussi, malgré la supériorité incontestable des plants qu'il procure, ***le repiquage doit-il être l'exception pour les plants résineux en basses tiges ; il est au contraire la règle pour les essences feuillues.***

Cependant, même avec les plants résineux, on repiquera toutes les fois qu'on voudra obtenir des plants suffisamment élevés pour lutter contre la neige, contre l'envahissement des herbes, des morts-bois, etc. ; on repiquera aussi pour effectuer des repeuplements en épicéas et en sapins dans les forêts.

Pour qu'un repiquage soit profitable, il faut que les jeunes plants soient extraits sans détérioration des racines, qu'ils soient, dès leur arrachage et jusqu'à leur repiquage, soigneusement protégés contre le dessèchement des racines, et enfin qu'ils soient repiqués avec soin à des espacements convenables ; il faut en outre que le repiquage soit effectué de très bonne heure, à un an le plus souvent ou parfois à deux ans, mais presque jamais après, sauf pour les jeunes semis à première croissance très lente.

L'arrachage des semis doit être fait avec le plus grand soin par des ouvriers intelligents et bien surveillés ; le meilleur procédé consiste à commencer l'arrachage d'un côté de la planche de semis, en creusant une rigole plus profonde que l'enracinement des plants, le long et près de la première ligne de semis ; à l'aide d'une fourche à bêcher à 3 ou 4 dents qu'on enfonce de l'autre côté de la ligne, on fait tomber dans la rigole les plants avec la terre qui les soutient ; il suffit alors de briser les mottes et d'écraser la terre avec les mains, de façon à dégager les racines des jeunes plants sans briser le chevelu. On trie ensuite les plants à repiquer, et on les compte en même temps ; puis on les met en jauge, c'est-à-dire qu'on les aligne dans une rigole sur un emplacement ombragé, en ayant soin de recouvrir toutes leurs racines de terre fraîche et, s'il y a lieu, de les arroser copieusement ; enfin on les repique le plus tôt possible.

Avec des plants feuillus d'espèces pivotantes (chêne par exemple), les plants de un an s'arrachent déjà assez difficilement ; la taille de l'extrémité du pivot, faite obliquement avec une serpette bien tranchante, s'impose afin de faciliter la transplantation ultérieure.

La saison la plus favorable aux repiquages est le printemps, un peu avant le départ de la végétation, parfois l'automne pour les plants feuillus aussitôt après l'arrêt de la végétation ; la préparation du sol ainsi que celle des planches est la même que celle que nous avons indiquée pour le semis en pépinière.

L'espacement à donner aux plants doit être d'autant plus grand que ces plants sont destinés à rester plus longtemps en place avant d'être employés ; l'écartement des lignes de repiquage varie de $0^m,15$ à $0^m,60$; l'écartement des plants sur ces lignes varie de $0^m,05$ à $0^m,60$ suivant la hauteur à obtenir.

Dans les montagnes du Doubs, les jeunes épicéas sont repiqués de deux à quatre ans ; les lignes sont espacées de $0^m,15$ et les plants dans les lignes de $0^m,10$; ils sont employés après trois années de repiquage. Dans la pépinière de l'École forestière des Barres (Loiret), les pins sylvestres repiqués à un an pour être plantés à deux ans sont espacés de 3 centimètres sur les lignes et les lignes sont elles-mêmes espacées de 14 centimètres ; dans ces conditions il entre environ 16 000 plants à l'are.

Le placement des plants dans les lignes de repiquage se fait de deux manières :

Fig. 59. — Repiquage au plantoir en pépinière.

Fig. 60. — Repiquage à la planche à repiquer en pépinière.

1° *Au plantoir* en bois, à manche recourbé, avec pointe garnie en fer (fig. 56) ; le plant est placé dans le trou fait au plantoir, de telle sorte que les racines ne soient pas relevées ; puis le trou est rempli de bonne terre à l'aide du plantoir et refermé en ouvrant avec le plantoir le trou suivant ; le plant doit être suffisamment serré latéralement pour qu'il ne puisse pas se soulever par un léger tirage ; ce procédé convient pour de petits plants, et dans des sols qui ne sont pas trop compacts (fig. 59).

2° *En rigoles* ; on creuse à la houe un sillon assez profond pour que les racines puissent s'allonger dans leur position naturelle ; on dresse un des côtés de cette rigole à peu près verticalement et on applique les plants sur le côté vertical dans leur position naturelle en étalant le mieux possible les racines ; on remplit le sillon avec de la terre et on tasse fortement avec la main ; ce procédé est assez généralement employé dès que les plants doivent être enterrés de plus de 4 à 5 centimètres.

Avec ce procédé, on se sert parfois de *planches à repiquer* préparées spécialement pour placer en même temps, à des distances convenables, un certain nombre de plants le long des parois de la rigole, dans leur position naturelle (fig. 60).

Dans tous les cas, les plants doivent être enterrés jusqu'au collet de la racine, c'est-à-dire de façon qu'ils aient à la fin de l'opération une position identique à celle qu'ils avaient naturellement en pépinière avant l'arrachage ; un enfouissement trop considérable du plant est nuisible.

Aussitôt après le repiquage, il est bon d'arroser copieusement les lignes repiquées, surtout si on opère à une époque un peu tardive de l'année.

Les binages, les sarclages, les soins de protection et d'abri sont donnés aux lignes de repiquage, comme nous l'avons exposé pour les lignes de semis.

Enfin, lorsqu'on veut élever en pépinière des *demi-tiges* ou des *hautes tiges*, c'est-à-dire des plants plus âgés, on choisit avec soin les meilleurs plants et on les repique à nouveau à des intervalles de 40 à 70 centimètres ou plus, en ayant soin de les mettre dans une partie du terrain bien fertile.

2. — REPEUPLEMENT PAR SEMIS NATUREL.

Dans le repeuplement par semis naturel, le nouveau peuplement naît de la semence qui tombe spontanément des arbres ; l'homme n'intervient pas d'une façon directe et immédiate ; toutefois il doit combiner les diverses opérations d'exploitation du vieux peuplement avec les nécessités d'assurer la régénération.

En sylviculture, on donne à ce mode de repeuplement le nom de *régénération naturelle*.

Observation des phénomènes naturels. — Pour qu'une graine germe, il faut qu'elle se trouve dans un milieu *aéré, présentant un certain degré de chaleur et d'humidité* ; ces trois éléments (air, eau, chaleur) agissant simultanément, sont nécessaires et suffisants. La lumière est utile, mais non nécessaire, et lorsque la chaleur qui l'accompagne est trop forte, elle peut amener le dessèchement et empêcher la germination.

Le sol n'est pas non plus nécessaire à la germination, mais il la favorise parce qu'il distribue aux graines, et ensuite aux jeunes sujets, dans une proportion convenable les éléments dont ils ont besoin ; pour cela, il faut qu'il soit suffisamment *meuble* ; il faut de plus qu'il soit *substantiel* pour nourrir les plants après la germination.

Tant que le sol n'est pas bien couvert, que les racines sont petites et restent dans la partie de la terre végétale qui peut se dessécher, les jeunes plants ont besoin d'abri contre la chaleur ; plus tard, l'insolation plus ou moins complète devient nécessaire à une bonne végétation, et elle doit être amenée progressivement.

Si l'on joint à ces faits d'observation la nécessité d'obtenir un repeuplement complet, on en déduit les conditions suivantes, relatives à la régénération naturelle et à la végétation des premières années : *un sol meuble et substantiel ; — un ensemencement complet ; — un premier abri aux jeunes plants ; — une participation successive aux influences atmosphériques selon le tempérament des jeunes plants.*

Les deux premières conditions, absolument essentielles

pour assurer la régénération naturelle, doivent tout d'abord être remplies ; elles se rapportent à l'état du sol et à la fertilité des porte-graines.

Etat du sol. — Le sol destiné à recevoir la graine est un sol forestier, c'est-à-dire un sol dans cet état spécial de *terre à bois* que nous avons défini ; il en résulte que les conditions favorables à l'installation du jeune plant sont autrement assurées qu'en terrain nu. L'état du sol varie toutefois avec le caractère du peuplement qui le recouvre et il dépend de l'épaisseur du couvert, de l'abondance des débris végétaux, notamment des feuilles qui tombent sur le sol et de leur plus ou moins grande aptitude à se décomposer.

Certaines feuilles comme celles du hêtre ou les aiguilles d'épicéa de consistance coriace, se décomposent très lentement et s'accumulent sur plusieurs lits superposés avant de se dissocier et de se transformer en terreau ; d'autres au contraire, celles du charme notamment, persistent peu longtemps et se décomposent rapidement ; la nature du sol, un excès d'eau ou d'humidité, l'absence de chaleur et de lumière sous un couvert épais peuvent ralentir la décomposition de ces débris végétaux et la rendre très incomplète, provoquer même la formation de combinaisons acides ; de telles situations peuvent se présenter sous des peuplements peu âgés d'essences d'ombre ; si elles ne nuisent pas, en général, à la germination, du moins constituent-elles un milieu défavorable à la conservation et au développement ultérieur d'un jeune plant pendant la phase où ses radicelles ne sont pas encore insérées dans le sol minéral.

Dans le même ordre d'idées, nous avons vu que les peuplements d'un seul âge n'exercent pas la même influence bienfaisante sur les qualités du sol pendant toutes les phases successives de leur existence ; dans ces peuplements, il existe toujours une période plus ou moins longue pendant laquelle le sol est maintenu en bon état par le peuplement ; avant cette période et après, il présente des conditions moins favorables à la naissance d'un jeune recru. Si on est conduit à exploiter et par suite à régénérer un peuplement après cette période, en opérant alors sur des peuplements clairiérés, les couches de litière peuvent être devenues très faibles, et la reprise du jeune recru moins bien assurée.

Les nécessités qu'impose le but de l'exploitation ne permettent généralement pas à l'homme de choisir le moment le plus favorable pour provoquer le réensemencement naturel d'un peuplement ou d'une partie de peuplement. Le sol dans ce cas peut être plus ou moins apte à remplir le rôle qu'on lui assigne ; l'homme doit y veiller, et il peut être indispensable, avant de songer à provoquer le réensemencement, d'obtenir par un procédé naturel ou artificiel l'amélioration du sol en vue d'assurer la reprise des semis futurs.

Fertilité des porte-graines. — Pour qu'un peuplement soit susceptible de se régénérer naturellement, il faut qu'il renferme en nombre suffisant des arbres porte-graines, susceptibles de donner des semences en grande abondance.

Toutes les essences ne sont pas fécondes de la même manière ; les unes, dites *à semences légères*, fournissent presque tous les ans de la graine en très grande quantité ; d'autres, dites à semences lourdes, sont au contraire rarement fertiles deux années de suite.

Le degré de fertilité des essences varie suivant leurs caractères biologiques ; il varie aussi pour une même essence avec les conditions plus ou moins favorables de climat et de sol (1) et avec l'effet direct de la lumière et de la chaleur ; à ce point de vue deux phénomènes importants sont à noter :

1° Dans les régions méridionales, les arbres forestiers fructifient plus tôt et plus abondamment que dans les contrées du Nord froides et brumeuses.

2° Les arbres isolés où les réserves des taillis-sous-futaie dont la cime est bien étalée au soleil, sont toujours beaucoup plus fertiles que ceux qui croissent en massif serré ; ils donnent plus tôt et en plus grande abondance des semences fertiles.

En raison de ces considérations, il est difficile de fixer l'âge moyen de fructification des arbres forestiers ; on peut dire qu'en général cet âge correspond à leur maximum de développement en hauteur ; c'est à l'âge adulte qu'ils fructifient avec autant d'abondance et de régularité que le comporte leur situation et l'espèce à laquelle ils appartiennent. Dès que l'arbre devient vieux ou très vieux, sa fécondité diminue progressivement.

Il résulte de ce qui précède que le repeuplement par semis naturel ne s'applique qu'au régime de la futaie, avec cette restriction toutefois que l'âge d'exploitation du peuplement principal aura pour minimum celui qui correspond à l'état adulte de ce peuplement.

Par suite, toutes les futaies exploitées à un âge inférieur à celui de la fructification, par exemple certaines plantations résineuses qui ne sont destinées qu'à donner des produits de faibles dimensions, devront être repeuplées artificiellement.

Remarquons enfin que les arbres de réserve des taillis composés,

(1) Dans le bassin de l'Adour, les chênes, par exemple, donnent des semences tous les deux ou trois ans, tandis que dans les régions du centre et de l'ouest, les glandées abondantes se produisent seulement tous les quatre ou huit ans, et que dans le nord et l'est de la France, elles se font parfois attendre quinze ans et plus. De même, la fertilité du sapin diminue sensiblement aux grandes altitudes.

ainsi que les réserves sur coupe définitive, seront susceptibles de donner des semences et par suite d'enrichir, si les circonstances s'y prêtent, le peuplement inférieur.

Procédés divers de régénération naturelle. — La régénération naturelle des futaies peut être dirigée d'une façon différente, d'une part suivant l'état des peuplements qu'on met en régénération et, d'autre part, suivant le but qu'on se propose. Nous avons à distinguer :

1° *La régénération par coupe unique ou par ensemencement latéral.* — On exploite à blanc étoc la parcelle de la forêt à régénérer (coupe de forme indéterminée ou bande), au milieu d'un peuplement fertile ; les arbres du peuplement voisin suffisent à disséminer leurs graines sur la surface exploitée et à assurer un semis naturel ; le peuplement ainsi créé sur la surface régénérée tend à prendre le type des peuplements uniformes.

2° *La régénération par coupes successives.* — On réalise le vieux peuplement sur la surface à régénérer en un certain nombre de coupes successives ; le semis naturel se forme sous le couvert d'arbres porte-graines dont les semences tombent en temps utile sur la surface à régénérer ; les arbres porte-graines disparaissent progressivement dans les coupes successives, au fur et à mesure que le semis est assuré, qu'il devient assez fort pour se passer d'abri, ou qu'il demande plus de lumière pour se développer.

La régénération par coupes successives peut donner naissance à des peuplements très dissemblables, suivant la manière dont on opère pour provoquer la formation du semis, et nous distinguerons, à cet égard, trois procédés :

1° On effectue la régénération par coupes successives sur des surfaces d'un seul tenant, dites quartiers en régénération, de telle sorte que l'ensemencement est obtenu en peu d'années et presque simultanément sur toute la surface à régénérer ; les peuplements ainsi créés prennent les allures des peuplements uniformes et nous disons dans ce cas que les coupes successives présentent un *caractère uniforme* sur les surfaces à régénérer ;

2° On effectue les coupes successives seulement çà et là dans les quartiers en régénération, opérant par places ou par trouées, revenant sur ces places ou trouées quand le semis est acquis pour les élargir, afin d'obtenir en un temps assez long un ensemencement complet réparti sur toute la surface à régénérer sous forme de groupes ou bouquets d'âges différents ; les peuplements ainsi créés prennent les allures des peuplements inégaux et nous disons dans ce cas que les coupes successives ont un *caractère jardinatoire* ;

3° On effectue les coupes successives çà et là, non plus sur des surfaces à régénérer en un temps plus ou moins long, mais sur la superficie totale de la forêt, de telle sorte que cette forêt renferme à tout moment des arbres de tous âges confusément mêlés ; on dit qu'il y a dans ce cas jardinage ou *coupes de jardinage*, et le peuplement est dit jardiné.

Régénération par coupe unique ou par ensemencement latéral. — La méthode consiste à enlever en bloc tout le matériel sur pied dans une parcelle donnée, et à confier à la nature le soin de régénérer celle-ci par l'apport des graines provenant des peuplements voisins. Avec ce procédé, la régénération n'est obtenue d'une façon certaine et bien complète qu'aux conditions suivantes : 1° il s'agit d'essences donnant en abondance des graines légères facilement transportables par le vent, dont les jeunes plants peuvent se développer en pleine lumière et sans abri ; 2° la coupe est effectuée en bandes longues et étroites, dont la plus grande longueur est dirigée perpendiculairement aux vents dominants et dont la largeur atteint à peine la hauteur des arbres porte-graines voisins ; 3° les coupes exploitées à blanc sont ouvertes au travers d'un vieux peuplement fertile ou orientées, par rapport à ce peuplement, à l'encontre des vents dominants ; 4° la station présente des conditions spéciales de sol, de climat et d'humidité susceptibles de permettre aux jeunes semis de se développer sans être rapidement détruits par la sécheresse, les froids, les gelées, etc., ou par l'envahissement des mauvaises herbes.

Lorsqu'on procède à la régénération par coupe unique, il existe au moment de l'exploitation à blanc étoc du peuplement supérieur une grande quantité de semences fertiles qui viennent de tomber sur le sol et sont susceptibles d'assurer déjà une régénération partielle ; il ne paraît pas impossible de provoquer un peu avant l'exploitation la fructification abondante du vieux peuplement et pour cela d'y effectuer d'avance une coupe très prudente ayant surtout pour but de dégager les cimes des arbres porte-graines et de relever le couvert ; il est important toutefois de maintenir toujours le sol en bon état pour l'ensemencement latéral et de ne pas provoquer à l'avance le dessèchement ou le durcissement de ce sol, ainsi que son envahissement par la végétation herbacée.

Une fois la coupe exploitée à blanc étoc, les années de semences doivent se produire rapidement, sinon le sol complètement découvert se dessèche, se durcit ou s'enherbe et les conditions deviennent alors très défavorables à la régénération naturelle qui se trouve compromise. Sur les places où il existe des vides non garnis de régénération, on doit sans attendre compléter le semis naturel par des plantations.

En montagne, la régénération peut être ainsi obtenue avec l'épicéa dont la semence légère se dissémine au loin et dont le jeune plant, en climat humide, ne craint pas un découvert total. A proximité des futaies d'épicéa on voit souvent les pâtures voisines de la forêt se boiser d'une façon naturelle et progressive par simple ensemencement latéral.

Régénération par coupes successives ; coupes préparatoires et coupes de régénération. — La méthode consiste à réaliser par fractions le matériel sur pied dans la parcelle à régénérer, de telle sorte que le nouveau peuplement s'installe sous l'ombrage des arbres porte-graines et se substitue graduellement à l'ancien ; les exploitations du vieux peuplement sont dirigées, d'une part en vue d'assurer l'ensemencement complet de toute la surface à régénérer et, d'autre part, en vue de favoriser le développement normal de la jeunesse créée. Pour réussir cette régénération, les conditions à assurer sont les suivantes : préparer un sol meuble et substantiel pour recevoir les semences ; — obtenir un ensemencement complet sur les surfaces, grandes ou petites, où l'on provoque la formation des semis ; — donner à la jeunesse obtenue une participation progressive à la lumière et aux influences atmosphériques par la suppression des arbres porte-graines au fur et à mesure des besoins.

Avec cette méthode, on prépare l'ensemencement par les *coupes préparatoires* ; on obtient et on dirige la régénération par la *coupe d'ensemencement*, les *coupes secondaires* et la *coupe définitive.*

COUPES PRÉPARATOIRES. — Les coupes préparatoires effectuées dans un peuplement qu'on prépare à la régénération sont nécessaires si le sol n'est pas dans un état favorable à l'ensemencement et si les arbres destinés à devenir des porte-graines ne possèdent pas des cimes suffisamment développées ; elles peuvent avoir pour but de desserrer ou simplement de relever le couvert pour accélérer la dissociation des éléments de la couverture morte et leur transformation en terreau, ou, dans d'autres cas, de permettre l'installation d'un sous-étage complet et bienfaisant ; elles ont toujours pour but de faire tomber, à la façon des éclaircies et sans interrompre le massif, les arbres les moins beaux de l'étage dominant dont les cimes étroites et étriquées enserrent les cimes des arbres les plus beaux.

Ces transformations du sol d'une part et des cimes des futurs porte-graines d'autre part sont lentes à effectuer et doivent être prévues à l'avance ; elles sont souvent délicates à diriger. Sous des peuplements dont le couvert s'est desserré avec l'âge et surtout s'est élevé, les couches de litière peuvent être devenues très faibles, la phase préparatoire perd son importance et peut même devenir inutile. Sur des sols riches en éléments minéraux, humides, où la décomposition de la litière s'effectue lentement, et où la couche d'humus reste épaisse et abondante, l'envahissement des herbes est à redouter dès qu'on touche à l'étage supérieur ; pour améliorer le sol en vue de la régénération tout en ne provoquant pas l'envahissement de la couverture vivante herbacée, il y a une limite de desserrement, difficile souvent à atteindre ; sur les sols calcaires, la décomposition de la litière s'effectue rapidement, et le desserrement du massif doit être beaucoup plus prudent que sur les sols frais ou trop humides. Chaque cas différent demande donc une attention toute particulière, et l'on ne doit jamais oublier que pendant toute cette période de préparation il y a lieu de maintenir toujours le sol suffisamment abrité pour l'empêcher de se dessécher, de s'enherber ou de se dégrader et par suite de perdre sa fertilité.

Si le résultat de mise en état du sol n'est pas suffisamment acquis au moment de l'ensemencement, il peut y avoir lieu de lui donner, mais alors seulement au moment de la chute des graines, une culture préparatoire par bandes ou par sillons.

Coupe d'ensemencement. — La coupe d'ensemencement qui a pour but de provoquer le semis est une exploitation qui porte tout d'abord sur l'étage dominé, le sous-étage et tous les sous-bois qui s'étalent à la surface du sol, afin de relever le couvert et de le rendre ainsi moins nuisible à la jeune génération qui va naître ; elle porte en même temps sur l'étage dominant, afin d'isoler les cimes des arbres porte-graines et de permettre, dans une certaine mesure, l'accès sur le sol de la lumière et des précipitations atmosphériques ; par suite, elle interrompt le massif. A cet état de coupe d'ensemencement, les arbres qui restent debout protègent encore le sol par leur couvert ; ils abritent la jeunesse qui se forme au-dessous d'eux contre le froid, la chaleur, l'envahissement des mauvaises herbes. Une fois cette coupe faite, l'ensemencement ne doit pas se faire attendre, sinon le sol, beaucoup moins protégé que précédemment, est susceptible de se dégrader rapidement (fig. 61 et 62).

L'état du sol, les conditions de climat et de tempérament des jeunes plants conduisent à interrompre plus ou moins le massif à ce moment, et c'est ainsi qu'on distingue la coupe *sombre* et la coupe *claire* ou espacée.

Une coupe d'ensemencement est dite *sombre*, ou *faible*, si les cimes des arbres porte-graines se touchent lorsqu'elles sont agitées par le vent ; l'exploitation dans une coupe sombre ne fait tomber, indépendamment de l'étage dominé et du sous-étage, qu'un nombre relativement restreint d'arbres de l'étage supérieur, de telle sorte que le couvert du vieux peuplement reste assez épais, pour une coupe d'ensemencement, mais élevé. La coupe d'ensemencement est dite *claire* ou *forte* si les cimes des arbres du vieux peuplement, une fois la coupe faite, sont espacées les unes des autres d'environ 2 à 5 ou 6 mètres ; l'exploitation dans ce cas fait tomber, indépendamment de l'étage dominé et du sous-étage, un nombre considérable d'arbres de l'étage supérieur, de telle sorte que le couvert du vieux peuplement est fortement interrompu et clairiéré après l'opération.

Entre ces deux types de coupe existent tous les intermédiaires, et il appartient à la main qui dirige l'opération de se guider d'après les exigences des essences, la hauteur du fût des arbres porte-graines et le tempérament du jeune recru, ainsi que d'après les conditions de climat, de sol, etc., pour agir au mieux des intérêts de la forêt.

La coupe sombre est celle qu'on a le plus souvent occasion d'appliquer, quitte à revenir en coupe secondaire plus ou moins rapidement ; elle convient aux essences dont les semences lourdes s'écartent peu du pied des arbres porte-graines et dont les jeunes plants sont délicats, c'est-à-dire ont besoin d'abri pendant les premières années de leur naissance ; elle est nécessaire toutes les fois que le sol est exposé à s'enherber facilement ou à se dessécher, si l'on opère sur les lisières des forêts ou dans des endroits exposés aux vents.

C'est seulement lorsque des conditions contraires sont réunies qu'on peut faire une coupe d'ensemencement plus ou moins claire ; la coupe claire convient donc aux essences dont les jeunes plants sont robustes, c'est-à-dire sont susceptibles de se passer d'abri dès la première jeunesse, car ces jeunes plants en cas de coupe sombre disparaîtraient rapidement sous le couvert trop épais des arbres porte-graines avant que l'on n'ait eu le temps d'intervenir.

Dans la pratique des opérations, deux précautions importantes sont à prendre :

Fig. 51. — Futaie de chêne en coupe d'ensemencement (pendant l'exploitation). Forêt de Bercé (Sarthe).

Fig. 52. — Futaie de chêne en coupe d'ensemencement (après l'exploitation).

1° *On doit chercher à réserver les plus beaux porte-graines*, c'est-à-dire les arbres qui possèdent une cime ample fortement développée et dont le fût est en même temps très élevé ; cette hauteur du fût a pour effet de diminuer l'action du couvert des cimes et de permettre à l'air, à la lumière et à la chaleur, en même temps qu'à la pluie d'arriver en quantité suffisante sur le sol.

En agissant ainsi on contribue à relever le couvert, et cette opération est tellement importante qu'elle suffit dans certains cas à assurer l'ensemencement. C'est ainsi par exemple qu'en élaguant jusqu'à une certaine hauteur du fût les branches basses d'arbres peu élancés, peu serrés, mais à cime suffisamment développée pour former un massif, on arrive par cette seule opération à provoquer la naissance de semis nombreux et bien venants ; il faut évidemment qu'il s'agisse d'essences dont les jeunes plants sont susceptibles de naître et de se maintenir sous un certain couvert. L'opération d'élagage ne présente dans ce cas qu'un faible inconvénient, car les arbres qu'on mutile ainsi sont destinés à être exploités dans un avenir relativement proche, lors des coupes secondaires et de la coupe définitive ;

2° En même temps qu'on recherche des fûts élevés ou qu'on relève le couvert par des élagages, *il faut avoir bien soin de nettoyer le sol de la végétation basse qui peut le recouvrir ;* cette précaution est nécessaire d'une part pour supprimer un couvert très bas qui nuirait aux jeunes plants, et d'autre part pour éviter la moisissure des graines pendant l'hiver en même temps que pour assurer en temps utile le degré de chaleur nécessaire à la germination.

Coupes secondaires. — Les coupes secondaires ont pour but de donner progressivement du jour (air, lumière, chaleur, participation aux précipitations atmosphériques) aux jeunes plants au fur et à mesure qu'ils en ont besoin ; elles comportent des exploitations qui font tomber successivement les arbres porte-graines qui se trouvent au-dessus d'une jeune génération bien constituée dès qu'ils ne sont plus indispensables au maintien de la fertilité du sol, d'une part, et d'autre part dès que leur couvert commence à devenir nuisible à la croissance des jeunes plants ; elles reviennent une ou plusieurs fois sur le même point et sont conduites plus ou moins rapidement suivant les exigences de la jeunesse (fig. 63). La dernière de ces coupes abat les derniers arbres du vieux peuplement et elle prend le nom de *coupe définitive*.

Ces coupes secondaires sont plus ou moins nombreuses et par suite plus ou moins prudentes suivant le tempérament des jeunes

Fig. 63. — Futaie de chêne pur à l'état de coupe secondaire.
Forêt domaniale de Bercé (Sarthe).

Fig. 64. — Futaie de chêne pur à l'état de coupe définitive.
Forêt domaniale de Bercé (Sarthe).

14.

plants, et aussi suivant le degré d'humidité du sol, les dangers auxquels est exposé le recru, etc. Le sylviculteur doit mettre tout son art à déterminer le degré de couvert le plus favorable à la bonne croissance du recru ; il désigne pour être abattus les arbres qui recouvrent les semis les plus complets et les plus vigoureux ; il laisse intactes les places dégarnies de plants, car pendant cette période des coupes secondaires, les porte-graines continuent à donner des semences fertiles qui viennent peu à peu compléter le repeuplement.

Dans la pratique, il peut arriver qu'à la suite d'une coupe d'ensemencement sombre, il se passe plusieurs années sans semis et que le massif se referme complètement ; il devient dès lors nécessaire de rétablir le premier état, et la coupe qu'on opère présente le caractère d'une nouvelle coupe d'ensemencement.

De même, si dans une coupe espacée les semis se font attendre, le sol peut être envahi par des morts-bois ou des arbustes dont la présence devient nuisible pour l'installation des semis ; il est alors nécessaire de venir enlever toute cette végétation dès qu'on prévoit une année de semence.

Coupe définitive. — La coupe définitive est en quelque sorte la dernière des coupes secondaires ; c'est une exploitation qui fait tomber les vieux arbres qui restent dès que la jeunesse peut supporter le plein découvert et qu'elle forme fourré, c'est-à-dire qu'elle couvre à son tour le sol (fig. 64).

Il ne faut jamais se hâter de passer à la coupe définitive, parce que l'abri des réserves disséminées est le seul moyen de soustraire le jeune peuplement à l'action des gelées printanières dans les endroits qui sont exposés ; — parce que tant que le fourré n'est pas bien constitué, le sol n'est pas suffisamment abrité et se détériore ; — parce qu'enfin, la production ligneuse de la surface est augmentée de tout le développement que prennent les réserves, sans que les jeunes plants aient à souffrir d'un couvert disséminé en même temps que relevé.

La régénération naturelle par coupes successives peut être dirigée de diverses manières et l'ensemencement peut être obtenu sur la surface à régénérer d'une façon uniforme ou d'une façon très inégale en un temps plus ou moins long. Suivant la manière dont le peuplement originel est constitué, suivant l'étendue qu'on donne à la surface à régénérer par rapport à celle de la forêt et surtout suivant le temps qu'on met à obtenir une régénération complète sur cette surface, les peuplements obtenus peuvent prendre un aspect uniforme ou de même âge, inégal ou d'âges multiples, et enfin celui des futaies jardinées.

Nous avons à examiner successivement chacun de ces cas.

Coupes successives ayant un caractère uniforme. — On agit généralement sur des peuplements uniformes et on se propose d'obtenir simultanément le semis naturel sur toute la surface du peuplement attaqué (parcelle en régénération) afin d'obtenir un nouveau peuplement dont tous les sujets auront le même âge ou à peu près le même âge.

Dans ce but, on procède par coupes s'étendant uniformément sur toute la surface à régénérer.

La phase des *coupes préparatoires* suit les dernières éclaircies pratiquées dans le peuplement et les continue, car les coupes préparatoires ont le même but et emploient les mêmes moyens. Il n'y a donc pas de durée spéciale à leur assigner ; elles font suite naturellement et presque sans modification aux opérations d'éclaircie. D'intensité très inégale suivant les cas, elles varient suivant les peuplements ; dans certaines circonstances, un simple élagage suffit ; ailleurs il n'est possible de faire qu'une seule coupe préparatoire modérée ; ailleurs plusieurs coupes préparatoires progressives et prudentes sont nécessaires ; la durée de la phase préparatoire en dépend ; elle peut atteindre dix ans et même davantage.

Dès la *coupe d'ensemencement*, qui est effectuée uniformément sur toute la surface, les semis doivent se produire et se conserver ; on doit s'attacher à obtenir une égale distribution du feuillage plutôt qu'à répartir régulièrement les réserves, afin d'obtenir un semis bien uniforme sur toute la surface. En principe, la régénération doit être obtenue en bloc, c'est-à-dire en une année de semence et le semis complet doit recouvrir entièrement le sol.

Il est rare qu'un tel semis se produise en une seule année, et il faut compter au moins sur deux années à graine pour obtenir un semis complet ; la période d'ensemencement dure ainsi plusieurs années, jusqu'à dix et quinze ans dans certaines régions; toutefois, il y a lieu de remarquer qu'en attendant ainsi une nouvelle année de semence on s'expose, pour les essences à tempérament robuste, à voir les jeunes plants disparaître successivement sous le couvert et le semis rester toujours incomplet ; aussi pour ces essences faut-il le plus souvent se contenter d'un semis partiel pourvu que les jeunes plants, d'ailleurs bien répartis, soient assez nombreux pour se constituer à l'état de fourré au bout de peu d'années (dix ans par exemple). Les essences à tempérament délicat, dont les plants peuvent persister sous le couvert d'une année de semence à l'autre, permettent seuls d'attendre un semis complet, c'est-à-dire réparti très uniformément et en grand nombre à la surface du sol (1).

Aussitôt qu'on dispose de ce semis, on doit commencer le desserrement progressif des porte-graines ; c'est la phase des *coupes secondaires* qui s'échelonnent jusqu'à la coupe définitive. Leur durée absolue est très variable ; elle dépend des essences et des stations ; ici la coupe définitive aura lieu au bout de trois à cinq ans après la chute des graines ; ailleurs elle n'aura lieu qu'au bout de dix ou quinze ans et plus.

Du fait qu'on a mis simultanément toute la surface en ensemencement, il résulte que la phase des coupes secondaires ne peut se prolonger ; si la régénération n'a été obtenue que partiellement, elle peut se compléter pendant les premières coupes secondaires, mais à partir de ce moment il ne faut plus compter sur les porte-graines disséminés pour la terminer, parce que le sol a dû se détériorer sous l'action du découvert là où le semis n'est pas assuré, et qu'il ne reste pas apte à un ensemencement naturel. Si les vides présentent une grande étendue, la régénération y est manquée ; on doit faire tomber les arbres qui les surmontent et procéder à des repeuplements artificiels.

Dans les bonnes stations, rien n'empêche de conserver assez longtemps sur la coupe définitive les plus beaux porte-graines, spécialement ceux qui sont les plus élancés, pour les faire bénéficier de la mise en lumière, et leur permettre d'atteindre des dimensions exceptionnelles. Ce cas se présente surtout pour l'essence chêne, dont les fortes pièces deviennent de plus en plus rares, et qui sont si recherchées par la consommation. Les arbres ainsi conservés doivent être rigoureusement débarrassés de leurs branches gourmandes ; si on néglige cette précaution, beaucoup de chênes, ainsi laissés en réserve, sont exposés à mourir en cime et il devient nécessaire de les exploiter.

Observations sur la marque des coupes. — L'époque la plus favorable pour effectuer le martelage de ces différentes coupes est généralement le commencement de l'automne, car c'est à cette saison qu'on peut le plus facilement se rendre compte de l'influence qu'exerce le couvert des arbres sur le sol et sur le recru.

Dans la pratique les différentes coupes que nous avons définies ne sont pas toujours pratiquées successivement sur toute la surface, ou de proche en proche comme l'indique la théorie ; tout dépend de la manière dont se produit la régénération ; partout où le semis

(1) On appelle semis préexistants ceux qui existent sur la surface à régénérer et qui ont pu persister, soit en raison de leur tempérament, soit pour des causes accidentelles, jusqu'à la coupe d'ensemencement. Souvent, ces semis sont susceptibles de se raccorder avec l'ensemble des autres semis.

Avec des essences de lumière, à tempérament robuste, un ensemencement peut être considéré comme réussi si l'on trouve au moins un plan par mètre carré de surface.

Ce ne sont d'ailleurs pas en général les semis trop serrés qui donnent les meilleurs résultats.

est acquis, on commence les coupes secondaires ; là où existent des semis préexistants qu'on juge utile de conserver, on fait une opération qui tient de la coupe secondaire ou de la coupe définitive, tandis qu'au contraire, là où le semis n'existe pas, l'opération tient de la coupe d'ensemencement ; en fait, on porte son action là où le besoin s'en fait sentir et dans le sens qu'indique la marche de la régénération. *Toutefois les opérations sont dirigées pour que les différences d'âges qui s'accusent dans le peuplement nouveau restent relativement assez faibles et la jeune futaie obtenue ne tarde pas, en vieillissant, à présenter les caractères des peuplements uniformes.*

Coupes successives ayant un caractère jardinatoire. — La régénération dirigée en vue d'obtenir des peuplements inégaux ou d'âges multiples, présente comme marche générale de grandes ressemblances avec la précédente ; on procède par coupes successives comme nous l'avons indiqué précédemment, mais avec cette différence que l'ensemencement n'est acquis sur la surface à régénérer qu'en un temps beaucoup plus long et qu'au lieu de provoquer l'ensemencement simultanément sur toute la surface, on cherche à l'obtenir successivement par groupes dispersés ou par bouquets. Sur chaque emplacement choisi, la naissance du semis est provoquée par des coupes préparatoires et par une coupe d'ensemencement ; son maintien est assuré par des coupes secondaires et par une coupe définitive ; mais en réalité la conduite des opérations varie d'une place à l'autre et d'un groupe au groupe voisin.

Dans les quartiers en voie de régénération le semis s'installe naturellement sous les trouées ou parties claires du vieux peuplement ; sa formation peut être provoquée ailleurs par des coupes d'ensemencement locales qu'on fera de préférence à l'intérieur du peuplement plutôt que sur les lisières. Rien n'empêche, si l'on opère dans un peuplement uniforme, de commencer les premières opérations de régénération par places disséminées pour arriver à ce résultat (fig. 65).

Une fois le groupe de semis ou le bouquet créé et formé en massif des coupes secondaires font tomber les arbres tout autour du bouquet de semis, afin de donner à la jeunesse obtenue plus d'air, plus de lumière et une participation plus grande aux précipitations atmosphériques ; ces coupes provoquent en même temps l'ensemencement des parties latérales du bouquet qui s'élargit ainsi de proche en proche (fig. 66) ; la coupe définitive fait ensuite table rase des vieux arbres audessus de la régénération acquise.

En même temps les exploitations attaquent d'autres parties du vieux peuplement, de telle sorte que la jeunesse se présente sous forme de taches de jeune recru entourées longtemps par le peuplement porte-graines.

Peu à peu les trouées ouvertes dans le vieux peuplement se rejoignent ; le jeune peuplement, qui s'étend alors sur la surface régénérée, se compose par groupes épars d'un jeune recru à l'état de fourré et de bouquets d'arbres d'âges divers à l'état de gaulis et de perchis ; l'ensemble prend l'aspect des peuplements inégaux ou d'âges multiples. *Si on a mis un temps suffisamment long pour obtenir la régénération sur toute la surface à régénérer, les différences d'âge ainsi créées resteront apparentes fort longtemps et parfois jusqu'à la maturité de ces peuplements, et la jeune futaie obtenue présentera tous les caractères des peuplements inégaux ou d'âges multiples.*

La création de peuplements inégaux d'âges multiples par la méthode des coupes successives ayant un caractère jardinatoire se rapproche beaucoup des procédés naturels auxquels elle emprunte ses multiples avantages : la transition d'une génération d'arbres à l'autre se fait lentement, d'une façon progressive, sans que la forêt ni le sol n'aient à souffrir de la période de crise qui accompagne la régénération des peuplements uniformes ; — elle assure d'autre part d'une façon constante la protection et l'abri nécessaires au jeune repeuplement ; — elle facilite le maintien d'un mélange d'essences par groupes et bouquets et permet de régler la conduite des opérations d'après les exigences de ces diverses essences ; — elle assure d'une façon permanente et sans à-coups le maintien de la fertilité du sol, et permet d'obtenir avec des sujets d'élite des résultats remarquables ; — dans un très grand nombre de cas et avec un mélange d'essences bien appropriées, elle conduit au type de forêt qui se prête mieux que tout autre (bien entendu lorsqu'il s'agit de futaie) aux exigences de la propriété privée, car la forêt ainsi constituée n'est pas soumise à des exigences déterminées et à un cadre fixe dont on ne peut s'écarter, même si les nécessités du moment l'exigent ou si des partages viennent en rompre subitement l'harmonie ; — enfin elle donne au propriétaire la faculté de ne pas jeter à la fois sur le marché un grand nombre de produits de même valeur tout en lui permettant de graduer à son gré l'intensité des opérations d'après les besoins du commerce. — Enfin, suivant les cas, la durée de la période de la régénération peut être relativement courte ou plus ou moins longue, de telle sorte que les peuplements peuvent se rapprocher tantôt du type uniforme (période de régénération courte), tantôt du type jardiné (période de régénération très longue) ; se pliant aux diverses exigence des stations, elle permet d'utiliser en tous lieux, au maximum, les forces naturelles.

Ajoutons toutefois que la futaie ainsi constituée demande une plus grande surveillance, des soins plus assidus et plus nombreux, une connaissance plus approfondie des questions forestières ; qu'enfin les exploitations ont besoin d'être réglées avec grand soin afin d'éviter de trop enrichir ou de trop appauvrir la forêt en matériel sur pied et par suite d'en changer le caractère.

Fig. 65. — Régénération par coupes successives ayant un caractère jardinatoire.
Première phase : naissance d'une tache ou d'un bouquet de semis (a) *au-dessous d'une trouée faite dans le vieux peuplement.*

Fig. 66. — Régénération par coupes successives ayant un caractère jardinatoire.
Deuxième phase : mise en lumière et élargissement du bouquet par des coupes de régénération effectuées prudemment dans le vieux peuplement sur le pourtour de la trouée. Cette opération provoque la formation de nouveaux semis en a *et le développement de la régénération acquise en* b *(fourré et jeune gaulis) et en* c *(gaulis ou jeune perchis). Peu à peu le bouquet s'élargit.*

Coupes de jardinage. — Le vrai jardinage régénère toute la forêt par points ou par trouées, en enlevant çà et là et à tout moment les arbres à réaliser, un à un ou par petits groupes sur toute l'étendue de la forêt, et en ayant soin que le massif ne soit jamais interrompu. Dans ce mode de traitement, on s'attache à n'enlever qu'un très petit nombre d'arbres sur le même point et à parcourir chaque année sinon toute la forêt, tout au moins une grande surface. En réalité, on agit comme dans le traitement par coupes jardinatoires, en ce sens qu'on provoque l'ensemencement par points, par groupes dispersés ou par bouquets ; mais le renouvellement total du peuplement n'est acquis sur la surface à régénérer, qui est ici l'ensemble de la forêt, qu'en un temps beaucoup plus long, cent à deux cents ans, c'est-à-dire en un temps égal à celui que mettent les jeunes semis pour devenir des arbres exploitables.

En fait, l'unique préoccupation de l'opérateur qui marque les coupes d'exploitation est de stimuler le développement ultérieur du jeune recru, partout où il existe, par des coupes d'arbres qui présenteront généralement le caractère d'une coupe locale secondaire ou définitive, rarement celui d'une coupe préparatoire ou d'ensemencement ; le sylviculteur est ainsi amené naturellement à faire tomber sur des points quelconques de la forêt les arbres les plus vieux, et en même temps les arbres tarés, mal venants ou dépérissants (1). Suivant les exigences des essences et leur aptitude à supporter un couvert plus ou moins prolongé, il est conduit à exploiter les arbres, soit un à un, soit par petits groupes ; il en résulte que les peuplements ainsi obtenus se présentent comme un mélange confus de bois de tous âges et de toutes dimensions répartis sans aucun ordre, soit par pieds isolés, soit par petits groupes (fig. 67).

Mieux que toute autre, la futaie jardinée se rapproche de la forêt naturelle et elle en présente les avantages et les inconvénients.

Dans la futaie jardinée, si les exploitations ne sont pas bien propor-

(1) Dans les futaies, la préoccupation de l'opérateur est souvent bien plus de disposer des arbres exploitables que de faire de la régénération ; aussi cette dernière laisse-t-elle souvent à désirer.

Fig. 67. — Repeuplement d'une trouée au travers d'une futaie jardinée.

tionnées à la production ligneuse annuelle de la forêt, le peuplement tend à s'uniformiser, soit en se chargeant de plus en plus de vieux arbres, soit au profit des âges intermédiaires ; on peut alors être conduit, si on ne raisonne pas la gestion de la forêt, à laisser s'accumuler inutilement un vieux matériel trop nombreux, ou, ce qui est plus fréquent, à appauvrir très notablement son capital ligneux par des exploitations abusives.

Le jardinage vrai ne convient en réalité qu'aux *essences d'ombre*, et parmi elles tout spécialement au sapin avec lequel on peut pratiquer le jardinage par pieds d'arbres simultanément sur toute l'étendue de la forêt. Avec d'autres essences, ou des mélanges, sapin, hêtre, épicéa, mélèze ou différentes espèces de pin (pin sylvestre, pin de montagne, pin cembro), dont les jeunes plants réclament la lumière à des degrés différents, on est conduit à apporter des modifications dans le traitement et à rendre les exploitations un peu plus intensives sur le même point en procédant aux exploitations par petits groupes ou par bouquets de 2, 3 et jusqu'à 8 ou 10 arbres pris à la fois; on est alors conduit à diviser la forêt en un petit nombre de cantons sur lesquels on concentre à tour de rôle les exploitations d'une année, de façon à repasser dans le même canton au moins tous les cinq à dix ans. D'une façon générale, il faut revenir plus souvent chez les essences d'ombre que chez les essences de lumière et plus fréquemment dans les sols fertiles que dans les sols pauvres, sous les climats doux que sous les climats rudes.

L'emploi du jardinage est utile partout où il est indispensable de maintenir constamment un couvert complet sur le sol pour le protéger ; il s'impose dans les situations exposées de haute montagne.

D'autre part, la futaie jardinée convient aux petites exploitations forestières qui ne sont pas susceptibles de combinaisons d'aménagement et auxquelles le propriétaire se contente de demander, à des dates indéterminées et suivant ses besoins, les ressources disponibles.

3. — RAJEUNISSEMENT DES PEUPLEMENTS PAR REJETS DE SOUCHE ET DRAGEONS.

Lorsque les forêts sont exploitées avant l'âge de fructification du peuplement, elles ne peuvent se reproduire par voie de semis naturel. Pour les essences résineuses, la seule méthode pour obtenir la création d'un nouveau peuplement est le repeuplement artificiel.

Pour les essences feuillues, la reconstitution de la forêt se fait par voie de rejets de souche et drageons.

Rejets et drageons. — Dans les méthodes de repeuplement par voie artificielle ou par semis naturel, nous ne nous sommes pas préoccupé de la souche et des racines des arbres exploités ; ces souches sont laissées dans le sol si l'exploitant ne peut en tirer parti, ou bien elles sont partiellement extraites. En raison de l'âge toujours avancé de l'exploitation, elles ne sont en général plus susceptibles de donner des rejets, tout au moins des rejets utilisables ; elles n'ont plus, par suite, aucun rôle à jouer.

Il n'en est pas de même dans les exploitations de peuplements jeunes qu'on veut régénérer par rejets ou drageons. Toutes les souches et racines de l'ancien peuplement doivent rester incorporées au sol, et ce sont elles qui émettent les rejets et drageons indispensables pour la reconstitution naturelle du nouveau peuplement. Le repeuplement par voie de rejets de souches et drageons est ainsi un *simple rajeunissement du peuplement initial*, plutôt qu'un repeuplement proprement dit.

Dès lors, on doit admettre que les mêmes souches, après avoir fonctionné pendant plusieurs révolutions, pourront être qualifiées de vieilles ; à ce moment elles auront perdu peu à peu leur vitalité, et par suite leur faculté d'émettre des rejets vigoureux.

Le taillis perpétué uniquement par rajeunissement des mêmes souches d'un peuplement initial, est infailliblement voué à un dépérissement progressif s'accentuant au fur et à mesure des exploitations successives.

Perpétuité des taillis. — Dans la pratique, il n'en est pas ainsi et, à côté du simple rajeunissement, il y a effectivement véritable création de sujets nouveaux, due aux causes suivantes :

1° *Affranchissement des rejets et drageons.* — Les rejets issus des bourgeons proventifs qui existent sur le pourtour de la souche apparaissent en terre, ou au moins en contact avec elle, si la souche a été bien exploitée rez terre ; ils y trouvent d'abord un point d'appui ; puis un grand nombre d'entre eux ne tardent pas à se constituer un enracinement propre qui les rend indépendants de la souche mère. A l'exploitation suivante, leurs souches jeunes et indépendantes sont susceptibles de donner des rejets vigoureux, aptes à remplacer ceux de la vieille souche qui perd sa vitalité. C'est de cette manière qu'on peut expliquer la durée pour ainsi dire indéfinie de certains taillis simples, qui n'ont aucune réserve et ne peuvent, par conséquent, se reconstituer à l'aide de brins de semence.

Dans tous les taillis on trouve fréquemment des cépées indépendantes les unes des autres, mais disposées suivant une circonférence d'un diamètre variable ; ces cépées proviennent d'une souche primitivement unique, dont la partie centrale s'est détruite et dont plusieurs rejets se sont progressivement affranchis sur le pourtour de la souche. Le cercle ainsi formé, qu'on appelle quelquefois le *cercle de fées*, s'agrandit jusqu'à ce qu'il y ait assez d'espace à l'intérieur pour permettre aux rejets de s'étaler et de s'y affranchir à leur tour ; la disposition devient alors diffuse et on a peine à la reconnaître.

Lorsque l'essence possède la faculté de drageonner, les drageons sont susceptibles de s'affranchir de la même manière.

2° *Création effective de nouveaux sujets.* — L'apparition de nouveaux sujets est due à la germination des semences fournies par des arbres porte-graines voisins ; les brins de semence ainsi formés, recépés avec le taillis dont ils font partie, constituent de nouvelles souches jeunes qui viennent remplacer les vieilles souches épuisées.

Ainsi s'explique la perpétuité des peuplements, sans cesse rajeunis par voie de rejets et de drageons.

Laissant de côté ces causes de véritable repeuplement qu'il était toutefois indispensable de signaler, en raison de leur grande influence sur l'avenir de la forêt, nous nous occuperons spécialement du rajeunissement par rejets de souche (1).

Les conditions exigées pour obtenir le meilleur résultat possible avec le repeuplement par rejets de souche, dépendent des pratiques de l'exploitation. Dès lors il est nécessaire de considérer successivement l'âge d'exploitation, l'état et la vitalité des souches au moment de l'exploitation, la saison le plus favorable à l'exploitation et l'opération mécanique de l'abatage.

Age d'exploitation, ou révolution du taillis. — S'il

(1) Les drageons jouent, chez certaines essences dites drageonnantes, un rôle prépondérant et fournissent alors au taillis une partie des tiges qui le constituent ; il ne paraît pas utile d'en faire une étude spéciale, car les souches mises dans les conditions les plus favorables à la production des rejets, sont aussi celles qui chez les essences drageonnantes donnent les meilleurs drageons.

s'agit d'un *arbre de franc pied*, l'âge auquel les souches conservent la faculté de donner naissance à des rejets après abatage de l'arbre, varie suivant les essences et les stations ; en moyenne, on peut admettre que c'est pendant la période du plus grand accroissement en hauteur que la faculté de rejet atteint sa plus grande intensité ; elle persiste même plus longtemps, dans une mesure qui varie selon les essences. Dans l'intérêt d'une bonne régénération, il est désirable que la coupe se fasse à ce moment, car de *fortes souches bien développées* assureront la formation de cépées vigoureuses riches en fortes perches et capables de former rapidement un bon massif ; il est impossible d'obtenir le même résultat au moyen d'un nombre plus considérable de souches moins âgées (1).

Quand il s'agit de *souches déjà plusieurs fois recépées*, on ne peut admettre des révolutions aussi longues ; la faculté de rejeter de souche se perd plus ou moins rapidement suivant les essences et les stations ; l'expérience a nettement établi une limite supérieure générale au-dessus de laquelle on ne peut plus être certain de la formation de rejets utiles ; *il n'est jamais prudent de dépasser l'âge de quarante ans pour aucune essence* et les taillis sont généralement exploités entre dix et trente ans, exceptionnellement jusqu'à quarante ans.

Les principales essences feuillues se comportent d'ailleurs très différemment à cet égard ; le charme et le châtaignier donnent encore des rejets vigoureux lorsqu'ils sont exploités à des âges assez avancés ; à l'inverse, les bois tendres tels que le bouleau, l'aune, le tilleul, les saules, et les arbrisseaux tels que le coudrier perdent assez rapidement cette faculté avec l'âge ; les principales essences ligneuses telles que le chêne, le frêne, l'érable, le robinier, le cerisier et les fruitiers la conservent plus ou moins longtemps, en moyenne jusqu'à trente-cinq à quarante ans. *Il résulte de ce fait que, dans le traitement en taillis, plus les révolutions sont longues, plus on favorise les meilleures essences* (bois

(1) Cette remarque peut s'appliquer à la transformation en taillis d'une jeune futaie par recépage pur et simple ; elle montre en outre que dans les taillis, spécialement dans les taillis à courte révolution, il est bon, même lorsqu'on ne fait pas de taillis-sous-futaie proprement dit, de réserver avec soin comme baliveaux tous les brins de semence qui se trouvent mélangés au taillis : l'exploitation ultérieure de ces arbres comme baliveaux ou petits modernes, enrichit beaucoup plus le taillis en souches bien développées que ne le ferait leur exploitation immédiate avec le taillis lui-même. Inutile d'ajouter que ces arbres fructifieront, et que dès lors leur influence bienfaisante sera double.

durs) au détriment des mauvaises, c'est-à-dire des bois tendres qui tendent à disparaître dans les taillis à longues révolutions ; inversement les taillis à courtes révolutions sont facilement envahis par les mauvaises essences au détriment des plus précieuses qui dans ce cas sont généralement assez vite supplantées.

En sol frais, profond et fertile, la faculté de rejeter de souche se conserve plus longtemps que dans des conditions contraires ; elle varie d'ailleurs beaucoup avec les conditions de la station et les méthodes d'exploitation ; c'est ainsi que le hêtre qui rejette mal de souche ou plutôt ne donne habituellement des rejets que jusqu'à un âge peu avancé, peut dans certains cas former de beaux taillis furetés.

État et vitalité des souches. — Les souches doivent être saines pour donner de bons rejets au moins chez un grand nombre d'essences, telles que l'orme, le tremble, l'aune ; chez le chêne et le charme, les rejets paraissent moins souffrir de la pourriture partielle de la souche. Cet état sain est plus ou moins lié d'ailleurs à la vitalité de la souche, et cette vitalité varie beaucoup avec l'essence d'abord et aussi avec la qualité de la station ; le chêne et le charme conservent longtemps, pour ainsi dire indéfiniment, la faculté de rejeter de souche après un grand nombre d'exploitations ; le frêne, le bouleau, la plupart des bois blancs et morts-bois ne la conservent guère plus de deux à trois révolutions.

Pour avoir un bon taillis, il sera préférable d'arracher à temps les souches gâtées qui tiennent inutilement une place où il vaut mieux voir se réinstaller naturellement ou même artificiellement des semis de bonnes essences ; d'autre part, un recépage fréquent (et intentionnellement mal fait) de certaines essences non précieuses tend à provoquer la disparition des essences secondaires, et par suite à favoriser la bonne composition d'un taillis (1).

Saison la plus favorable à l'exploitation. — En principe, la saison la plus favorable à l'exploitation du taillis est la fin de l'hiver, quelques semaines avant le gonflement des bourgeons.

La première condition pour que les rejets se produisent, c'est que *l'écorce soit bien adhérente au bois*, vers la surface

(1) Remarquons toutefois que, pour agir ainsi, il faut bien connaître son peuplement, les conditions de végétation et surtout le but à obtenir, car si l'on agit au hasard, des opérations de ce genre peuvent devenir très dangereuses.

de section, car tout détachement de l'écorce et du bois a le double effet : 1° de briser les bourgeons proventifs susceptibles d'émettre des rejets sur le pourtour de la souche ; 2° de nuire à la formation du bourrelet cicatriciel sur lequel se développent les rejets d'origine adventive. Pour conserver cette adhérence, on est conduit à ne pas exploiter avant les grands froids, car les pluies d'automne peuvent s'infiltrer dans les tissus ligneux, entre l'écorce et le bois, et provoquer un décollement de l'écorce si les gelées surviennent à ce moment ; de même on évite de couper les tiges pendant les grands froids, parce que l'adhérence de l'écorce au bois est moins grande à ce moment et que l'écorce tend à se briser ou à se détacher, sous le choc de l'instrument.

On reproche, d'autre part, à l'exploitation faite en temps de sève, de donner des rejets moins nombreux, moins vigoureux, exposés aux gelées d'automne avant d'être bien lignifiés et surtout de faire perdre l'accroissement d'une année.

En tenant compte de ces conditions, il ne reste plus, pour l'exploitation, qu'un temps assez restreint, compris entre le commencement de février et la fin de mars ; en théorie, c'est l'époque la plus favorable, car la cicatrisation peut commencer immédiatement après, dès le départ de la sève, ce qui contribue à la bonne conservation de la souche ; en pratique ce délai est trop restreint ; pour de grandes coupes, il exigerait trop de main-d'œuvre en un même moment, et aurait le grand inconvénient de supprimer le travail d'hiver pour tous les ouvriers du métier qui se font bûcherons pendant le chômage des travaux. Aussi, en fait, exploite-t-on pendant toute la morte-saison et même à l'automne comme l'exigent souvent les conditions de l'exploitation, sauf peut-être dans la zone parisienne où les dégradations dues à l'influence de l'humidité et de la gelée sont à redouter.

Il est nécessaire que les bois abattus soient tous enlevés de la coupe ou tout au moins façonnés avant le départ de nouveaux rejets, et ce n'est qu'exceptionnellement, lorsqu'il s'agit de rendre possible l'écorçage, qu'on doit exploiter en temps de sève.

Abatage. — L'abatage doit se faire *rez terre*, afin d'obtenir des rejets de souche susceptibles de s'affranchir et non des rejets de tige ; la section d'abatage doit être *nette et bombée*, ce qu'on obtient à l'aide d'instruments tranchants (hache ; — serpe pour les brins n'ayant pas cinq centimètres au moins de diamètre) ; la scie, qui donne une section rugueuse et fibreuse (1), ne doit pas être employée. On ravale ensuite la section afin de lui donner la forme *convexe d'un verre de montre*, sans esquille, ou celle d'un toit à double pente (fig. 68) ; en opé-

Fig. 68. — Exploitations en talus et en gouttière.

rant ainsi, on évite d'avoir une surface mâchonnée par la scie, ou en gouttière, qui permettrait à l'eau de séjourner sur la souche et d'en accélérer la décomposition. Une telle section amènerait la pourriture des rejets dans la partie de leur pied qui englobe la souche ; elle présenterait ainsi l'inconvénient d'empêcher, à l'exploitation suivante, la production de nouveaux rejets, ou du moins d'altérer leur vitalité. A ce point de vue le chêne, le charme, le tilleul sont moins sensibles que d'autres essences telles que le hêtre, l'étable et les bois tendres.

4. — COMBINAISON DES DIFFÉRENTES MÉTHODES DE REPEUPLEMENT.

Dans la pratique, on n'emploie pas d'une façon absolue une méthode de repeuplement à l'exclusion de toute autre, et bien souvent dans les opérations forestières il y a lieu de combiner entre elles les différentes méthodes de repeuplement.

Application dans les futaies. — A l'époque où l'on

(1) L'emploi de la scie exige beaucoup trop de temps quand il s'agit de perches de la grosseur de celles d'un taillis. C'est seulement pour des arbres pouvant fournir du bois d'œuvre, que l'emploi de la scie reprend ses avantages, parce qu'on économise tout le bois qui tomberait dans la taille d'abatage. Mais alors il ne présente pas d'inconvénients, car on ne se propose plus d'obtenir des rejets de souche.

compte sur le semis naturel pour régénérer une futaie, il peut arriver que le sol soit trop tassé, ou bien qu'une couverture vivante d'herbes, de mousse, etc., couvre le sol et fasse obstacle à l'installation des semis ; on doit, dans ce cas, intervenir pour favoriser la régénération naturelle ou la suppléer. Si les porte-graines fertiles sont encore en nombre suffisant et si l'installation des semis n'est pas entravée par des gelées printanières permanentes ou toute autre cause accidentelle, on peut tout d'abord procéder à des *crochetages*, oéprations destinées à placer les semences tombées des arbres porte-graines dans des conditions favorables à leur germination. En cas contraire, il ne faut pas craindre d'intervenir artificiellement par voie de semis ou de plantation sans attendre que le sol soit plus complètement dégradé.

Crochetages. — Pour les semences lourdes (glands, faînes) il suffit de remuer à la houe la couche superficielle du sol après la chute des semences (automne) sur le parterre des coupes ; exécutés d'une façon courante dans les futaies de l'ouest de la France, ces crochetages produisent les meilleurs effets et coûtent environ une dizaine de francs à l'hectare. S'il s'agit de graines légères, c'est avant la chute des graines qu'il faut procéder à des extractions partielles d'herbes, de bruyères, de myrtilles ou de mousses, ou à une culture très superficielle (quelques centimètres à peine) de la couverture morte (aiguilles d'épicéa, feuilles de hêtre, etc.), par petites bandes espacées. Un résultat du même genre peut être acquis en imposant, lors des coupes d'ensemencement, l'exploitation par extraction de souches, ou bien, sur certaines pentes à expositions chaudes, en ouvrant une série de petites rigoles disposées horizontalement en forme de gradins qui se remplissent de feuilles mortes, puis d'humus, conservent alors un peu d'humidité et favorisent à la longue la naissance du semis.

Une telle mise en état du sol équivaut en quelque sorte à un semis artificiel ; elle permet de ne pas attendre inutilement une régénération tout en évitant de recourir aux procédés artificiels.

Régénération artificielle. — Toutes les fois que les porte-graines sont en nombre insuffisant et que le semis ne paraît pas pouvoir être assuré par les moyens naturels dans le temps voulu, il vaut mieux réaliser les bois exploitables avant qu'ils se dégradent et procéder simultanément, sous un couvert partiel, à une régénération artificielle partout où le semis ne s'est pas formé.

Sous un peuplement mis en coupe d'ensemencement, le procédé par voie de semis paraît indiqué, à la condition que les semences ne soient pas exposées à être détruites par les animaux, et qu'on puisse se les procurer à bon compte ; sinon on plantera des sujets aussi jeunes que possible, afin de réduire la dépense au minimum.

Lorsqu'il s'agit uniquement de compléter une régénération partiellement acquise, c'est la plantation qui s'impose.

Enfin, si l'on introduit des essences de mélange, rien n'empêche d'utiliser les semences ou les jeunes plants dont on dispose de façon à obtenir une régénération par places ou par bouquets plus ou moins étendus d'essences pures dans des conditions favorables au maintien ultérieur du mélange.

Application dans les taillis. — Dans les taillis simples, il peut être utile d'avoir recours au repeuplement artificiel, soit pour entretenir le peuplement dans de bonnes conditions de massif, soit pour maintenir dans une bonne proportion les essences principales ; avec certaines essences et aussi dans certaines stations les souches de taillis perdent peu à peu leur faculté de rejeter et la disparition des centres de production s'accuse par des lacunes qui se forment dans le peuplement. L'apparition de semis accidentels vient parfois fermer les vides ainsi créés, mais il est à remarquer que les essences dont le vent dissémine au loin les graines sont généralement de qualité inférieure.

Il peut dès lors être avantageux de combler artificiellement ces lacunes, au moyen de forts plants repiqués, qu'on peut utilement recéper, dès qu'ils sont bien enracinés ; on remplit ainsi les vides de jeunes souches vigoureuses, fort utiles pour l'avenir du taillis et pour le bon entretien de la fertilité du sol.

Cas du taillis composé. — La combinaison de l'ensemencement naturel avec le repeuplement par rejets de souche est habituelle dans la régénération des taillis composés.

Le rajeunissement de l'élément taillis est identique à celui d'un taillis simple régulier en semblable condition ; il y a lieu de prendre les mêmes précautions d'exploitation pour l'assurer, et il n'y a pas à compter sur les rejets généralement sans avenir que peuvent donner les souches des réserves exploitées.

Le point le plus important, pour ainsi dire le plus essentiel, est le bon entretien de la futaie, et pour cela il est nécessaire de veiller au maintien, dans le taillis, en nombre suffisant des essences qui doivent assurer un bon recrutement de la réserve. D'après la constitution même du taillis composé, tous les arbres de futaie doivent vivre, à l'état de brins de semence, avec le sous-étage, dans le sein duquel ils sont confondus pendant une révolution, puis ils sont réservés à l'état de baliveaux, et sont acquis dès lors à la réserve qu'ils viennent renforcer de façon à entretenir sa composition et sa production aussi constantes que possible.

Si les brins de semence font défaut, on peut réserver comme baliveaux des rejets de souche jeunes et vigoureux, choisis de préférence parmi les rejets de jeunes souches, les drageons et enfin les brins isolés détachés des cépées (il y a lieu d'éviter de choisir les baliveaux sur les grosses cépées, parce que ces cépées donnent d'abondants rejets et sont nécessaires pour entretenir en bon état la consistance du taillis ; elles en forment la véritable richesse et il ne faut pas en priver le taillis) ; mais, en principe, la futaie doit se composer exclusivement de brins de semence ; on est en droit de considérer comme tels les rejets généralement uniques qui naissent du premier recépage d'un sujet de franc pied ; ces rejets ont à peu près la même valeur que lui ; ce sont d'ailleurs eux qui, en général, fournissent les meilleurs baliveaux, car il est rare qu'un brin de semence soit assez fort pour être isolé à la fin de la révolution au début de laquelle il est né ; c'est seulement après avoir été recépé qu'il s'élance avec assez de vigueur pour marcher avec le sous-étage.

La présence des semis dans le peuplement est due à l'ensemencement des arbres de l'étage supérieur qui produisent de la graine ; dès lors, on doit toujours avoir soin de réserver dans la futaie assez de porte-graines à larges cimes parmi les classes d'âge le plus élevé, pour assurer cet ensemencement ; si on ne veut pas conserver ces réserves, il est possible de venir les enlever encore un ou deux ans après la coupe du taillis, lorsqu'elles ont produit leur effet utile.

L'ensemencement qui se produit immédiatement après la coupe donne des brins de semence qui croissent simultanément avec les rejets de souche, mais qui, généralement, restent toujours en arrière pendant toute leur période de jeunesse ; lorsque ces brins se trouvent disséminés à l'état isolé au milieu des rejets, ils persistent en très petit nombre ; mais si, au contraire, ils sont réunis par petits bouquets (1) et s'ils sont l'objet de soins nécessaires, notamment s'ils sont préservés de l'envahissement des rejets et drageons, on peut les conserver, même dans un taillis formé en massif.

Quant à l'ensemencement qui se produit pendant la croissance du taillis, durant l'intervalle de deux coupes, il est sans avenir et ne persiste généralement pas. Toutefois, dans certaines circonstances et surtout grâce à des soins spéciaux, on peut assurer la conservation de quelques bouquets ayant pris naissance vers la fin de la révolution et peu de temps avant la coupe.

La régénération artificielle peut, elle-même, intervenir dans les taillis composés, au même titre que dans les taillis ; en venant combler artificiellement, à l'aide de plantations, les lacunes existant dans le peuplement, on peut entretenir en bon état la consistance de ce taillis ; mais ces travaux complémentaires ont généralement pour objet la futaie, et pour cela on procède par plantation de forts plants, de hautes tiges même, en ayant soin de choisir des essences susceptibles de devenir utilement des arbres de futaie ; on les plante dans les meilleures parties du sol afin de favoriser leur croissance, et on cherche à les disposer autant que possible par groupes régulièrement espacés. Puisque l'objectif est ici de créer des ressources pour les balivages futurs sur les points où la réserve présente des lacunes, ce sont toujours des espèces de lumière et notamment des chênes qu'il s'agit d'introduire ; suivant les cas, des ormes, des frênes, des érables peuvent être associés ou substitués aux chênes. Les plantations peuvent donc être faites en plein découvert, après l'exploitation et l'enlèvement des produits des coupes. On procède fréquemment à des plantations de ce genre sur les emplacements de souches extraites lors de l'abatage des arbres de futaie, sur les places ou loges d'atelier, les places à charbon, etc.

Il est inutile d'ajouter que de tels travaux peuvent devenir très coûteux, en raison de la longue échéance à laquelle se fera la récolte, et qu'ils sont parfois à peu près sans résultat, si

(1) C'est souvent dans des bouquets de tremble et de bouleau que se reproduit ainsi le chêne par des semis qui persistent.

on ne les exécute pas avec le plus grand soin ; il vaut mieux leur préférer, dans toutes les circonstances où cela est possible, l'emploi judicieux du repeuplement naturel.

II. — OPÉRATIONS CULTURALES.

Dans une exploitation agricole, les opérations culturales proprement dites consistent exclusivement à donner au sol les soins nécessaires pour placer le végétal dans des conditions favorables à son développement ; avant l'ensemencement, ce sont le labour, les hersages, la fumure et l'apport d'engrais ; après l'ensemencement, une culture intensive et sérieuse continue ces soins par des binages, des sarclages, etc., et souvent par l'apport de nouveaux engrais complémentaires. Par contre, le végétal lui-même, dont les différentes phases de végétation s'effectuent rapidement dans l'espace d'une année, et beaucoup plus rarement dans l'espace de deux ou de quelques années, n'est l'objet, en général, d'aucun soin spécial.

A une époque plus reculée que la nôtre, l'exploitation sylvicole consistait à assurer le repeuplement de la forêt, puis à abandonner à lui-même le peuplement jusqu'à la date de la récolte. Mais aujourd'hui, la forêt cultivée exige d'autres soins et sa croissance ne peut se maintenir vigoureuse que si *le sol reste fertile* et si *le peuplement est convenablement dirigé.*

Nous nous proposons d'examiner quelle est, en sylviculture, l'action de l'homme sur ces deux facteurs.

1. — ACTION DE L'HOMME SUR LE SOL.

Le sol est la portion superficielle de l'écorce terrestre qui est accessible aux racines des végétaux ; il repose sur le sous-sol, masse minérale inaccessible à ces racines.

Le sol provient de la désagrégation des roches par les agents physiques et mécaniques et de leur décomposition par les agents chimiques ; il se compose : 1° *de la couverture*, formée de débris organiques divers non encore décomposés ; 2° *du terreau*, qui n'est autre chose que la couverture décomposée ; 3° *de la terre végétale*, formée par les débris des roches plus ou moins imprégnés de matières organiques.

Quant au sous-sol, il se compose : 1° *de la terre minérale* formée par les débris de roches, non encore imprégnés de matières organiques ; 2° *de la base minéralogique* constituée par les roches sous-jacentes, en place.

Tandis qu'en agriculture, l'homme exerce sur le sol une action directe, en sylviculture cette action, sauf dans des cas spéciaux, est toujours indirecte et l'homme ne peut en général chercher à entretenir et même à améliorer les qualités du sol que par l'action lente des végétaux eux-mêmes.

Les principaux facteurs qui constituent cette qualité du sol sont : la profondeur du sol ; sa consistance et son degré d'humidité ; sa richesse en éléments nutritifs.

Profondeur du sol. — La profondeur du sol est l'épaisseur de la couche accessible aux racines ; sous ce rapport un sol est dit : *Superficiel*, si l'épaisseur de la couche accessible aux racines est inférieure à 0,15 centimètres.

Peu profond, si cette épaisseur est de 0m,15 à 0m,30.
Assez profond, — — — 0m,15 à 0m,60.
Profond, — — — 0m,60 à 1m,20.
Très profond, — — supérieure à 1m,20.

En ce qui concerne la profondeur du sol, les conditions existantes sont inhérentes à la nature géologique de la station ; l'homme ne peut les modifier (fig. 69). Avec un sol profond, c'est-à-dire dans les conditions les plus favorables, il peut tout demander et tout obtenir ; mais au contraire, avec un sol peu profond, c'est-à-dire en présence de conditions mauvaises, il doit, par des mesures d'entretien, soit améliorer ces conditions, soit les empêcher d'empirer.

Examinons quelques-uns des cas principaux :

1° Dans un sol manquant de profondeur, que le peuplement qu'il porte soit bon ou médiocre, on doit éviter toute exploitation à blanc étoc, afin de maintenir le plus possible dans le sol l'humidité, les conditions les plus propices à la formation de l'humus, toutes choses nécessaires et essentiellement favorables à la désagrégation lente du sous-sol minéral ; on régénérera lentement et sous le couvert ; on limitera l'exploitation; on soignera au besoin les bouquets préexistants bons ou mauvais, et même les broussailles sans valeur quand elles seront nécessaires pour abriter le sol.

Dans de tels terrains, la base géologique qui constitue le sous-sol peut être compacte ou fissurée, disposée par couches horizontales ou inclinées, et par suite plus ou moins pénétrable aux racines ; cet état influe sur la profondeur ; les conditions les plus défavorables à ce point de vue sont données par les éboulis à croûte végétale mince des terrains calcaires et dolomitiques, ainsi que par les sols rocheux nus et crevassés où la roche est disposée par couches horizontales ou peu

Fig. 69. — Futaie de sapins sur le grès des Vosges.

inclinées ; dans de tels sols, lorsque l'état boisé disparaît, toute végétation ou même toute terre végétale disparaît aussi, spécialement lorsque par suite de la pente du terrain les eaux pluviales peuvent entraîner continuellement tous les débris minéraux provenant de la délitation superficielle de la roche elle-même.

Pour remédier à des situations aussi mauvaises, pour reconstituer peu à peu une nouvelle couche de terre végétale, il faut rétablir la végétation boisée ; mais en général, avant de pouvoir obtenir un peuplement de quelque valeur, on devra parcourir lentement toute l'échelle de la végétation, en commençant par les lichens et les mousses, les mauvaises herbes, puis les arbrisseaux et les arbustes de peu de valeur. Sur de tels sols en voie de restauration, cette première végétation herbacée ou buissonnante ne doit pas être détruite par le bétail et la conservation des moindres buissons isolés est de toute nécessité. C'est à l'abri des buissons, dans les dépressions et les crevasses encore remplies de terre ou de terreau que les premiers semis ou les premières plantations auront chance de réussir, mais il pourra se passer un grand nombre d'années avant que la formation de la couche végétale, dans les autres parties du terrain, soit assez avancée pour justifier de nouvelles tentatives de boisement. Il est vrai que ce sont là des situations extrêmes, mais leur existence même est un avertissement (fig. 70).

Quand les conditions sont meilleures, c'est-à-dire lorsqu'on a affaire seulement à un sol manquant de profondeur, mais non encore dégradé, on doit veiller avec le plus grand soin au maintien de l'état boisé afin d'éviter toute déperdition ; car un tel sol, s'il est découvert et exposé aux intempéries, peut en peu de temps, de médiocre qu'il est, se transformer en un désert improductif.

2° L'instabilité de certains sols exposés aux ravinements et aux affouillements des eaux, spécialement dans les régions de haute et de moyenne montagne, nécessite d'autres soins et l'entretien de la profondeur se présente alors sous un autre aspect ; c'est la lutte contre les eaux de ruissellement et d'infiltration, contre la puissance affouillante des torrents et contre les glissements. La conservation des forêts, la lutte contre le déboisement, le gazonnement et le reboisement sont seuls susceptibles d'arrêter le mal à sa naissance, et les mesures préventives les plus simples dans ces situations dangereuses sont : — maintien des forêts, spécialement à l'état jardiné ; — fixation et amélioration du sol par le maintien de la végétation herbacée ; — suppression ou tout au moins réglementation sévère du pâturage ; — captation ou détournement des eaux qui s'accumulent dans les dépressions de haute montagne, s'infiltrent au travers des terres perméables qu'elles détrempent et constituent parfois, si les conditions géologiques s'y prêtent, un danger permanent, etc.

Si on agit trop tard, le mal se transforme vite en fléau, et on ne peut plus alors le combattre que par de véritables travaux de défense qui ont pour but la correction lente et progressive des torrents ; les plus importants de ces travaux consistent dans la construction de barrages pour arrêter la puissance affouillante des eaux, dans l'établissement de drains sur les pans des montagnes en voie de glissement pour fixer les terrains, et dans le reboisement des bassins de réception, des berges fixées, etc. L'étude de ces importants travaux est en dehors du cadre de notre ouvrage.

Toutefois, si dans la basse et la moyenne montagne le sol est instable, il y a lieu de prévenir le commencement des ravinements, des éboulis et des glissements par de petits travaux simples de fixation et de consolidation des terres sur les pentes ; ces travaux peuvent consister en barrages en pierres sèches, en fascinages, clayonnages ou garnissages, et en reboisements qu'on effectue par bouturage ou par plantation; souvent on doit compléter ces travaux par la création de quelques rigoles d'assainissement, en ayant soin de ne pas leur donner une forte pente, et par le maintien de la végétation ligneuse sur tous les terrains en pente forte de la région ;

3° Dans certains terrains sablonneux, une action spéciale vient agir sur la profondeur des sols et donne naissance à des formations connues

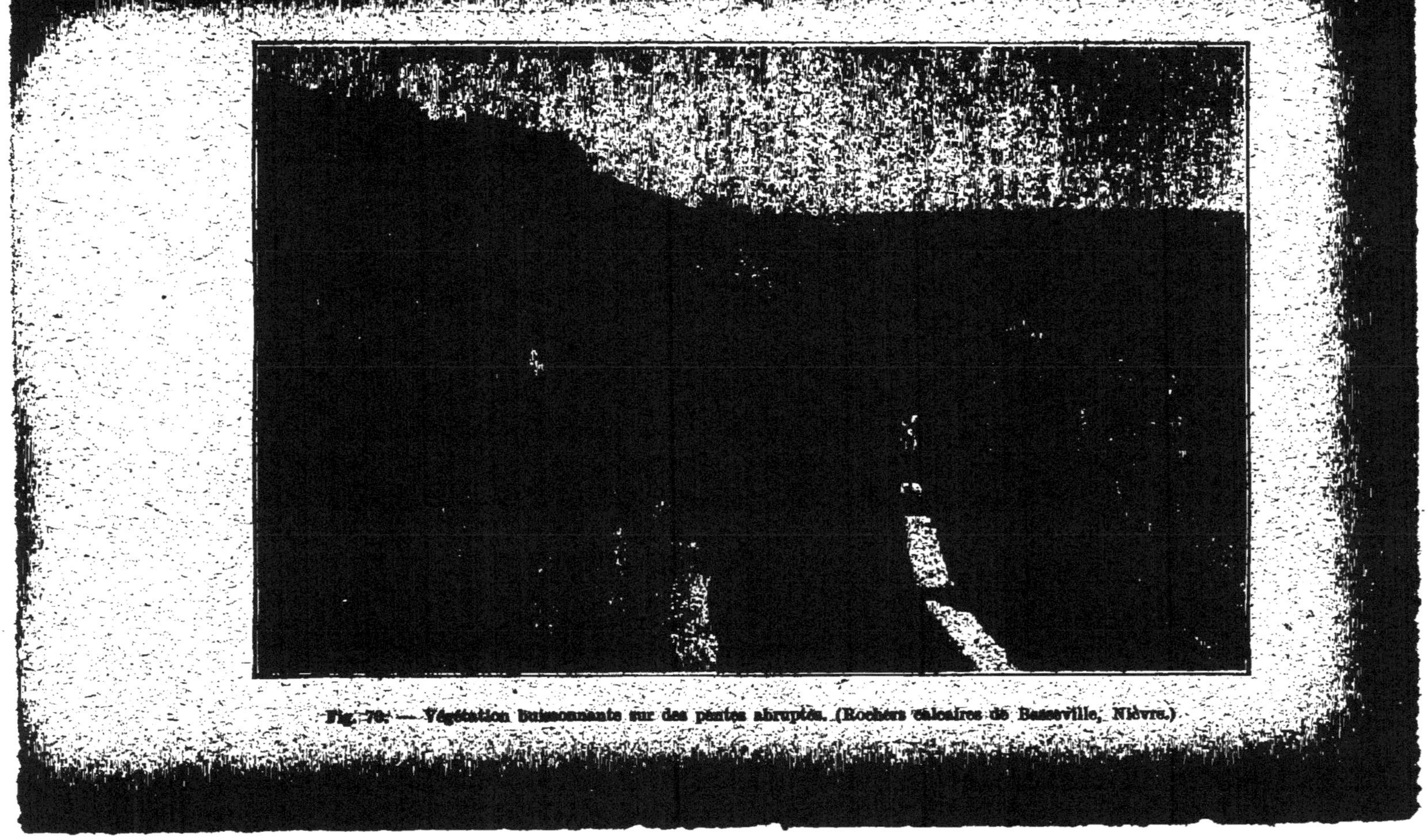

Fig. 78. — Végétation buissonnante sur des pentes abruptes. (Rochers calcaires de Basseville, Nièvre.)

sous le nom d'*alios*. L'alios est une couche plus ou moins dure ou plus ou moins épaisse, généralement impénétrable aux racines, formée de 80 à 95 p. 100 de sable agglutiné par de l'humus de bruyère ou des ciments ferrugineux ; des couches de ce genre s'étendent sur de vastes espaces, tantôt près de la surface, tantôt à une certaine profondeur, et sont plus ou moins susceptibles d'être ramollies par l'eau du sol. Outre l'obstacle mécanique qu'elles opposent au développement des racines, ces formations peuvent devenir très nuisibles en ne permettant pas l'aération des couches inférieures du sol. Parfois il est possible de rompre partiellement cette couche d'alios en creusant des rigoles au fond desquelles on effectue alors des plantations d'essences rustiques. Le procédé employé dans certaines friches incultes de la forêt de Bercé (Sarthe), où la couche superficielle d'alios avait à peine 10 à 20 centimètres d'épaisseur, a parfaitement réussi ; mais, en général, de tels travaux sont rares dans la culture forestière proprement dite.

Consistance du sol. — La consistance d'un sol est en relation directe avec sa ténacité, sa cohésion et sa perméabilité (1). A ce point de vue, une terre est dite : *compacte*, quand sèche elle prend la dureté de la pierre ; — *liante*, quand sèche elle se brise sous la moindre pression ; — *légère*, quand elle n'a un peu de cohésion qu'à l'état humide ; — *meuble*, quand elle n'a aucune cohésion, même à l'état humide.

Quand un sol est assez meuble, sa productivité s'en trouve augmentée, par le fait qu'il est plus pénétrable aux racines ; quand au contraire le sol est trop compact, les racines se trouvent dans un milieu insuffisamment aéré, elles pourrissent rapidement et ne peuvent pas se développer en profondeur.

En agriculture, lorsqu'on veut ameublir le sol on soumet le terrain à des travaux de culture ; en sylviculture on ne peut effectuer un travail d'ameublissement de ce genre, et le degré de consistance et de perméabilité dépend de l'état de massif ; il s'établit et se maintient dans des conditions favorables grâce à la végétation forestière qui le recouvre et le protège.

(1) La ténacité est la faculté qu'ont les particules de terre d'adhérer entre elles; la cohésion est la faculté qu'elles ont d'adhérer à des corps étrangers ; la perméabilité est la faculté que possède un sol de se laisser pénétrer par les liquides et les gaz.

L'homme ne peut intervenir que pour maintenir les conditions les plus favorables à l'aide des moyens dont se sert la nature ; dans ce but il doit tenir le sol *constamment abrité et respecter aussi rigoureusement que possible les couches de litière et d'humus*, dans leur ordre naturel de superposition.

Exceptionnellement, certains travaux d'ameublissement peuvent être utiles dans des sols argileux très compacts, riches en éléments nutritifs, mais qui restent trop peu pénétrables alors même qu'ils sont soumis à un traitement forestier bien entendu ; partout ailleurs, chercher à pousser plus loin la productivité d'un sol forestier en le travaillant périodiquement dans le cours de l'existence d'un peuplement, serait effectuer une mauvaise opération ; dans les sols de fertilité ordinaire, de tels travaux conduiraient rapidement à l'épuisement, en provoquant une consommation beaucoup trop rapide de la réserve organique et des éléments minéraux assimilables du sol, sans qu'on puisse, comme dans la culture agricole intensive, venir remédier à cet épuisement par un apport d'engrais appropriés.

Humidité du sol. — Les propriétés physiques du sol, à ce point de vue, sont : 1° l'hygroscopicité, c'est-à-dire l'aptitude du sol à retenir l'eau, la faculté qu'il a de s'imbiber ; 2° l'aptitude à absorber les vapeurs d'eau de l'atmosphère ; 3° l'aptitude à la dessiccation, c'est-à-dire la faculté qu'a le sol de perdre par évaporation l'eau absorbée. Ces qualités physiques régissent l'humidité des sols, et, sous ce rapport, un sol est dit :

Mouilleux, quand l'eau séjourne à la surface en tout temps ; — *humide ou frais*, quand l'eau ne séjourne à la surface que pendant la saison des pluies, mais qu'en tout temps le terrain reste frais ; — *sec ou aride*, quand il n'y a jamais assez d'eau.

Le maintien constant de l'humidité du sol est une condition nécessaire de la culture forestière. L'homme n'a d'autre action que de se conformer aux principes généraux suivants : éviter autant que possible l'interruption du couvert ; — choisir dans chaque cas la forme de peuplement adéquate aux circonstances ; — proscrire les grandes coupes blanches ; — régénérer sous le couvert quand c'est possible ; — mettre en œuvre tous les moyens propres à conserver au sol forestier la couche de litière et d'humus qui lui est indispensable.

Dès que l'intégralité des massifs est atteinte, on est conduit à respecter et à propager les essences de couverture, essences qui prennent pied spontanément ou sont introduites à temps sous le peuplement principal et se présentent sous forme de semis préexistants, de rejets, drageons et sous-bois de toute nature; on les recherche dès qu'elles peuvent être utiles pour abriter le sol; on les propage en sous-étage par tous les moyens afin d'assurer le maintien du couvert constant et complet.

On ne peut que conseiller le maintien et même l'établissement de *rideaux de protection*, le long des lisières des peuplements adultes, partout où ces abris sont utiles pour fermer la forêt, et pour détruire l'action asséchante des déplacements d'air et l'action néfaste du vent sur la couverture morte. L'intérieur de la forêt doit être masqué aux regards indiscrets par des bandes de plusieurs mètres de largeur qui garnissent les lisières des parcelles du côté des vents dominants. Pour établir ces rideaux, on peut se servir d'essences à feuillage persistant, en ayant soin d'observer, dans leur plantation, un large espacement entre les sujets, afin que leur feuillage descende aussi bas que possible : on doit veiller au maintien de ces conditions; l'épicéa, le sapin, le pin noir conviennent, suivant les cas, pour cet usage.

Remarquons que dans les peuplements composés d'essences feuillues encore aptes à rejeter de souche, on arrive à un résultat analogue en recépant et en traitant en taillis une bande de 5 à 10 mètres de large sur la lisière du peuplement.

Les propriétaires particuliers peuvent avoir intérêt, dans bien des cas (bois isolés), à soigner ainsi les lisières de leurs exploitations; sous une forme ou sous une autre, ils paraissent avoir intérêt à constituer des rideaux de protection autour de leurs massifs.

En ce qui concerne l'humidité nécessaire au sol forestier, nous avons précédemment signalé le danger des fossés d'assainissement dont on abuse quelquefois; mais, par contre, l'ouverture de quelques fossés *horizontaux* de 30 à 50 centimètres de profondeur et de largeur, sur 5 à 6 mètres de longueur, à parois aussi verticales que possible, peut être utile pour maintenir une certaine humidité dans le sol tout en se débarrassant d'un excès local d'eau nuisible; on dispose ces fossés en échiquier, en les séparant de 3 à 5 mètres en largeur, et on peut même à l'aide de simples sillons faciliter l'évacuation de cette eau et en faire bénéficier une autre partie du peuplement.

Notons enfin que dans certaines forêts de plaine, l'irrigation peut être utile, et que souvent elle y serait fort possible.

Fertilité du sol. — Les sols n'ont qu'une propriété chimique générale, mais elle est importante ; c'est le *pouvoir absorbant* ou faculté que possède une terre de fixer et de retenir certains éléments essentiels mis en contact avec elle sous une forme soluble.

Quant aux caractères et propriétés des divers sols, ils dépendent des éléments qui les constituent, dont les quatre principaux sont : *sable, argile, calcaire, humus.* Ces éléments ne se trouvent presque jamais complètement purs et indépendants les uns des autres. Ordinairement, ils sont associés en proportions variables et unis en outre à une plus ou moins grande quantité d'éléments minéraux divers.

Lorsque ce mélange a lieu dans des proportions convenables, on a une *terre franche*, renfermant approximativement les éléments suivants : sable, 50 à 70 p. 100 ; argile, 20 à 30 p. 100 ; calcaire pulvérulent, 5 à 10 p. 100 ; humus, 5 à 10 p. 100.

Mais le plus souvent, l'un ou l'autre de ces quatre éléments domine et donne un caractère spécial à la terre qu'on ramène alors à quatre types principaux :

Terres siliceuses, qui renferment plus de 70 p. 100 de silice ;

Terres argileuses, qui renferment plus de 30 p. 100 d'argile ;

Terres calcaires, qui renferment plus de 30 p. 100 de calcaire ;

Terres humifères, qui renferment plus de 30 p. 100 de terreau.

L'action de l'homme ne peut s'exercer sur la composition minérale du sol, mais elle peut agir sur sa teneur en humus, et en général, tous les soins de la culture devront avoir pour objet de maintenir et d'améliorer les conditions existantes en conservant intégralement la litière et tous les corps organiques qui vont au sol ou qui en proviennent, tels que les feuilles mortes, le bois mort, les rémanents des exploitations, écorces, racines, etc., les herbes, les mousses, etc.

Nous avons assez insisté sur le rôle et la formation de l'humus, pour ne pas avoir à y revenir, sinon pour répéter ce principe primordial qu'en sol forestier, *l'entretien de la fertilité du sol est intimement lié au maintien aussi constant que possible du couvert des cimes, et à la conservation intégrale de la couverture de litière et d'humus.*

Le terreau ne se constitue pas toujours dans les conditions idéales que nous avons indiquées ; certaines feuilles se décomposent beaucoup moins rapidement que d'autres ; d'autre part, quand l'eau est en excès, l'action de l'oxygène et de la chaleur se trouve diminuée et la décomposition des débris organiques devient extrêmement lente ou incomplète ; les combinaisons acides se produisent abondantes, et il en résulte un résidu analogue à la tourbe dans lequel, parmi nos grandes essences forestières, l'aune, le bouleau, le tremble, le pin de montagne peuvent seuls résister.

Inversement, quand il y a excès de sécheresse, le terreau se brûle et devient charbonneux, poudreux ou fibreux. Cette poussière brune ou noire, de décomposition ultérieure très difficile, est une véritable tourbe sèche avec tous ses inconvénients ; elle se rencontre surtout dans les sols siliceux auxquels elle se mélange pour donner les terres dites de bruyère.

L'homme peut dans ce cas jouer un rôle utile en choisissant les essences et les formes de peuplement qui conviennent à de telles situations, ainsi qu'en modifiant, en temps utile, dans le sens nécessaire l'action du couvert sur le sol.

Conclusion. — Il résulte de ces considérations que l'action de l'homme sur le sol peut se résumer par les conseils suivants que nous empruntons à MM. Boppe et Jolyet : respecter tous les détritus végétaux qui recouvrent le sol ; — maintenir les massifs complets en respectant les sous-étages, et éviter les découverts trop fréquents ; — conserver, tout autour des enceintes, des arbres de lisière qui tiennent le peuplement bien clos à l'abri des coups de soleil et aussi des coups de vent ; — créer des forêts mélangées où, la décomposition des feuilles se faisant beaucoup mieux, on évite la formation de ces litières de feuilles de hêtre, ou de feutrages d'aiguilles d'épicéa parfois si gênants dans les forêts de la montagne.

Dans les sables grossiers, secs et brûlants : exagérer encore le principe du couvert bas et continu ; — faire tous ses efforts pour maintenir les espèces à feuillages épais, qui ont trop de tendance à fuir les régions où l'humidité fait défaut et, dans ce but, préférer les peuplements inégaux d'âges multiples aux peuplements uniformes d'un seul âge.

Au contraire, *dans les argiles froides et humides* : relever le couvert pour faciliter l'accès de la chaleur et même, dans quelques cas, choisir des traitements qui découvrent périodiquement le sol ; au besoin préférer le taillis composé à la futaie pleine.

En résumé, dans toutes les circonstances et en tous lieux, maintenir le sol à l'état de *saine fraîcheur* que commande l'hygiène de la forêt, et qui convient aux lombrics et autres animaux sur le rôle desquels on ne saurait trop insister.

2. — ACTION DE L'HOMME SUR LES PEUPLEMENTS.

L'action que l'homme exerce sur les peuplements a pour but de maintenir ces peuplements convenablement constitués pendant toute la durée de leur existence, de leur conserver toute leur vigueur et de les diriger vers le but économique cherché.

Nous supposons le peuplement créé ; l'homme est déjà intervenu lors de cette création, soit en dirigeant le repeuplement naturel, soit en le complétant, soit en agissant par repeuplement artificiel.

A partir de cette période de première jeunesse et jusqu'à l'exploitation, un certain nombre de soins culturaux sont, sinon toujours indispensables, du moins utiles, soit pour supprimer à temps les obstacles qui entravent la croissance du repeuplement, soit pour remédier aux causes qui tendent à modifier sa composition dans un sens défavorable, soit enfin pour stimuler directement la croissance des sujets d'élite.

Ces soins culturaux ne doivent jamais avoir pour but un profit immédiat plus ou moins élevé ; mais toujours un résultat précis de culture. Souvent, il est vrai, la vente des produits accessoires ainsi obtenus sera rémunératrice ; mais souvent aussi, l'opération couvrira à peine les frais de main-d'œuvre ou même ne donnera pas de produits utiles ; alors la crainte d'une dépense ou l'insouciance du propriétaire la font négliger ; dans certains cas, c'est un tort.

L'importance de ces soins culturaux varie avec les différentes formes de peuplements, et aussi avec chaque type ; mais leur nature varie surtout avec l'âge de ce peuplement.

Nous suivrons donc le peuplement dès sa naissance, pour étudier ces opérations dans leur ordre naturel.

Répartition des jeunes sujets. — Nous avons vu, à propos de la formation en massif, que l'état le plus favorable à une bonne croissance n'est ni le massif trop serré, ni le massif trop clair ; en tenant compte, bien entendu, des exigences des divers âges, l'homme peut intervenir dès l'origine pour tendre vers cet état parfait, soit par des desserrements, soit par une opération inverse.

a. *Desserrement.* — On procède à des desserrements, partout où les jeunes plants sont trop serrés, fait qui se produit fréquemment dans les semis artificiels, comme dans les semis obtenus par régénération naturelle ; l'opération culturale consiste à supprimer un certain nombre de sujets, de manière à augmenter la place disponible pour ceux qui restent.

Si on intervient à temps, si on a soin d'agir dès les premières années et de recommencer souvent l'opération, au fur et à mesure des besoins, on arrive à stimuler d'une façon considérable la végétation, spécialement chez les essences de lumière.

Si on commence à intervenir trop tard, surtout lorsqu'il s'agit d'essences d'ombre, sur des sols pauvres, les sujets trop serrés sont déjà arrêtés dans leur croissance, ou bien ayant filé trop rapidement en hauteur, ils sont constitués par des tiges tellement grêles qu'ils ne sont plus capables de se soutenir à un état moins serré ; on doit alors n'agir qu'avec une extrême prudence, n'enlever à la fois qu'un très petit nombre de sujets et amener progressivement ceux qui restent à développer leur feuillage, et à prendre plus de résistance en fortifiant leur tige ; le desserrement, dans ce cas, doit être prudent et très lent.

Les essences feuillues, et parmi elles plus spécialement le chêne, peuvent être soumises à ces premiers soins, non seulement dans les futaies, mais aussi dans les taillis ; en réduisant avec prudence dans les taillis un nombre excessif de rejets, on favorise singulièrement la croissance de ceux qui restent ; toutefois, dans les taillis surtout, il ne faut pas oublier qu'on a pour but non pas d'avoir un massif clair, mais simplement de ne pas avoir un *massif trop serré.*

Les opérations de desserrement sont utiles surtout dans les bons sols, car les sujets desserrés sont alors aptes à profiter rapidement de l'espace qu'on leur donne.

b. *Regarnissage des vides.* — Une méthode inverse permet de compléter à temps un massif clairiéré par des plantations ; souvent on se contente d'utiliser pour cela les jeunes plants arrachés ou plutôt extraits en motte des parties trop serrées.

On peut toutefois se servir, pour faire ces regarnissages, d'essences auxiliaires telles que le pin sylvestre, le mélèze, le bouleau et, en général, de toutes les essences de lumière robustes. En fermant ainsi de bonne heure les vides, on prévient l'envahissement de la végétation herbacée, des genêts, de la bruyère ou des morts-bois ; on stimule la croissance de l'essence principale, et on prévient le ralentissement de la végétation et le dépérissement progressif du peuplement, conséquence fatale d'un état de massif clairiéré dès le jeune âge, surtout dans les sols pauvres et amaigris à la surface.

Dégagements dans les jeunes peuplements. — L'opération qu'on désigne souvent sous le nom de nettoiement a toujours pour but, dans des peuplements déjà formés en massif, de venir ***dégager une essence précieuse de l'étreinte de sujets moins précieux*** qui tendent à la dominer, à nuire à son développement et par suite à l'éliminer.

Lorsqu'on effectue un repeuplement, le terrain sur lequel on travaille est souvent déjà occupé par une végétation ligneuse d'arbustes ou d'arbrisseaux, de semis préexistants, etc., auxquels viennent s'ajouter peu à peu des rejets de souche et des morts-bois. Cette végétation est, suivant les cas, tantôt utile, tantôt nuisible au repeuplement.

Les opérations culturales successives qui ont pour but d'enlever en temps utile parmi cette végétation accessoire tous les sujets qui gênent le développement du nouveau peuplement, prennent le caractère de dégagements.

Suivant les peuplements, et dans un même peuplement suivant les emplacements, un très grand nombre de cas peuvent se présenter.

a. *Le dégagement porte sur des semis préexistants.* — Il faut supposer que ces semis préexistants n'ont plus d'avenir, et qu'on les a conservés pendant la période de toute jeunesse, soit pour faire bénéficier le jeune recru d'un abri latéral dans des situations exposées, soit pour contribuer à le préserver de la dent du bétail ou du gibier, soit enfin pour compléter le massif. Dans ces divers cas, on ne doit les enlever que graduellement au fur et à mesure que leur présence devient préjudiciable aux sujets voisins : leur enlèvement progressif a pour but de dégager peu à peu les sujets intéressants qu'ils gênent dans leur croissance ou qu'ils dominent. Cet enlèvement doit s'effectuer au fur et à mesure des besoins, par un simple ébranchement, par un étêtement et exceptionnellement par coupe ou extirpation.

b. *Le dégagement porte sur des rejets de souche.* — Toutes les fois que sur le terrain à repeupler se trouvent des souches saines, l'évolution de rejets vigoureux, à croissance rapide et envahissante, vient entraver le développement des sujets de repeuplement. Les brins de semence de dix, quinze et même vingt ans ont une évolution plus lente que les rejets de même âge, et il est souvent utile de les dégager ; l'opération consiste simplement à casser le sujet gênant ou à enlever d'un coup de serpe diverses parties de sa cime. Dans un travail de ce genre, l'objectif ne doit pas être la chose à détruire, mais le brin à dégager.

c. *Le dégagement porte sur des morts-bois et des essences secondaires.* — Nos grandes espèces ligneuses ont souvent une croissance lente, si on la compare à l'évolution rapide des morts-bois et essences secondaires qui se jettent au milieu d'elles ; il en résulte que partout où l'accès de la lumière le permet, on voit s'introduire peu à peu et s'élever rapidement des essences à graine légère et à croissance rapide comme le bouleau, le saule marceau, le tremble, et parfois le tilleul, l'aune, l'orme, etc.

Le propriétaire particulier n'a pas toujours intérêt à extirper ces essences, dont au moins quelques-unes peuvent avec avantage entrer dans un mélange ; il doit même, au contraire, leur donner accès dans le peuplement, ne fût-ce que temporairement et à titre d'essences secondaires. Mais si ces essences tendent à dominer et à supplanter les autres, leur suppression partielle est nécessaire, et il faut les empêcher de se développer à l'excès. Le plus envahissant de ces morts-bois est le saule marceau, qui s'étale en largeur ; le tremble et le bouleau le sont moins ; quant au tilleul et à l'aune, ils produisent un couvert épais, mais il est rare qu'ils se multiplient dans des proportions inquiétantes. Leur groupement d'ailleurs est important à considérer, et en principe on doit éviter de les conserver en groupes et bouquets formés en massif, car ils n'ont pas la vitalité des essences principales et leur disparition ne doit pas causer dans le peuplement des vides ou des clairières.

Les coupes de dégagement ont donc pour but à ce point de vue de faire disparaître les morts-bois gênants, tout en laissant quelques pieds isolés choisis parmi les meilleurs, çà et là dans le peuplement ; elles doivent être répétées plusieurs fois, spécialement là où ces opérations s'effectuent sur des emplacements déjà trop envahis. On procède par étêtage, par simple ébranchage ou par coupe, comme il a déjà été dit.

Des opérations de ce genre, très importantes dans les futaies à l'état de fourrés ou de jeunes gaulis, peuvent ne pas être à négliger dans les taillis où le dégagement des semis d'essences précieuses, et même de rejets de bonnes essences, contre l'envahissement des morts-bois, est quelquefois une opération du plus haut intérêt.

d. *Les dégagements portent sur des essences envahissantes dans un mélange.* — Présentent encore le caractère de dégagements les opérations culturales qui ont pour but de maintenir dans un peuplement mélangé certaines essences qui, dès la période de jeunesse, se trouvent dans une situation moins favorable vis-à-vis d'autres essences envahissantes.

Les soins culturaux prennent une très grande importance quand il s'agit de maintenir un mélange de deux ou plusieurs essences principales dans un peuplement uniforme, surtout s'il s'agit d'un mélange intime sujets par sujets. Dans la période de jeunesse de tels peuplements, l'une ou l'autre des essences du mélange tend toujours à prendre une certaine avance sur les autres, qui dès lors sont menacées dans leur existence et appelées à disparaître plus ou moins rapidement du mélange selon leur degré de résistance ; les soins culturaux ont alors pour but de venir dégager les sujets qui en ont besoin en temps voulu et dans la mesure qu'on juge utile.

Si l'essence envahissante est une essence d'ombre, à croissance rapide, comme cela se présente dans certains cas avec le hêtre, l'épicéa, etc., en mélange intime avec le sapin, le chêne, etc., les dégagements doivent être commencés de très bonne heure ; ils consistent à supprimer la pousse terminale et quelques pousses latérales des sujets envahissants, quitte à revenir plusieurs fois recommencer l'opération.

Si l'essence envahissante est une essence de lumière à croissance rapide, telle que le pin sylvestre dans un mélange avec le sapin, l'épicéa, le hêtre, le chêne, etc., et si cette essence, en étalant trop largement sa cime, devient gênante pour les sujets dominés, l'opération de dégagement peut consister simplement à diminuer ou à relever le couvert de certains sujets de cette essence en supprimant les verticilles inférieurs, opération que le pin sylvestre supporte, même jeune, dans les terrains frais.

La nature du mélange qu'on se propose d'obtenir règle l'importance de ces opérations ; il est à remarquer d'ailleurs que le dégagement doit rarement porter sur les sujets vigoureux et élancés, sujets désignés par ce fait même pour persister dans le peuplement comme arbres d'élite.

Dans un peuplement uniforme où les essences de mélange sont réparties par petits groupes ou bouquets, les soins culturaux deviennent plus faciles, car ils portent sur les bords des bouquets. Si le bouquet est suffisamment étendu, on peut, pour le protéger contre l'essence envahissante, ouvrir tout autour un layon d'un mètre, et recommencer l'opération quand le besoin s'en fait sentir ; sinon, on se contente d'exploiter ou d'étêter les sujets dominants dans la zone voisine.

Quoi qu'il en soit, dans de telles opérations il faut n'agir que graduellement, pas à pas, et ne jamais faire plus que ne le commandent les nécessités du moment.

Deux conseils ne peuvent être trop répétés aux propriétaires qui font exécuter des dégagements dans leurs forêts :

Le premier est de donner ses soins toujours aux mêmes individus; il est regrettable, en effet, de prendre la peine de dégager une première fois un brin, puis de l'oublier pour s'occuper d'un autre, qui, noyé jusque-là dans le fourré, a perdu toute vitalité.

Le second est de faire exécuter, dans la mesure du possible, les dégagements par les gardes de la forêt. — Un bon garde doit défendre les semis confiés à sa surveillance comme il les défend contre les délinquants. Des primes l'encourageant dans cette voie sont un argent mieux placé que des salaires donnés à des tâcherons ignorants des choses forestières qui agissent sans méthode et sans suite et saccagent tout autour d'eux.

Si même le propriétaire veut prêcher d'exemple et, quand il se promène dans son domaine, s'armer d'un croissant au lieu d'une canne, il sera tout étonné du nombre très respectable de jeunes chênes ou de jeunes épicéas qu'il *tirera d'affaire* dans un temps relativement court.

Les dégagements les mieux faits sont ceux dont le prix ne dépasse pas la valeur de deux ou trois journées par hectare.

Mesures propres à stimuler la croissance. Coupes d'éclaircie. — Dans la période de jeunesse, les soins culturaux ont eu pour but de constituer le massif en bon état, et d'assurer le maintien dans le peuplement des essences voulues, au détriment des morts-bois et d'autres essences envahissantes. Immédiatement après, dès la période de gaulis ou de bas perchis, plus ou moins tôt suivant les cas, les opérations culturales changent de nature ; tout en continuant dans une certaine mesure à diriger la formation des peuplements et leur composition, elles tendent à mettre ces peuplements en état de donner les produits qu'on en attend, et peuvent se proposer pour but de *stimuler la croissance des sujets d'élite.*

L'opération culturale prend le nom de *coupe d'éclaircie,* parce qu'en faisant tomber des bois déjà plus gros, elle cause un trouble momentané dans les conditions d'existence du peuplement, trouble qui peut être suivi de la réaction la plus salutaire si les opérations sont conduites avec discernement et soin, comme il peut, en cas de traitement négligent et routinier, être suivi des conséquences les plus fâcheuses pour l'existence ultérieure du peuplement.

Les éclaircies réclament toute la surveillance, l'application et la réflexion de celui qui les exécute, surtout en station médiocre ou mauvaise ; il est nécessaire de ne procéder que lentement, avec prudence et de ne chercher à atteindre le but voulu que progressivement et pas à pas.

Coupe d'éclaircie. — Une coupe d'éclaircie est une véritable exploitation partielle, donnant des produits marchands ;

mais ici encore, comme dans toute opération culturale, l'idée de récolte ne doit pas intervenir dans la conduite de l'opération.

Nous avons déjà établi que dans tout peuplement en voie de croissance, il se crée naturellement, par le fait de la concurrence vitale, une séparation en plusieurs parties distinctes et nous avons distingué le *peuplement principal* et le *peuplement accessoire* (fig. 71) (1).

La partie la plus vigoureuse du peuplement se trouve dans le peuplement principal ; dès lors la coupe d'éclaircie ne s'occupe que du peuplement principal ; elle ne touche pas au peuplement accessoire ; elle respecte la totalité de ces tiges dominées dont le maintien tend à assurer d'une part la couverture du sol, et de l'autre le remplacement, en cas de besoin, d'éléments qui viendraient à manquer dans le peuplement principal par suite d'erreurs ou d'accidents. *A fortiori*, elle respecte tous les sous-bois plus ou moins buissonnants à la surface du sol.

Dans le peuplement principal composé de sujets dominants, il existe en général des tiges d'élite (tiges *a*, *a*, fig. 71) reconnaissables à leur aspect plus sain, à leur diamètre plus gros, à leur cime plus fournie (2). Ces tiges, serrées de près par les autres sujets moins bien doués du peuplement principal (tiges *b*, *b*), ne peuvent occuper que l'espace disponible, et se trouvent à un moment donné trop serrées et retardées dans leur développement; c'est le moment où doit intervenir une coupe d'éclaircie. Si l'on se rend compte que la même lutte pour l'espace existe dans le sol pour les racines, il est facile d'admettre, ce que d'ailleurs confirme l'expérience, que la suppression de quelques-uns des arbres qui serrent les sujets

(1) Dans la figure 71, l'ensemble des tiges *aa* et des tiges *bb* constitue le peuplement principal ; dans ce peuplement principal, les tiges *aa* sont les plus vigoureuses, les mieux conformées et par suite les tiges d'élite à conserver ; les sujets *bb* nuisent aux tiges d'élite et c'est sur eux que porte l'éclaircie.

L'ensemble des sujets *cc* constitue le peuplement accessoire à conserver.

(2) S'il en est autrement, ce qui arrive quelquefois, surtout dans les peuplements d'origine artificielle, la première éclaircie tend à rompre cette uniformité trop grande ; on choisit au hasard, à des distances convenables, des perches à desserrer, auxquelles ce premier travail donne sur leurs voisines un avantage qu'il ne reste plus qu'à maintenir dans la suite.

d'élite doit stimuler le développement et l'accroissement de ces derniers.

Or, c'est là, précisément, le but des coupes d'éclaircie ; elles consistent à venir procurer aux sujets d'élite, dans le peuplement principal, l'espace nécessaire, et à donner à chacun de ces sujets le pouvoir d'utiliser sans limites l'air et la lumière par les organes de leur cime, et les ressources du sol par leurs

Fig. 71. — Schéma d'un peuplement à éclaircir.
(Jolyet, *Sylviculture*.)

racines. Les coupes d'éclaircie consistent dès lors à venir enlever, dans ce même peuplement principal, à côté des sujets d'élite, les arbres moins beaux dont la cime est gênante pour les premiers, et cela dans la mesure prescrite par la nécessité du maintien de l'état massif. Quant aux sujets dominés (tiges *c*, fig. 71), ils sont à conserver.

Comprenant ainsi la coupe d'éclaircie, il paraît très facile de venir desserrer les sujets précieux, dans la région où leur cime manque d'espace, et cela progressivement.

Dans la pratique, la coupe d'éclaircie est toujours une opération délicate, en raison de la grande variété que présente cette opération, suivant les conditions de sol, de climat, d'exposition et d'essence ; elle change de forme et d'intensité, suivant les essences, suivant leur état de mélange, suivant le but poursuivi, suivant les idées et le bon vouloir de celui qui la dirige ; toutefois, si l'on prend pour point de départ l'arbre d'élite, et si l'on agit autour de lui avec prudence, de façon à ne pas détruire l'état de massif, évitant de desserrer sa cime de plusieurs côtés à la fois, on peut toujours être sûr de ne pas faire une mauvaise opération.

Dans les *peuplements purs*, la première éclaircie se fait plus tôt quand il s'agit d'essences de lumière que quand il s'agit d'essences d'ombre, mais il est important dans tous les cas d'opérer prudemment ; en général, cette première éclaircie doit avoir lieu, dans les futaies, aussitôt que les peuplements sont arrivés à l'état de gaulis ou au plus à celui de bas perchis.

Dans les *peuplements mélangés*, l'éclaircie, tout en conservant ses caractères propres, emprunte un nouveau caractère aux coupes de dégagement ; elle doit alors leur succéder sans qu'un intervalle trop long permette aux essences envahissantes de reprendre leur œuvre de dégradation ; la grosseur des sujets et la réalisation des produits marchands fait changer l'étiquette de l'opération, mais son but reste le même.

Quant à la périodicité des coupes d'éclaircie, elle varie surtout avec l'âge et l'état de croissance des peuplements ; on reviendra tous les six à douze ans dans les forêts traitées en futaie, depuis l'état de gaulis jusqu'à la fin de celui de haut perchis ; puis seulement tous les douze à vingt ans dans les hautes futaies constituées ; on reviendra plus fréquemment dans les sols fertiles que dans les sols médiocres ou mauvais.

Dans la pratique, un bon critérium pour juger de l'opportunité d'une éclaircie est l'aspect même des arbres du peuplement dominant ; si, par exemple, des chênes de futaie se couvrent de branches gourmandes, sans que leur âge très avancé ou toute autre cause accidentelle explique cette évolution anormale, c'est que leur cime manque de lumière dans les régions élevées ; il en est ainsi encore des chênes dont la cime apparaît étriquée, souffreteuse, à frondaison chlorotique ; de même, dans un perchis, un pin, un sapin dépourvu de branches vivantes sur plus des deux tiers et surtout des trois quarts de la hauteur de sa tige, réclame d'urgence qu'on le desserre.

Nous n'avons pas de restriction à faire à ce qui vient d'être dit, lorsqu'il s'agit d'exécuter des coupes d'éclaircie dans des peuplements en taillis ; remarquons toutefois que les coupes d'éclaircie ne sont admissibles que si la révolution du taillis est suffisamment longue.

Dans les taillis composés, on ne fait en général qu'une seule éclaircie, six à huit ans avant la coupe principale ; pourtant, dans certains taillis à longue révolution et sur certains sols, on peut avoir intérêt à réaliser plus tôt, dans une première éclaircie, les bois tendres parvenus à maturité.

III. — MESURES DE GESTION.

1. — PLAN DU DOMAINE. — LIMITES.

Tout propriétaire d'un domaine boisé doit en connaître exactement la situation, la contenance et les limites.

A cet effet, il peut employer le relevé cadastral ou l'arpentage direct sur le terrain.

Relevé cadastral. — A titre d'indication, relever sur le plan cadastral des communes sur le territoire desquelles se trouve le domaine boisé, un calque des parcelles cadastrales constituant le domaine, et les parcelles limitrophes.

Ce plan, souvent incomplet, peut être facilement rectifié à vue, et il est facile d'y mentionner l'état des limites existantes, la nature des propriétés riveraines, ainsi que le nom de leurs propriétaires, d'y indiquer les principaux chemins portés au cadastre et les voies naturelles de vidange, l'orientation générale, etc.

Ce plan, généralement fait à l'échelle de 1 à 2 500 ou de 1 à 5 000, peut donner, à l'aide de la matrice cadastrale, une indication approchée de la contenance de la propriété, et sa disposition générale.

Plans d'arpentage. — Juxtaposer les plans d'arpentage des anciennes coupes exploitées, que le propriétaire peut posséder, plans souvent faits à la même échelle que le cadastre ; ces plans, rapportés approximativement sur le calque cadastral, servent à indiquer la répartition des anciennes exploitations et par suite celle du matériel sur pied.

Plan exact. — Notions succinctes d'arpentage (1). — La méthode suivante permet de faire dans la petite et moyenne propriété un plan du domaine boisé avec une exactitude suffisante.

(1) Voy. Muret, Arpentage et nivellement (*Encyclopédie agricole*).

Pour être à même de dresser un plan, il faut piqueter à l'aide de jalons les différents sommets de la figure qu'on veut reproduire (pourtour du périmètre, chemins intérieurs, etc.), mesurer les longueurs de toutes les lignes ainsi établies, et déterminer leurs directions.

Pour mesurer une ligne, on se sert de la chaîne d'arpenteur (10 mètres en général) ; au début de la mesure de chaque alignement les chaîneurs doivent s'assurer que l'homme qui marche en avant a bien les dix fiches réglementaires ; si le terrain est incliné, le chaînage doit être fait en descendant, et la chaîne doit être toujours tendue horizontalement. L'opérateur inscrit au fur et à mesure les résultats du chaînage sur le croquis qu'il tient, comme l'indique la figure 72.

Pour déterminer la direction d'une ligne, on se sert de la boussole (1) que l'on place à son origine ; à l'aide de la lunette on vise le jalon placé verticalement à son autre extrémité; on lit sur le limbe divisé le numéro de la graduation où s'arrête *la pointe bleue* de l'aiguille, et on note cette lecture sur le croquis.

Opérations sur le terrain. — Soit A B C D E, une portion de polygone à lever ; on place la boussole au point A, on vise B, on fait la lecture sur la boussole, on chaîne AB ; on transporte la boussole en B, on vise C et ainsi de suite, en ayant soin de viser et de cheminer de proche en proche et toujours dans le même sens, c'est-à-dire en laissant par exemple toujours l'intérieur de la forêt à sa droite (ou à sa gauche), ce qui facilite le rapport du plan. On opère ainsi jusqu'à ce qu'ayant fait tout le tour du polygone, on soit revenu exactement au point de départ A. On opère de même pour les lignes intérieures (chemins, cours d'eau, lignes de crête, etc.).

Si une partie EA du périmètre se trouve très sinueuse, il est avantageux de la remplacer par quelques grandes directions rectilignes qui seront généralement prises en dehors du périmètre de la forêt, par exemple EM et MA. On lève ces lignes absolument comme le reste du périmètre. Il suffit ensuite de rattacher le périmètre sinueux à ces directrices par des perpendiculaires menées à l'équerre d'arpenteur ; pour cela, on chaîne et on note sur le croquis les longueurs E*p* ; *pq* ; *q*M, etc., et *pp'*, *qq'*, etc., dont le rapport sur le plan se fait d'une façon très simple.

Rapport du plan. — La lecture faite à la pointe bleue de l'aiguille indique l'angle que fait la ligne de visée avec la direction nord-sud de l'aiguille aimantée ; cet angle s'appelle un *orientement*; il s'agit donc tout simplement de tracer sur le papier une ligne faisant avec cette direction nord-sud, et dans le sens convenable, un angle correspondant à l'angle lu.

Pour tracer cette ligne, on se sert d'un *rapporteur*, demi-cercle en corne, gradué comme le limbe de la boussole ; on commence par tracer sur le papier une ligne droite représentant la direction fixe nord-sud

(1) Boussole forestière, composée essentiellement d'un limbe gradué sur lequel est mobile une aiguille aimantée, et d'une lunette servant à faire des visées.

de l'aiguille aimantée ; on place le rapporteur de telle façon que cette ligne passe simultanément par la division du rapporteur correspondant à la lecture faite, et par le point de croisement des diamètres passant par les divisions 0° et 90° du rapporteur ; un trait de crayon

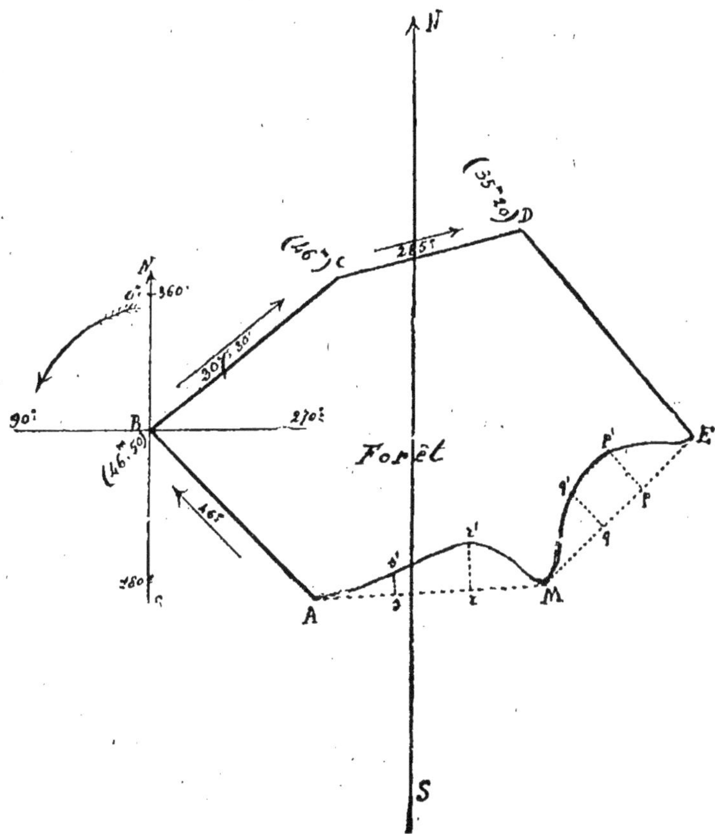

Fig. 72. — Arpentage du périmètre d'une forêt.

tracé suivant le bord rectiligne du rapporteur donne une ligne parallèle à la ligne cherchée. Il est facile de comprendre que si l'on a tracé d'avance une série de parallèles à la ligne nord-sud, on trouvera aisément le moyen de placer le rapporteur de telle façon que cette ligne à tracer passe par le point même qui doit être son origine sur le plan (1).

(1) En se servant d'un papier d'architecte, soit quadrillé, soit simplement à lignes parallèles, l'opération est très facile.

Pour déterminer le sens dans lequel on doit tracer la ligne à partir de son point d'origine, on supposera dessiné en ce point d'origine la figure que nous avons faite au point B (fig. 72) et on partira de ce principe que les angles se comptent en partant du nord dans le sens inverse du mouvement des aiguilles d'une montre; de telle façon que, si par exemple l'orientement de la ligne à tracer est de 307°,30', la ligne sera dirigée dans le sens BC.

Pour donner sur le plan la longueur voulue à cette ligne, on se sert d'une *échelle de réduction*, c'est-à-dire d'une règle graduée à l'échelle du plan. On prend sur cette règle, à l'aide des deux pointes d'un compas, la longueur mesurée horizontalement sur le terrain ; on la porte sur la ligne tracée, à partir de son point d'origine, et on obtient la position du sommet suivant ; on continue de proche en proche. Si le périmètre ainsi rapporté ne ferme pas dans les limites tolérables, c'est qu'on a commis une erreur, soit dans le lever, soit dans le rapport du plan.

Pour calculer la surface ainsi arpentée, on décompose le polygone rapporté en figures géométriques (triangles, trapèzes, etc.) dont on mesure graphiquement les éléments sur le plan quand ils n'y sont pas déjà cotés, et on fait la somme de toutes ces surfaces élémentaires.

Dans le cas où on a substitué des lignes droites à des parties sinueuses, il reste à retrancher ou à ajouter suivant les cas les surfaces comprises entre le périmètre et ces directrices (1).

Le plan d'un domaine boisé doit indiquer les principaux mouvements de terrain, les routes, les cours d'eau, les habitations voisines, etc.

Il est bon de profiter de l'établissement de ce plan pour reconnaître et fixer les limites de la forêt sur les points incertains (2).

Ces limites peuvent être désignées par des bornes numérotées qu'on place aux angles (saillants et rentrants) du périmètre. Partout où des chemins, ruisseaux de bordure, etc., ne désignent pas nettement la limite, il est utile de la préciser artificiellement par des fossés, des rigoles, des cordons ou murs en pierres sèches, des haies, etc., se rappelant qu'une forêt ne restera en bon état que si elle est suffisamment close, partout où il y a lieu de redouter les divagations du bétail voisin.

Reproduction du plan à plusieurs exemplaires. — Lorsque le propriétaire possède un bon plan de sa forêt, sur lequel il a mentionné la situation des coupes, ou l'aménagement, il peut le faire autographier. A défaut de plan autographié, nous conseillons le procédé suivant :

Le propriétaire possède un exemplaire de son plan, tracé avec soin sur une toile calque d'architecte ; les traits et l'écriture, faits à l'encre de Chine, sont nettement visibles ; il lui suffit d'avoir une glace et du

(1) Pour calculer rapidement les surfaces, on peut se servir d'un planimètre, ou du système des quadrillages.

(2) Voir Code civil, article 646. Et en ce qui concerne les propriétés contiguës à des bois soumis au régime forestier, les articles 8 à 14 du Code forestier, et les articles 57 à 66 de l'ordonnance réglementaire du 1er août 1827.

papier photographique au ferro-prussiate pour en tirer facilement un certain nombre d'exemplaires comme on tire un cliché photographique.

Ces exemplaires, distribués aux gardes, aux marchands de bois, aux chasseurs, font connaître le domaine et rendent de très grands services.

2. — ORDRE DES EXPLOITATIONS. — ASSIETTE DE COUPES.

Définitions. — On appelle *coupe*, toute étendue de terrain délimitée dans une forêt pour y abattre tout ou partie des bois qui garnissent cette surface ; *coupe en usance*, les coupes qui sont en exploitation ou en vidange ; le mot *exploitation* est souvent employé dans le sens de coupe ou de vente ; l'*assiette d'une coupe* est la désignation de l'emplacement que doit occuper cette coupe ; l'opération d'*asseoir une coupe* consiste donc à déterminer l'endroit où celle-ci doit être faite, et souvent à en lever le plan, afin de lui donner la contenance voulue.

Ordre des exploitations. — Règles d'assiette. — Dans une bonne exploitation, il est préjudiciable à l'intérêt du propriétaire de disséminer sans raison les exploitations au hasard dans une forêt.

Au point de vue cultural, il est indispensable de suivre un certain ordre, déterminé par les règles suivantes, dont les deux premières concernent spécialement les taillis, et les trois autres visent plus particulièrement les futaies.

Première règle. — Les coupes doivent être assises de manière à se succéder de proche en proche, et recevoir la forme la plus régulière possible. — La succession des coupes de proche en proche crée une graduation suivie entre les divers peuplements d'âges différents qui s'élèvent ensemble ; elle leur permet de se protéger mutuellement contre les vents violents, l'action de la neige, etc., et diminue les chances de chablis ; elle facilite la surveillance des coupes en usance. Quant à la régularité des coupes, elle est très commode ; elle simplifie les opérations d'assiette, celle d'abatage et de vidange des arbres de lisière, et diminue l'action nuisible du vieux peuplement restant, sur le jeune recru des bords de la coupe.

Deuxième règle. — Les coupes seront assises de telle sorte que le transport des bois d'une coupe en exploitation puisse s'effectuer sans qu'on soit obligé de traverser les coupes précédemment exploitées. — Cette règle s'explique d'elle-même, en raison du préjudice que causeraient les nombreux charrois nécessaires pour la vidange de toute une coupe en passant au travers de jeunes recrus ou de repeuplements en voie de croissance. L'inobservation de cette règle est souvent la cause de nombreux vides plus ou moins étendus qu'on est obligé de repeupler artificiellement.

Il y a donc lieu, dans l'opération d'assiette d'une coupe, de tenir compte de l'existence des laies sommières (1).

Troisième règle. — Les coupes doivent être assises à l'encontre des vents dangereux. — Dans la plus grande partie de la France, les vents dangereux sont ceux du sud et de l'ouest, en raison de leur violence et de la pluie qui les accompagne presque toujours et qui détrempe le sol. Par suite, on doit, en général, tendre à asseoir successivement les coupes en allant du nord vers le sud et de l'est vers l'ouest ; les exploitations laissent ainsi du côté exposé aux vents dangereux le massif plein ; ce massif sert d'abri et protège les arbres de réserve qui sont moins résistants contre l'effort du vent, surtout pendant les premières années de leur isolement. Pour procurer le même abri aux dernières coupes, il peut être utile, dans les situations très exposées, de laisser, du côté des vents dangereux, un rideau de protection de 20 à 30 mètres d'épaisseur.

L'application de cette troisième règle devient surtout importante dans les futaies, pour les essences résineuses, à cause de leur hauteur considérable, et spécialement pour les essences à enracinement superficiel ; elle est indispensable sur les versants et les portions élevées des régions montagneuses.

Elle offre encore l'avantage, quand les essences ont des graines légères ou munies d'ailes, de faciliter le réensemencement naturel, car les semences sont emportées par les vents, des massifs non encore exploités, vers les coupes en usance.

Quatrième règle. — En montagne, les exploitations doivent être dirigées de bas en haut. — L'effet du massif supérieur vers lequel se dirigent les exploitations est protecteur, comme dans le cas précédent, contre les vents généralement plus violents des régions élevées. On constitue d'ailleurs, en général, sur le sommet des montagnes, des zones protectrices plus importantes formées par des peuplements jardinés et l'on a soin d'y réduire à dessein les exploitations. Souvent, alors, la vidange des coupes s'effectue dans le sens de la pente, au travers des coupes récemment exploitées ; on doit, dans ce cas, chercher à réduire les dégâts dans la mesure du possible, en installant des voies de vidange bien réparties, des lançoirs ou plutôt des chemins de schlitte, des câbles aériens, etc.

Cinquième règle. — En montagne, les coupes seront autant que possible longues et étroites, et assises de manière à offrir aux vents violents leur moindre profondeur. — La coupe ainsi établie offrira moins de prise aux vents dangereux et sera mieux protégée par le massif voisin.

(1) Lignes de division ou de séparation des coupes, assez larges pour permettre la vidange.

Observation. — Dans l'application, ces règles conduisent parfois à des résultats contradictoires l'un avec l'autre ; il est nécessaire alors de comparer leur raison d'être et leur utilité respective, afin d'en déduire la marche la plus avantageuse à suivre. Dans tous les cas, le but à rechercher est d'éviter les nombreux chablis qui viennent jeter le désordre et souvent la ruine dans des peuplements de valeur.

Manière d'asseoir une coupe sur le terrain. — Pour asseoir une coupe d'une contenance donnée sur le terrain, autrement dit pour la détacher du vieux massif restant et la délimiter, il est nécessaire de procéder à un arpentage. Cet arpentage donne lieu à l'ouverture de filets ou lignes de délimitation qui séparent la coupe du surplus du bois. Nous envisagerons successivement le rôle de l'agent arpenteur et celui des gardes.

Rôle de l'agent arpenteur. — En général, la ligne à ouvrir doit avoir une direction déterminée à l'avance, soit pour être parallèle aux lignes précédentes, soit en raison de la vidange de la coupe et de la pente du terrain.

On commence par lever et rapporter le périmètre de la forêt dans la partie où se trouve la coupe à asseoir, comme il a été dit précédemment ; puis on trace sur le plan une ligne provisoire ayant la direction donnée. On calcule la partie ainsi détachée, et en ajoutant ou retranchant des trapèzes, on arrive par approximations successives à détacher sur le plan la contenance voulue (1).

Il reste alors à ouvrir la ligne sur le terrain. D'après les indications du plan, on détermine l'orientement de cette ligne et son point de départ sur le terrain ; plaçant la boussole en ce point, on met la pointe bleue de l'aiguille en coïncidence avec la division du limbe correspondant à cet orientement ; on fixe la boussole dans cette position ; la ligne de visée de la lunette donne la direction de la ligne à ouvrir. L'agent arpenteur dirige avec sa lunette les premiers jalonneurs, qui se guident ensuite pour la continuation de l'ouverture de la ligne sur les premiers jalons placés.

La ligne une fois ouverte, on s'assure que son tracé sur le terrain correspond bien avec les indications du plan, comme point d'arrivée et comme longueur.

Rôle des gardes. — a. *Avant l'opération.* — Le garde, connaissant la position que doit occuper la coupe, visite la ligne sur laquelle la

(1) Dans le cas particulier où les côtés opposés du périmètre sont sensiblement parallèles, la surface à ajouter ou à retrancher pouvant être assimilée à un parallélogramme dont on connaît la surface et les bases, il est facile d'en calculer immédiatement la hauteur.

coupe doit s'appuyer, la rafraîchit, la jalonne, en recherche les anciens corniers et parois ; puis il dégage le périmètre à arpenter, découvrant les bornes, fossés, murs, etc. ; il prépare des jalons bien droits, taillés en pointe aux deux bouts, des piquets en bois dur appointis à un bout, et prend ses mesures pour que, au jour de l'opération, il y ait des serpes et haches entre les mains des auxiliaires.

b. *Pendant l'opération.* — Le garde exécute scrupuleusement toutes les instructions qui lui sont données par l'arpenteur. Il donne tous ses soins à un bon jalonnage et spécialement au chaînage pour lequel on ne saurait prendre trop de précautions (vérification des fiches à chaque chaînage partiel ; mesurer toujours en descendant, par continuité, bien horizontalement, par cinq mètres si la pente est forte, etc.).

Des *arbres parois* sont marqués au pied du marteau de l'opérateur, du côté et en regard de la ligne qu'ils déterminent ; des *arbres corniers* sont choisis à un angle formé par la rencontre de deux lignes, et marqués sur deux faces, en regard et du côté de ces lignes. Les piquets d'angle sont, en l'absence de corniers, rattachés à des *arbres témoins*, dont on note l'essence et la grosseur ; les blanchis de ces arbres témoins sont faits légèrement sur l'écorce et à deux mètres de hauteur.

c. *Après l'opération.* — Bien dégager la ligne ouverte, l'entretenir, veiller sur les piquets, les remplacer s'ils disparaissent, ceinturer d'un lien les arbres corniers, parois et témoins ; s'il existe plusieurs lots, indiquer le numéro de chaque lot sur un blanchis fait aux arbres de limite. (*Agenda du Forestier.*)

3. — NOTIONS SUCCINCTES D'AMÉNAGEMENT.

Aménager une forêt, c'est régler la marche des exploitations de manière à obtenir des produits périodiques, annuels si c'est possible, aussi soutenus et aussi avantageux que possible.

Les végétaux ligneux, par la lenteur de leur croissance, ne donnent que des produits périodiques, à période assez longue ; raccourcir ces périodes, chercher même à obtenir des produits annuels, rentre dans les conditions des exploitations ordinaires et dans l'idée courante qu'on se fait d'avoir des revenus.

Pour rendre plus fréquentes les récoltes, il faut diviser la forêt en coupes au lieu de tout exploiter d'un seul coup ; pour rendre les produits aussi avantageux que possible, il faut couper à l'âge le plus convenable.

Nous indiquons dans le cours de cet ouvrage les considérations qui peuvent guider pour déterminer l'âge auquel il faut couper ; connaissant cet âge, il reste, si l'on veut des produits annuels, à diviser la forêt en autant de coupes équivalentes en production qu'il y a d'années dans le nombre qui exprime l'âge auquel on veut couper ; c'est-à-dire à former ce qu'on appelle, en style d'aménagement, le plan d'exploitation.

Plan d'exploitation. — Etablir un plan d'exploitation, c'est effectuer un travail qui consiste à régler la quotité et la marche des coupes.

Suivant la méthode d'exploitation adoptée, le plan d'exploitation s'établit de manières différentes et nous examinerons successivement les divers cas qui peuvent se présenter :

Premier cas. — Taillis simple. — Considérons d'abord une forêt dans laquelle tous les arbres parcourent simultanément les phases successives de leur existence (bois taillis de petite étendue) ; elle ne donne de produits marchands qu'après un certain nombre d'années d'existence, nombre d'années égal à l'âge des arbres qu'on coupe. Une fois l'exploitation faite, le propriétaire doit attendre un temps égal pour faire une nouvelle récolte, et ainsi de suite.

Soit, par exemple, 30 hectares de taillis que le propriétaire exploite à l'âge de trente ans ; en 1902 le taillis est âgé de cinq ans ; le plan d'exploitation est évidemment le suivant :

En 1927 : exploitation de trente hectares âgés de trente ans ;

En 1957 : exploitation de trente hectares âgés de trente ans, etc.

On dit que la forêt est à *exploitation périodique.*

Mais on peut concevoir dans la même forêt une méthode meilleure, ou tout au moins plus commode, d'effectuer la récolte ; subdivisant la forêt en un certain nombre de coupons, le propriétaire dirige la formation des peuplements de telle sorte que l'âge d'exploitation de chaque coupon ne tombe plus à la même époque. Pendant la même période de temps, il exploitera encore toute la forêt, mais par parties et non en bloc, et à des intervalles déterminés.

Dans l'exemple précédent, nos trente hectares de taillis sont divisés en trois coupons de dix hectares, et les arbres sont toujours exploités à trente ans ; mais les âges sont différents sur chacun des coupons ; ils sont, par exemple, en 1902, de vingt-neuf ans dans le coupon n° 1, de vingt-cinq ans dans le coupon n° 2 et de quinze ans dans le coupon n° 3.

Le plan d'exploitation est évidemment le suivant :

En 1903, exploitation du coupon n° 1 composé de dix hectares âgés de trente ans.

En 1907, exploitation du coupon n° 2 composé de dix hectares âgés de trente ans.

En 1917, exploitation du coupon n° 3 composé de dix hectares âgés de trente ans.

En 1933, exploitation du coupon n° 1 composé de dix hectares âgés de trente ans, etc.

La forêt constituée par une série de coupons à exploitation périodique, permet au propriétaire d'obtenir des récoltes partielles, à intervalles plus rapprochés.

Cette première amélioration nous conduit à la notion d'*aménagement par contenance.*

Pour que la récolte forestière, essentiellement périodique sur un point donné, puisse devenir annuelle, comme l'exigent les besoins de l'homme, il est nécessaire de réaliser les produits successivement sur autant de surfaces différentes qu'il faut d'années aux arbres pour atteindre les dimensions requises. La forêt, ainsi économiquement constituée, est dite aménagée.

Dans l'exemple précédent où il s'agit d'un taillis exploitable à l'âge de trente ans, si le propriétaire veut pouvoir réaliser tous les ans un hectare de taillis âgé de trente ans, il devra posséder une forêt de trente hectares, composée de trente coupons d'un hectare, et il est nécessaire en outre que les âges des bois de chaque coupon diffèrent entre eux d'une année, depuis les sujets naissants jusqu'à ceux qui ont vécu le nombre d'années que comporte la récolte.

Quand la forêt est dans cet état, elle est dite *normalement constituée* (1).

Dès lors, pour établir le plan d'exploitation, on commence par fixer la quotité des coupes annuelles, en divisant la surface

(1) Si les différences du sol et l'état de végétation du peuplement sont assez importantes pour que la valeur d'un hectare de taillis de trente ans sur un point soit notablement différente de la valeur d'un hectare de taillis de même âge sur un autre point, pour obtenir un revenu constant les coupons devront avoir, non des surfaces égales, mais des surfaces équivalentes.

de la forêt en autant de parties sensiblement égales qu'il y a d'années dans la révolution adoptée, puis on limite ces différentes coupes sur le terrain en les arpentant, ce qui s'appelle aménager la forêt par contenance.

L'aménagement par contenance est le plus simple, le plus pratique, celui qui permet le mieux le contrôle ; il est toujours applicable au taillis.

Il ne reste plus qu'à numéroter les coupes obtenues, en donnant le numéro 1 à celle à exploiter la première, le numéro suivant à la coupe voisine et ainsi de suite dans l'ordre des âges, les derniers numéros étant donnés aux coupes les plus jeunes.

Remarquons qu'en procédant ainsi dans une forêt très anormale, on sera amené à exploiter quelquefois des bois un peu plus âgés ou un peu plus jeunes que l'âge qu'on s'était fixé, mais cela pendant la première révolution seulement. Ces sacrifices une fois faits, on aura ramené la forêt à un état normal.

Deuxième cas. — Taillis fureté. — La quotité et la marche des coupes réglées par contenance comme pour les taillis simples, on partage la révolution en un certain nombre de rotations (2 à 4) et on divise la forêt en autant de coupons qu'il y a d'années dans la rotation, en observant les règles prescrites pour la division en coupes des taillis simples.

On indique l'ordre dans lequel ces coupons seront parcourus, et en même temps on détermine les dimensions minima des perches à exploiter à chaque passage (dimension des bois à l'âge normal d'exploitabilité).

Troisième cas. — Taillis composé. — Le taillis composé est constitué par deux éléments distincts : le taillis et les réserves.

La quotité et la marche des coupes se règlent par contenance, en vue de l'élément taillis, comme pour un taillis simple.

Ce plan d'exploitation se complète ensuite par des prescriptions spéciales à l'élément réserve ; ces prescriptions portent le nom de *plan de balivage* et nous en parlons au cours de notre ouvrage (IIIe partie). Ce plan de balivage indique pour chacune des essences de la réserve :

1° L'intérêt qu'il y a à conserver des réserves ;

2° La proportion à observer dans le recrutement des baliveaux ;

3° Le terme d'exploitabilité des réserves et la dimension moyenne à cet âge ;

4° Les signes de la maturité.

Il n'est pas possible de déterminer à l'avance le *nombre* des arbres de chaque catégorie à conserver lors du balivage des coupes.

Le traitement en taillis composé peut comporter, pour le bon recrutement de la réserve, des coupes d'amélioration (dégagements de semis, éclaircies) ; on peut en régler, s'il y a lieu, la *périodicité* et la *marche*.

Quatrième cas. — Futaies exploitées par coupe unique. — *Sont dans ce cas toutes les futaies repeuplées* artificiellement, et même quelques futaies régénérées par voie naturelle, comme par exemple certaines futaies de pin maritime, de pin d'Alep, d'épicéa en région montagneuse.

Le plan d'exploitation se fait alors comme dans un taillis simple ; on divise la forêt en autant de coupes qu'il y a d'années dans la révolution (1) choisie, et on exploite chaque année une de ces coupes, en commençant par la plus âgée.

Quand on assied ces coupes sur le terrain, il y a lieu, autant que la disposition des lieux le permet, de leur donner une forme étroite et allongée ; on peut ainsi bénéficier, dans une certaine mesure, de l'ensemencement latéral, si des graines proviennent des peuplements voisins, et il est toujours facile de se conformer aux principales règles d'assiette.

Cinquième cas. — Futaies régénérées par coupes successives où la période de régénération est courte (inférieure à vingt ans). — **Forêts de plaines et de coteaux** (*Méthode de M. Parade*).

Dans ces futaies, le plan d'exploitation se divise en deux parties bien distinctes : le plan d'exploitation des coupes principales ; le plan d'exploitation des coupes d'amélioration.

(1) La révolution, d'une façon générale, est le laps de temps adopté pour la régénération successive de tous les peuplements qui constituent la forêt. C'est encore le nombre d'années qu'il faut à un arbre pour atteindre la dimension à laquelle on l'exploite.

a. *Plan d'exploitation des coupes principales.* — Par suite des exigences culturales de la méthode de régénération par coupes successives, il est difficile de concilier une marche de coupes par contenance avec rapport soutenu, et les exigences culturales de coupes successives faites chacune en temps opportun.

Aussi, en pratique, un des maîtres de la sylviculture, M. Parade, a divisé le problème :

Suivant sa méthode, on divise la révolution en un certain nombre de parties égales que l'on nomme *périodes* ; les périodes doivent être plus longues que le temps nécessaire à la régénération d'une surface donnée ; elles doivent être au moins du double (environ vingt à quarante ans) pour permettre, d'après la pratique, d'assurer les exigences du rapport soutenu tout en se conformant aux exigences de la culture.

La division en périodes fixée, on partage la surface de la forêt en autant de parties égales qu'il y a de périodes dans la révolution. Ces parties sont des coupes périodiques par contenance ; elles ont reçu le nom d'*affectations.*

Chaque affectation correspond à une période, et doit être régénérée pendant cette période.

La division de la révolution en périodes et le partage de la forêt en affectations, porte le nom de *règlement général d'exploitation.*

Le règlement général d'exploitation formé, il ne reste plus qu'à dresser la quotité et la marche des coupes dans l'intervalle de chaque période. Pour régler cette quotité et cette marche, on a recours à la possibilité par volume ; c'est l'objet de ce qu'on appelle *le règlement spécial d'exploitation.*

Ce règlement spécial d'exploitation se dresse au début de chaque période et seulement pour la période qui s'ouvre ; il ne porte en principe que sur l'affectation à régénérer au cours de cette période.

Pour régler la quotité des coupes annuelles dans cette affectation, on procède alors de la manière suivante : on cube le matériel existant sur l'affectation, matériel qui ne comprend que des tiges déjà âgées ; on y ajoute l'accroissement en volume que prendront ces arbres pendant le temps qu'ils resteront encore sur pied (en moyenne moitié du nombre d'années de la période) et on divise ce volume total par le nombre d'années de la période. Le quotient ainsi trouvé représente le nombre de mètres cubes à faire tomber chaque année (1).

Le cube des arbres qui se trouvent sur l'affectation à régénérer pendant la période s'obtient en procédant à des comptages et mesurages sur le terrain.

L'accroissement en volume de ces arbres s'obtient de la façon suivante : d'après l'âge de ces arbres et leur volume actuel, on calcule leur accroissement moyen annuel passé (2) ; en raison de l'âge des arbres, on admet que leur accroissement futur est égal à cet accroissement moyen passé, et avec ce chiffre on calcule l'accroissement que prendront ces bois en supposant qu'ils resteront debout pendant la moitié de la période.

On indique ensuite l'ordre dans lequel les diverses parties de l'affectation seront mises en coupes d'ensemencement (3). On ne peut faire plus, les exigences culturales ne pouvant permettre de prévoir à l'avance l'ordre dans lequel se produiront les semis, et les époques où il sera opportun de les découvrir par les coupes secondaires successives.

En ayant soin de prendre chaque année le volume prévu, on doit exploiter tout le matériel pendant la période, et d'autre part on a assez de matériel pour continuer les exploitations pendant toute la période.

Il est facile de se rendre compte qu'en principe les coupes d'ensemencement doivent avoir parcouru toute l'affectation pendant la première moitié de la période, afin qu'on ait le temps de terminer pendant la deuxième moitié de la période les coupes secondaires et les coupes définitives sur toute la surface de l'affectation en cours.

b. *Plan d'exploitation des coupes d'amélioration.* — On dresse au commencement de chaque période un tableau indiquant, pour chaque année de la période, les contenances à par-

(1) Il est évident que pour cuber le volume annuel à enlever on devra faire usage des mêmes tarifs que ceux qui ont servi à dresser l'inventaire.

(2) Cet accroissement moyen est égal au volume du matériel existant sur l'affectation divisé par l'âge moyen des bois qui composent ce matériel.

(3) En pratique, l'affectation est divisée en coupons ou parcelles désignées par les lettres A, B, C, etc...

courir en coupes d'éclaircie. Si les éclaircies passent tous les douze ans (1), on divise par douze la contenance totale des parties de la forêt à parcourir en coupes d'éclaircie pendant la durée de chaque rotation de douze ans ; puis on commence les éclaircies aux points où l'opération est le plus utile.

Quant aux dégagements, ils ne peuvent être prévus ; ils sont effectués quand on les reconnaît nécessaires.

Cette méthode, pour être appliquée, exige des forêts ayant déjà une certaine étendue, environ 150 hectares au minimum. A ce titre, elle n'est guère pratique dans la propriété particulière ; elle exige d'ailleurs un matériel superficiel très important, ce qui est peu compatible avec le fonctionnement économique de la propriété privée.

Exemple. — Nous considérons une futaie de sapin et d'épicéa située sur le troisième plateau du Doubs, à l'altitude de 900 mètres. La contenance est de 148 hectares ; la durée de la révolution adoptée est de cent quarante ans ; la durée choisie pour la période est de vingt ans (2).

Il s'ensuit que la révolution se trouve partagée en sept périodes, et parallèlement que la forêt a été divisée en sept affectations de 21 hectares en moyenne.

Règlement général d'exploitation.

Affectations.	*Nature des peuplements.*	*Contenances.*
		Hectares.
I. —	Vieille futaie régénérée	20,21
II. —	Futaie	20,19
III. —	Haut-perchis	21,98
IV. —	Haut-perchis	20,83
V. —	Perchis	21,85
VI. —	Perchis	21,51
VII. —	Fourré, gaulis, bas-perchis	21,45
	Total	148,02

Règlement spécial pour la première période.

a. *Coupes principales.* — *Quotité des coupes.* — Matériel existant au début de la période : 16 107 mètres cubes.

(1) On prend pour durée de rotation un sous-multiple du chiffre exprimant la durée de la période.

(2) Cette durée de période, empruntée à l'aménagement d'une forêt existante, est un peu courte.

Age moyen des bois : $\left(\frac{6 \times 140}{7} + \frac{20}{2}\right) = 130$ ans.

Accroissement annuel moyen jusqu'à cet âge : $\frac{16\,107}{130} = 123^{mc},9$.

Multipliant ce nombre par la moitié de la durée de la période, et y ajoutant le cube primitif, on a le cube total : $16\,107 + 123,9 \times 10 = 17\,346$ mètres cubes.

Et divisant par 20, on obtient 817 mètres cubes, volume à enlever chaque année pendant la période (1).

Marche des coupes. — On commencera les coupes d'ensemencement par le nord-est de l'affectation à régénérer.

b. *Coupes d'amélioration.* — Rotation adoptée : dix ans. Contenances à éclaircir pendant la période : $127^{h},81$, soit les affectations II, III, IV, V, VI et VII.

Etendue moyenne à parcourir chaque année : $12^{h},78$.

Marche des coupes (ou état d'assiette).

		Hectares.
1902.............	II (partie)..........	12,78
1903.............	II (partie)......... III (partie).........	12,78, etc.

Sixième cas. — Futaies régénérées par coupes successives où la période de régénération est longue (par exemple supérieure à vingt ans) ; **forêts de montagne** (*méthode nouvelle*).

1° *Division en parcelles.* — On divise la forêt en parcelles s'appuyant sur les lignes de crête, lignes de fond, lignes de plus grande pente, les voies de vidange existantes ou à créer, et on établit ainsi sur le terrain une division fixe et permanente, en rapport avec les conditions topographiques de la forêt. Ces parcelles doivent être régulièrement limitées et d'une bonne assiette ; la contenance de chaque parcelle ne doit pas dépasser 20 à 25 hectares ; elles sont exactement reportées sur le plan, et sont désignées en allant de l'est à l'ouest et du nord au sud, par la suite non interrompue des nombres.

2° *Inventaire du matériel.* — On procède dans chaque parcelle au dénombrement et au cubage de tous les arbres *à partir de* 20 *centimètres de diamètre.*

(1) Généralement, en pratique, pour éviter les mécomptes ou des accidents, on ne tient pas compte de l'accroissement pendant la période. Le volume à enlever chaque année serait alors simplement de $\frac{16\,107}{20} = 805$ mètres cubes.

3° *Règlement d'exploitation.* — Muni du plan parcellaire et des tableaux de cubage, on dresse un règlement d'exploitation pour un laps de temps assez court, de dix à vingt ans ; il comprend les parties suivantes :

a *Dimension d'exploitabilité.* — On détermine les dimensions en diamètre que l'on se propose de réaliser dans la forêt (1).

b. *Révolution.* — On cherche à se rendre compte du nombre d'années nécessaires aux arbres de la forêt pour acquérir cette dimension ; cette durée, allongée de quelques années pour tenir compte des retards possibles dans la production de la régénération, est ce qu'on appelle la *révolution.*

c. *Détermination de la possibilité.* — Le diamètre que l'on se propose de réaliser, et la révolution ainsi entendue fixée, on répartit les arbres dénombrés en trois groupes :

Les *vieux bois*, formés par tous les arbres ayant dépassé les deux tiers de la dimension d'exploitabilité ;

Les *bois moyens*, formés des arbres dont les dimensions sont comprises entre les deux tiers et le tiers de la dimension d'exploitabilité ;

Enfin les *jeunes bois* comprenant les arbres dont la dimension est inférieure au tiers de celle d'exploitabilité.

On compare le cube des vieux bois à celui des bois moyens ; si le premier est au second dans la proportion de 5 à 3, on admet que la proportion des deux groupes est *normale*, et on considère le groupe des vieux bois comme devant être réalisé pendant le premier tiers de la révolution. En ajoutant au cube des vieux bois son accroissement moyen probable jusqu'à l'époque de l'exploitation et en divisant le total obtenu par le tiers de la révolution, on obtient l'expression de la possibilité annuelle (2).

(1) Pour raison économique, le propriétaire particulier coupe, en général, bien avant l'âge où les peuplements de la forêt donnent des signes de dépérissement ou d'un ralentissement de croissance trop accentué.

(2) Dans le cas de peuplement normalement constitué, on peut sans grande erreur appliquer la formule suivante :

$$P = \frac{2,25\ V}{n}$$

dans laquelle P représente le nombre de mètres cubes à enlever chaque année, V la somme des volumes des vieux bois et des bois moyens, et n le nombre d'années de la révolution.

Si le volume des vieux bois n'est pas à celui des bois moyens dans le rapport considéré comme normal, 5 à 3, deux cas peuvent se présenter.

1° *Les vieux bois sont en excès.* — Si on applique la formule précédente $P = \frac{2,25\,V}{n}$ qui suppose que le volume des vieux bois et celui des bois moyens sont entre eux dans le rapport 5 à 3, on doit s'attendre à une baisse de rendement après l'exploitation des vieux bois.

Pour maintenir le rendement soutenu, il faut s'y prendre de la manière suivante : on diminue le cube des vieux bois d'un volume a que l'on transfère au volume des bois moyens, de telle sorte que l'on ait :

$$\frac{V_1 - a}{V_2 + a} = \frac{5}{3}$$

formule qui donne :

$$a = \frac{3V_1 - 5V_2}{8}$$

dans laquelle V_1 représente le volume inventorié des vieux bois, V_2 le volume inventorié des bois moyens ; le volume (a) déterminé par cette formule est constitué par les tiges classées d'abord dans les vieux bois, et ayant dans cette classe les plus faibles diamètres.

On calcule la possibilité, c'est-à-dire le nombre de mètres cubes à exploiter chaque année pendant le laps de temps considéré, en ajoutant au volume ($V_1 - a$) définitivement classé parmi les vieux bois, l'accroissement probable pris par ce volume jusqu'à l'époque de l'exploitation, et en divisant le total obtenu par le chiffre exprimant le tiers de la révolution.

En agissant ainsi, on enrichit la forêt, mais il faut s'assurer que l'état de végétation des arbres ayant les catégories de diamètre qui dépassent le moins les deux tiers de la dimension d'exploitabilité, leur permet de vivre encore plus du tiers de la révolution.

2° *Il y a manque de vieux bois.* — Si on applique la formule donnée précédemment : $P = \frac{2,25\,V}{n}$ qui suppose que $\frac{V_1}{V_2} = \frac{5}{3}$, on doit s'attendre à ce qu'il y ait plus tard une élévation de rendement.

Pour maintenir le rendement soutenu, on peut agir d'une façon analogue, mais inverse ; il faut s'y prendre de la manière suivante : on augmente le cube des vieux bois d'un volume *b* que l'on distrait des bois moyens, pour le transférer aux vieux bois, de telle sorte que l'on ait :

$$\frac{V_1 + b}{V_2 - b} = \frac{5}{3},$$

formule qui donne :

$$b = \frac{5V_2 - 3V_1}{8}.$$

Le volume *b*, déterminé par cette formule, est constitué par les tiges classées d'abord dans les bois moyens, et ayant dans cette classe les dimensions les plus fortes.

On calcule la possibilité en ajoutant au volume $(V_1 + b)$ définitivement classé parmi les vieux bois l'accroissement probable pris par ce volume jusqu'à l'époque de l'exploitation, et en divisant le total obtenu par le chiffre exprimant le tiers de la révolution.

En agissant ainsi, on appauvrit la forêt en gros bois, et il y a lieu d'examiner si les catégories des bois d'âge moyen, présentant les plus fortes dimensions, peuvent être à la rigueur exploitées sans faire de trop grands sacrifices dans le temps affecté à la réalisation des vieux bois.

d. *Marche des exploitations.* — La possibilité calculée, il faut régler la marche des exploitations. On classe les parcelles en deux groupes :

Premier groupe. — Parcelles dont on entreprend ou poursuit la régénération, c'est-à-dire dans lesquelles on se propose de faire pendant le temps que concerne le plan d'exploitation (dix à vingt ans) des coupes d'ensemencement, secondaires ou définitives ; ces parcelles ne forment pas nécessairement un seul tenant.

Deuxième groupe. — Parcelles dans lesquelles on ne doit faire, pendant le même temps, que des coupes d'amélioration (1).

Après avoir effectué la répartition des parcelles en deux groupes, on fixe dans chacun d'eux la succession probable des opérations, d'après une reconnaissance faite sur le terrain, et on s'occupe de régler la marche des coupes dans chaque groupe ; dans le premier groupe, on doit se borner à indiquer l'ordre probable des coupes de régénération ; on ne peut faire plus, puisque la production et le développement plus ou moins rapide des semis sur tel ou tel point ne peuvent être déterminés à l'avance.

Dans ces parcelles du premier groupe, il est généralement bon de prévoir des coupes d'extraction de vieux arbres ou de bois dépérissants, surtout dans les forêts résineuses. On dresse alors, à cet effet, un tableau indiquant année par année les parcelles de ce premier groupe devant être parcourues par les coupes d'extraction.

Dans les parcelles du second groupe soumises à des coupes d'amélioration, la marche des coupes est réglée par contenance ; on indique donc, année par année, les parcelles à parcourir.

e. *Application de la possibilité* (2). — Chaque année, on commence par reconnaître les chablis qui ont pu se produire dans toute la forêt ; on déduit leur volume de la possibilité ; ce qui reste indique le nombre de mètres cubes à enlever pendant l'année en coupes d'amélioration ou de régénération.

On se rend alors dans les parcelles désignées par le tableau de la marche des coupes d'amélioration (deuxième groupe) et on fait dans ces parcelles les éclaircies voulues par les règles de culture, et les extractions des vieux bois qui doivent tomber en raison de leur état ; on défalque le volume ainsi abattu de ce qui reste de la possibilité.

Enfin le surplus de la possibilité est recruté en coupes de régénération (premier groupe), c'est-à-dire en coupes d'ensemencement, en coupes secondaires ou définitives suivant l'état des parcelles en régénération.

(1) Eclaircies et extractions de vieux arbres.

(2) Pour appliquer la possibilité, il faut faire usage des tarifs qui ont servi à dresser l'inventaire.

A la fin des dix ou vingt ans pour lesquels le règlement d'exploitation a été dressé, on procède dans les parcelles, et sans les modifier, à de nouveaux comptages ; à l'aide de ces nouveaux comptages, on détermine à nouveau la possibilité, et on refait la répartition des parcelles en deux groupes, remettant dans le second groupe les parcelles dont la régénération se trouve terminée et les remplaçant dans le premier groupe par des parcelles dont la régénération doit être entreprise d'après l'état des peuplements.

La comparaison des nouveaux comptages avec les comptages effectués précédemment permet de faire les opérations avec plus de certitude et de précision.

Application de la méthode. — Nous prendrons comme exemple, une belle forêt de sapin et épicéa, située à 800 mètres d'altitude sur les plateaux du Jura.

Cette forêt, d'une étendue de 380 hectares, est divisée en 25 parcelles d'une étendue moyenne de 15 hectares.

Inventaire du matériel. — Les arbres sont dénombrés à partir de $0^m,80$ de tour à $1^m,30$ du sol.

Le nombre des arbres dénombrés est de 95 159 ; leur volume est de 200 022 mètres cubes.

Pour obtenir ce cube, on a opéré de la façon suivante : après avoir mesuré tous les arbres ayant $0^m,80$ et plus de circonférence à $1^m,30$ du sol, on a apprécié leur hauteur moyenne pour chaque catégorie de circonférence ; puis, leur appliquant le tarif en usage pour la forêt, on a déterminé le volume des tiges qui a été augmenté de 1/10 pour tenir compte du houppier. Les petits bois ayant moins de $0^m,80$ de tour à $1^m,30$ du sol n'ont pas été compris dans le dénombrement.

Règlement d'exploitation. — Ce règlement d'exploitation est établi pour une durée de vingt ans.

Dimension d'exploitabilité. — Dans la forêt considérée, l'arbre ayant atteint $2^m,40$ de circonférence, mesure prise à $1^m,30$ du sol, est considéré comme exploitable, et l'expérience prouve que dans cette forêt la moyenne de l'âge des arbres qui ont atteint cette dimension est de cent soixante ans. Ce chiffre 160 est celui qui est adopté pour la durée de la révolution.

Détermination de la possibilité. — D'après les chiffres précédents, sont classés : dans la catégorie des jeunes bois, toutes les tiges ayant moins de $0^m,80$ de tour à $1^m,30$ du sol ; dans la catégorie des bois moyens les arbres qui ont de $0^m,80$ à $1^m,40$ de tour ; dans la catégorie des vieux bois, ceux qui ont plus de $1^m,40$. Les comptages ont permis de déterminer les chiffres suivants :

Bois moyens................	73 916 mètres cubes.
Vieux bois....................	126 106 —
Total	200 022 mètres cubes.

Si on compare le volume des vieux bois au volume des bois moyens, on trouve que le rapport est de $\frac{126\,106}{73\,916} = 1{,}70$, soit sensiblement égal à celui de 5 à 3 qui est 1,666.

Mais dans le cube des vieux bois figure un certain nombre de tiges de 3 mètres et plus de circonférence dont l'exploitation est urgente ; le cube de ces bois a été mis à part sous la rubrique : vieux bois surannés à exploiter d'urgence en dehors de la possibilité, et il résulte de cette situation que l'inventaire doit être établi de la façon suivante :

Bois moyens................................	73 916 mètres cubes.
Vieux bois proprement dits (ayant plus de $1^m{,}40$ et moins de 3 mètres de tour)	116 485 —
Bois surannés (ayant plus de 3 mètres de tour à $1^m{,}30$ du sol)	9 621 —
Total	200 022 mètres cubes.

La comparaison est dès lors faite seulement entre le volume des vieux bois proprement dits et celui des bois moyens : $\frac{116\,485}{73\,916} = 1{,}5$, rapport inférieur à $\frac{5}{3}$ (soit 1,6666).

Pour calculer la possibilité, on doit faire passer de la classe des bois moyens dans celle des vieux bois un volume a calculé de la façon suivante :

$$a = \frac{5 \times 73\,916 - 3 \times 116\,485}{8} = 2\,503 \text{ mètres cubes,}$$

et ce volume a est obtenu en prenant les tiges de plus forte dimension dans la classe des bois moyens.

Le total des arbres de $1^m{,}40$ de tour, bois les plus gros de la classe des bois moyens, étant de 2 515 mètres cubes, on adopte ce chiffre et dès lors le volume des arbres classés définitivement dans les vieux bois est de :

$$116\,485 + 2\,515 = 119\,000 \text{ mètres cubes.}$$

C'est ce volume qui est à exploiter pendant le premier tiers de la révolution pour assurer un rendement soutenu.

Le calcul de la possibilité s'effectue dès lors de la façon suivante :

1° Calcul de l'accroissement moyen annuel passé : l'accroissement moyen annuel passé est le quotient du volume total des arbres classés définitivement comme vieux bois, par l'âge moyen de ces bois ; or, cet âge moyen ne peut s'établir qu'en se reportant aux calepins de dénombrement et à la constitution de la classe définitive de vieux bois ; il est variable suivant les circonstances ; pour l'obtenir, il faut, en réalité, prendre la moyenne arithmétique des âges de tous les bois de chaque catégorie de diamètre qui entrent dans le cube total de tous les arbres, définitivement classés dans les vieux bois.

Dans l'exemple que nous avons choisi, le calcul précédent, fait sur le relevé des opérations, donne pour tous les arbres définitivement classés dans les vieux bois, un âge moyen de cent trente-trois ans.

Dès lors, l'accroissement annuel moyen passé est de $\frac{119\,000}{133} = 894$ mètres cubes en chiffres ronds.

L'accroissement probable des vieux bois s'en déduit; pour un sixième de la révolution, il est de :

$$894 \times \frac{160}{6} = 23\,840 \text{ mètres cubes.}$$

La somme du volume des arbres classés définitivement dans les vieux bois, 119 000 mètres cubes, et de leur accroissement probable jusqu'à leur exploitation, 23 840 mètres cubes, donne 142 840 mètres cubes; c'est le volume qui doit tomber pendant le premier tiers de la révolution.

La possibilité annuelle, ou volume à couper chaque année, est de $\frac{142\,840}{1/3 \times 160} = 2\,678$ mètres cubes.

Mais, en outre de ce volume, on doit réaliser dans les vingt premières années les 9 621 mètres cubes de bois surannés mis à part, soit par an $\frac{9\,621}{20} = 481$ mètres cubes en chiffres ronds.

Pendant les vingt premières années, on a donc à exploiter par exception un total de 3 159 mètres cubes. C'est la possibilité annuelle prévue par le règlement d'exploitation pour une durée de vingt ans.

Marche des exploitations. — Le tableau de la marche des exploitations classe les parcelles en deux groupes.

Premier groupe. — Parcelles nos 6 à 15, qui sont celles dans lesquelles doit être achevée, continuée ou entreprise la régénération.

Deuxième groupe. — Parcelles 1 à 5 et 16 à 25.

Marche des coupes d'amélioration. — Les coupes d'amélioration sont de deux sortes : ce sont des éclaircies et des enlèvements de vieux bois.

Ces coupes sont effectuées suivant l'ordre indiqué dans un tableau dressé à cet effet.

Observation. — Notons ici, à titre de renseignement approximatif, que les frais d'inventaire d'une forêt bien peuplée atteignent rarement

1 franc par hectare, si l'on ne compte pas les arbres ayant moins de 0m,20 de diamètre.

L'opération peut être effectuée par quatre préposés et un pointeur; dans une futaie renfermant de 350 à 450 mètres cubes à l'hectare, on estime que cette équipe peut opérer le dénombrement de 20 hectares par jour.

Septième cas. — Futaies jardinées. — L'aménagement des forêts jardinées se fait tantôt par volume, tantôt par pieds d'arbres.

1° *Méthode par volume.* — a. *Division en parcelles.* — Pour aménager par volume une futaie jardinée, on commence par la diviser en parcelles comme dans le procédé précédent.

b. *Révolution.* — Comme pour les forêts précédentes, on détermine la dimension (diamètre ou circonférence) de l'arbre exploitable, et on se rend compte du temps nécessaire aux arbres de la forêt pour acquérir cette dimension. Ce nombre d'années donne ce qu'on appelle la révolution.

c. *Inventaire.* — On dresse l'inventaire du matériel sur pied à partir des arbres ayant atteint 0m,20 de diamètre, et on divise les bois inventoriés en catégories comme dans le cas précédent.

d. *Possibilité.* — On fixe de même la possibilité comme dans le cas précédent. Les notes de l'administration des eaux et forêts prescrivent cependant, par mesure de prudence, de ne pas tenir compte de l'accroissement des vieux bois pendant la durée de leur exploitation.

e. *Marche des coupes.* — La possibilité calculée, il convient de fixer la durée de la rotation, c'est-à-dire le temps qu'on mettra à parcourir entièrement la forêt en jardinant. La rotation sera autant que possible un sous-multiple du tiers de la révolution (soit de six à quinze ans).

On règle ensuite la marche des coupes pendant la première rotation, c'est-à-dire que l'on indique l'ordre dans lequel les parcelles seront atteintes par les coupes annuelles pendant cette première rotation.

f. *Application de la possibilité.* — Chaque année au printemps, on commence par dénombrer les chablis sur toute l'étendue de la forêt, ne faisant entrer dans le cubage que les tiges ayant atteint le tiers de la dimension d'exploitabilité. On déduit ce cube de la possibilité et le surplus se recrute dans la coupe de jardinage de l'année.

Observation. — Le règlement des exploitations ne s'établissant que pour une rotation, à l'expiration de cette première rotation, on refait l'inventaire et on procède à nouveau à la détermination de la possibilité.

Enfin, en appliquant l'aménagement, il faut avoir soin de diriger les opérations de manière à parcourir toute la forêt pendant la durée de la rotation.

2° *Méthode par contenance et par pieds d'arbres.* — On détermine le nombre d'arbres à enlever en jardinant, par hectare et par an ; on fixe la durée du temps nécessaire pour parcourir toute la forêt, c'est-à-dire la durée de la rotation ; on délimite ces coupons sur le terrain et on détermine l'ordre dans lequel seront parcourus les coupons à raison de un par an.

Nous renvoyons, en ce qui concerne l'application de cette méthode, au « traitement des bois en France », par M. Broilliard, où cet auteur définit, suivant les cas, le nombre d'arbres à enlever.

3° *Méthode par volume et par contenance (procédé Gurnaud).* — Le matériel de la forêt est divisé en *matériel principal*, qui se compose des tiges des arbres de futaie à partir de 0^{m},20 de diamètre à 1^{m},30 du sol, et au-dessus, et *matériel accessoire*, comprenant le sous-bois et le branchage des futaies.

Les coupes doivent revenir souvent sur le même point (par *périodes* de six à dix ans), et le cube total à exploiter dans la forêt pendant la durée de chaque période doit être égal à l'accroissement du matériel principal pendant toute la période précédente. Cet accroissement est constaté dans la pratique par des mesurages directs du matériel principal.

Pour faciliter l'application du procédé, on partage la forêt en *divisions* de contenances sensiblement égales, dont les inventaires sont établis séparément au commencement de chaque période. Chaque année on parcourt un nombre entier de ces divisions (de façon à tenir toute la forêt pendant la période) et on y enlève, en matériel principal, un cube égal à l'accroissement *annuel moyen* de la forêt pendant la période précédente (quotient de l'accroissement total du matériel principal par le nombre d'années de la période).

Opérations communes à tous les aménagements. — A. *Plan.* — On ne peut entreprendre l'aménagement d'une forêt sans en avoir le plan.

B. *Statistique.* — Il est indispensable de connaître d'une façon générale les faits qui intéressent l'exploitation de la forêt ; ces renseignements constituent la statistique générale et sont classés sous les rubriques suivantes :

1° Nom, situation et origine de la propriété ; 2° contenance générale ; contenance du sol boisé ; vides et clairières ; 3° limites ; 4° droits d'usage et servitudes ; 5° configuration du terrain et hydrographie ; 6° sol ; 7° climat ; 8° nature et état du peuplement ; 9° nature du traitement ; 10° produits ligneux : volume et valeur pendant les dernières années ; 11° routes, chemins et moyens de vidange ; 12° lieux de consommation.

On complète cette étude par tous les renseignements utiles sur : les impôts ; les frais de garde, de gestion ; les délits habituels ; les prix du bois, des travaux dans la localité, etc.

C. *Division en séries.* — Une série est un groupe de peuplements d'âges convenablement gradués, pouvant comporter le même mode de traitement.

Il faut donc commencer par faire le choix du régime à adopter, puis le choix du mode de traitement.

Le partage de la forêt en séries permet d'obtenir, dans la mesure du possible, le rapport soutenu, et de rapprocher les produits des divers centres de consommation. Ce partage en séries ne s'effectue que lorsqu'il s'agit de grands massifs boisés.

Les limites des séries doivent être naturelles ; sinon elles seront établies de façon à pouvoir servir à la vidange.

D. *Dispositions complémentaires.* — Tout aménagement doit être complété :

1° Par l'exposé des améliorations désirables pour son assiette, pour les repeuplements, établissements de fossés, travaux nécessaires pour la vidange, etc.

2° Par l'examen comparé des produits annuels en matière

et en argent dans l'état actuel et après l'aménagement.

Comptes d'aménagement et de gestion. — Tout aménagement doit être contrôlé, et les résultats qu'il donne doivent être enregistrés ; il est donc indispensable d'ouvrir, dès sa mise en vigueur, des états ou registres, *comptes ou carnet d'aménagement et de gestion*, sur lesquels sont consignés chaque année ces divers résultats.

Le propriétaire particulier pourra utilement consulter à ce sujet les modèles publiés par la librairie Radenez, à Montdidier (Somme), sous le patronage de la Société forestière de Franche-Comté et de Belfort.

4. — OPÉRATIONS RELATIVES AUX COUPES.

Rôle de l'agent opérateur. — La gestion d'une forêt implique divers actes extérieurs ou *opérations* qui ont pour but, les unes de désigner les arbres à abandonner à l'exploitation et les arbres à réserver, les autres d'exercer un contrôle et une vérification des exploitations.

La direction de ces opérations appartient à l'agent opérateur, propriétaire ou régisseur qui seul connaît réellement le but qu'il se propose ; la manière d'agir varie avec les circonstances et avec les peuplements ; nous avons indiqué, au cours de notre ouvrage, les principes qui doivent le guider en toutes circonstances ; pour diriger l'opération, il doit connaître les règles et les éléments de la sylviculture ; nous n'avons pas d'autre conseil à lui donner.

Quant à la pratique des opérations, l'agent doit employer des aides, gardes ou auxiliaires dressés au métier (1). Pour éviter des erreurs et des mécomptes, il est nécessaire de pro-

(1) Un agent qui dirige une opération exécutée par quatre gardes par exemple, ne peut surveiller lui-même tous les détails de l'opération et diriger quatre hommes inexpérimentés ; mieux vaudrait faire le travail tout seul que d'avoir à rectifier sans cesse des fautes commises. Dans un bon service, les jeunes gardes sont formés au cours de leurs tournées par un vieux garde ou un bon brigadier, et tous doivent connaître leur métier. L'agent qui dirige peut alors donner tous ses soins à l'opération proprement dite, c'est-à-dire au choix des arbres et à l'application des règles culturales. Le reste va tout seul et c'est une condition indispensable, si l'on veut que le personnel ne soit pas énervé par des opérations trop longues et par suite fastidieuses et mauvaises.

céder avec ordre ; c'est à ce point de vue que nous appellerons l'attention sur le rôle et le devoir des gardes pendant les opérations.

Rôle des gardes auxiliaires. — D'une façon générale, les gardes qui collaborent aux opérations doivent se pénétrer des instructions qui leur sont données, les comprendre et s'appliquer à les exécuter ponctuellement. Avant de commencer, ils doivent s'assurer que les marteaux, les griffes, les compas, les chaînes ou roulettes, etc., sont en bon état, car rien n'est mauvais comme de voir un garde faire arrêter une opération pour des détails de ce genre ; il est souvent d'usage, pour des martelages un peu longs, d'avoir en poche une pierre à aiguiser ou une lime pour réparer les brèches qui seraient faites au taillant des marteaux. Un bon garde, d'ailleurs, n'est jamais pris au dépourvu par des accidents de ce genre.

D'une façon générale aussi, les gardes ne doivent jamais marcher au hasard ; si le travail n'est pas bien réparti, on laisse des places entières sans les visiter. A cet effet, la méthode employée consiste à diviser la surface à parcourir *en virées*, c'est-à-dire en bandes parallèles, limitées sur la droite et sur la gauche par des lignes tracées à l'avance ; ces lignes doivent autant que possible être droites et jalonnées (chaque jalon est rendu visible à l'aide d'un morceau de papier qu'on fixe à son extrémité supérieure). Sous bois, elles sont indiquées par de très légers blanchis faits aux perches du taillis ; souvent même on se contente de couper des tiges de petite dimension, ou de briser ou courber quelques branches secondaires. Ces virées sont, autant que possible, dirigées dans le sens de la longueur, et en montagne, perpendiculairement à la pente ; elles présentent une largeur dépendant de la nature de l'opération et du nombre de préposés qu'on y emploie, et on doit s'arranger pour que le travail soit fait en une seule fois dans chaque virée par les préposés espacés et marchant en ligne. Dans les balivages, on peut compter en moyenne une largeur de 8 à 10 mètres par marteau.

Pour que l'opération, faite par plusieurs gardes, s'effectue sans erreur, il est nécessaire que ceux-ci marchent en ordre, non pas de front, mais en *écharpe*. A cet effet, l'un des gardes (celui de droite ou de gauche suivant les cas) est désigné comme guide ; il part le premier au début de l'opération et s'appuie contre une ligne de coupe ou une ligne jalonnée, qu'il est même bon de faire suivre par un jalonneur quand on dispose d'un homme de plus ; il travaille sur un espace d'environ 8 à 10 mètres en largeur, et sert de guide à son voisin, en le devançant légèrement ; ce dernier est ainsi à même de savoir ce qu'a fait son guide, et ne s'occupera pas des arbres examinés par lui ; les gardes suivants opèrent de même, restant légèrement en arrière de leur voisin du côté du guide. En outre, il est indispensable que les blanchis de réserve ou d'abandon, ou toute autre marque, griffages, etc., soient faits sur les arbres du côté opposé au guide, de manière qu'un garde quelconque voie nettement ce qu'a fait son voisin du côté du guide. Quand une virée est achevée, les gardes font une conversion, pivotent de manière que les bords des deux virées consécutives soient parcourus par le même homme ; cet homme se rappelle alors, le cas échéant, ce qu'il a marqué dans la précédente virée, chose utile lorsqu'il y a lieu de choisir entre deux arbres rapprochés, non compris dans la même virée.

En opérant autrement, on s'expose à oublier des arbres, ou même, chose plus grave dans un balivage par exemple, à appeler deux fois un même arbre de réserve.

Opérations relatives à la désignation des arbres. — Dans une opération, on peut désigner soit les arbres à réserver, soit les arbres à abattre ; la marque est dite dans le premier cas en *réserve*, et dans le second en ***délivrance***. Cette marque s'effectue à l'aide d'un marteau et l'opération consiste à faire un ou plusieurs blanchis sur l'arbre, à des endroits désignés à l'avance, et à apposer sur ces blanchis l'empreinte du marteau (1).

En général, on appelle *balivage* l'opération qui consiste à

(1) Les blanchis doivent être faits avec soin ; assez profonds pour faire sauter l'écorce, et permettre de mettre l'empreinte du marteau *en plein bois, mais pas assez pour détériorer l'arbre.* Plusieurs propriétaires préfèrent au marteau un signe apparent fait à la peinture autour de l'arbre, spécialement pour la marque de jeunes réserves. Si la surveillance est suffisante, et si le propriétaire n'a pas à redouter la fraude, le procédé est bon ; il a l'avantage de ne pas détériorer la patte des jeunes arbres.

frapper du marteau les divers arbres qu'on réserve, et *martelage* l'opération qui consiste à frapper du marteau les arbres qu'on abandonne à l'exploitation ; suivant les cas, on marque ainsi en réserve ou en délivrance. Enfin les désignations d'arbres, soit à réserver, soit à abattre, soit à compter, s'effectuent parfois à l'aide d'une simple griffe ; l'opération devient alors un *griffage*.

Dans toute opération de ce genre, le garde doit avoir soin de ne jamais appeler un arbre avant de l'avoir marqué des empreintes convenues ; sinon, il s'expose à oublier de le marquer après l'avoir appelé, si son attention est distraite à ce moment ; l'inverse, il est vrai, serait possible, mais en opérant toujours de la même façon, le garde est beaucoup moins exposé à commettre une erreur ; d'ailleurs on doit absolument exiger que tout arbre marqué soit immédiatement appelé (1).

Balivages. — Le garde du triage doit visiter sa coupe en tous sens, de manière à la connaître à fond ; il doit pouvoir fournir sur elle tous les renseignements que lui demandera l'agent directeur des opérations (voir *Estimations*). Le balivage consiste à marquer en réserve les arbres à conserver ; en règle générale, on adopte les procédés conventionnels suivants : les brins de l'âge, appelés baliveaux, sont marqués d'une empreinte au pied ; pour éviter de détériorer des arbres d'avenir encore très jeunes, il est bon de se contenter de les griffer. Les modernes sont marqués à l'aide de deux blanchis rapprochés, mais distincts et séparés par deux doigts d'écorce ; on appose sur chaque blanchis l'empreinte du marteau ; les anciens, bisanciens, etc., sont marqués à l'aide d'un long blanchis sur lequel on appose trois empreintes distinctes du marteau. Ces diverses marques, bien que *prenant du bois*, sont réduites au strict nécessaire afin de ne pas endommager la tige destinée à rester sur pied. Les blanchis doivent être faits aussi bas que possible sur la patte de l'arbre, et de préférence sur l'empâtement des premières racines, lorsque cela est possible.

Les arbres non réservés, c'est-à-dire abandonnés à l'exploitation (ce qu'on appelle *abandon*), sont désignés par un large blanchis au corps, c'est-à-dire à $1^{m},50$ au-dessus du sol ; mieux encore et pour les rendre plus visibles, par deux miroirs opposés ; nous conseillons même, dans le but d'éviter la fraude, d'apposer sur ces blanchis l'empreinte du marteau, ce qui n'allonge pas l'opération et rend efficace la surveillance au moment des exploitations, et dans certains cas de les numéroter.

Tenue du calepin. — Chaque pays a ses habitudes pour appeler

(1) Cette manière de procéder évite aussi les fraudes, ou tout au moins elle permet à un brigadier attentif de les réprimer immédiatement.

ou crier les arbres réservés ou abandonnés ; il y a lieu toutefois d'exiger que tous les gardes adoptent la même méthode d'appeler. Les dimensions des arbres abandonnés doivent être appelées en même temps que l'arbre ; quant aux réserves, nous ne saurions trop conseiller de profiter des balivages pour noter le diamètre (ou la circonférence) des modernes et des anciens. Les calepins ainsi tenus sont très précieux à consulter plus tard quand on veut se rendre compte du matériel existant en forêt. Certains propriétaires vont même jusqu'à faire numéroter ces arbres, tout au moins les anciens, ce qui rend les contrôles plus faciles. Enfin, nous répétons qu'un garde ne doit crier qu'après avoir marqué et mesuré l'arbre. Il doit appeler distinctement en se tournant du côté de l'agent pointeur, et en évitant d'appeler en même temps qu'un voisin. Si, pour une cause quelconque, il appelle une seconde fois le même arbre (par exemple sur la demande du pointeur), il doit toujours ajouter le mot « répété » afin de prévenir le pointeur.

Les calepins destinés à inscrire les résultats de l'opération doivent être préparés à l'avance, afin que l'opérateur n'ait plus qu'à pointer au fur et à mesure des appellations. Des calepins tout préparés pour ce genre d'opérations existent dans le commerce. Le pointage s'effectue par dizaines, suivant la méthode courante.

Après l'opération, l'agent directeur doit arrêter ses calepins, puis procéder à l'estimation comme il sera dit ultérieurement ; enfin, il doit noter sur son calepin tous les renseignements relatifs aux limites, aux chemins de vidange à imposer à l'adjudicataire, aux travaux à imposer sur la coupe, etc. Ces renseignements doivent lui être fournis à ce moment par le garde du triage, et il est d'usage que ce garde prépare à cet effet une note qu'il remet à l'agent.

Martelages. — Le martelage consiste à marquer en délivrance les arbres à abattre, et dans ce cas certaines précautions sont nécessaires, car la marque à la patte (pied de l'arbre) doit, comme contrôle, être représentée après l'exploitation ; si donc l'arbre à marquer est en versant, la marque à la racine doit être en dessous ; si cet arbre est près d'une route, d'un glissoir, d'un passage fréquenté par les attelages il faut éviter que les blanchis soient du côté de cette route, de ces passages, etc. C'est une dérogation à la règle qui consiste à marquer du côté opposé au guide.

Dans les futaies, tout arbre marqué en délivrance doit être frappé du marteau sur un large blanchis, *à la racine d'abord, puis au corps ensuite* : c'est une sage précaution d'opérer toujours ainsi, car on a vu des gardes marquer au corps, puis s'en aller en oubliant la racine ; les blanchis doivent mordre dans l'aubier et les copeaux détachés, mutilés au besoin, sont jetés au loin afin de ne pouvoir servir à dissimuler la marque.

Tout garde, avant de marteler un arbre, doit l'examiner avec soin, pour voir si, d'après les instructions qu'on lui a données, il est bien désigné pour être exploité ; jamais un garde ne doit se presser pour procéder à de telles opérations, et les meilleures opérations sont les plus lentes.

Si on délivre un *arbre double*, c'est-à-dire formé de deux tiges confondues en partie par le pied, il faut, s'il y a deux cœurs, double martelage et double criée.

Les arbres que l'on marque comme *témoins* sont frappés au corps seulement, à 1m,50 ou 2 mètres de hauteur, et sur un léger blanchis fait à l'écorce ; il est souvent d'usage de les entourer d'un anneau en paillis ou en mousse, pour les rendre bien visibles.

La manière d'appeler varie suivant les pays. Tantôt on appelle les circonférences, tantôt les diamètres. Parfois le garde apprécie la hauteur de chaque arbre ; parfois l'opérateur les estime seul, et par catégories de grosseurs. Dans certains lieux, on évalue le rendement approximatif de la tige ; dans d'autres, celui du houppier, etc. ; tout dépend du but qu'on se propose et des habitudes locales.

Estimation d'une coupe. — L'estimation d'une coupe est faite par les agents ou régisseurs, d'après les données du balivage ou du martelage ; toutefois c'est au moment de l'opération que l'agent estimateur doit réunir les éléments de son estimation et les mentionner sur son calepin.

Pour l'aider dans cette tâche, un garde sérieux doit lui fournir certains éléments d'appréciation ou de contrôle, qu'il recueille pendant l'année en suivant les exploitations des coupes de son triage. A cet effet, le garde peut tenir note exacte et détaillée des produits qu'on tire de ces coupes, par nature, par catégories de marchandises ; il peut prendre note des marchés intervenus, des lieux d'expédition, des frais d'abatage, façonnage, empilage, transport, des prix de vente en forêt et hors forêt, etc. ; en un mot, il recueille sur place tous les renseignements qui peuvent permettre d'apprécier la valeur des produits d'une coupe, ainsi que le rendement vrai d'opérations connues.

La comparaison du rendement d'une coupe avec l'estimation qu'il en a faite préalablement constitue, pour un estimateur, le moyen le plus pratique de se former le coup d'œil et d'arriver dans une région donnée à des estimations aussi approchées que possible.

En pratique, avant tout balivage, l'agent opérateur doit se faire remettre pour chaque coupe, à titre d'indication et sous forme de note, réponse à tout ce qui est énuméré ci-après :

Forêt de..... ; canton..... ; lot n°..... ; âge..... ; vides..... ; essence par dixième..... ; limite au nord..... ; à l'est..... ; au sud..... ; à l'ouest... chemins de vidange à désigner..... ; produits présumés du taillis à l'hectare..... ; produits présumés pour toute la coupe..... ; écorce : rendement..... ; qualité..... ; futaies : qualité..... ; prix à appliquer aux diverses unités pour les bois façonnés sur le parterre de la coupe..... ; prix d'abatage et de façonnage des divers produits de la coupe.....

Comptage d'un matériel sur pied. — Les comptages s'effectuent pour apprécier exactement le matériel ligneux qui couvre une étendue déterminée. Ils servent généralement de base à l'aménagement des futaies, à l'estimation de la superficie d'une forêt. Ces travaux varient suivant les circonstances; tantôt ils portent sur toutes les tiges, tantôt seulement sur une partie, par exemple sur celles qui constituent le peuplement principal, qu'on désigne à partir d'une certaine grosseur ; parfois sans distinction d'essences, parfois en les distinguant ; tantôt en appréciant les circonférences, tantôt les diamètres, soit exactement, soit par catégories (les circonférences de 0m,20 en 0m,20 ou de 0m,25 en 0m,25 ; les diamètres de 0m,05 en 0m,05), etc., etc. Aussi est-il impossible de donner des instructions générales.

En ce qui concerne les gardes, ils doivent : 1° bien se pénétrer des instructions et indications qui leur sont données par l'opérateur ; 2° s'ils sont plusieurs compteurs, marcher non pas de front, mais en écharpe ainsi qu'il a été dit précédemment ; 3° suivre dans ce travail l'ordre ci-après : mesurer la grosseur, puis griffer ou blanchir du côté opposé au guide, et en dernier lieu appeler l'arbre en question.

Quant aux pointeurs, leurs calepins doivent être préparés à l'avance, en prévision des diverses appellations des gardes. Nous donnons ci-dessous un exemple, en supposant que les gardes appellent les diamètres moyens à 1m,30 du sol, de 5 en 5 centimètres, et les hauteurs. Pour tenir le calepin, on prend note des dimensions de chaque arbre par un point sur la ligne et dans la colonne correspondant au diamètre et à la hauteur de l'arbre ; afin d'éviter toute confusion, ce qui est très important, attendu que chaque point représente une certaine valeur, on donne toujours aux points la disposition qu'ils ont dans le spécimen du carnet que nous reproduisons ci-dessous, en sorte que les arbres d'une même catégorie sont groupés par dizaines et se comptent ainsi

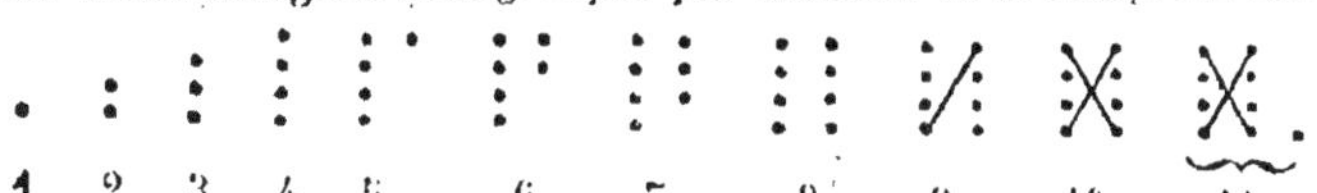

1 2 3 4 5 6 7 8 9 10 11

Les huit points et les deux barres forment une dizaine ; dès lors il est très facile de compter le nombre d'arbres compris dans chaque colonne sans en omettre, et par suite de relever les résultats du carnet.

Dénombrements de produits. — Le dénombrement n'est qu'un comptage de produits exploités et façonnés d'après un certain nombre d'unités déterminées à l'avance. La préparation des calepins varie suivant les classifications et les catégories adoptées.

Nous nous bornerons à signaler que les gardes ne doivent appeler les diverses unités qu'après les avoir désignées d'une façon apparente, soit par un numéro, soit par un signe quelconque (par exemple, retourner en travers une des bûches d'un moule de bois qu'on va appeler). Les erreurs et omissions sont dès lors faciles à vérifier sans avoir à recommencer toute l'opération.

Récolements. — Le récolement est une opération qui a pour but, dès qu'une coupe vendue est vidée, de s'assurer si l'exploitation est bien faite, s'il n'y a pas eu de délit commis et si l'adjudicataire a rempli toutes les clauses, charges et obligations de son marché. Cette opération change d'aspect suivant que la coupe a été marquée en réserve ou en délivrance. Il existe cependant certaines précautions communes à ces deux sortes d'opérations : le récolement doit être fait par le propriétaire ou son régisseur, avec l'assistance des gardes, en présence ou en l'absence de l'adjudicataire qu'il est utile de convoquer à l'avance.

Pour ces opérations, comme pour les martelages, les gardes doivent marcher avec ordre, par virées successives et légèrement en écharpe; ils doivent suivre, pour les vérifications, appels, etc., les instructions qui leur sont données par l'opérateur.

Pour la préparation et la marche de l'opération nous avons à distinguer deux cas :

a. *Coupes marquées en réserve.* — Le garde a dû, avant l'opération, dégager le périmètre de la coupe, le jalonner, surtout du côté des jeunes coupes, entourer d'un lien tous les arbres réservés (corniers, parois, témoins, anciens, modernes ; on néglige parfois les baliveaux); les modernes ont deux liens.

Système de pointage.

DIAMÈTRES moyens à 1m,30 du sol.	CHÊNES (hauteurs en mètres).							HÊTRES (hauteurs en mètres).				DIVERS (hauteurs en mètres).			OBSERVATIONS.
	6	7	8	9	10	11	etc.	6	7	8	etc.	6	7	etc.	
0m,20	:·	::·						⁄··							
0m,25	·			⋈⋈	···							::·			
0m,30	::	·			:::								···		
0m,35			⋈												
0m,40	·	:	:::	⋈	·										
etc.															

L'opération consiste à vérifier si chaque tige sur pied est bien marquée, puis à enlever le lien, la griffer et l'appeler, non d'après sa grosseur et son âge, mais *conformément à sa marque*. Pour faciliter les vérifications, il est d'usage de marquer les baliveaux et anciens d'un seul coup de griffe ; les modernes de deux coups parallèles. Si, pour une cause quelconque, on est obligé de recommencer l'opération, on reproduit les mêmes marques en croix avec les précédentes.

Ce griffage est toujours fait du côté opposé au guide ; il est nécessaire de signaler dans les criées les arbres non marqués de ceux qui le sont, les tiges brisées, renversées ou les chablis ; le pointeur réserve sur son calepin des colonnes spéciales à cet effet, correspondant à chaque catégorie.

b. *Coupes marquées en délivrance.* — Il faut admettre que, pendant le cours de l'exploitation, le garde l'a suivie de près, et qu'au fur et à mesure de l'abatage, il a contrôlé les souches, vérifié si l'empreinte du marteau existait réellement. Toute souche reconnue en règle a dû recevoir de lui, au-dessus de l'empreinte du martelage, *sur la section même de la souche et non sur un blanchis latéral*, un coup de son marteau particulier, noirci au besoin sur un tampon.

Avant le jour du récolement, l'adjudicataire ou le garde plante à côté de chaque souche et en face de l'empreinte du marteau, un léger jalon, rendu apparent, s'il y a des broussailles, des grandes herbes, etc., par un carré de papier.

L'opération consiste à vérifier de nouveau les empreintes des souches, au fur et à mesure que les gardes les rencontrent, en marchant en ligne, par virées ; chaque souche reconnue est marquée d'une empreinte du marteau sur la souche ; le garde enlève le jalon, puis appelle ; s'il y a doute sur la nature de l'empreinte, il convient d'en référer de suite à l'agent opérateur (1).

5. — CUBAGE ET ESTIMATION DES BOIS.

Pour apprécier la valeur d'un arbre, d'une coupe ou d'un peuplement, autrement dit pour faire une estimation, il faut savoir déterminer le rendement en matière, c'est-à-dire en bois, d'œuvre, en bois de feu, en produits de toute nature que ces arbres ou peuplement sont susceptibles de donner.

L'estimation en argent consiste à appliquer à ces résultats les prix correspondants.

Nous nous proposons d'examiner successivement l'esti-

(1) Une partie des renseignements qui précèdent relativement au rôle et devoir des gardes pendant les opérations, sont extraits des articles faits par M. Pardé dans l'*Agenda du forestier*.

mation en matière ou les principes de cubage, et l'estimation en argent.

1° Estimation en matière; principes de cubage.

§ 1. **Cubage des bois abattus.** — Les bois abattus se décomposent : en *bois d'œuvre* fourni par le tronc et quelques branches principales ; — en *bois de chauffage* et bois à charbon ou *charbonnette*, fournis par les parties de la tige et des branches impropres au bois d'œuvre, et par le houppier ; — en *fagots et bourrées*, composés de menus bois qui n'ont pas pu être compris, à cause de leurs faibles dimensions ou de leur forme, dans la charbonnette ; — en *produits spéciaux*, demandés par le commerce dans des conditions déterminées par une utilisation locale.

Bois d'œuvre. — Les gros bois, ou bois d'œuvre, se mesurent de bien des manières, suivant les usages, les habitudes ou les traditions des localités. Mais il y a lieu de distinguer les *bois en grume* et les *bois équarris*.

Cubage des bois en grume. — Le bois en grume s'entend des bois ronds, revêtus de leur écorce. Ainsi considéré, le bois se prête à toute espèce de débit et d'utilisation.

Le cubage en mètres cubes grume (cube réel ou géométrique) devrait être le seul pratiqué, le procédé légal universel ; il peut s'appliquer à toute espèce de marchandises ; tout autre mode de cubage est affaire de conventions et d'habitude (1).

Le cubage en grume consiste à assimiler la tige considérée à un volume géométrique d'après les dimensions extérieures

(1) Nous appelons l'attention du propriétaire particulier sur les procédés de cubage en usage dans les différentes régions. Dans toute transaction, pour s'éviter des mécomptes, le mode de cubage doit être nettement déterminé ; les unités de volume qu'emploie le commerce, même lorsqu'elles sont exprimées en mètres cubes, ne sont pas les mêmes (mètre cube grume, mètre cube au quart sans déduction, etc.) ; il est par suite nécessaire de les préciser, car le même arbre, cubé par le même individu par des procédés exacts et admis dans le commerce, pourra donner un volume différent, bien qu'exprimé en mètres cubes, si la convention passée entre l'acheteur et le vendeur n'a pas précisé la méthode de cubage ; c'est ainsi qu'une même personne, suivant qu'elle achète ou qu'elle vend, peut arriver à exprimer le volume d'un même arbre par des chiffres différents ; il lui suffit de choisir, suivant les cas, le procédé de cubage le plus avantageux.

(longueur d'une part, et circonférence ou diamètre d'autre part) et à déterminer par le calcul ce volume géométrique.

On appelle *décroissance* d'un arbre la loi suivant laquelle la grosseur de sa tige diminue de la base au sommet.

Si dans l'arbre la décroissance était uniforme, la tige serait dans ce cas exactement assimilable à un tronc de cône, se rapprochant plus ou moins du cylindre ; mais en général la décroissance n'est pas uniforme sur toute la longueur. On admet cependant qu'elle l'est sur des longueurs partielles, de sorte que la tige peut être assimilée à une série de troncs de cône superposés l'un à l'autre. En réalité, il est plus exact de dire qu'elle est un paraboloïde de révolution ; et le volume exact de ce paraboloïde est le volume réel du tronc.

Dans la pratique, assimilant le volume de la pièce à cuber à un cylindre, on en mesure la longueur, et la circonférence (ou le diamètre) au milieu ; le volume ainsi obtenu, dit volume cylindrique, est donné par les deux formules suivantes :

a. En fonction de la circonférence au milieu C et de la hauteur du tronc H (1) :

$$V = 0,0796\ C^2H.$$

b. En fonction du diamètre correspondant D (diamètre de la circonférence prise au milieu de la tronce) et de la hauteur :

$$V = 0,7854\ D^2H.$$

Si la tige est irrégulière, on la partage en billes ou tronces aussi régulières que possible, et l'on cube partiellement chaque fraction, sauf à additionner les résultats partiels.

On appelle *découpe* l'opération qui a pour but de diviser la tige entière en deux ou plusieurs pièces de manière à en tirer le meilleur parti possible, sans compromettre les dimensions recherchées par le commerce pour les pièces de charpente ; la découpe influe sur le cubage, et un exemple que nous empruntons à M. Frochot (2) est bon à citer pour faire saisir

(1) Formule simplifiée de l'expression $\frac{V}{4\pi} = 1\ C^2H$.

(2) A. Frochot, *Cubage et estimation des bois*.

l'effet d'une découpe plus ou moins habile : la tige d'un chêne de 26 mètres de hauteur a une circonférence au milieu de $1^{m},44$; le cubage en mètres cubes grume donne, si l'on applique la formule précédente sans faire de découpe :

$$V = 0,796\ (1,44)^2 \times 26 = 4^{mc},290.$$

Mais si l'on remarque, comme on peut s'en rendre compte sur la figure 73, que la partie AB par exemple a une qualité supérieure à la partie BD, eu égard à ses fortes dimensions, à sa forme régulière, à l'absence de nœuds, etc., et que par conséquent on peut lui appliquer un prix en rapport avec ces qualités, on est amené à faire une première découpe en B. Si la tige est divisée en deux tronces AB et BD, le cubage en mètres cubes grume donne, si l'on applique la même formule à chacune des tronces :

Pièce AB.	$2^{mc},599$	Total.	$3^{mc},330$
Pièce BD.	$0^{mc},731$		

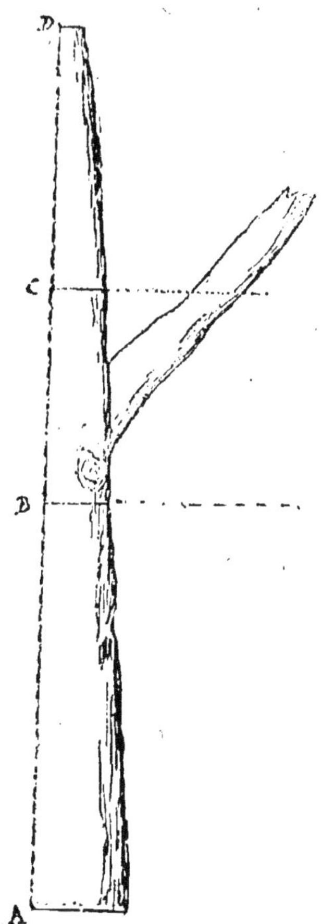

Fig. 73. — Découpe d'un tronc d'arbre.

Ce résultat par trop défavorable, quant au volume, doit être modifié par une seconde découpe entre B et D, en C par exemple; par cette nouvelle combinaison on a :

Pièce AB..........	$2^{mc},599$	Total......	$3^{mc},935$
Pièce BC	$0^{mc},949$		
Pièce CD	$0^{mc},387$		

Les détails de ce dernier calcul font voir que le cube de la pièce BC est plus avantageux d'une manière absolue que celui de la pièce BD ; c'est surtout à des anomalies de cette nature que les découpes doivent obvier.

Une découpe habile sait rendre le cubage aussi avantageux que possible, tout en permettant de classer les produits suivant la qualité spéciale que leur donnent leurs dimensions (charpente première qualité, charpente deuxième qualité, industrie, etc.), et que leur donnent aussi la forme régulière, l'absence de nœuds, etc. (1).

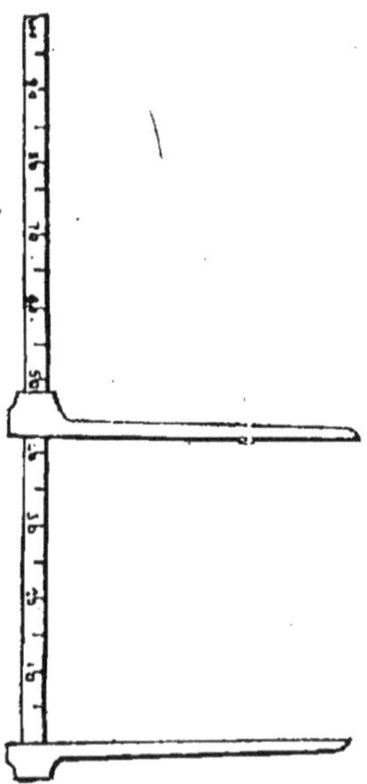

Fig. 74. — Compas forestier.

Mesure des hauteurs. — Les hauteurs ou longueurs des troncs d'arbres abattus se mesurent à la chaîne métrique ou au ruban gradué. La plupart des marchands de bois préfèrent se servir d'un compas en bois à pointes en fer, ayant 1 mètre ou $1^m,50$ d'ouverture ; ce compas est une simple règle graduée de 1 mètre de long, munie de deux pointes aux extrémités, pointes qui sont dirigées perpendiculairement à la direction de la règle.

Mesure des diamètres. — Les diamètres se mesurent à l'aide du compas forestier (fig. 74) ; ce compas se compose d'une règle graduée portant deux autres règles à angle droit, celle de l'extrémité fixe, l'autre mobile sur la règle ; on place horizontalement cet instrument de manière à embrasser, entre les deux règles parallèles, le corps de l'arbre à la hauteur où on veut le mesurer; la règle mobile indique sur celle qui est graduée le diamètre cherché. Le zéro de la division est donc placé sur l'arête intérieure de la règle fixe, et la graduation en centimètres est établie à partir de ce point (2).

(1) Ce fait est encore à signaler au propriétaire particulier ; suivant la découpe adoptée, le volume des unités de même qualité (charpente, industrie, etc.) peut varier ; et si dans une transaction le cas n'est pas prévu, le propriétaire peut se trouver lésé, faute d'avoir spécifié la méthode de cubage.

(2) Le compas est gradué sur une face de 2 en 2 centimètres, et permet d'obtenir, pour un cubage approché, les diamètres de 2 en 2 centimètres.

S'il s'agit au contraire de mesurer rapidement un grand nombre d'arbres, dans une opération dont on inscrit les résultats sur un calepin, on doit, en pratique, se contenter d'appeler les diamètres de 5 en 5 centimètres, ce qui réduit de beaucoup le nombre des colonnes du calepin ; afin d'obtenir que les erreurs ainsi commises se compensent et tendent à s'atténuer, on doit appeler comme arbre ayant 20 centimètres de diamètre celui qui a depuis 17 centimètres et demi à 22 centimètres et

Mesure des circonférences. — Les circonférences se mesurent à l'aide d'un ruban gradué qui se compose d'une boîte cylindrique dans laquelle s'enroule autour d'un axe un ruban en fil, rendu imperméable au moyen d'une préparation ; sa longueur varie, mais généralement elle est de 10 mètres, ce qui lui a fait donner le nom de décamètre.

Ces rubans sont soumis à un retrait parfois assez considérable, et peuvent donner des indications fausses ; aussi est-il plus commode de se servir d'une corde bien tressée, peu susceptible d'allongement, armée à son extrémité d'une sorte de grande aiguille en fer, qui permet de la passer sous les troncs à terre ; il suffit alors de reporter la longueur de la ficelle sur une règle graduée pour avoir la circonférence (1).

Tenue du calepin. — Dans le cas où les mesurages portent sur un certain nombre de troncs abattus (dénombrements), il y a lieu de préparer à l'avance un calepin à double entrée, l'une pour les diamètres (ou les circonférences), l'autre pour les hauteurs, avec distinction d'essences s'il y a lieu. Chaque arbre appelé est pointé à sa place sur le calepin de la manière générale que nous avons indiquée précédemment.

Cubage au quart sans déduction. — Ce procédé de cubage correspond à déterminer immédiatement, d'après la mesure directe de la circonférence du milieu (ou de la moyenne des circonférences des deux bouts), le volume que conservera la pièce de bois après un équarrissage grossier ; c'est ce qu'on fait habituellement pour les sapins.

Pour obtenir le volume au quart sans déduction, *il suffit de prendre le quart de la circonférence, de le multiplier par lui-même, et de multiplier le produit obtenu par la longueur de la pièce.*

Ce cubage donne un volume représentant un peu plus des trois quarts et très approximativement 0,785 du volume en grume.

Ce nombre 0,785 est le coefficient qui permet de passer du volume cylindrique au volume au quart sans déduction.

demi, et ainsi de suite. On peut graduer en conséquence l'autre face du compas, de façon qu'à la lecture, le chiffre 20 soit découvert par la glissière mobile du compas, depuis l'arbre de 17cm,5 à celui de 22cm,5, et de telle sorte qu'immédiatement après, dès l'arbre de 23 centimètres de diamètre, ce soit le chiffre 25 qui devienne apparent, et ainsi de suite. Cette disposition permet d'éviter un grand nombre d'erreurs de lecture, et supprime les hésitations en rendant la lecture très facile.

(1) Avec ce système, surveiller les erreurs ou les fraudes ; les commis de bois savent faire glisser la corde en la rapportant sur le mètre gradué.

Cubage au cinquième déduit. — Ce cubage correspond à déterminer immédiatement, d'après la mesure directe de la circonférence du milieu (ou de la moyenne des circonférences des deux bouts), le volume que conservera la pièce après un équarrissage à vive arête et sans aubier ; le déchet est évidemment plus considérable dans ce dernier cas que dans le précédent.

Pour obtenir le volume au cinquième déduit, il suffit de prendre le cinquième de la circonférence, de le multiplier par lui-même, et de multiplier le produit obtenu par la longueur de la pièce. — Ce cubage donne un volume représentant à peu près exactement la moitié du volume en grume ; le coefficient 0,5 permet de passer du volume cylindrique au volume au cinquième déduit.

Nous résumons dans le tableau suivant, emprunté à M. Frochot, les coefficients nécessaires : 1° pour passer de l'un quelconque des cubages à un autre cubage ; 2° pour déduire le prix du mètre cube, correspondant à un cubage donné, du prix connu du mètre cube dans un autre système de cubage (1).

Tarifs pour le cubage des bois abattus. — Pour constituer un tarif de cubage soit en grume, soit au quart sans déduction ou au cinquième déduit, etc., pouvant servir d'une façon rapide, il suffit de calculer les volumes successifs de billes d'un mètre courant ayant, soit les diamètres, soit les circonférences successives qui peuvent se présenter, et d'en dresser un tableau à deux colonnes ; ces tarifs doivent être aussi réduits que possible, et très simples ; on doit y supprimer toutes les décimales inutiles. Ces tarifs existent dans le commerce.

A l'aide de ces tarifs le calcul de cubage devient alors très simple ; on applique son tarif à l'ensemble des arbres ayant le même diamètre (ou la même circonférence), en multipliant la somme de leurs hauteurs par le volume donné au tarif pour la bille de 1 mètre de long ayant ce diamètre (ou cette circonférence).

(1) Il est évident que le mètre cube grume ne peut avoir la même valeur que le mètre cube au quart sans déduction, au cinquième déduit, etc. Toutes ces unités se rapportent donc à des marchandises différentes ; en matière de commerce des bois, donner un volume en mètres cubes n'est pas suffisant ; il faut préciser de quelle marchandise il s'agit.

MODES DE CUBAGE EMPLOYÉS.	COEFFICIENTS SERVANT A OBTENIR LE VOLUME CORRESPONDANT AU CUBAGE.				COEFFICIENTS SERVANT A OBTENIR LE PRIX DU MÈTRE CORRESPONDANT AU CUBAGE.			
	Cylindrique.	Au 1/4 sans déduction.	Au 1/5 déduit.	Au 1/6 déduit.	Cylindrique.	Au 1/4 sans déduction.	Au 1/5 déduit.	Au 1/6 déduit.
Cylindrique...........	1.00000	0.7854	0.502655	0.545412	1.0000	1.2732	1.9895	1.8335
Au 1/4 sans déduction...	1.27323	1.0000	0.64000	0.69444	0.7854	1.0000	1.5625	1.4400
Au 1/5 déduit	1.98946	1.5625	1.00000	1.08506	0.5026	0.6400	1.0000	0.9216
Au 1/6 déduit	1.83351	1.4400	0.921605	1.00000	0.5454	0.6944	1.0851	1.0000

Cubage des bois équarris. — On appelle *équarrir* une pièce de bois l'opération qui consiste à la transformer, à l'aide de la hache ou de la scie, en un parallélipipède rectangle ou en un tronc de pyramide droit.

L'équarrissage peut être à vive arête sur franc bois, ou avec tolérance d'aubier.

On dit que la pièce équarrie présente des *flaches* quand les faces adjacentes ne se terminent pas chacune par une arête commune.

Les pièces ainsi obtenues présentent des formes géométriques connues, et il est facile de calculer les volumes en fonction des dimensions de ces pièces.

Règle à cubage de M. de Montrichard. — La règle à cubage de M. de Montrichard fournit un procédé de calcul rapide et essentiellement pratique pour obtenir les volumes ; elle se compose, comme la règle à calcul, de deux parties : d'une règle fixe, et d'une réglette mobile engagée à plat dans une coulisse pratiquée à l'intérieur de la règle, de façon à glisser parallèlement à celle-ci ; elle porte trois échelles affectées, l'une aux circonférences (partie inférieure de la règle), l'autre aux hauteurs (partie supérieure de la réglette), la troisième aux volumes (partie supérieure de la règle) ; en outre, vers le milieu de la réglette, et au-dessous de l'échelle des hauteurs, sont marquées des divisions qui constituent ce que nous appellerons l'échelle des repères, et qui servent à placer la réglette mobile dans la position voulue pour obtenir le volume cherché suivant le mode de cubage dont on a fait choix.

Si l'on veut cuber en grume, au quart sans déduction, au sixième ou au cinquième déduit des arbres abattus, on choisit pour repère le trait au-dessus duquel est inscrit le mode de cubage adopté ; ce trait amené au-dessus de la division qui exprime la circonférence donnée, sur l'échelle inférieure de la règle, permet de placer la réglette mobile dans une position telle que la hauteur de l'arbre, lue sur l'échelle des hauteurs, coïncide avec la division qu'il faut lire sur l'échelle des cubes pour connaître le volume cherché : ce volume est précisément le volume en grume, au quart sans déduction, au sixième ou au cinquième déduit, selon le repère dont on s'est servi. Il faut, bien entendu, dans cette opération, se donner la circonférence moyenne de l'arbre.

Bois de feu. — Tous les bois impropres à la charpente et à l'industrie, ou ceux qu'on a intérêt à convertir en bois de chauffage sont utilisés comme combustible.

On distingue en général les bois de corde et la charbonnette ; nous donnons ci-dessous, d'après l'*Agenda du forestier*, les catégories habituelles.

Bois de corde. — *Petit rondin :* de $0^m,06$ à $0^m,10$ de diamètre, soit $0^m,20$ à $0^m,30$ de tour. — *Quartier :* au-dessus de $0^m,13$ ou $0^m,15$ de diamètre.

Les longueurs habituelles des bûches sont $1^m,14$ à $1^m,30$ (soit 3 pieds 1/2, 4 pieds), et aujourd'hui 1 mètre.

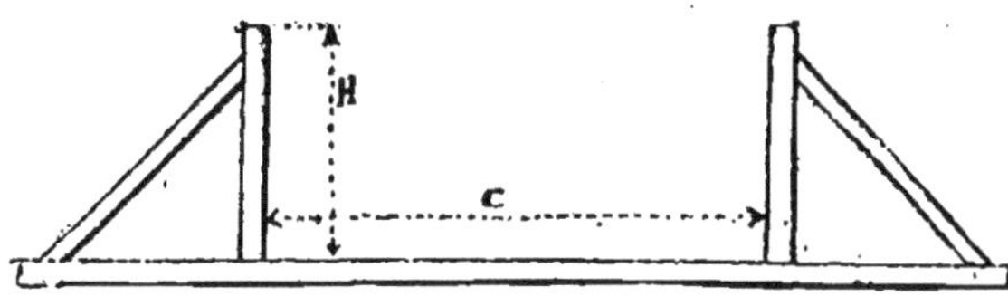

Fig. 75. — Membrure pour empilage.

Parfois on trie à part le chêne, le tremble, les bois tendres (blancs), les bois durs, le bois écorcé ou non écorcé, le bois de tige ou celui des branches ou ramiers ; on distingue aussi, d'après les usages du commerce : *le bois neuf*, coupé depuis un an ; *le bois vieux*, ayant plus d'un an de coupe, etc.

Charbonnette. — Bois de toutes essences, de la grosseur de $0^m,06$ à $0^m,20$ de tour, débités sur une longueur de $0^m,65$ à $0^m,80$ (2 pieds à 2 pieds 1/2).

Le bois de chauffage est empilé en tas ou rôles portant souvent le nom de cordes ; ces cordes offrent des dimensions très variables suivant les pays.

Empilage. — Les bûches sont empilées, de manière à ne laisser que le moins d'interstices possible entre elles, dans une membrure (fig. 75), dont les dimensions sont fixées d'avance, de façon que l'espace occupé par la pile forme un parallélipipède droit dont les dimensions sont : longueur de bûche L ; hauteur de pile H ; longueur de la pile ou couche C.

On n'empile jamais ensemble que les bois ayant même longueur de bûche ; cette longueur de bûche dépend des régions et des emplois divers auxquels le bois est destiné; c'est le seul facteur qu'on ne peut modifier. Partant de cette longueur de bûche, on calcule en centimètres la hauteur H à donner à la pile, de façon qu'en multipliant cette hauteur par la longueur de bûche, le produit soit exactement égal à un mètre carré ($LH = 1$ mq et par suite $H = \frac{1}{L}$).

Ainsi construite, la pile représente sur une longueur de

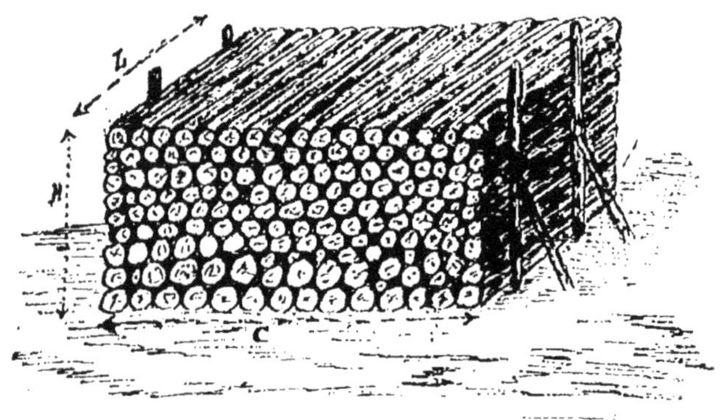

Fig. 76. — Empilage des bois de feu.

couche de 1 mètre, l'unité de volume qui *est le stère* (1) en matière de bois de chauffage, et le volume exprimé en stères et décistères se trouve représenté par la longueur de couche exprimée en mètres et décimètres (fig. 76).

On peut aussi convenir qu'on donnera à la longueur de couche dans chaque pile uniformément soit 1 mètre, soit 2 ou 3 mètres, et que la hauteur de chaque pile sera calculée d'après la longueur des bûches, de façon que le volume de la pile

(1) Le stère de bois de chauffage est la quantité de bûches empilées que peut contenir un espace mesurant 1 mètre cube. Le stère est une unité de volume du système métrique. Bien que le système métrique soit d'origine essentiellement française, et que la plupart des nations l'aient adopté, le commerce de bois français continue à se servir d'autres mesures, corde, moule, etc., dont les volumes sont variables suivant les régions. Il est à désirer qu'on se décide en France à adopter d'une façon uniforme le système métrique, dans toutes les circonstances où il n'y a pas de raisons sérieuses d'agir autrement.

représente exactement le stère, le double stère et le demi-décastère (1).

Dans la pratique, pour tenir compte du tassement qui se produit toujours et qui a pour effet de diminuer la hauteur du tas de 4 à 5 p. 100, on doit donner à la hauteur du tas, au moment de l'empilage, 3 à 4 centimètres de plus que la hauteur normale.

Facteur d'empilage. — Le bois de chauffage s'entasse de manières bien différentes, suivant qu'il est plus ou moins droit, qu'il est en bûches plus ou moins longues, ou enfin qu'il est noueux ou tordu ; il en résulte que le volume réel de matière ligneuse contenue dans un stère de bois est variable ; on a rapporté ce volume au mètre cube et le tableau suivant que nous extrayons de l'*Agenda forestier* donne les facteurs qui permettent de passer du volume exprimé en stères au

ESSENCE.	NATURE DES BOIS.	VOLUME en mètres cubes du bois dans le stère ou facteur pour passer du stère au mètre cube.	FACTEUR pour passer du mètre cube au stère ou *facteur d'empilage*.
Sapin Épicéa..	Bonne fente, écorce unie (tige)	0.76	1.31
	Fente difficile, écorce raboteuse............	0.62	1.61
Hêtre ..	Écorce très unie, fente très bonne...........	0.77	1.29
	Écorce raboteuse, fente assez difficile	0.65	1.54
	Rondin, écorce assez unie	0.60	1.65
	Rondin de cime, branches courbes	0.58	1.72
Chêne...	Écorce unie, fente facile..................	0.68	1.45
	Écorce raboteuse, fente assez difficile	0.61	1.64
	Cimeaux assez droits....	0.55	1.82
	Branches courbes	0.46	2.17

(1) Loi du 4 juillet 1837 et ordonnance du 16 juin 1839. — Remarquons que le demi-décastère n'est pas une mesure du système métrique.

volume réel de bois exprimé en mètres cubes, et inversement, d'un volume réel exprimé en mètres cubes, au volume en stères que donneront les mêmes bois après empilage ; ces facteurs varient avec les essences et avec la nature des bois empilés.

Un stère de bois ne renferme qu'un volume réel variant de $0^{mc},46$ à $0^{mc},77$, soit en moyenne $0^{mc},625$, c'est-à-dire environ les six dixièmes.

En moyenne, le facteur d'empilage varie de 1,35 à 1,45 pour les bois droits ; de 1,60 à 1,80 et quelquefois plus pour les bois tortus et noueux; il a été constaté en outre que ce facteur d'empilage augmente avec le nombre de bûches susceptibles de constituer un stère, et aussi en raison de la longueur des bûches ; enfin qu'il est plus fort pour les bois de quartier que pour les bois ronds.

Mesures de volume pour les bois de feu en France.

Mesures de volume.	Volume en stères.
Stère	1,000
Double stère	2,000
Décastère	10,000
Corde des eaux et forêts (8 pieds de couche, 4 pieds de hauteur, 3 pieds 1/2 de longueur)	3,839
Corde de taillis (mêmes dimensions, sauf la longueur des bûches qui est de 2 pieds et demi)	2,742
Corde de moule (mêmes mesures, longueur de bûches 4 pieds)	4,387
Corde sur Eure	4,009
— sur l'Oise et l'Aisne	5,000
— sur la Marne et l'Ourcq	4,008
— sur les ports de l'Yonne	4,007
— sur les ports de la Seine	5,000
— sur le port de Montargis	5,003
Le Tonneau (Gironde)	3,636
La Brasse (Gironde)	3,570

Fagots et bourrées. — Les dimensions ordinaires des fagots sont très variables ; leur longueur courante est de : $1^{m},30$, $1^{m},33$ ou $1^{m},40$; parfois de toute celle des brindilles ; la longueur de tour est de $0^{m},80$, 1 mètre ou $1^{m},33$.

Ces fagots sont retenus par un ou deux liens ou harts, et contiennent cinq à huit brins dits parements ou jarrets de $0^{m},06$ à $0^{m},08$ de diamètre. Les dimensions des bourrées sont également variables, mais plus petites ; leur longueur est de $0^{m},80$, 1 mètre ou $1^{m},33$, la longueur de tour est de $0^{m},50$, $0^{m},80$

ou 1 mètre ; elles ne renferment pas de parements, et ne sont retenues que par un lien.

Dans la pratique, on ne cube pas les fagots et les bourrées ; on les estime au cent ou au mille, et les prix varient suivant leurs dimensions et les régions.

Le volume en mètres cubes de la matière ligneuse réellement contenue dans les fagots a été déterminé par immersion dans l'eau ; il peut être intéressant à connaître. D'après M. Hüffel, le rendement de cent fagots de bois de moins de 0m,20 de tour serait exprimé ainsi qu'il suit :

				Volume en mètres cubes.
Cent fagots de 1 mètre de long sur 1 mètre de tour.	Fagots de rondins.	Bois de tige .	Feuillus	3,75
			Résineux	3,06
		Bois de branches......	Feuillus........	2,53
			Résineux.......	2,17
	Bourrées.	Tiges.......	Feuillus	2,85
			Résineux	3,04
		Branches....	Feuillus	1,64
			Résineux	2,05
Ramiers en faisceaux de 1 mètre de tour et sur toute leur longueur (le cent)		Tiges.......	Feuillus	2,73
			Résineux	2,74
		Branches....	Feuillus	1,90
			Résineux	1,87

La Société forestière de Franche-Comté et Belfort a adopté comme base de ses expériences comparatives les facteurs moyens suivants pour des fagots et bourrées ayant 1m,33 de long et 1 mètre de tour :

3 mètres cubes pour 100 fagots pesant environ 24 kilos chacun ;

1mc,50 pour 100 bourrées pesant environ 12 kilos chacune.

Souches et rémanents. — La souche, ou partie souterraine de l'arbre, donne des produits appréciables. Pour la plupart des essences, le volume de la partie souterraine est de 12 à 25 p. 100 (1/8 à 1/4) de la partie aérienne, lorsqu'on coupe rez terre.

Ces produits, ainsi que les copeaux d'abatage, les copeaux ou ételles d'équarrissage, menus débris ou rémanents d'exploitation, se vendent soit au stère, soit à la voiture, à la banne.

§ 2. **Cubage des bois sur pied.** — Il y a lieu de distinguer le cubage des arbres de futaie et le cubage des bois taillis.

Estimation en matières des arbres de futaie. — Le cubage des arbres de futaie consiste à déterminer pour chaque arbre pris isolément : 1° le volume de la tige ; 2° le volume de la cime, autrement dit du houppier.

1° *Volume de la tige.* — Les méthodes de cubage des arbres sur pied ont toutes pour objet principal la détermination des deux éléments du volume, hauteur de la tige et grosseur moyenne.

a. *Mesure des hauteurs.* — On apprécie la hauteur d'un arbre, ou plus exactement celle de la partie du tronc propre à utiliser comme bois d'œuvre (1), soit à vue, soit à l'aide d'instruments spéciaux, dits dendromètres, planchettes, etc.

Mesure des hauteurs à vue d'œil. — Remarquons tout d'abord que dans le calcul du volume, la hauteur n'entre comme facteur qu'à la première puissance, et affecte beaucoup moins le résultat que le diamètre (ou la circonférence), qui y entre au carré ; d'ailleurs il est inutile de chercher dans l'appréciation des hauteurs un degré d'exactitude que ne comporte pas la question.

Un œil exercé arrive facilement à apprécier les hauteurs à vue, avec une approximation d'un mètre au moins, s'il a soin de contrôler de temps en temps son appréciation, soit à l'aide du dendromètre, soit à l'aide du procédé suivant : dressant une perche de 2, 3 ou mieux 4 mètres le long de la tige à la base de l'arbre, il se poste à une certaine distance de l'arbre, place devant ses yeux et verticalement un crayon par exemple, qu'il éloigne ou rapproche jusqu'à ce que les rayons visuels passant au-dessus et au-dessous du crayon aboutissent exactement aux deux extrémités de la perche ; il élève ensuite le crayon dans la même verticale, de façon à faire intercepter le long du tronc une hauteur égale, et ainsi de suite jusqu'au sommet. Le nombre des portées, multiplié par la longueur

(1) Généralement partie du tronc comprise entre le sol et le point où s'insèrent les premières branches principales.

de la perche appliquée contre l'arbre, donne la hauteur totale de la tige.

Pour diminuer les causes d'erreur, il y a lieu de s'éloigner d'autant plus de l'arbre que cet arbre est plus haut.

Mesure des hauteurs au dendromètre, à la planchette, etc. — Il existe des instruments à l'aide desquels on peut mesurer exactement cette hauteur; ces instruments, appelés dendromètres, planchettes, etc., sont très variés; citons ceux de MM. d'Arbois de Jubainville, Bayard, Bouvard, Regnault, etc. Un des plus pratiques parmi ces dendromètres est le clisimètre Goulier, adapté à cet emploi par M. Bellieni, de Nancy (fig. 77).

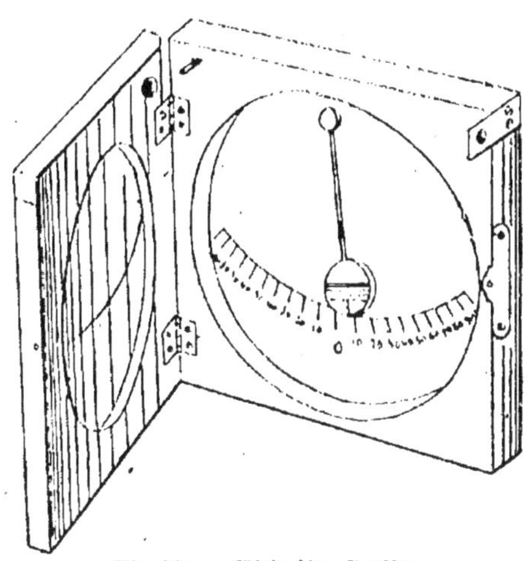

Fig. 77. — Clisimètre Goulier.

b. *Détermination de la grosseur moyenne.* — La seule mesure pratique dont on puisse disposer est celle qui est prise à la base de l'arbre; celle-ci, qui est toujours accessible, s'appelle ***grosseur à hauteur d'homme;*** elle se mesure à une hauteur au-dessus du sol variant entre 1^{m},30 à 1^{m},50 et parfois 2 mètres, c'est-à-dire à un point assez élevé pour que l'empâtement des racines ne s'y fasse plus sentir.

On se servira, suivant ses préférences, du diamètre ou de la circonférence (1).

Le diamètre à hauteur d'homme se mesure avec le compas forestier, comme nous l'avons vu précédemment; toutefois, dans des cubages précis, il est bon de mesurer deux diamètres en croix, l'un dans le sens de la plus forte épaisseur, l'autre dans celui de la plus faible, et de prendre la moyenne des deux

(1) Le diamètre est une dimension qui parle plus à l'œil; nous le préférons à ce titre.

lectures, spécialement quand la section de l'arbre est irrégulière.

La circonférence se mesure avec le décamètre, avec une corde bien tressée qu'on reporte sur une règle graduée, ou encore avec le compas forestier gradué à cet effet.

En général, les diamètres s'estiment de 5 en 5 centimètres et les circonférences de 20 en 20 ou même de 25 en 25 centimètres.

On conçoit aisément que si des tarifs spéciaux, établis à l'aide de mesurages répétés, permettent de passer de la dimension de la tige à hauteur d'homme, à la dimension de cette tige en son milieu, le problème de cubage sera résolu ; il en sera de même si on peut passer directement de la donnée précédente au volume de l'arbre suivant sa hauteur. Dès lors on est conduit à établir deux systèmes de tarifs :

a. *Tarif de décroissance des diamètres.* — Leduc indique les facteurs suivants par lesquels il faut multiplier les diamètres à hauteur d'homme pour obtenir les diamètres moyens :

Arbres de 3 à 5 mètres de hauteur. Multiplier le diamètre à hauteur d'homme par.............................. 0,933
Arbres de 6 à 8 mètres de hauteur. Multiplier le diamètre à hauteur d'homme par.............................. 0,907
Arbres de 9 à 11 mètres de hauteur. Multiplier le diamètre à hauteur d'homme par.............................. 0,880
Arbres de 12 à 14 mètres de hauteur. Multiplier le diamètre à hauteur d'homme par.............................. 0,853
Arbres de 15 à 17 mètres de hauteur. Multiplier le diamètre à hauteur d'homme par.............................. 0,827
Arbres de 18 à 20 mètres de hauteur. Multiplier le diamètre à hauteur d'homme par.............................. 0,800

Remarquons que les décroissances varient avec la hauteur des arbres ; mais elles varient aussi suivant leur grosseur, et enfin d'essence à essence, de sorte que, dans une coupe renfermant des arbres de toutes grosseurs et hauteurs, adopter un facteur unique de décroissance n'est ni facile ni prudent.

b. *Tarifs de cubage.* — En France, on a l'habitude de se servir de tarifs spéciaux, donnant directement le volume pour les diverses catégories de grosseurs mesurées à hauteur d'homme ; le mode d'usage de ces tarifs n'a pas besoin d'explications.

Le nombre de ces tarifs est incalculable ; souvent chaque forêt a son tarif.

Nous renvoyons à ceux que donne l'*Agenda du forestier* publié sous le patronage de la Société forestière de Franche-Comté et Belfort (1).

2° *Cubage du houppier.* — Le houppier est constitué par les branches, rameaux et ramilles qui forment la cime de l'arbre ; les produits que donne ce houppier ne consistent qu'en bois de chauffage ; on évalue leur volume, en comptant le nombre de stères que produisent ces branches façonnées comme bois de feu, ainsi que le nombre de fagots qui proviennent des produits impropres à l'empilage.

Dans la pratique, on a déterminé pour chaque classe d'arbres la valeur du houppier en fonction du volume du tronc, et on se contente dans une opération de cubage, après avoir évalué le volume du tronc, de calculer directement celui du houppier à l'aide de ces coefficients (2).

Pratique de l'opération du cubage; estimation en matière d'un lot d'arbres de futaie. — L'opération de cubage d'un groupe d'arbres consiste à mesurer la grosseur de chaque arbre à hauteur d'homme, à en évaluer la hauteur de bois d'œuvre et à en déterminer le volume.

Mais en pratique, lorsqu'on effectue cette opération sur une coupe ou parcelle de forêt, on cherche à coordonner l'opération ; pour cela l'agent pointeur a préparé à l'avance un carnet à deux entrées, lui permettant de pointer les arbres, au fur et à mesure de leur appellation, en les classant suivant leur diamètre d'une part, et leur hauteur de l'autre, et souvent aussi en les répartissant par classes d'essences.

L'opération finie, il faut relever les résultats ; généralement, et dans un but de simplification, on donne comme hauteur aux arbres d'une même catégorie, la moyenne des diverses hauteurs appelées pour ces arbres, et l'on n'a plus qu'un seul calcul à faire par catégorie de circonférence ou de diamètre.

Les diverses catégories de grosseurs sont groupées par classes, selon l'usage adopté dans la région. Enfin on détermine dans une colonne spéciale le volume des houppiers en fonction du volume des tiges, et généralement l'appréciation du houppier se fait en bloc sur le volume total des tiges.

(1) Voir aussi : « Manuel pratique pour le cubage des bois sur pied et abattus », par R. Roulleau, Paris, 1905.

(2) Voir *Agenda du forestier*, « tarifs divers ».

Cubage. **Coupe de Sapins** (1). *Estimation.*

CIRCONFÉRENCE — Classe.	CIRCONFÉRENCE — à 1m,30	HAUTEUR moyenne.	NOMBRE d'arbres de chaque catégorie.	VOLUME, TIGE — de ces arbres.	VOLUME, TIGE — par classe.	PRIX du mètre cube par classe (1).	VALEUR par classe.	OBSERVATIONS.
				m. c.	m. c.	fr.	fr.	
Perches.	0,40	8	25	3	11	8	88	Les perches s'apprécient aussi en stères : 11mc × 1,55 = 17 stères. 17 stères × 5fr,2 l'un = 88 fr.
	0,60	10	32	8				
Petits bois.	0,80	12	14	7,8	57,8	15	867	(1) Les prix appliqués sont les prix nets de tous frais, charges, etc.
	1,00	14	9	6,8				
	1,20	16	15	17,4				
	1,40	16	17	25,8				
Bois moyens.	1,60	18	22	47,5	175,6	18	3161	
	1,80	22	16	51,2				
	2,00	24	10	40,8				
	2,20	26	7	36,1				
Gros bois.	2,40	28	3	19,1	33,7	22	741	
	2,60	28	2	14,6				
	2,80	»	»	»				
Total........		115 arbres........ / 57 perches........			278,1			
Volume houppier = 278,1 × 0,1 =					27,8		192	= 64 stères (soit 27,8 × 2,3) à 3 fr. l'un = 192.
Volume total (tige et houppier) =					305,9			
Valeur estimative....................							5049	

(1) Extrait de l'*Agenda du forestier.*

Dans certaines forêts particulières, il est d'usage de numéroter chacun des arbres mis en vente et de prendre note des dimensions de chaque arbre ; les calepins de pointage doivent être disposés en conséquence.

Estimation en matière des taillis. — On estime le rendement en matière d'un taillis à vue d'œil ; c'est affaire d'habitude ; un opérateur se forme aux estimations s'il se donne la peine de vérifier, au cours de l'exploitation, la quantité de stères, de fagots ou de bourrées que fournit le peuplement qu'il a estimé sur pied ; en comparant ces résultats à son estimation, il rectifie très facilement ses erreurs d'appréciation.

Un bon préposé doit agir ainsi ; il doit relever sur un calepin tous les résultats des exploitations qu'il surveille afin d'être à même de fournir sur elles tous les renseignements nécessaires.

Un estimateur peu exercé peut s'aider en faisant des expériences sur des places d'essai ; à cet effet il choisit des emplacements, d'un are par exemple, dans les parties du peuplement présentant une composition moyenne (il peut faire des essais dans les mauvaises parties, dans les moyennes et dans les bonnes, pour comparer les résultats) ; sur chaque place d'essai il compte les tiges, mesure leur grosseur à hauteur d'homme, apprécie leur hauteur, se rend compte de la consistance du taillis, puis fait tout façonner devant lui en stères, fagots et bourrées, suivant l'usage courant. Quelques essais de ce genre forment rapidement un estimateur.

M. Frochot donne dans le tableau ci-contre des chiffres d'expérience à l'aide desquels on peut s'aider pour l'évaluation d'un matériel sur pied.

Pour utiliser ces données, il suffira de se rendre compte aussi approximativement que possible du nombre de tiges, de leur grosseur, et de leur hauteur moyenne par hectare dans chaque catégorie.

Quant aux fagots, on peut en déterminer le nombre d'après la quantité de stères et admettre qu'il y en aura de 8 à 15 par stère, suivant que le taillis sera plus ou moins jeune et plus ou moins fourré.

CIRCONFÉRENCES moyennes des tiges.	NOMBRE DE GES NÉCESSAIRES POUR faire un stère, la hauteur moyenne étant de							
	4m	5m	6m	7m	8m	9m	10m	11m
0m,20	50	40	34	29	25	23	»	»
0m,21	47	38	31	27	24	21	»	»
0m,22	43	35	29	25	22	19	»	»
0m,23	40	32	27	23	20	18	»	»
0m,24	37	30	25	21	19	17	»	»
0m,25	34	28	23	20	17	16	»	»
0m,26	32	26	22	19	16	15	13	11
0m,27	30	24	20	17	15	14	12	11
0m,28	28	23	19	16	14	13	12	10
0m,29	26	21	18	15	13	12	11	10
0m,30	25	20	17	14	13	11	10	9

Pratique de l'estimation en matière des taillis. — On se sert des virées ou bandes de peuplement de 15 à 20 mètres de largeur faites pour le balivage ; autant que possible ces virées sont dirigées dans le sens de la plus grande longueur de la coupe ; on cherche à leur donner une forme régulière, et des contenances sensiblement égales.

L'estimateur les parcourt une à une dans tous les sens, examine attentivement le taillis, sa composition, les essences qui y dominent, la grosseur et la hauteur des bois, la quantité de tiges qu'on peut compter en moyenne sur un are, l'état de la végétation, la quantité de cépées, etc. ; après avoir ainsi étudié cette virée, il inscrit sur le carnet les résultats de son examen, et il estime le rendement à l'hectare du taillis de cette virée.

Il opère de même pour les autres virées.

Pour obtenir le produit total de la coupe, il totalise les produits partiels de chaque virée.

Dans la pratique, et spécialement quand le taillis est assez homogène dans toutes ses parties, il se contente de comparer les rendements à l'hectare qu'il a adoptés pour chaque virée avec les contenances de ces virées et il détermine pour l'ensemble du taillis un rendement moyen à l'hectare ; ce chiffre, multiplié par la contenance totale de la coupe, donne l'estimation en matière de cette coupe.

Produits spéciaux. — Lorsque le peuplement est susceptible de donner des produits spéciaux, dont on doit tenir compte dans l'estimation (bois d'échalas), etc., on rapporte les produits spéciaux au stère, ou bien on se forme à l'estimation directe par des expériences et des places d'essai.

Production en écorce. — La production en écorce des taillis s'estime à vue, par comparaison avec les rendements des coupes précédentes ; d'après M. Bouvard, pour obtenir 1 000 kilogrammes d'écorce sèche, il faut écorcer en moyenne, dans les régions du nord :

21 stères de taillis de 15 ans,
soit un rendement en poids de....... 47kg,6 par stère.
19 stères de taillis de 20 ans,
soit un rendement en poids de....... 52kg,6 par stère.
18 stères de taillis de 25 ans,
soit un rendement en poids de....... 55kg,5 par stère.
17 stères de taillis de 30 ans,
soit un rendement en poids de....... 58kg,8 par stère.

Dans le Midi, le rendement serait plus élevé, notamment en ce qui concerne les taillis de chêne tauzin, où l'on peut extraire jusqu'à 120 à 125 kilogrammes d'écorce par stère, le poids de ce stère étant d'environ 500 kilogrammes.

Dans l'estimation en matière d'un taillis, on apprécie le rendement d'écorce à l'hectare au poids ; les ventes d'écorce s'effectuent soit par 1 000 kilogrammes d'écorce sèche, soit par 100 bottes de 20 kilogrammes.

Dans l'estimation des taillis à écorce il y a lieu de tenir compte que le prélèvement de l'écorce réduit le rendement en stères du taillis calculé pour les bois non écorcés, de 8 à 12 p. 100 environ.

2° Estimation en argent.

L'estimation en argent consiste à appliquer à chaque catégorie de marchandises un prix déterminé.

Bois abattus et façonnés. — Les mercuriales donnent généralement les prix des diverses unités de marchandises rendues en gare, ou dans des lieux de dépôt hors forêt ; or il est en général plus commode pour le propriétaire de livrer les produits en forêt, afin de ne pas avoir à se préoccuper de faire effectuer les transports.

Il y a là une distinction pour le choix du prix de chaque unité dont il faut tenir compte. Si le transport est difficile, le prix à appliquer en forêt sur le parterre de la coupe doit être inférieur à celui des mercuriales ; la différence représente les frais de transport.

Les prix du commerce courant s'entendent généralement,

le produit étant livré (ou supposé livré) façonné sur le parterre de la coupe. Nous appellerons ce prix de l'unité façonnée sur le parterre de la coupe, *le prix normal.*

Pour estimer en argent une coupe vendue dans ces conditions, on applique à chacune des catégories de produits qui comporte le dénombrement fait après façonnage, le prix normal correspondant.

Bois sur pied. — Il est d'usage, lorsqu'on estime des bois sur pied, de leur appliquer les prix normaux. On obtient ainsi l'estimation du matériel supposé façonné sur le parterre de la coupe. Pour déterminer la valeur sur pied il reste, après ces calculs, à défalquer tous les frais, de quelque nature qu'ils soient, qui sont nécessaires pour faire passer les bois de l'état sur pied à l'état façonné sur le parterre de la coupe. Cette différence représente la *valeur nette de la coupe sur pied*, c'est-à-dire le prix qu'on pourra en offrir pour s'en rendre acquéreur ou qui pourra servir de mise à prix si l'on est vendeur. (Il ne faut pas oublier que l'intermédiaire retiendra un tant p. 100 qui représente le bénéfice de son travail, et qu'il y a lieu d'en tenir compte.)

Le devis détaillé de tous ces éléments peut s'établir ainsi qu'il suit :

1° *Estimation du matériel brut sur le parterre de la coupe.*

				fr. c.		fr. c.
Bois de charpente ..	»	mètres cubes	à	»	l'un, ci	»
	»	—	à	»	l'un, ci	»
	»	—	à	»	l'un, ci	»
Bois d'industrie	»	—	à	»	l'un, ci	»
	»	—	à	»	l'un, ci	»
	»	—	à	»	l'un, ci	»
Bois de chauffage ..	»	stères	à	»	l'un, ci	»
	»	—	à	»	l'un, ci	»
Charbonnette......	»	—	à	»	l'un, ci	»
Fagots............	»	—	à	»	le cent, ci.....	»
Bottes d'écorces ...	»	—	à	»	le cent, ci.....	»
Total de l'estimation brute						»

2° *A déduire.*

1° Bénéfice de l'exploitant à raison de » p. 100 de l'estimation ci-dessus	»	
2° Frais de surveillance de l'exploitation, frais de déplacements, etc.	»	
3° Frais d'exploitation proprement dite :		
Ébranchement des arbres à » fr. » l'un, ci	»	
Abatage des arbres de futaie à » fr. » l'un, ci	»	
— et façon du bois de chauffage, à » fr. » le stère, ci	»	»
Abatage et façon du bois à charbon, à » fr. », ci	»	
Façon des fagots à » fr. » le cent, ci	»	
— des écorces à » fr. » les cent bottes, ci	»	
4° Travaux divers à la charge de l'exploitant, amélioration et entretien de chemins, etc., ci	»	
Reste		»
5° 5 p. 100 de ce reste à déduire pour frais d'enregistrement et d'adjudication, ci		»
Reste net		»

Vente des coupes de bois.

M. Broilliard pose, en matière de ventes de coupes de bois, un principe essentiel : *le propriétaire doit, avant de discuter un marché, déterminer d'une manière précise les produits à vendre, qu'ils soient sur pied ou abattus, et arrêter d'une manière sûre le chiffre même de leur estimation en argent.* Cela fait, il peut procéder à la vente en connaissance de cause, quitte à tenir compte, dans la mesure qu'il jugera utile, de l'état du marché au moment de la vente (cours du commerce local, et plus ou moins grande concurrence).

Au contraire, si les bois à vendre ne sont pas nettement déterminés, soit par le balivage et par les limites de la coupe, soit par un lotissement très simple du matériel abattu, le propriétaire est, en principe, à la merci de l'acheteur qui connaît en général mieux que lui, en raison même de son métier, les bois, leur valeur et l'état du commerce.

Il y a lieu de distinguer deux cas généraux suivant que le propriétaire exploite lui-même ou qu'il vend sur pied les coupes à effectuer.

Exploitation directe et vente après abatage. — Le

propriétaire exploite lui-même et vend ses produits soit en grume, soit après le premier façonnage.

Il semble, *à priori*, que ce procédé soit avantageux, parce qu'il supprime l'intermédiaire, et quelques propriétaires l'essaient. Mais, en pratique, le propriétaire ne gagne pas grand'-chose à se substituer au marchand de bois ; il ne possède pas les connaissances spéciales nécessaires pour bénéficier du façonnage, du débit en lui-même et de l'état actuel d'un marché variable ; en faisant exploiter avant la vente, il arrive rarement à façonner les bois avec économie et pour le mieux ; il s'expose en outre à être forcé de vendre après l'exploitation du bois qui, une fois abattu, ne peut que se détériorer.

Aussi croyons-nous que c'est avec raison que le propriétaire emploie une autre méthode.

Vente sur pied. — Le propriétaire n'exploite pas lui-même et vend ses produits sur pied. Il y a une distinction à faire : la vente peut être faite sur pied à l'unité de produits, ou sur pied en bloc.

a. VENTE SUR PIED A L'UNITÉ DE PRODUITS. — Dans la vente sur pied par unité de produits, on débat simplement à l'avance le prix d'un certain nombre d'unités de produits dont les dimensions (en volume ou autrement) sont arrêtées d'avance. La quantité de marchandises qui proviendront de la récolte à faire est inconnue au moment du marché ; le propriétaire marque sa coupe, en principe au fur et à mesure de l'exploitation ; les produits sont façonnés sur le parterre de la coupe par l'adjudicataire dans les conditions prévues au marché et ils ne doivent être enlevés que lorsqu'il en a été fait un dénombrement contradictoire permettant d'établir quel est le nombre d'unités de chaque catégorie de produits qui ont été façonnés.

Pour établir le prix de la vente, il suffit d'appliquer à chacune de ces catégories le prix convenu.

Ce mode de procéder présente des avantages culturaux, si l'on ne désigne les arbres à abattre qu'au fur et à mesure de l'exploitation ; il est encore justifié si l'objet de la vente n'est pas suffisamment net pour qu'on en fasse d'avance une estimation précise (bois très disséminés dans une coupe d'éclaircie). Mais en revanche il présente, en pratique, de notables inconvénients : l'adjudicataire n'est pas libre de faire ce qu'il veut suivant les circonstances ; — il ne peut pas consentir à payer cher du bois dont il ne connaît bien ni la quantité ni la qualité, et il devient dès lors maître du marché ; — il y a toujours des lacunes dans le cahier des charges, des dispositions sujettes à interprétation, ce dont un commerçant cherche à profiter lors de la découpe, du façonnage et aussi du dénombrement qui est nécessaire pour arriver au règlement de la somme due ; pour trancher ces difficultés à l'amiable, le vendeur est amené à faire des concessions préjudiciables à son marché ; enfin ce mode prête entre tous à ce que, dans le commerce, on appelle un *coulage incessant*, sans parler même des coulages autrement sérieux qui peuvent se produire par fraude ou par erreurs voulues dans l'exploitation de sujets désignés par un simple griffage.

En tout cas, ce mode de procéder exige une surveillance vigilante et fidèle, et de la part du vendeur et de la part d'un adjudicataire consciencieux, car, qui peut affirmer que, pendant l'exploitation, des bois ne disparaissent pas le jour ou la nuit, qui ne seront jamais dénombrés ni payés? Il est préférable, quand on le peut, de ne pas avoir recours à ce procédé.

b. Vente sur pied en bloc. — La vente de produits sur pied en bloc est généralement le mode le plus simple et le plus désirable, tant pour le propriétaire qui n'a ni frais, ni risques à sa charge, que pour l'adjudicataire qui y trouve toute liberté de façonner les produits et d'en disposer comme il l'entend. Dans ce mode de vente, l'acheteur ou adjudicataire achète le droit d'exploiter et d'enlever tous les bois désignés à l'avance qui sont dans la coupe, sous certaines réserves ou conditions protectrices du sol forestier.

En dehors de ces deux cas généraux, il existe d'autres modes de vente ; mais ils sont plus ou moins inférieurs à la vente sur pied en bloc.

Un système mixte consiste par exemple à vendre à tant l'unité de produits les bois sur pied, à exploiter et à façonner par les soins du propriétaire.

D'après M. Broilliard, ce procédé est usité par un grand propriétaire de l'Est, M. Vieillard-Migeon ; les divers produits d'une même coupe trouvent des acquéreurs différents ; ainsi les corps d'arbres forment un lot de chênes, un lot de hêtres, etc. ; le chauffage un lot de bois tendres (blancs), un lot de bois durs, un lot de bois écorcés ; le charbon est vendu livrable, les ramiers en bloc ; les écorces seules sont à exploiter par l'acquéreur.

Suivant les cas et les usages locaux, un propriétaire peut exploiter et vendre de façons très différentes ; tous les modes passés dans les habitudes commerciales sont plus ou moins bons ; l'important, d'ailleurs, pour qu'un marché se fasse bien, c'est que la vente provoque une certaine concurrence ; à ce point de vue, on ne peut trop conseiller aux propriétaires particuliers de se grouper dans une région pour mettre en vente le même jour, par l'intermédiaire d'une même personne, un certain nombre de lots ; par ce moyen, ils s'assurent presque sans frais une assez grande publicité ; la vente attire un plus grand nombre de marchands de bois, ce qui donne à chaque propriétaire, en ce qui le concerne, la faculté de se mouvoir librement.

Différentes manières de passer le contrat de vente. — Le contrat peut être passé de gré à gré ou par adjudication publique.

a. Vente de gré a gré. — La vente non publique est un contrat amiable, pour lequel il est inutile de recourir à l'intervention d'un officier ministériel.

Le système des *ventes par soumissions directes* est en faveur, à juste titre, pour des ventes de ce genre. La soumission n'est autre chose qu'une lettre de négociant faisant une offre ; si le propriétaire a provoqué la concurrence par une publicité suffisante, il accepte le marché le plus avantageux.

La vente amiable peut être constatée d'une manière quelconque : par témoins, si la valeur est inférieure à 150 francs ; sinon par acte sous seing privé ou par acte notarié. L'acte notarié a l'avantage d'être exécutoire et de présenter ainsi des facilités spéciales pour le recouvrement du prix. Tout acte de vente, même sous seing privé, doit être enregistré, et les droits d'enregistrement sont de 2 p. 100 du montant de la vente, plus deux décimes et demi (soit un quart en sus) ; on doit payer en outre le timbre de l'acte et les droits de l'officier ministériel qui y a concouru, quand ce concours a eu lieu, soit, en somme, 3 à 4 p. 100 du prix de vente. Les frais sont à la charge de l'acquéreur, sauf clause contraire (Broilliard).

b. Vente par adjudication publique. — En cas de marché assez important, le système d'adjudication publique est préférable, surtout quand plusieurs propriétaires peuvent s'entendre pour vendre leurs divers lots le même jour par l'intermédiaire d'une même personne ; la publicité est faite au moyen d'affiches qui sont publiées et placardées à l'avance, et d'un cahier de ventes où les divers lots à mettre en vente sont détaillés ; les cahiers sont adressés personnellement aux négociants et amateurs, qu'ils invitent à venir prendre part à la vente.

Cette vente a lieu dans une salle publique ; elle ne peut être faite que par le ministère d'un notaire, sauf pour les coupes de bois *taillis* seulement et pour les ventes de bois abattus, pour lesquels la loi admet l'intervention des commissaires priseurs, huissiers et greffiers de justice de paix. On met en adjudication sous diverses formes, notamment aux enchères ou au rabais.

Beaucoup de propriétaires vendent encore aux enchères, à l'extinction des feux ; mais la meilleure forme est la vente au rabais qu'adopte l'administration des Eaux et Forêts ; le crieur énonce une valeur bien supérieure à celle qu'a le lot mis en vente suivant l'estimation du propriétaire (estimation inconnue des marchands de bois qui ont fait chacun la leur) ; il descend progressivement en appelant des chiffres inscrits sur un tarif qui est connu à l'avance et public. Au chiffre qui lui convient, l'acquéreur arrête la vente par un « je prends ». Mais si, avant qu'il y ait preneur, le propriétaire ou son représentant veut arrêter la vente (ce qu'il fait s'il n'y a pas preneur à son estimation, ou même un peu en dessous, suivant les cas), il arrête le crieur ; la coupe est retirée et la vente est renvoyée à l'année suivante.

Ce mode de vente donne une très grande latitude au vendeur qui reste toujours libre de ne pas vendre, si les estimations des acquéreurs présents sont insuffisantes ; il crée la concurrence entre les personnes présentes à la vente, et enfin tout marchand peut y prendre part librement, pourvu qu'il soit solvable, sans crainte de coalition ni d'écrasement. Ainsi le commerce fait les prix d'après l'état des affaires.

Le système de vente aux enchères n'offre pas cet avantage ; en principe, il crée la concurrence, mais pas plus qu'un autre mode de vente ; par contre, le propriétaire vendeur fixe une mise à prix et dès lors il est obligé d'adjuger, même sur une seule enchère ; s'il met à prix au-dessus de son estimation, il risque de ne pas vendre ; s'il met à prix en dessous, il risque, faute de concurrence, d'être obligé d'adjuger sa coupe à une valeur qu'il ne juge pas suffisante ; le commerce n'établit plus les prix d'après l'état des affaires. Enfin, dans certains cas exceptionnels, quelques acquéreurs, menacés d'une surenchère et écrasés à l'avance, peuvent se laisser écarter de l'adjudication au détriment de la concurrence.

Conditions de la vente. — Les obligations du vendeur et de l'acheteur sont définies dans un cahier des charges dont les clauses sont acceptées par l'adjudicataire, au moment de la signature du contrat de vente. Il est souvent d'usage de s'en rapporter *expressément* au cahier des charges de l'administration des Eaux et Forêts, pour toutes les clauses générales relatives aux garanties de contenance et de qualité (art. 1er du cahier des charges générales de l'administration des Eaux et Forêts), aux garanties de paiement (art. 5 et suivants), au paiement du prix de vente, des frais d'adjudication et des droits d'enregistrement (art. 10 et suivants), et enfin, pour les clauses générales relatives à l'exploitation, à la vidange et au récolement (art. 16 et suivants).

Toutefois, il y a lieu de remarquer que le propriétaire vendeur ne peut pas user contre l'acheteur de tous les moyens de coercition dont l'administration des Eaux et Forêts dispose contre les adjudicataires en vertu des textes spéciaux du Code forestier, et il ne dispose pas d'autres sanctions que celles qui sont édictées par le droit commun.

En ce qui concerne les *exploitations*, toute la section IV du titre III du Code forestier (art. 29 à 46 du Code forestier) est inapplicable ; cette section vise les infractions aux clauses et conditions relatives à la délivrance d'un permis d'exploiter (art. 30 du Code forestier) ; le travail de nuit (art. 36, Code forestier); le mode d'abatage des arbres et le nettoiement des coupes (art. 37, Code forestier) ; la désignation d'emplacements où l'adjudicataire pourra établir des fosses ou fourneaux pour charbon, des loges ou des ateliers (art. 38, C. f.) ; la traite des bois et les chemins de vidange (art. 39, C. f.) ; les prorogations de délai d'exploitation et de vidange (art. 40, C. f.) ; l'inexécution des travaux imposés aux adjudicataires (art. 41, C. f.) ; l'interdiction d'allumer du feu ailleurs que dans les loges ou ateliers (art. 42, C. f.) ; le dépôt par les adjudicataires dans leurs ventes de bois étrangers à la coupe (art. 43, C. f.).

Dans les bois soumis au régime forestier, ces infractions sont érigées à l'état de délits, et justiciables des tribunaux correctionnels ; dans les bois non soumis au régime forestier (bois particuliers), les sanctions du droit commun sont seules applicables, et il en résulte que l'inexécution d'une obligation imposée par le cahier des charges ne peut, absolument comme une clause quelconque d'un contrat, que donner lieu à une action en dommages-intérêts devant les tribunaux civils. Pour éviter toute discussion devant le tribunal, et aussi des frais d'expertises souvent délicates, le seul remède est de régler d'avance les indemnités qui seront dues en cas de non exécution des prescriptions fixées par le cahier des charges ; de cette manière, le tribunal saisi est obligé d'allouer la somme convenue, et le cahier des charges enregistré faisant corps avec l'acte de vente permet de sauvegarder ainsi les intérêts du vendeur et la conservation de la forêt.

Pour fixer ces *indemnités*, on peut se placer à différents points de vue ; le principe est de déterminer le dommage effectif causé et de baser l'indemnité sur ce dommage.

En matière de prorogation de délai d'exploitation de vidange par exemple, l'adjudicataire, en restant sur le parterre de la coupe au moment où le jeune recru ou les rejets devraient partir, cause un préjudice sensible qui peut se traduire par la perte totale de production pendant une année ; en sylviculture, on appelle *feuille* cette production. La perte de la première feuille dans un bois normalement exploité à n ans, représente pour le propriétaire qui sera forcé d'exploiter à la coupe suivante un bois âgé de $n - 1$ ans, la différence qui existe entre la valeur vénale de la coupe à n ans, et celle du même bois à $n - 1$ ans ; c'est ce chiffre qui paraît devoir entrer dans le calcul du dommage causé, comme donnant exactement la valeur de la feuille perdue. D'une façon approchée, on peut admettre que la première feuille s'acquiert du 15 avril au 15 juillet, soit pendant une durée de trois mois ; il appartient dès lors au propriétaire de voir, d'après les conditions de la prorogation de délai qu'il accorde, s'il doit faire son calcul pour toute la surface de la coupe, ou seulement pour une fraction de son étendue, et s'il doit évaluer son dommage proportionnellement au temps, en adoptant comme base que la feuille est perdue avec un délai de trois mois.

Parmi les clauses du cahier des charges, *on impose souvent aux adjudicataires divers travaux d'amélioration ou d'entretien ;* la méthode est bonne, car l'adjudicataire, ayant un fort personnel sous la main, sait les exécuter à bon compte et c'est un moyen pratique pour le propriétaire de faire exécuter divers petits travaux (curage de fossés, mise en état des limites, etc.) au fur et à mesure du passage des coupes, et d'entretenir ainsi sa forêt en bon état. Toutefois, il convient d'être modéré quant au montant de ces mises en charge, et d'éviter de dépasser 3 à 5 p. 100 de la valeur de la coupe.

D'une façon générale, d'ailleurs, on doit se montrer plutôt libéral que très strict au sujet de certaines clauses accessoires relatives à des frais supplémentaires (frais d'enregistrement du contrat ou autres) et aux diverses latitudes dont pourra jouir l'adjudicataire dans son exploitation (latitudes relatives aux places à feu, à la coupe de harts pour lier les écorces, etc.), car les acheteurs ont toujours tendance à s'exagérer les frais accessoires ainsi que les petits ennuis qui s'ensuivent ; le propriétaire a souvent intérêt à en imposer le moins possible aux adjudicataires.

6. — TRAVAUX FORESTIERS.

Nous donnons, d'après l'*Agenda du forestier*, les chiffres suivants à titre d'indication :

Travaux à la journée. — Dans une journée moyenne de dix heures, un ouvrier bûcheron peut :

Débroussailler, soit couper un taillis de 8 à 10 ans sur	5 à 10	ares
Abattre un taillis moyen de 15 à 18 ans	4 à 8	—
— — de 25 ans	3 à 6	—
— — de 30 —	2 à 5	—
Élaguer feuillus de 1 à 2 mètres de tour .... de	10 à 12	arbres.
— résineux de $1^m,40$ à 2 m. de tour	8 à 12	—
— — de 2 à 3 mètres de tour	6 à 10	—
Abattre arbre (petit bois) de 1 m. cube	8 à 14	—
— (bois moyens) de 2 m. c. (à 2 ouvriers)	8 à 14	—
— (gros bois) de 4 m. c. (à 2 ouvriers)	4 à 6	—
Écorcer sapin moyen de 1 m. de tour	15 à 20	—
— — de 2 m. —	8 à 12	—
— — de 3 m. —	5 à 8	—
Équarrir — de 1 m. —	10 à 12	—
— — de 2 m. —	4 à 8	—
— — de 3 m. —	3 à 5	—
Émonder baliveaux ($0^m,40$ à $0^m,60$ de tour)	100 à 140	tiges.
— modernes ($0^m,60$ à $1^m,20$ de tour)	60 à 80	—

Travaux à la tâche. — *Prix des unités.*

	francs.	francs.
Façon d'un stère quartier :		
Abatage, sciage	de 0,65 à 1 »	de 1 » à 1,50
Fendage	de 0,20 à 0,30	
Empilage	de 0,15 à 0,20	
Façon d'un stère rondin :		
Abatage, sciage	de 0,65 à 0,80	de 0,80 à 1 »
Empilage	de 0,15 à 0,20	
Façon de 100 fagots, de $1^m,33$ de haut sur 1 mètre de tour		4 » à 6 »
Façon de 100 bourrées, de $1^m,33$ de haut, sur 1 mètre de tour		2,50 à 3 »
Élagage d'un feuillu de 1 à 2 mètres de tour		0,50 à 1 »
— d'un résineux de $1^m,60$ à $2^m,20$ de tour		0,80 à 1,20
— — de $2^m,40$ à 3 m. de tour		1,50 à 2 »

(Les élagueurs, exerçant un métier pénible et dangereux, demandent à gagner à la journée de 6 à 12 francs.)

		francs.
Abatage d'un taillis de 8 à 10 ans (ou débroussaillement)	à l'hectare, de	30 à 60
Abatage d'un taillis moyen de 15 à 18 ans.	—	36 à 75
— d'un taillis moyen de 25 ans	—	50 à 100
— — — de 30 ans	—	60 à 150

Abatage d'une perche de $0^m,40$ à $0^m,60$ de tour......	0,05 à 0,15
— d'un arbre (petit bois) de 1 mètre cube environ	0,60 à 1 »
— d'un arbre (bois moyen) de 2 mètres cubes environ	1,50 à 2,25
— d'un arbre (gros bois), 4 mètres cubes environ	2,50 à 3,15
Écorcement, sapin moyen de 1 mètre de tour	0,25 à 0,40
— — de 2 mètres de tour	0,60 à 1,20
— — de 3 —	1 » à 1,50
— façon d'une botte d'écorce, de 16 à 18 kilos..............................	0,50 à 0,60
— façon de 1 000 kilos d'écorce	30 » à 40 »
Équarrissage d'un sapin moyen de 1 m. de tour	0,40 à 1,20
— — — de 2 —	1,20 à 2,25
— — — de 3 —	2,30 à 3,50
Émondage d'un baliveau ($0^m,40$ à $0^m,60$ de tour)	0,02 à 0,04
— moderne ($0^m,60$ à $1^m,20$ de tour)	0,04 à 0,06
— à l'hectare (100 baliveaux, 40 modernes environ)..............................	3 » à 6 »

En ce qui concerne les travaux forestiers (travaux d'amélioration et d'entretien), ils consistent en travaux de bornage (bornes, écussons, fossés, cordons, etc.) ; en travaux de clôture (murs, fossés, etc.) ; en travaux d'irrigation ou d'assainissement (fossés, rigoles, etc.); en travaux pour l'assiette de l'aménagement (ouverture de lignes, placement de bornes, etc.); enfin en travaux d'ouverture ou d'amélioration des voies de vidange.

Le prix de revient de ces divers travaux varie beaucoup d'une région à une autre, et il convient de les débattre avec les ouvriers du pays ; nous renvoyons à leur sujet aux indications générales mentionnés à l'*Agenda du forestier*.

7. — PROTECTION DES FORÊTS.

Les arbres et les peuplements depuis leur naissance jusqu'au terme de leur existence sont exposés, surtout dans les forêts exploitées d'une façon intensive par l'homme, à un très grand nombre de dégâts ou de dangers contre lesquels parfois il est possible de les prémunir. Une bonne gestion doit s'en préoccuper.

Sous ce rapport, la culture forestière est encore bien différente de la culture agricole en raison de la longue période d'années qu'il faut au bois pour se former et pour devenir exploitable ; la forêt constituée par des arbres en croissance et par des bois mûrs doit se développer normalement, sans à-coups, sinon le revenu peut être gâché et compromis pour un temps dont la durée dépasse parfois celle de l'existence du propriétaire; l'instrument de production n'est plus ici seulement la terre, comme en agriculture, à laquelle, après une année mauvaise, on peut confier de nouvelles semences, mais il est constitué par une série de bois de tous âges, depuis l'extrême jeunesse jusqu'à l'âge exploitable, et cet instrument doit être protégé contre les dangers extérieurs et les accidents ; sinon la matière bois peut se dégrader progressivement dans la forêt qui en est l'entrepôt en même temps que la fabrique.

Le devoir du sylviculteur est de prévoir ces à-coups et d'y porter remède à l'avance, tout au moins de les atténuer dans la mesure du possible.

Influence atmosphérique ; vents et ouragans, coups de froid ou de chaleur, etc. — *Les vents violents et les ouragans*, surtout lorsqu'ils sont accompagnés de pluies qui détrempent le sol, produisent dans les forêts des dégâts qui se traduisent par des *chablis* (arbres complètement déracinés et renversés avec leurs racines), des *volis* ou des *chandeliers* (arbres cassés sans être déracinés) ou enfin des *abatis* sur de grandes surfaces (fig. 78).

Pour protéger la forêt et atténuer dans une certaine mesure les ravages de cette nature, il faut : *préférer dans toutes les situations exposées, et spécialement en montagne, les peuplements inégaux d'âges multiples, surtout les peuplements jardinés, car ces formes sont généralement moins atteintes que les peuplements uniformes d'un seul âge ; — créer ou conserver des zones d'abri sur les périmètres exposés aux vents violents ; — baliver serré, spécialement sur le pourtour des coupes, dans les taillis-sous-futaie et avoir soin d'entremêler les réserves d'âges divers afin qu'elles se protègent mutuellement ; — multiplier les coupes sur de petites surfaces plutôt que de procéder aux coupes sur de grandes étendues d'un seul tenant et se conformer aux*

Fig. 78. — Chablis dans la forêt de Thézillieu (Ain). Ouragan de janvier 1896.

règles d'assiette en ce qui concerne la marche des coupes à l'encontre des vents les plus dangereux.

Le refroidissement de la température et les gelées produisent des dégâts de forme très variable, suivant la saison et aussi suivant l'âge des arbres ou des peuplements qui y sont exposés ; les *gelées tardives de printemps* ou *précoces d'automne* qui surprennent des organes jeunes (printemps) ou imparfaitement aoûtés (automne), détruisent momentanément les organes verts et sont parfois très préjudiciables aux jeunes repeuplements naturels ou artificiels, surtout si elles se reproduisent fréquemment. Ces gelées, spécialement celles du printemps, sont plus à craindre dans les dépressions, les parties humides des régions à climat rude et il est à conseiller d'éviter sur ces points de faire des plantations sans abri protecteur naturel ou de planter des espèces rustiques.

Les grands froids d'hiver sont en général moins dangereux que les transitions brusques que provoquent les coups de soleil et le passage brusque du froid au chaud pendant ou après les fortes gelées ; les accidents morbides qu'ils provoquent dans le bois prennent le nom de *gélivures* ou de *roulures*, de *lunures*, etc., suivant la situation et la profondeur des zones de bois qui sont détruites et ils constituent des tares plus ou moins graves qu'on retrouve toujours dans le bois et qui souvent provoquent tôt ou tard son altération (1).

Pour protéger dans une certaine mesure la forêt contre ces dégâts, il est à conseiller : d'*éviter de faire des repeuplements artificiels à l'aide d'essences introduites au nord de leur station d'origine ; — de placer les plants à feuilles persistantes de préférence aux expositions froides pour leur épargner les passages trop brusques du froid au chaud ; — de planter des espèces rustiques, à frondaison tardive ou peu sensible dans les dépressions plus particulièrement exposées aux gelées de printemps ; — d'éviter une brusque transition de l'état de massif à l'état d'isolement pour les essences à écorce mince et privées de rhytidome, car ces essences sont les plus sensibles à l'action des gelées ; — de propager sur les sols siliceux meubles des essences rustiques au*

(1) Voir dans l'*Encyclopédie agricole* : *Maladies non parasitaires des plantes cultivées*, par G. Delacroix.

froid, car sur de tels sols les dégâts de la gelée sont plus fréquents que sur les sols argileux, argilo-siliceux ou calcaires.

Les *chutes abondantes de neige*, parfois à redouter dans les peuplements résineux trop uniformes, le *givre* et le *verglas*, la *grêle*, les *coups de foudre* peuvent provoquer dans certaines circonstances spéciales des dégâts en forêt, mais l'homme ne peut intervenir que pour réaliser avant l'altération de leur bois les arbres cassés ou trop détériorés.

Végétaux et champignons nuisibles. — Le *lierre*, les *clématites*, le *chèvrefeuille* et en général les plantes sarmenteuses qui s'enroulent autour des tiges et les enlacent jusqu'à provoquer l'arrêt de leur croissance, peuvent causer dans les jeunes peuplements des dégâts considérables ; il appartient aux gardes de les faire extirper dans la mesure du possible ; armés d'une serpe ou de leur marteau, ils peuvent, lorsqu'ils passent dans des peuplements plus âgés, sectionner à la base le long des troncs sur 10 centimètres environ de longueur, les tiges sarmenteuses, notamment les lierres dans les cantons où ils sont particulièrement abondants ; ces petites opérations de protection sont fort utiles. Le *gui*, souvent abondant dans certains quartiers de forêt sur un grand nombre d'essences forestières (il est assez rare sur le chêne), ne cause des dégâts sensibles que si ses racines, véritables suçoirs qui lui permettent de vivre en semi-parasite, pénètrent dans la partie du bois propre à l'industrie, et ce fait se produit plutôt chez les arbres résineux que sur les arbres feuillus. Sa destruction est toujours à conseiller et elle ne peut se faire d'une façon effective qu'en faisant tomber, dans la mesure du possible, les tiges atteintes afin d'empêcher sa propagation par les oiseaux. En cas d'arrêté pris par les préfets en vertu de la loi du 24 décembre 1888 prescrivant sa destruction, la mesure s'applique aux forêts, mais seulement à la lisière sur une profondeur de 30 mètres ; dans ce cas l'extraction totale doit être faite au besoin par amputation des branches envahies.

Les *champignons* peuvent devenir dans certains cas de redoutables ennemis pour la culture forestière, en s'attaquant aux arbres qu'ils font mourir, aux massifs qu'ils éclaircissent ou détruisent, au bois qu'ils peuvent rendre impropre à tous usages. Il est à remarquer que leurs attaques sont beaucoup plus dangereuses dans les massifs résineux que dans les bois feuillus, dans les peuplements uniformes que dans les peuplements inégaux d'âges multiples et surtout dans les peuplements purs que dans les peuplements mélangés. Le fait s'explique de lui-même et il indique le meilleur moyen de protection.

Dans les peuplements attaqués par les champignons on ne peut songer, comme parfois en agriculture, à employer des mesures préventives de protection ; il faut sans hésiter faire disparaître les arbres atteints, non seulement en les abattant, mais en les enlevant très rapidement de la forêt afin d'empêcher la diffusion des spores ; il faut encore, pour se garer de leurs attaques, tenir la forêt toujours bien propre, en ayant soin d'enlever lors du passage des coupes les bois morts ou dépérissants, ainsi que les arbres tarés ou abîmés par les dégâts d'exploitation (1).

Animaux sauvages et insectes nuisibles. — Le *gibier* et les *animaux sauvages* qui peuplent les forêts sont en France suffisamment traqués par les chasseurs pour ne pas occasionner aux peuplements des dégâts dangereux, sauf toutefois dans certaines forêts où on les multiplie au point de vue de la chasse ; dans ce dernier cas des mesures spéciales peuvent s'imposer pour protéger les peuplements, tout au moins dans les quartiers de régénération, et la plus efficace paraît être l'entreillagement. — Parmi les bêtes fauves, les *cerfs* et les *chevreuils* font le plus de mal, surtout aux jeunes régénérations ou aux plantations récentes. Parmi les rongeurs, les *lapins* sont les plus dangereux, surtout lorsqu'ils pullulent dans les taillis, taillis-sous-futaie ou futaies des sols sablonneux et secs ; leur abondance rend souvent la végétation sinon impossible, tout au moins très difficile. Dans certains cantons on voit apparaître pendant une année, sous forme d'une véritable invasion, de petits rongeurs, *souris* ou *campagnols* qui dévorent les semences, rongent l'écorce des brins pendant l'hiver jusqu'à plusieurs mètres de hauteur et causent ainsi des préjudices

(1) Voir dans l'*Encyclopédie agricole* : *Maladies parasitaires des plantes cultivées*, par Delacroix et Maublanc.

assez sérieux à la forêt ; le meilleur moyen de se défendre est de protéger les rapaces diurnes et nocturnes, les petits mammifères et oiseaux qui en détruiront un grand nombre (1).

Les *insectes*, même les plus petits, sont de tous les animaux qui vivent en forêt ceux qui peuvent lui faire subir le plus de dommages. A l'état de larve, de chenille ou d'insecte parfait, ils s'attaquent aux feuilles ou aux aiguilles, à la couche génératrice du bois ou au bois lui-même dans lequel ils creusent leurs galeries, aux racines, aux bourgeons, aux fleurs ou aux fruits (1). Leur apparition sous forme d'invasions dangereuses ne se fait généralement pas d'un seul coup, mais elle tient à des causes multiples (abondance de nourriture appropriée, absence d'ennemis, température, etc.), sur lesquelles le sylviculteur n'a que peu d'influence.

Il est à remarquer que, comme pour les champignons, leurs invasions sont beaucoup plus dangereuses dans les massifs résineux que dans les bois feuillus, dans les peuplements de même âge que dans les peuplements d'âges multiples, et surtout dans certains peuplements purs (résineux, spécialement les plantations artificielles) que dans les peuplements mélangés. Le fait s'explique de lui-même et il indique l'un des meilleurs moyens de protection.

Les insectes lignivores ont besoin, pour se développer en grand nombre, de bois morts, dépérissants ou atteints de maladies ; c'est de là qu'ils partent toujours pour attaquer les bois sains ; par suite les peuplements bien dirigés, maintenus à l'état sain et toujours nettoyés des bois morts, dépérissants ou tarés sont généralement indemnes. On doit donc conseiller, pour empêcher la formation de foyers de propagation : d'*entretenir les peuplements à l'état sain par des soins appropriés ; — de cultiver les essences appropriées au sol et au climat et d'adopter un traitement rationnel ; — de donner la préférence aux peuplements mélangés et surtout au mélange de feuillus et de résineux ; — d'exploiter radicalement et annuellement les bois morts et dépérissants ; — d'écorcer totalement les arbres rési-*

(1) Voir *Aide-mémoire du Forestier*, Histoire naturelle (Mammifères, oiseaux, insectes), par L. Pardé, et *Entomologie et parasitologie agricole* (*Encyclopédie agricole*), par Guénaux.

neux dès qu'ils sont abattus et, pour rendre cette opération possible, de les couper de préférence en temps de sève; — d'enlever les produits aussitôt après le façonnage et de ne pas laisser de bois morts gisants en forêt; — enfin, dans le cas d'invasion ou d'extraction d'arbres attaqués, de brûler sur place au plus tôt les écorces et débris attaqués.

Les insectes qui mangent les feuilles et les aiguilles préparent souvent un milieu favorable à l'invasion des insectes xylophages, mais les seuls moyens pratiques de préservation à recommander sont : *l'éducation de peuplements mélangés en bon état, adaptés au climat et au sol; — le maintien de la fertilité du sol par la conservation d'un bon état de massif et d'une épaisse couverture morte; — enfin la protection des animaux insectivores utiles.*

Dans le cas où des arrêtés préfectoraux prescrivent certaines destructions (échenillage, hannetons, etc.), les mesures à prendre sont applicables à la lisière des bois et forêts, sur une profondeur de 30 mètres.

Le pâturage en forêt. — Aujourd'hui on doit repousser absolument, comme inutile au point de vue agricole et dangereuse au point de vue forestier, l'introduction du bétail en forêt, même dans les vieux massifs, sauf en des cas très spéciaux. Même pendant les années de sécheresse, alors que la pénurie des fourrages excuse cette pratique, on doit se rendre compte que le bétail, quel qu'il soit, introduit dans les peuplements, cause souvent à la forêt des dommages presque irréparables.

Dans *les pays de coteaux et de basses montagnes des zones parisienne et girondine* où le climat est assez humide et la terre assez fertile, l'herbe ne se trouve que dans les jeunes peuplements (jeunes taillis de moins de dix à douze ans, coupes d'ensemencement, secondaires ou définitives et jeunes régénérations de dix à quinze ans dans les futaies) qu'on doit avec raison considérer comme non défensables (interdits au parcours) ou encore dans les vides, qui en raison même de leur existence ont besoin de repos pour se repeupler. Les seuls cantons défensables (qu'on peut ouvrir au parcours) ne permettent pas d'admettre, en raison de l'absence presque totale d'herbe sur le sol, plus d'une tête par 2 à 4 hectares, ce qui correspond à un bénéfice annuel variant de 60 centimes à 1 fr. 50 par hectare pour l'ensemble de la forêt ; dès qu'on dépasse ces chiffres, on peut être assuré que le bétail, faute d'herbe, attaquera le bois ; un si mince profit est loin de compenser la perte totale des engrais et le dommage éventuel causé aux arbres.

En montagne les bénéfices deviennent plus aléatoires, et le mal causé à la forêt beaucoup plus considérable, mais le pâturage s'y présente actuellement sous une forme plus nécessaire, car la question du pâturage en forêt est alors intimement liée à celle du pâturage en général. *Pour rendre possibles et plus efficaces les mesures à prendre en vue de protéger la forêt de montagne, le seul moyen à employer est d'assurer au bétail une plus abondante alimentation dans les pâturages et de la permettre, par l'amélioration des gazons, d'y séjourner plus longtemps.* Les conditions économiques actuelles, et la nécessité de conserver à la montagne une terre végétale qui s'appauvrit et disparaît tous les jours, le réveil des torrents et les catastrophes qui en résultent jusque dans la plaine, ne permettent plus de laisser les forêts existantes éternellement victimes de l'épuisement des pelouses pastorales.

Produits accessoires des forêts. — La forêt telle que nous l'envisageons en sylviculture, avec ses peuplements formés en massif et son importante couverture morte sur le sol, produit lentement un matériel ligneux qu'on peut enlever au moment de l'exploitation sans appauvrir le sol forestier. Mais il n'en est plus de même si à la récolte bois se joignent des *extractions abondantes* et *surtout périodiques* d'autres produits dits accessoires qu'on trouve en forêt ou sur les sols forestiers. Nous avons assez parlé précédemment des conditions indispensables au maintien de la fertilité de la station en forêt pour ne pas être obligé d'interdire ici, par mesure de protection nécessaire à la forêt, l'*enlèvement des feuilles mortes et des débris végétaux* de toute nature qui constituent sous les peuplements forestiers la litière et l'humus des forêts ; nous devons condamner d'une égale façon l'*extraction des morts-bois*, arbustes, arbrisseaux ou petits arbres sans valeur qui dans les peuplements jeunes, aussi bien qu'en dessous des peuplements plus âgés, contribuent à couvrir le sol, à augmenter le couvert, parfois même à fermer des massifs plus ou moins clairiérés, sauf dans les cas où cette extraction est commandée par des raisons d'ordre cultural ou encore par mesure de sécurité contre les incendies ; de même pour *l'extraction exagérée des souches*, sauf dans les cas où l'opération est prescrite pour faciliter la régénération naturelle dans les futaies, pour favoriser les semis naturels ou les plantations dans les taillis-sous-futaie ou encore pour enrayer des invasions d'insectes dans les forêts résineuses ; toujours au même titre de protection des forêts, nous déconseillons l'enlèvement abusif des *mousses* ainsi que le *ramassage périodique au râteau ou au balais des semences forestières* (glands et faînes) qui, s'il est exagéré, peut avoir pour effet de déplacer ou de détruire la couverture morte ; enfin nous déconseillons, en vue de la protection des jeunes plants, *la récolte des herbes autrement que par arrachage à la main* dans les vides, les clairières et les parcelles en régénération où souvent même, sauf à l'époque de la chute des graines, cet arrachage à la main est plutôt préjudiciable aux jeunes plants que les herbes protègent contre les ardeurs du soleil.

Certains produits accessoires des forêts sont cependant utiles aux populations riveraines, et on ne peut conseiller de les leur refuser totalement, *mais leur enlèvement doit toujours être soigneusement réglementé et surveillé*, et la concession peut en être faite moyennant une faible redevenance ou à charge de prestation en nature sous forme de délivrance de *menus produits*.

Gestion et surveillance. — Le propriétaire qui possède un domaine boisé doit toujours connaître l'état de ce domaine et s'intéresser à sa gestion ; c'est une des principales mesures de protection que nous lui conseillons. Deux méthodes de gestion peuvent s'appliquer aux domaines boisés : le faire valoir direct et la régie.

Premier cas. Faire valoir direct. — Le propriétaire dirige personnellement l'exploitation de son domaine ; il peut procéder de deux façons :

1° *Le propriétaire se borne à gérer ses peuplements et il vend les coupes sur pied.* — La vente des bois sur pied est généralement le mode de gestion le plus simple et le plus désirable, tant pour le propriétaire qui n'a ni frais, ni risques à sa charge, que pour l'adjudicataire qui y trouve toute liberté de façonner les produits et d'en disposer comme il l'entend (1). La gérance est alors simple ; elle consiste à donner la direction générale, à baliver ou marteler les coupes, à faire les estimations, à récoler et à prévoir, s'il y a lieu, quelques opérations culturales ; enfin à passer un traité avec le marchand de bois pour exploiter la coupe.

Dans ce cas, le faire valoir direct est possible et toujours préférable ; il est même particulièrement facile ; la gestion du domaine boisé n'exige pas l'habitation à la campagne, puisque la main-d'œuvre est étrangère à la fabrication des produits, et qu'elle n'intervient que pour leur réalisation.

2° *Le propriétaire exploite lui-même, et vend ses produits, soit en grume, soit après premier façonnage.* — Il semble qu'on réalise ainsi le bénéfice que retire le marchand de bois, et nombre de propriétaires l'essaient ; mais cela n'est pas toujours vrai, car le métier de marchand de bois exige des connaissances spéciales relatives non seulement au façonnage et au débit en lui-même, mais encore à l'état d'un marché variable. En ce qui concerne l'exploitation, il est nécessaire de surveiller activement le travail des ouvriers, de dénombrer les produits fabriqués par les bûcherons, en un mot, de s'occuper personnellement et en tout temps de la gestion de son domaine boisé ; un traité peut être passé avec des bûcherons, braves gens que l'on retrouve chaque année parce qu'ils travaillent en morte-saison. Lorsqu'on a un garde dont l'utilité principale n'est pas seulement de surveiller, mais de servir d'intermédiaire entre le propriétaire et les populations riveraines de la forêt, lorsque la coupe façonnée est ouverte aux acheteurs le même jour chaque année, le public en prend vite l'habitude ; il sait qu'au même jour, le propriétaire vient lui-même vendre ses bois ; en quelques heures les marchés sont faits avec des clients accoutumés ; s'il reste quelques produits invendus, le garde peut avoir mission de les céder au prix

(1) La vente sur pied, en bloc, est généralement la plus avantageuse et la plus commode.

moyen. En fait, le propriétaire exploitant n'a pas besoin d'y consacrer tout son temps.

Deuxième cas. Règle. — Le propriétaire a recours, pour la gestion de son domaine, à un régisseur. Pour que la régie présente les mêmes avantages que le faire valoir direct, il est nécessaire que le régisseur soit capable, consciencieux, et rétribué par un salaire fixe. Nous empruntons à ce sujet à M. Broilliard les lignes suivantes : l'histoire du gérant qui s'enrichit, tandis que le propriétaire se ruine, n'est que trop fréquente ; et ce n'est pas seulement cet homme qui est condamnable : c'est d'abord le propriétaire qui néglige entièrement son domaine. Il faut donc absolument que le propriétaire d'une forêt, grande ou petite, la visite et plusieurs fois par an plutôt qu'une seule, qu'il la parcoure, qu'il l'observe, qu'il en connaisse les cantons et les exploitations ; à la première visite, il ne fera pas grande découverte ; à la dixième, il se sentira chez lui, il sera connu dans le pays, et la propriété deviendra sienne en réalité, au lieu d'être la chose du gérant ou de tout le monde.

Cependant, ajoute le même auteur, un grand propriétaire ne peut laisser sa forêt sans qu'elle ait un administrateur permanent, et les forestiers honnêtes ne manquent pas ; mais il faut les trouver. Le moyen le plus simple, et peut-être bien le plus sûr, est de s'adresser aux conservateurs des Eaux et Forêts qui connaissent les gardes, brigadiers, agents et autres personnes aptes à gérer les bois, et peuvent, en désignant aux propriétaires des serviteurs éprouvés et sûrs, procurer à ces derniers une situation meilleure que leur poste dans l'administration. Quoi qu'il en soit, il faut éviter de payer le gérant à tant p. 100 du prix des ventes des coupes, ce qui est encore en usage dans quelques lieux ; c'est l'intéresser à tout vendre, et il n'y a pas à s'étonner, une vingtaine d'années après, qu'il n'y ait plus d'arbres dans la forêt (1).

Dans certaines régions il existe des spécialistes, souvent d'anciens forestiers, à qui le propriétaire, qui ne peut effectuer

(1) On rencontre quelquefois pis encore ; certaines personnes confient au marchand de bois le soin de baliver leurs forêts : c'est organiser à plaisir un conflit entre l'honnêteté et l'intérêt.

les opérations et s'occuper de la vente des coupes, peut confier ce soin.

Organisation du travail ; attributions des gardes. — Indépendamment des ouvriers bûcherons employés pour l'exploitation des coupes et le façonnage des produits (vente de produits façonnés), le propriétaire utilise des gardes dont les attributions sont complexes :

a. *Répression des délits.* — Les gardes particuliers d'un propriétaire forestier ont tout d'abord des attributions de surveillance ; ces attributions sont justifiées par ce fait que les délits sont particulièrement faciles à commettre en forêt. Il est vrai que les bois particuliers sont placés sous la surveillance des officiers de police judiciaire, et principalement des gardes champêtres et des gendarmes (Code forestier, art. 188) (1) ; mais en fait cette surveillance est peu efficace ; il appartient donc au garde particulier de l'exercer. Le propriétaire doit faire assermenter son garde particulier conformément à l'article 117 du Code forestier (2). Mais pour assurer la répression des délits, M. Broilliard conseille au garde particulier d'aller requérir le garde champêtre pour lui faire dresser procès-verbal, dès qu'il y a un délit à constater ; une fois que le procès-verbal est dressé, le propriétaire a intérêt, s'il veut que l'affaire soit poursuivie, à prendre l'initiative et à se porter partie civile (Code d'instruction criminelle, art. 182) soit au parquet, soit au moyen d'une citation directe ; il doit communiquer celle-ci au procureur en s'informant du jour de l'audience, afin de pouvoir y soutenir ses conclusions.

Remarquons qu'en France, la répression des délits forestiers, spécialement des délits commis par les délinquants insolvables, est insuffisante et il résulte de cette situation fâcheuse que les propriétaires de bois n'ont en général qu'à supporter les délits en silence ; leurs gardes ne disposent d'aucun moyen efficace pour arriver à la répression.

Avec M. Broilliard nous appelons de tous nos vœux l'époque où le service des gardes champêtres deviendra réel et bon.

(1) *Code forestier*, art. 188 : « Les délits et contraventions commis dans les bois non soumis au régime forestier, sont recherchés et constatés, tant par les gardes des bois et forêts des particuliers, que par les gardes champêtres des communes, les gendarmes, et en général par tous les officiers de police judiciaire chargés de rechercher et de constater les délits ruraux : les procès-verbaux feront foi jusqu'à preuve contraire. Ces procès-verbaux, à l'exception de ceux dressés par les gardes particuliers, sont enregistrés en débet. »

(2) *Code forestier*, art. 117 : « Les propriétaires qui voudront avoir pour la conservation de leurs bois des gardes particuliers, devront les faire agréer par le sous-préfet de l'arrondissement, sauf le recours au préfet en cas de refus. Ces gardes ne pourront exercer leurs fonctions qu'après avoir prêté serment devant le tribunal de première instance. »

Dans la pratique, la présence d'un garde dans une propriété boisée privée agit surtout à titre préservatif.

b. *Attributions de gérance.* — Les attributions du garde en fait de gérance proprement dite sont multiples ; d'abord il sert d'intermédiaire entre le propriétaire et les personnes qui ont affaire en forêt : marchands de bois et leurs ouvriers pendant la durée des exploitations, concessionnaires de menus produits, entrepreneurs de travaux culturaux, de travaux d'entretien, etc. ; le garde a le rôle d'un contremaître ou d'un représentant du propriétaire qui dirige et surveille.

Il surveille spécialement les exploitations, le travail des ouvriers dans les coupes ; il provoque le renvoi des chantiers, par l'entrepreneur ou l'adjudicataire, des mauvais ouvriers, etc.

En outre il participe aux opérations faites en forêt (arpentages, martelages ou balivages, récolements, dénombrements, etc.) ; il prépare le travail, recueille et fournit les renseignements sur les exploitations, etc.

Dans une bonne gestion, il doit aussi faire fonction d'ouvrier, pour effectuer des travaux d'entretien (nettoyage de lignes d'aménagement, etc.) et un certain nombre d'opérations culturales qui ne sont jamais aussi bien faites par un ouvrier incompétent (dégagements de semis, plantations et repeuplements dans les vides et clairières, etc.). Tous ces travaux, dont il comprend le but, lui conviennent mieux qu'à un ouvrier quelconque ; ils le portent à s'intéresser davantage à la forêt, et cela sans l'empêcher d'exercer une bonne surveillance.

Il faut qu'un garde forestier n'ait pas à s'occuper en dehors de sa forêt, et pour cela il doit être valide et bien rétribué ; la rétribution qu'on lui donne doit être fixe ; en général on traite à forfait, et le prix est proportionnel au nombre d'hectares qu'il a à surveiller.

La plupart des gardes particuliers ne sont pas convenablement rétribués ; on paie 1 franc par hectare, on donne au préposé un peu de bois, quelquefois de l'herbe pour une ou deux vaches ; or ce n'est pas 1 franc, mais 2 francs par hectare que vaut la présence annuelle d'un garde dans de bonnes forêts productives, et c'est ce chiffre qui devrait, de nos jours, être la base ordinaire de la rétribution des gardes forestiers.

Quant à l'étendue qu'on leur confiera à surveiller, elle doit être telle que le garde gagne suffisamment pour vivre en famille ; ce minimum ne descend guère au-dessous de 1 000 francs. Il convient donc que les propriétaires de petits bois s'entendent pour avoir un garde commun, ou qu'ils demandent l'assistance du garde forestier communal le plus voisin, ce qui est souvent la meilleure combinaison (1).

Ajoutons enfin que dans une gérance bien comprise, le garde doit

(1) La demande doit en être faite au Conservateur des Eaux et Forêts, à qui l'on transmet en même temps la commission à donner à ce garde. Une fois autorisé par l'administration forestière, le garde doit être agréé par le sous-préfet, et ne peut exercer ses fonctions qu'après avoir prêté serment devant le tribunal civil de première instance (*Code forestier*, art. 117).

avoir son chauffage, le droit de faire pâturer sur les chemins de la forêt un peu de bétail, et quelques petits suppléments à l'occasion, soit à titre de prime pour procès-verbaux, soit à titre d'indemnité pour travaux d'amélioration. Ces suppléments peuvent lui être payés d'après le nombre d'heures bien employées passées au travail, mais à un taux assez faible ; dans l'administration des forêts de l'État, ce taux est de la moitié du salaire des ouvriers ordinaires (1).

Exploitations et travaux en forêt. — L'exploitation des forêts exige des précautions particulières qui, si elles sont omises, peuvent soit endommager la jeunesse et les arbres non encore exploitables, soit compromettre plus ou moins gravement l'avenir de la forêt.

L'*abatage* doit être fait en temps propice ; la saison d'hiver est la plus avantageuse dans les coupes principales des forêts feuillues, à la condition de le suspendre par les froids rigoureux, car à ce moment les bois perdent leur élasticité ; dans les coupes d'éclaircie on peut exploiter en toute saison, et l'été peut être choisi si l'on a intérêt à diminuer la production des rejets.

Le printemps (temps de sève) paraît plus favorable pour les arbres résineux dont le bois prend alors une coloration plus appréciée ; cette saison facilite aussi l'écorçage que nous avons recommandé pour empêcher les bois abattus d'être envahis par les insectes.

Partout où la chute des arbres peut occasionner des dommages, soit aux arbres voisins, soit au recru, l'ébranchage préalable des arbres à abattre doit être prescrit ; cet ébranchage doit être fait de *bas en haut* afin de ne pas endommager la tige.

Le *façonnage et la vidange des produits* doivent être exécutés le plus promptement possible, surtout dans les taillis, et l'on doit éviter, dans la mesure du possible, le séjour prolongé des ouvriers sur le parterre des coupes, car la forêt souffre toujours

(1) Nous conseillons beaucoup aux gardes forestiers de faire de l'*apiculture*. Avec dix ruches qu'un préposé peut très facilement surveiller et diriger sans peine, on peut obtenir dans beaucoup de régions apicoles un revenu de 150 à 200 francs. Pour un homme chargé de famille, ce gain supplémentaire n'est pas à dédaigner. — Voir « Apiculture » en maison forestière, par A. FRON, *Revue des Eaux et Forêts*, 1898, et HOMMELL, « Apiculture » (*Encyclopédie agricole*).

du tassement prolongé du sol et des mutilations multiples et répétées que provoque un long séjour des ouvriers en forêt. Un premier façonnage brut des produits sur le parterre des coupes est indispensable pour qu'on puisse en faire l'enlèvement et pour en réduire le poids par la dessiccation ; les produits sont alors empilés dans les endroits les moins dommageables, à proximité des chemins de vidange, mais il est mauvais de tolérer, sauf en des endroits désignés qu'on remettra ultérieurement en état, l'installation sur le parterre des coupes de chantiers destinés à transformer la matière première en produits fabriqués (sabots, merrains, échalas, sciages, etc.).

Le *transport des produits* hors des coupes doit être réglementé et surveillé afin qu'il n'occasionne que le moindre dommage possible aux peuplements ; en principe, le traînage ou le glissage des bois sur le parterre de la coupe doit être proscrit partout où cela est possible. De là la nécessité de favoriser non seulement la création de nombreuses routes, mais souvent, en plaine, des chemins de fer à voie étroite (voie Decauville) et en montagne des *glissoirs* ou *lançoirs*, des chemins de *schlitte* (1) ou des *câbles aériens* bien préférables aux lançoirs et aux procédés trop primitifs, tant au point de vue du bon état des bois qu'on descend qu'au point de vue de la protection des peuplements voisins. — *Les produits d'une coupe en exploitation ne doivent jamais traverser les coupes voisines*, et ce principe doit toujours guider lors de l'étude et de l'établissement des voies de vidange.

Le propriétaire ne doit pas oublier que, partout où la vidange des bois est difficile, la dépense d'installation améliorant les moyens de transport sera grandement récupérée par la plus-value des marchandises d'une part et par la meilleure tenue des peuplements d'autre part.

Emondages ; élagages. — Effectuer un *émondage*, c'est couper rez tronc avec le plus grand soin, afin de faire une section très nette et sans déchirure, les branches gourmandes *de faible diamètre* qui se développent sur le fût des arbres de réserve

(1) Le schlittage, très employé dans les Vosges, consiste à descendre les bois sur des traîneaux qui glissent sur des chemins en pente forte garnis de bois disposés en travers. Les traîneaux sont soutenus dans la descente par l'ouvrier schlitteur.

après leur isolement. Cette opération s'exécute à l'aide d'instruments tranchants (serpe ou émondoir) dès l'apparition des branches gourmandes ou au plus tard deux ans après, toujours avant que ces branches n'aient atteint 4 à 5 centimètres de diamètre ; on doit se servir, pour arriver jusqu'aux branches, d'une échelle et non de crampons.

L'émondage des chênes de réserve dans les taillis composés en une ou deux fois après l'exploitation du taillis est une opération toujours utile et qui ne peut être négligée sans danger. Le meilleur moment pour effectuer cette opération paraît être le milieu de l'été jusqu'aux premiers froids, afin d'éviter dans la mesure du possible la formation de nouvelles pousses ; toutefois l'opération paraît pouvoir être exécutée en toute saison sans inconvénients.

La coupe de branches plus grosses prend le nom d'*élagage* et l'opération semble condamnable à tous points de vue ; les élagages sont, dans la généralité des cas, la cause de *tares* nombreuses qui déprécient le fût des arbres et se retrouvent dans le bois ; on peut essayer de remédier à ce mal en obturant les plaies avec du coaltar, mais le procédé est insuffisant.

L'élagage ne présente de réels inconvénients que lorsqu'il est pratiqué sur des arbres ayant encore longtemps à rester sur pied. Dans certaines circonstances, par exemple au moment de mettre en ensemencement une vieille futaie à régénérer, on peut être conduit à supprimer les branches basses d'un certain nombre d'arbres pour relever le couvert ; l'élagage ainsi pratiqué sur des arbres destinés à être exploités au bout de peu d'années ne présente plus les mêmes inconvénients.

Chez les arbres résineux, la suppression des branches basses présente un autre inconvénient ; elle provoque un écoulement de résine qui ralentit la croissance de l'arbre ; ce procédé, souvent employé dans les jeunes plantations, paraît à tous égards très peu recommandable, à moins qu'il ne soit justifié comme mesure de protection contre les incendies.

Incendies en forêt. — Les incendies sont toujours à redouter en forêt à certaines époques de l'année, et la gravité de leurs conséquences varie suivant les essences et surtout suivant les régions.

Ils sont toujours beaucoup plus graves dans les forêts résineuses que dans les massifs feuillus où l'incendie ne quitte guère le sol.

Sous le climat humide de la haute montagne, la couverture morte reste généralement humide et le feu s'y propage difficilement, même dans les massifs résineux ; toutefois les feux qu'on y allume volontairement ne doivent pas être placés sous le feuillage des arbres résineux, et on ne doit jamais abandonner un brasier sans l'avoir éteint complètement.

Dans *les forêts des plaines des régions du Nord et du Centre* en majeure partie peuplées d'espèces feuillues, c'est au printemps, quand les feuilles mortes ou les herbes sont desséchées par le *hâle de mars*, que le feu est surtout à craindre ; quelques semaines après les herbes entrent en végétation et le danger est moindre. L'incendie poussé par le vent se propage à la surface du sol dont il détruit la couverture et il endommage, souvent gravement, la base des tiges ou les racines superficielles ; les jeunes tiges sont presque toujours mortellement atteintes et il faut ne pas hésiter à prescrire leur recépage immédiat.

Les plantations résineuses sont très exposées à l'incendie ; pour elles le danger est permanent, surtout pendant les années sèches et dans les régions particulièrement exposées (voisinage du chemin de fer, proximité des habitations, etc.) ; il faut élaguer les branches basses jusqu'à 50 ou 60 centimètres au-dessus de terre *et porter au loin, hors des enceintes, les brindilles* qui proviennent de ce travail. La division des surfaces par de larges tranchées garde-feu ou simplement par des chemins toujours soigneusement nettoyés est aussi à conseiller.

Dans les régions méridionales, plus particulièrement dans la région des Maures et de l'Esterel, dans les landes et dunes de Gascogne, les incendies deviennent un véritable fléau, contre lequel on doit toujours se garder à l'avance. Le *débroussaillement*, opération relativement coûteuse (80 à 100 francs par hectare) et qu'on doit ensuite répéter fréquemment (5 à 10 fr. par hectare tous les cinq à dix ans pour l'entretien), s'attaque à la cause du mal et diminue les chances de sinistre ; la *création de tranchées garde-feu*, longues bandes de 20 à 50 mètres de large toujours soigneusement défrichées, permettent de limiter les effets des incendies ; enfin la *création de postes de surveillance* munis de moyens rapides d'appel permet d'arrêter le sinistre naissant.

L'article 148 du Code forestier contient une mesure préventive très importante pour empêcher l'incendie en forêt ; cet article défend sous peine d'amende de porter ou d'allumer du feu en forêt ou dans une zone de 200 mètres, autour des forêts soumises ou non soumises au régime forestier. Cette mesure de protection s'applique exclusivement aux actes des personnes autres que le propriétaire ou ses représentants, qui conservent par suite le droit de faire du feu dans les ateliers, loges, baraques des coupes en exploitation, de carboniser leurs bois en forêt, etc. Cet article est opposable aux propriétaires riverains des forêts, même en ce qui concerne les écobuages, sartages, etc., qu'on ne peut exécuter dans la zone de 200 mètres sans autorisation du propriétaire de la forêt (pour les bois soumis au régime forestier, c'est au préfet qu'il appartient de donner ces autorisations et d'en déterminer les conditions).

La loi spéciale du 19 août 1893 complète pour certaines régions (Maures et Esterel) l'article 148 du Code forestier, en prescrivant des périodes d'interdiction spéciales, qui sont alors applicables aussi bien au propriétaire de la forêt qu'aux tiers.

Assurance des forêts contre l'incendie. — La question de l'assurance des forêts est aujourd'hui encore fort discutée par les assureurs, et par les propriétaires des forêts ; les premiers la repoussent généralement, parce qu'on leur demande de garantir des risques qui peuvent devenir à l'occasion fort importants ; les seconds hésitent, parce qu'en prévision de sinistres graves, ils ont à payer des primes souvent fort lourdes.

En fait, les Compagnies d'assurances ne cherchent pas à assurer les forêts; lorsqu'on le leur demande, elles se tiennent sur une certaine réserve, se refusent à descendre au-dessous d'une ligne déterminée, ont enfin des tarifs spéciaux pour chaque groupement d'arbres, tarifs qui varient dans de grandes proportions, devenant d'autant plus élevés que les massifs sont plus exposés aux dangers d'incendie, ou donnent une prise plus efficace à l'action du feu.

IV. — LE DOMAINE BOISÉ ET SES ÉLÉMENTS CONSTITUTIFS

1. — CONSTITUTION DE LA PROPRIÉTÉ BOISÉE.

L'exploitation forestière présente un caractère tout spécial, dû à ce que les fonds boisés se distinguent des autres domaines en raison même du *mode de jouissance qu'ils comportent*, par la constitution de leur *capital d'exploitation*.

Mode de jouissance. — La récolte forestière est essentiellement périodique sur un point donné. Pour atteindre les dimensions qu'on lui demande, l'arbre doit occuper le sol pendant un certain nombre d'années, très variable suivant les circonstances ; dans certains taillis il lui suffit de huit à dix ans ; il demande au contraire souvent plus d'un siècle dans les futaies. Pour donner sur le même point la récolte suivante, le sol doit être ensuite occupé pendant une nouvelle période aussi longue.

Le *temps* devient dès lors un facteur prépondérant en économie forestière.

En fonctionnant ainsi, en ne livrant pas tous les ans, comme en agriculture, une récolte, les arbres ou les peuplements accumulent leur production annuelle ; ils sont des réserves, des sortes de greniers conservant des économies annuelles et les faisant fructifier ; susceptibles de créer ainsi un capital et d'augmenter une fortune, ils ont l'inconvénient de ne pas donner un revenu annuel pour les besoins de la vie.

Mais cet inconvénient n'est qu'apparent ; nous avons vu que pour obtenir d'un domaine boisé un revenu annuel, il suffit de réaliser les produits successivement sur autant de surfaces différentes qu'il faut d'années aux arbres pour atteindre les dimensions requises. La forêt ainsi économiquement constituée est dite aménagée ; elle présente sur des surfaces égales ou équivalentes, surfaces qui sont indépendantes l'une de l'autre ou intimement mélangées, une suite non interrompue d'arbres ou de peuplements, différant entre eux d'une année d'âge, depuis les sujets naissants jusqu'à ceux ayant vécu le nombre d'années que comporte l'exploitation ; ces derniers seuls constituent la récolte ou le revenu et tous les bois qui occupent le sol sur les surfaces autres que celles qui portent la récolte, font nécessairement partie d'un matériel en croissance, c'est-à-dire *non encore exploitable*, nécessaire dans son intégralité pour assurer le revenu annuel. Le *matériel en croissance*, ou capital générateur, devient dès lors un facteur prépondérant en économie forestière.

La forêt aménagée peut se proposer pour but, non plus d'obtenir une récolte annuelle, mais simplement d'avoir des récoltes se suivant à intervalles égaux ou inégaux et plus ou moins rapprochés ; c'est une exploitation intermédiaire entre les deux précédentes ; les âges se suivent alors, non plus d'année en année, mais en gradins successifs, séparés par des intervalles égaux ou inégaux, supérieurs à une année et inférieurs à l'âge d'exploitation.

Enfin, dans toute exploitation aménagée, chacun des parties, considérée isolément, se comporte comme une exploitation périodique.

Capital d'exploitation. — Dans toute exploitation forestière, il y a lieu de distinguer le fonds ou terrain qui produit et supporte les arbres, et la superficie ou matériel ligneux qui se trouve sur le sol.

1° **Fonds, valeur foncière.** — *Sol.* — Le sol, agent primordial de toute entreprise sylvicole, est un véritable capital, puisqu'on ne peut l'acquérir qu'en échange d'un capital argent. En matière forestière, la valeur foncière ou valeur vénale du sol est difficile à définir ; on vend bien rarement des sols forestiers exploités, dépouillés des éléments de production ligneuse qui font corps avec eux, et il est alors délicat, inutile d'après beaucoup d'auteurs, de chercher à avoir une idée de la valeur vénale d'un sol forestier nu. Puton (1), ancien directeur de l'École forestière de Nancy, est d'avis d'évaluer le sol nu d'après l'usage qu'on en pourra faire : terres à mettre en labour, parties à transformer en prairies, parcelles à bâtir, simples pâturages, terres à bois (cas le plus fréquent puisque la culture agricole a déjà pris la plupart des terrains utilisables) ; tout cela sera estimé d'après les prix résultant des ventes de la localité, selon qualité, et déduction faite, s'il y a lieu, des frais de défrichement, et aussi suivant les probabilités qui existent dans les débouchés en terres à cultures ou à bois. La règle de Puton est d'*estimer le sol d'après les ventes de terres de même qualité dans les environs ;* son application est affaire d'appréciation et de sagacité. Il suffit qu'il y ait eu dans la localité quelques ventes de forêts, pour qu'un estimateur intelligent déduise la valeur du sol de la connaissance des bois qu'il supportait : là, par exemple, une forêt de 10 hectares a été vendue 12 500 francs ; si la visite de la forêt permet d'évaluer la superficie à 7 500 francs, c'est que le sol a été compté 5 000 francs, ou 500 francs l'hectare. Des renseignements de cette nature suffisent à éclairer les experts, s'ils y joignent la connaissance des terres voisines, agricoles ou pastorales, faites dans la localité.

Dans le cas de plus en plus rare aujourd'hui où le sol sera estimé en vue de lui demander des cultures agricoles, il y aura lieu d'examiner si le domaine boisé tombe sous le coup de l'article 219 du Code forestier (2) ; si l'opposition au défrichement est absolue, c'est-à-dire

(1) « Estimations de la propriété forestière », par A. PUTON. Paris, 1886. — « Traité d'économie forestière », par A. PUTON, Paris, 1888.

(2) Art. 219, *Code forestier.* — Aucun particulier ne peut user du droit d'arracher ou de défricher ses bois qu'après en avoir fait la déclaration à la sous-préfecture,

sans aucune chance d'être levée, on estimera le sol comme terrain uniquement destiné à la culture forestière ; si cette opposition n'est que temporaire, elle constitue une charge, une servitude plus ou moins certaine et durable ; on estimera le sol comme terrain à cultiver ou à bâtir, en déduisant une certaine somme, un cinquième ou un quart par exemple, pour la charge dont l'éventualité permet une évaluation de cette nature. — Quant aux acheteurs qui veulent conserver l'immeuble en nature de forêt, et que l'interdiction de défricher laisse fort insensibles, ils estimeront le sol comme terre à bois, suivant les indications des ventes de la localité.

Le plus souvent les uns et les autres arriveront à un résultat presque identique, car les défrichements ont donné tant de mécomptes que le goût s'en est perdu, et que les terres de médiocre qualité, étant plus ou moins abandonnées par l'agriculture, les marchés faits sur les terres avoisinantes fourniront la meilleure et la plus pratique indication de la valeur à donner au sol, sauf déduction du *gros*, nécessaire ici, comme pour les marchandises, si la forêt est de grande étendue.

Couverture morte. — Humus. — Le sol des forêts n'est pas un terrain vierge ; tandis que la terre des champs doit être préparée par des cultures onéreuses pour recevoir la semence et dotée d'éléments fertilisants par l'apport de fumier ou d'engrais appropriés, la forêt, dans la majorité des cas, se présente comme un bien spontané dont on prétend obtenir perpétuellement des récoltes par la simple utilisation des agents naturels ; or nous avons vu qu'en sol forestier l'action de ces agents naturels est mise en valeur par la couverture morte et l'humus.

Un sol forestier, c'est-à-dire un sol couvert depuis longtemps par des végétaux forestiers, présente à ce point de vue *un état tout spécial* ; la couche arable et la qualité de la terre à bois sont des épargnes antérieures dont la présence est spécialement utile pour le propriétaire qui veut maintenir ce sol à l'état boisé ; mais cette richesse est tellement incorporée au sol, que si on doit la distinguer du terrain vierge, pour l'analyse des choses, on ne saurait la disjoindre pour évaluer la valeur vénale du terrain.

Ensouchement. — Semis. — Le caractère de la forêt est, en général, de se perpétuer plus ou moins identique à elle-même ; après les récoltes successives, le massif boisé se reconstitue par l'ensemencement naturel, c'est-à-dire par les graines de toute nature qui sont tombées sur le sol et sont prêtes à germer ou par l'enracinement du peuplement ancien, souches et racines qui restent dans le sol et sont susceptibles de donner des rejets et des drageons. Tous ces éléments sont susceptibles, dès l'exploitation et sans nouveaux frais, de donner les jeunes plants et le recru qui reconstitueront naturellement un nouveau peuplement ; ils sont incorporés au fonds et assurent sa mise en valeur

au moins quatre mois d'avance, durant lesquels l'administration peut faire signifier au propriétaire son opposition au défrichement. (Voir art. 219 à 220 du Code forestier.)

et sa force productive. Un sol forestier boisé présente à ce point de vue un état tout spécial ; la présence de l'ensouchement susceptible de donner après exploitation les rejets de souche, celle des semis, des drageons, etc., est pour le propriétaire qui veut maintenir le sol à l'état de bois, une richesse toute particulière. Peut-on l'évaluer directement? M. Puton est d'avis que cette richesse spéciale a une valeur incontestée, sans que cependant ce soit un élément vendable, et il l'apprécie par la comparaison du prix des sols boisés avec celui des sols nus d'égale qualité, par l'évaluation de ce que coûterait un semis ou une plantation dont le succès serait assuré ; cette estimation est évidemment délicate et sujette à caution ; c'est une affaire d'appréciation.

Inversement, pour le propriétaire qui ne veut pas maintenir le domaine à l'état de bois, la présence de l'ensouchement nécessite un travail important de défrichement ; il est obligé d'extraire toutes les souches et leurs racines, une à une, avant de pouvoir mettre le terrain en culture ; cette opération, plus ou moins difficile suivant les terrains, l'âge du peuplement, etc., représente une dépense afférente au fonds lui-même.

Nous pouvons appeler *mise en état de forêt*, cet état tout spécial d'un sol forestier transformé en terre à bois par l'action prolongée de la forêt et occupé par tout un système de racines vivantes ou de graines prêtes à germer.

Le sol nu, auquel on ajoute la mise en état de forêt que nous venons de définir, *constitue le fonds*, première partie du capital d'exploitation.

2° **Superficie**. — Sur ce fonds, dans une exploitation forestière, on trouve un matériel bois ; pour analyser économiquement ce matériel, nous examinerons successivement la forêt à exploitation périodique, la forêt aménagée, et la forêt à arbres d'âges mélangés, seuls cas qui puissent se présenter.

PREMIER CAS. — FORÊT A EXPLOITATION PÉRIODIQUE REVENANT TOUTES LES n ANNÉES SUR TOUTE LA SURFACE. — Nous avons à distinguer deux types :

Premier type. — Exploitation de peuplements d'un seul âge (taillis simple, plantations, futaies régulières). — A l'âge prévu pour la récolte, les bois sont exploités en bloc, sur toute la surface de la forêt, autrement dit, toute la superficie est coupée ; elle constitue à ce moment la récolte, le revenu R fourni par la forêt toutes les n années. Rien dans la superficie ne doit entrer dans le capital d'exploitation ; tout le matériel bois sur pied fait partie de la récolte qu'on obtiendra à n ans. C'est un cas très simple ; il n'y a pas de confusion possible entre le capital et le revenu.

Deuxième type. — Exploitation périodique à arbres de réserve, dont le type est le taillis composé. — Dans la superficie boisée, il faut distinguer la partie du matériel bois qui appartient au revenu, et celle qui est incorporée au capital d'exploitation. Pour analyser économiquement ce matériel, il est nécessaire d'établir le plan de balivage probable, d'après les indications du terrain ; ce plan de balivage est destiné à faire connaître le nombre d'arbres de réserve qu'on sera conduit à marquer lors du passage de la coupe, et par suite, le nombre d'arbres qu'il y aura lieu d'abandonner, tout au moins en principe, en supposant qu'on se propose de conserver la forêt dans le même état.

Pour établir ce plan le balivage à un moment quelconque avant l'exploitation, on compte toutes les réserves, auxquelles on donne le nom qu'elles auront sur la coupe exploitable (1).

Dans un taillis composé exploité périodiquement tous les trente ans par exemple, les résultats de l'opération de comptage sont pointés sur un tableau à deux entrées, l'une pour les diamètres, l'autre pour les hauteurs ; c'est une bonne mesure d'ordre, utile pour l'estimation du matériel sur pied.

Le total général de l'opération a donné par exemple :

Modernes 64 ; anciens 35 ; bisanciens 13 ; soit en tout 112 arbres sur toute la surface ; autrement dit la réserve, ou balivage actuel, est composée de 112 arbres répartis en 64 modernes, 35 anciens et 13 bisanciens.

Pour conserver après l'exploitation la réserve dans le même état, il est évident qu'on devra être guidé par les indications suivantes :

a. Le nombre de baliveaux à prendre dans le taillis et à marquer en réserve, lors du prochain balivage, doit être au moins égal au nombre des modernes qui se trouvent sur la coupe avant cette opération (2).

b. Le nombre des modernes à marquer en réserve lors du prochain balivage doit être au moins égal au nombre des anciens qui se trouvent sur la coupe avant cette opération.

c. Le nombre des anciens à marquer en réserve lors du prochain balivage doit être au moins égal au nombre des bisanciens qui se trouvent sur la coupe avant cette opération.

d. Quant aux bisanciens, on n'a pas à en marquer, si on ne garde pas dans la réserve d'arbres au-dessus de cette catégorie.

En ce qui concerne les arbres qui normalement doivent être abandonnés, le plan de balivage établi d'après les indications du terrain permet d'en calculer le nombre ; ce nombre est égal, dans chaque catégorie, à la différence qui existe entre le nombre d'arbres existant, et celui des arbres à réserver.

(1) Un arbre marqué en réserve comme baliveau, lors du passage d'une coupe, sera, au moment du comptage fait ultérieurement, considéré comme moderne, puisque, au passage de la coupe suivante, il sera appelé comme moderne à réserver ou à abandonner. De même pour les autres catégories.

(2) Il est nécessaire en pratique de conserver en surplus quelques baliveaux, pour tenir compte dans une certaine mesure du déchet, et permettre aussi un choix futur ; de même pour les autres catégories.

Dans l'exemple choisi, il est donné par le tableau suivant :

	Il en existe	On en conserve	La différence est à abandonner lors du prochain passage de la coupe.
a. Modernes.........	64	35	29
b. Anciens	35	13	22
c. Bisanciens	13	0	13
Total des arbres à abandonner........			64

On est bien certain qu'en marquant en délivrance lors du prochain balivage les différences entre chaque classe de futaies, c'est-à-dire 64 arbres (29 modernes, 22 anciens, 13 bisanciens), on laissera en réserve sur la coupe 48 arbres (35 modernes et 13 anciens) qui, alimentés par 64 baliveaux de l'âge du taillis (avec quelques-uns en plus), reconstitueront les 112 tiges du début, et laisseront la coupe garnie de la même manière pour l'exploitation suivante (1).

Le *revenu en matière à trente ans*, c'est-à-dire la récolte à effectuer lors de l'exploitation, est dès lors constitué par les arbres de futaie abandonnés à l'exploitation (29 modernes, 22 anciens, 13 bisanciens) et par le taillis, dont il faut déduire les 64 baliveaux (et quelques-uns en plus) nécessaires pour assurer le maintien des arbres de réserve.

Le restant de la superficie, c'est-à-dire 64 baliveaux à prendre dans le taillis, 35 modernes et 13 anciens, appartient au *capital d'exploitation ;* la présence de ces arbres est toujours nécessaire pour maintenir la forêt dans le même état.

Dans ce deuxième type, une partie de la superficie appartient au matériel d'exploitation ; cette partie est ce qu'on appelle en économie forestière le *balivage.*

Si un propriétaire modifie ce balivage, soit pour des raisons culturales, soit pour des raisons économiques, par exemple s'il marque en délivrance plus de réserves que ne le prescrit le plan de balivage, il doit se rendre compte, qu'en augmentant aujourd'hui sa récolte, il diminue son capital ; l'opération, si elle est faite dans un but raisonné, peut être justifiée ; sinon, elle consiste à manger son fonds avec son revenu.

Dans ce deuxième type, il y a confusion possible entre le capital et le revenu, et la distinction ne peut être faite qu'en se reportant au plan de balivage ; la détermination de ce plan de balivage est importante, et souvent délicate.

DEUXIÈME CAS. — FORÊTS AMÉNAGÉES. — Dans les forêts aménagées, nous avons à considérer la suite non interrompue du matériel en croissance, et la coupe annuelle ; nous distinguerons deux types :

Premier type. — Exploitation aménagée de peuplements d'un seul

(1) Dans la pratique, on n'est pas toujours maître de faire ce balivage théorique ; l'analyse économique, basée sur la théorie, est nécessaire toutefois, pour permettre de se rendre compte du résultat d'un balivage, quel qu'il soit.

âge ; récolte à l'âge n. — Les ($n-1$) coupes âgées de 0 à ($n-1$) ans font nécessairement partie du matériel en croissance ; elles appartiennent au capital d'exploitation ; il est nécessaire de les conserver dans leur intégralité pour assurer le revenu annuel ; la n^e coupe, âgée de n années, constitue la récolte et par suite le revenu ; il n'y a pas de confusion possible entre le capital et le revenu.

Il est facile de se rendre compte que ce capital d'exploitation devient d'autant plus important que l'âge d'exploitation est plus élevé.

Deuxième type. — Exploitation aménagée à arbres de réserve, dont le type est le taillis composé exploité à la révolution de n *années.* — Dans la superficie boisée, autrement dit dans les n coupes, il faut distinguer le *balivage* (baliveaux, modernes, etc.) ; on peut le définir dans chacune des n coupes, en considérant chacune de ces n coupes comme une exploitation périodique exploitée toutes les n années. Dans chacune de ces n coupes, le balivage nécessaire pour assurer le maintien des arbres de réserve appartient au capital d'exploitation.

Dans les ($n-1$) coupes, où le taillis n'a pas encore atteint l'âge d'exploitation fixé par la révolution, le restant de la superficie (déduction faite du balivage) appartient au matériel en voie de croissance ; il doit encore être conservé intégralement, et fait partie du capital d'exploitation. Ce restant de la superficie comprend : le taillis, déduction faite des baliveaux qu'on y marquera en réserve, au moment de l'exploitation de chaque coupe ; — les arbres de réserve qu'on abandonnera au moment de l'exploitation de chaque coupe, et dont le nombre est donné par le plan de balivage de cette coupe.

Enfin dans la n^e coupe, c'est-à-dire la coupe exploitable, la superficie, déduction faite du balivage, appartient à la récolte de l'année, et cette récolte comprendra : le taillis de cette n^e coupe, déduction faite des baliveaux qu'on y marquera en réserve, et les arbres de réserve à y abandonner, dont le nombre est fixé par le plan de balivage de la n^e coupe.

Dans ce deuxième type, une partie de la superficie constituée par les récoltes en croissance dans les ($n-1$) coupes jeunes, et le balivage dans les n coupes, appartient *au capital d'exploitation.*

L'autre partie de la superficie constituée par les bois de la n^e coupe (taillis et arbres de réserve), déduction faite du balivage de cette n^e coupe, appartient à la récolte et constitue le revenu de la forêt. Dans ce deuxième type il y a confusion possible entre le capital et le revenu.

Il est facile de se rendre compte que le matériel d'exploitation devient, toutes choses égales d'ailleurs :

1° D'autant plus important que la révolution adoptée est plus longue ;

2° D'autant plus important que la valeur des réserves conservées sur le taillis est plus grande.

Troisième cas. — Exploitation a arbres d'ages mélangés. — Ce type de forêts, renfermant un mélange de tiges de tous âges, depuis le brin naissant jusqu'à l'âge exploitable, échappe à l'analyse.

Ce n'est qu'en déterminant le revenu de la forêt par le contrôle, c'est-à-dire par des inventaires successifs permettant de déterminer exactement l'accroissement, lequel d'ailleurs est très variable suivant l'état du peuplement, qu'on pourra arriver à analyser économiquement le matériel réparti sur la superficie de la forêt.

Dans ce cas, il y a toujours confusion possible entre le capital et le revenu. Des exploitations qui ne sont pas réglées sur la production normale de la forêt peuvent tendre soit à exploiter plus que la possibilité, et par suite à attaquer le capital ou matériel nécessaire pour assurer cette production normale, soit à un résultat inverse.

Les deux facteurs que nous venons d'examiner successivement, fonds et superficie en tant qu'elle ne fait pas partie de la récolte, constituent le *capital d'exploitation*. Leur valeur, eu égard à l'emploi qu'en veut faire le propriétaire, forme le capital engagé dans l'exploitation forestière.

Le caractère particulier du capital ainsi constitué est d'être toujours en partie mobilisable, ce qui expose à des confusions fâcheuses avec le revenu, et par suite à des abus de jouissance ; par contre, toute fraction du revenu qu'on ne réalise pas, s'incorpore à ce capital et fonctionne avec lui, naturellement et sans frais.

Il est donc très important, dans une exploitation forestière, de bien distinguer ce qui est le revenu, qui doit être coupé, et ce qui est valeur génératrice, qui doit être laissé sur pied si l'on veut maintenir le *statu quo* dans la jouissance. Car autrement, si on réalise plus qu'autrefois, sans considérer cet excès de revenu comme semblable à un capital qu'il faudrait placer ailleurs, on use, à proprement parler, le fonds avec le revenu, tandis qu'au contraire, si on réalise moins qu'autrefois, on laisse accumuler une valeur qui, dans certains cas, rapporte peu tandis que, réalisée et placée ailleurs, elle aurait pu mieux fructifier.

En matière de gestion forestière, il est essentiel :

1° *De savoir distinguer ce qui est le maintien du* statu quo, *et, par là même, d'apprécier quand il y a excès de réserve ou de coupe ;*

2° *D'avoir, dans ces deux cas, conscience de la nature et de l'importance de son acte.*

Produit brut ; produit net. — L'ensemble des produits

vendus ou utilisés par le propriétaire, exprimé en argent et rapporté à l'hectare, constitue le produit brut de l'exploitation forestière. Si de ce produit brut on déduit les frais de production, on a le produit net.

1° **Produit brut.** — L'importance du produit brut d'une forêt normale est liée au volume de la récolte et à ses prix.

a. *Volume de la récolte.* — Le volume de la récolte qu'on peut demander aux forêts sans les appauvrir varie suivant les essences, la station (climat, nature du terrain, humidité, exposition, etc.), le mode de traitement cultural et l'âge d'exploitation.

Ces différents facteurs peuvent faire varier le volume de la récolte moyenne obtenue par hectare et par an dans des proportions très fortes ; là, un taillis simple situé en mauvais sol et exploité à de courtes révolutions n'est susceptible de donner qu'une faible production (par exemple, un mètre cube de matière ligneuse par hectare et par an) ; ailleurs la production sera beaucoup plus forte (par exemple, 5 à 8 mètres cubes par hectare et par an, et même plus, dans certaines futaies à longue révolution). Les écarts de production de forêt à forêt sont très considérables ; toutefois, *dans une même station et avec les mêmes essences, la production en volume de matière ligneuse est à peu près constante, quel que soit l'âge d'exploitation.*

b. *Prix de l'unité de volume.* — Les prix des diverses unités de volume de matière ligneuse dépendent de leur degré d'utilité et de leur abondance ou de leur rareté ; ils varient suivant les pays et les régions d'après l'offre et la demande et dans la même région avec les années.

Toutes choses égales d'ailleurs, on peut dire qu'en général, le prix de l'unité de volume grume augmente avec l'âge d'exploitation, tout au moins dans certaines limites et sauf circonstances locales. Pour un arbre, considéré isolément, le prix de l'unité de volume de sa matière ligneuse croîtra avec son diamètre ; pour un peuplement, le prix à l'unité de volume des produits en matière de ce peuplement croîtra avec le volume total et surtout avec la proportion en gros bois ou bois d'œuvre que ce volume contient.

Enfin, dans certaines régions, des utilisations spéciales, parfois des dimensions déterminées demandées par le commerce (étais ou perches de mine, sapins de sciage, etc.), feront varier le prix de l'unité de volume dans de fortes proportions.

En somme, le prix de l'unité de volume de matière ligneuse est très variable ; il appartient au propriétaire de connaître dans la région qu'il habite les utilisations du bois aux âges divers et de voir l'application qu'il peut en faire en ce qui concerne le fonctionnement économique de son domaine boisé.

Ces deux facteurs, *volume de la récolte* et *prix de l'unité de volume*, en se multipliant, donnent des résultats très variables pour la production moyenne en argent d'une forêt par hectare et par an (3 francs dans certaines forêts de la Corse, 40 à 50 francs pour la moyenne générale des forêts de l'État, en y comprenant les plus pauvres forêts du Midi, — 80 à 100 francs dans les conservations du Nord, — exceptionnellement jusqu'à 200 à 300 francs dans certaines futaies très riches du centre de la France, par hectare et par an). On peut dire qu'en général, et sauf le cas de circonstances locales dues à la difficulté des transports ou des débouchés et surtout à une demande avantageuse de produits déterminés, *plus l'âge d'exploitation est élevé, plus le revenu brut annuel donné par les forêts par hectare et par an est considérable*; autrement dit, en culture forestière l'exploitation intensive, c'est-à-dire celle qui correspond au revenu brut le plus élevé, comporte des âges d'exploitation élevés.

2° **Produit net.** — Pour passer de ce premier résultat au produit net, il faut décompter toutes les dépenses.

a. Dépenses d'outillage et d'amortissement. — Telles sont les dépenses que nécessite la mise en valeur du domaine, comme la détermination des limites et leur fixation sur le terrain (frais de délimitation et de bornage), la confection du plan du domaine et de l'aménagement, les travaux nécessaires pour ouvrir et asseoir sur le terrain les lignes d'aménagement, la création ou l'amélioration des voies de vidange, l'établissement de rigoles, de fossés, etc. Ces dépenses de premier établissement sont d'ailleurs communes à toutes les surfaces rurales ; on pourra se proposer, comme en agriculture, de les amortir en un temps donné par le prélèvement d'annuités fait chaque année sur la récolte, et cette catégorie de dépense rentre alors dans les dépenses annuelles et temporaires (1).

b. Dépenses d'entretien. — Ce sont les frais d'administration, de gérance et de surveillance ; cette catégorie de dépenses est représentée par un salaire annuel et rentre dans les dépenses annuelles permanentes.

c. Dépenses pour disposer de la récolte. — Ce sont, tantôt les salaires des ouvriers, ou le prix déterminé à l'avance par un contrat (exploitation directe), tantôt les frais de vente, de timbre et d'enregistrement des actes de publicité, etc.

Cette catégorie de dépenses est défalquée immédiatement du produit en argent des récoltes correspondantes.

(1) Si ces dépenses sont effectuées depuis un temps assez long, on pourra les considérer comme amorties, et leur capital représentatif peut s'incorporer alors, suivant les cas, à titre de plus-value, dans la valeur du fonds.

d. Impot foncier. — Tout immeuble est frappé en France d'un impôt spécial, l'impôt foncier. Cette charge rentre dans les dépenses annuelles permanentes, et les nouvelles lois fiscales qui frappent le revenu des propriétés boisées ne font que l'aggraver.

e. Assurance. — L'assurance du domaine boisé contre l'incendie, si elle est possible, se traduit par le paiement d'une prime annuelle, plus ou moins forte suivant les cas ; c'est une charge annuelle ; elle rentre dans les dépenses annuelles permanentes.

Pour une forêt donnée, la plus grande partie de ces dépenses ne varie guère avec la valeur superficielle et l'âge de la récolte, ou tout au moins varie dans des limites assez restreintes ; il en résulte *que le produit net suit une marche croissante avec le produit brut*, et par suite qu'il augmente avec l'âge d'exploitation, sauf exceptions locales dues à la difficulté des transports et des débouchés et surtout à une demande avantageuse de produits déterminés.

Dès lors, si le propriétaire recherche le plus grand produit net, il est conduit, dans la majorité des cas, à reculer jusqu'à un âge avancé l'exploitation de ses peuplements.

En fait, ce n'est pas ce qui se passe, et l'intérêt du propriétaire forestier est d'exploiter ses bois à des âges moins avancés ; cette contradiction apparente tient à la constitution toute spéciale du capital engagé dans l'exploitation forestière et à son fonctionnement financier ; la considération du taux de placement va préciser la question.

Taux de placement du capital engagé. — Par taux de placement des fonds engagés dans une exploitation forestière, nous entendons la relation qui existe entre le revenu que donne le domaine boisé, et le capital d'exploitation.

Nous avons à distinguer deux cas :

Premier cas. — Forêts à exploitation périodique. — Le caractère de ce type est qu'on ne touche un revenu R que toutes les *n* années ; la relation qui existe entre le capital d'exploitation et le revenu en fonction du taux de placement est exprimée par la formule :

$$C(1+t)^n = C + R$$

dans laquelle le premier membre représente le capital initial C ayant fonctionné à intérêts composés au taux *t* de l'exploitation pendant *n* années ; et le deuxième membre représente ce capital initial augmenté du revenu R, c'est-à-dire de la récolte touchée au bout de n années.

Remarquons que la forêt à exploitation périodique peut fonctionner d'une façon plus compliquée ; elle peut donner diverses sortes de produits intermédiaires ou accessoires, avant la récolte principale de l'âge n.

Dans ce cas, la relation qui existe entre le capital, le revenu et le taux de placement est moins simple à exprimer ; il n'entre pas dans le cadre de notre ouvrage de nous y arrêter.

Deuxième cas. — Forêts aménagées. — Le caractère de ce type est qu'on touche un revenu annuel (1) et sensiblement constant, tout en conservant la forêt dans le même état.

La relation qui existe entre le capital d'exploitation, le revenu et le taux de placement est donnée par l'expression :

$$\frac{R}{C}$$

dans laquelle R est le revenu annuel, C le capital d'exploitation, et t le taux de placement auquel fonctionne ce capital.

Remarquons qu'il est rare de rencontrer des bois régulièrement aménagés ; en général la forêt aménagée, prise telle qu'elle est, n'est pas normalement constituée ; il y a des lacunes et des surabondances, soit dans les âges, soit dans les contenances, et l'analyse économique du fonctionnement de la forêt est alors beaucoup moins simple.

Nous n'entrerons pas dans l'étude détaillée de la comparaison entre la marche ascendante de la valeur du capital engagé avec l'âge, et la marche ascendante du revenu avec l'âge. Nous nous contenterons d'énoncer, avec Puton, la conséquence suivante qui résulte de la constitution du capital forestier :

Pour un terrain de même valeur et peuplé des mêmes essences, le taux de placement augmente avec l'âge, passe par un maximum, et décroît ensuite, de telle sorte que l'abaissement du taux de placement est la note caractéristique des exploitations intensives.

Toutefois, ce principe n'est vrai que si des circonstances spéciales ne viennent pas influer sur la valeur de certaines catégories de marchandises et leur donner une plus-value

(1) Ce revenu représente le produit net annuel, ou est en relation directe avec lui, quand l'exploitation n'a pas pour résultat de faire des abus de jouissance (mobilisation d'une partie du capital bois qui se traduit par une exploitation trop forte) ou au contraire de faire des épargnes (réalisation seulement partielle de ce qui doit être exploité, ce qui se traduit par un enrichissement du matériel superficiel).

importante qui peut bouleverser, tout au moins dans certaines limites d'âges, les conditions économiques du fonctionnement de la forêt.

D'une façon générale, si l'on fait abstraction de révolutions très courtes (oseraies, taillis de micocoulier, taillis à écorce et taillis spéciaux, qui sont plutôt des exploitations industrielles) (1), le taux de placement en forêt, sauf peut-être dans le cas des taillis simples, ne peut guère dépasser celui des autres placements faits dans les mêmes conditions de sécurité, soit 3 à 5 p. 100. Il est souvent inférieur à ces chiffres.

Les exploitations très intensives, à longue révolution, fonctionnent à des taux de placement très faibles, 2 p. 100, 1 p. 100 et même moins encore, dans le cas par exemple où il s'agit d'une forêt à matériel surabondant et à vidange difficile.

Dans les circonstances actuelles, les forêts les mieux outillées, traitées en haute futaie, ne fonctionnent pas à un taux supérieur à 2 p. 100.

On peut se rendre facilement compte de ce fait, dit Puton, en considérant une forêt aménagée : plus l'âge d'exploitation augmente, plus le revenu annuel s'accroît ; mais le capital augmente aussi dans des proportions telles que la relation entre le revenu et le capital engagé, c'est-à-dire le taux, va toujours en fléchissant. Il en est de même des forêt à exploitation périodique ; seulement pour celles-ci, le temps nécessaire à la réalisation du produit fait ici le même office que le matériel bois des forêts aménagées ; il abaisse le taux de placement de la même manière.

La conséquence qui découle de ce fait est posée nettement par M. Huffel dans les termes suivants : *Quel que puisse devenir le prix des bois, il sera toujours vrai qu'à des âges d'exploitation élevés correspond un taux de placement extrêmement faible ;* un renchérissement des bois de fortes dimensions n'a qu'une action insignifiante pour augmenter ce taux, car s'il fait augmenter le revenu, il fait aussi augmenter le capital engagé. Aussi *les propriétaires particuliers ne sont pas et ne seront jamais producteurs de gros arbres ;* assez d'autres emplois

(1) Certains taillis simples fonctionnent à un taux supérieur à 10 p. 100.

offriront toujours, avec une sécurité égale, une bien meilleure rémunération à leurs capitaux ; c'est ainsi que des capitaux fournissent encore, avec toute la sécurité possible, même dans le moment de dépression générale des taux de placement que nous traversons, des revenus de 3 et même 3,5 p. 100 à de grands capitalistes, tandis qu'une forêt aménagée en vue de produire de gros arbres, à des âges de cent cinquante ou deux cents ans, ne fournira que 0,5 à 1,5 p. 100, parfois moins encore du capital engagé.

Il y a là un fait qui domine toute l'étude du fonctionnement financier des exploitations forestières : la production des gros bois ne rémunère que très faiblement les capitaux qu'on y emploie. Cette vérité si simple, qui découle immédiatement de ce que la récolte en gros arbres met deux siècles à mûrir, a été trop souvent méconnue, bien qu'il suffise d'un moment de réflexion pour s'en convaincre.

Il résulte de ces considérations que le propriétaire particulier, préoccupé des conditions de placement de son argent et des nécessités de l'existence, demande toujours à son capital de fonctionner à un taux de placement aussi élevé que possible. Ce qu'*il considère comme critère de perfection de son exploitation, c'est le taux de placement.*

Le besoin de ce taux de placement avantageux le conduit, quelle que soit la situation, à une culture plus ou moins extensive (1).

Ajoutons toutefois, et cela est important, que l'âge d'exploitation le plus avantageux pour le propriétaire n'est pas l'âge le plus faible possible. Cette théorie conduirait rapidement, dans la majorité des cas, à la ruine du domaine boisé ; en outre elle serait fausse, car le taux de placement, avant de décroître, augmente d'abord avec l'âge ; de plus, même lorsqu'il a commencé à décroître, l'arbre peut très bien acquérir ultérieurement des dimensions telles que le placement avantageux d'un produit spécial obtenu à cet âge d'exploitation

(1) Il ne faudrait pas que cette expression exagère notre pensée ; à notre avis, il appartient à chaque propriétaire particulier d'envisager la situation dans le milieu *économique où il se trouve, et de régler sur cette situation le degré d'intensité de sa* culture.

relève subitement et pour quelque temps le taux de placement ; c'est une question de production spéciale, à laquelle le propriétaire doit toujours songer. Enfin, et comme dernière considération, il faut se rappeler que la préoccupation du fonctionnement économique de l'exploitation ne doit pas, sauf en cas de sol de fertilité supérieure, faire oublier les exigences de la culture forestière au point de vue de la fertilité des stations.

2. — VALEUR DE LA PROPRIÉTÉ BOISÉE.

Valeur commerciale des forêts ou valeur de réalisation. — La valeur commerciale des forêts, ou valeur de réalisation, est déterminée par celle des éléments qui composent le domaine boisé, dont les deux principaux sont le sol et les bois sur pied, et par la valeur commerciale de ces éléments au cours du jour et de la localité.

Ce procédé d'estimation, dit des *marchands de bois*, est appliqué par tous les marchands de bois et les spéculateurs de biens fonciers ; il consiste à compter, mesurer et cuber toutes les tiges, à en distribuer le volume par essences en marchandises *les plus usuelles*, à leur appliquer les prix nets du moment et de la localité, et à estimer le sol par l'emploi dont il est susceptible à raison du prix des terres d'égale qualité dans les environs.

Cette évaluation directe présente évidemment des difficultés ; il faut compter et apprécier tous les arbres de la forêt, les estimer en matière puis en argent, estimer les taillis, etc. ; et l'intéressé est arrêté par la crainte de procéder à des dénombrements considérables et coûteux. Cependant l'opération est nécessaire.

On ne songerait pas à vendre ni à acquérir une coupe à exploiter, si petite qu'elle soit, sans en avoir soigneusement estimé tous les produits ; et on voudrait vendre ou acheter une forêt tout entière sans s'embarrasser de ce souci ! Aussi voit-on souvent une opération de ce genre donner bien des mécomptes ; les affiches relatives aux ventes de forêts n'en font connaître généralement que la situation et la contenance ; parfois elles indiquent en outre le revenu des dernières années, ou bien on s'en informe chez le vendeur ; puis, comme il est évident que le revenu perçu jusqu'alors peut ne pas être conforme à la production de la forêt, on fait soi-même ou on fait opérer une reconnaissance de la forêt pour voir si, *à l'aspect*, elle semble être toujours en bon état ; mais ce n'est bien souvent que d'une reconnaissance sommaire dont il s'agit, et on ne procède pas à l'estimation absolue. C'est sur cette base insuffisante que se discute le prix.

Pour agir avec sécurité dans une évaluation de forêt, faite dans le but d'apprécier cette valeur vis-à-vis de tout acquéreur possible, la première estimation à faire est l'estimation commerciale, estimation brute ou absolue, basée non sur le parti qu'on en tire actuellement, ni sur celui qu'on pourrait en tirer uniquement comme forêt, mais sur le meilleur parti qu'un acquéreur éventuel quelconque peut en tirer soit comme bois, soit autrement.

Application de la méthode. — a. *Division en parcelles.* — Pour faciliter l'opération matérielle, si la forêt a une certaine étendue, elle *est divisée en parcelles.* Pour cela, il faut d'abord se procurer un plan du domaine boisé ; un calque du cadastre, relevé à la mairie du lieu de la situation des bois, peut suffire à la rigueur ; ce plan, dont nous conseillons alors de ne se servir qu'à titre de renseignement, servira à établir la contenance approximative du domaine boisé, en totalisant la surface des parcelles cadastrales dont il se compose ; il donnera une première indication sur les limites ou les propriétés riveraines.

Prenant comme point de départ un repère fixe, facile à déterminer sur le terrain, on divisera la forêt en un certain nombre de parties dans chacune desquelles le terrain sera de même nature et de même qualité. Cette première subdivision paraît suffisante pour une simple estimation ; mais, dans le but de faciliter des opérations ultérieures d'aliénation partielle, de partage, de morcellement ou toute autre opération de ce genre, et aussi de rendre plus rapide le comptage et l'estimation du matériel, on subdivisera chacune de ces parties en parcelles renfermant des peuplements de même nature, c'est-à-dire provenant d'une même exploitation et ayant ainsi approximativement les mêmes dimensions (ou les mêmes âges).

Chacune de ces parcelles sera délimitée sur le terrain par un filet spécial; elle ne devra pas avoir une trop grande étendue ; les sinuosités du périmètre en seront aussi simplifiées que possible ; leur contenance en sera soigneusement arpentée et leur figure sera exactement reportée sur le plan d'ensemble (1).

(1) Si la forêt est aménagée, la division en parcelles est toute faite; à moins qu'il n'y ait encore lieu de subdiviser ces parties en raison de la qualité et de la nature du sol.

b. *Comptages.* -- *Estimation de chaque parcelle.* -- Chaque parcelle est alors estimée isolément de la manière suivante :

Toutes les tiges qui n'ont pas une trop faible dimension pour être vendables doivent être comptées ; le travail s'effectue par virées ; les tiges sont griffées au fur et à mesure du passage des gardes, et l'opérateur note sur un calepin préparé à cet effet la hauteur et la dimension (diamètre ou circonférence) de chaque tige, en les répartissant par essences et en les groupant par catégories de diamètre d'une part et de hauteur de l'autre.

Le taillis est estimé en stères, fagots et bourrées par places d'essai qu'on fait façonner sur place ou à vue.

c. *Opération au bureau.* — *Cubage et estimation des produits.* — L'agent estimateur effectue les cubages, distribue les volumes par essences en marchandises les plus usuelles, et procède à l'estimation comme il a été dit pour les bois sur pied.

Il a soin de faire subir à cette estimation les déductions nécessaires, tient compte du légitime profit de l'exploitant, de la durée probable de sa réalisation et des pertes d'intérêt qui en sont la conséquence, enfin de la bonification qu'on fait en toutes circonstances à l'acheteur en gros, bonification toujours plus forte que celle consentie à l'acheteur en détail.

Le résultat obtenu est la valeur nette du matériel sur pied vendable.

d. *Tiges non vendables.* — La jeunesse, les recrus et les semis n'ayant pas encore atteint une dimension suffisante pour être vendables, sont négligés et il y a lieu de ne leur attribuer aucune valeur (1).

e. *Sol.* — Quant au sol, il est estimé d'après les ventes de terres de même qualité dans les environs, défalcation faite, s'il y a lieu, de certains frais de mise en état.

La somme de ces deux valeurs, valeur du sol, valeur de la superficie telle que nous l'avons déterminée, donne l'estimation absolue ou valeur commerciale du domaine boisé.

Valeurs relatives des forêts. — Dans la détermination de la valeur commerciale, nous n'avons pas tenu compte des éléments non vendables, et par suite sans valeur commerciale courante, renfermés soit dans le sol (état spécial du sol forestier, ensouchement, semis), soit dans la superficie (bois jeunes en croissance, jeunes plants, rejets, drageons, etc., qu'on ne peut ni exploiter ni façonner). Nous avons tenu compte des

(1) L'estimation des bois en croissance, réduite à cette limite des tiges non vendables, devient une quantité en quelque sorte négligeable, dans l'évaluation commerciale d'un immeuble boisé ; la négliger, c'est rester dans les tolérances de toute estimation, c'est-à-dire dans les limites de l'aléa qui accompagne tout achat ou toute vente.

produits moins jeunes en les façonnant immédiatement, leur donnant ainsi une valeur immédiate de commerce et négligeant leur valeur d'avenir.

Tout cela représente, pour le propriétaire ou l'acquéreur qui veut demander au domaine boisé de continuer à fonctionner comme forêt, une valeur indiscutable, une somme de travail ou d'épargne accumulée sur la propriété, une faculté de production toute spéciale, susceptible de modifier pour lui et pour lui seul, en raison même du but qu'il se propose, l'estimation de la forêt en fonds et superficie.

Dans ce cas particulier, le domaine boisé a de nouvelles valeurs, valeurs relatives à son degré d'utilisation.

Si le taux d'accroissement de valeur des peuplements avec l'âge était uniforme ; si, d'autre part, la récolte du produit bois ne pouvait se faire qu'à un âge donné où le produit serait mûr (comme en agriculture), n'étant pas utilisable avant cet âge, devenant inutilisable après cet âge de maturité, le calcul de la valeur relative d'une forêt ne serait pas susceptible de plusieurs solutions.

Mais, en réalité, il n'en est pas ainsi, et le problème de l'estimation relative des forêts devient très complexe.

Il peut consister à chercher *quelle est la valeur de la forêt, si on suppose qu'elle est destinée à rester à l'état de forêt ; qu'on ne modifiera ni le régime, ni le mode de traitement ; enfin qu'on maintiendra le terme d'exploitabilité fixé par les anciennes exploitations.*

La forêt a, pour celui qui pose ces conditions, une valeur toute spéciale que nous pouvons appeler *valeur d'avenir*, car elle est relative aux produits que donnera la forêt dans l'avenir, en fonctionnant sur des données connues.

Il peut consister aussi à chercher *quelle est la valeur de la forêt, si on suppose qu'elle est destinée à rester à l'état de forêt ; qu'on se propose, s'il y a lieu, de modifier le régime ou simplement le mode de traitement ; enfin qu'on se propose d'exploiter à l'âge le plus avantageux.*

La forêt a, pour celui qui se pose ces conditions, une nouvelle valeur que nous pouvons appeler *valeur de placement*, car elle est relative ici au but cherché qui est un placement de fonds.

Méthode de Puton. — Dans cette recherche de valeur relative d'une forêt, Puton se place au point de vue suivant : combien vaut une propriété boisée, pour un capitaliste qui veut faire emploi de ses fonds à un *taux déterminé*, en exploitant cette forêt *à un âge également déterminé*. Il ajoute que ce capitaliste sait que s'il réussit à acheter cette forêt au prix C, en l'exploitant à l'âge A, son argent fonctionnera au taux qu'il s'est fixé (1) ; que, s'il peut exploiter à un âge inférieur à A, son capital sera placé à un taux différent.

Pour résoudre la question, il établit les formules générales suivantes :

1° *Pour les exploitations périodiques :*

$$X = \frac{R\,(1+t)^m}{(1+t)^m - 1}$$

relation dans laquelle X est la valeur cherchée de la forêt à l'époque m ; R, le revenu périodique donné par la forêt toutes les h années, âge qu'il se donne ; t, le taux de placement qu'il demande à son placement.

2° *Pour les forêts aménagées :*

$$X = R \times \frac{1}{t}$$

relation dans laquelle X est la valeur cherchée de la forêt, R le revenu net de la forêt si elle est normalement constituée, ou, dans le cas contraire, le revenu d'une forêt équivalente mais normalement constituée dont il détermine la constitution, et t le taux de placement.

Toute l'application de la méthode consiste dans l'appréciation la plus exacte possible dans chaque cas particulier du revenu R, base de son estimation relative.

La détermination de ce revenu R, simple dans certains cas, est souvent très délicate dans la pratique.

Méthode de Broilliard. — Broilliard présente autrement la question : il suppose connu le taux de placement (taux des placements en forêts similaires dans la localité) ; il suppose connu le rendement en matière de la forêt aux différents âges (valeurs déduites des faits constatés, soit dans la forêt même, soit dans d'autres forêts semblables). De ces deux faits constatés, il déduit l'âge d'exploitation le plus avantageux. Enfin, à l'aide des calculs d'intérêts composés, il détermine la valeur de la forêt, en la supposant exploitée à cet âge le plus avantageux (2).

Toutefois cette méthode comporte des restrictions, et nous devons mentionner les différents cas qu'envisage cet auteur :

(1) Ce taux doit être évidemment dans les limites qui peuvent convenir à un placement en forêt ; en général, il doit avoir comme maximum 4 à 5 p. 100.

(2) Pour l'application de cette méthode, nous conseillons vivement de se reporter à la nouvelle édition du « Traitement des bois en France », de Broilliard. La notoriété de l'auteur suffit à justifier ce conseil.

1° *Pour le taillis simple ou la futaie régulière.* — Il admet qu'on détermine tout d'abord le taux de placements en forêts similaires dans la localité, et la base de sa méthode est d'estimer chacune des coupes séparément. Il calcule l'âge auquel il serait le plus avantageux d'exploiter ; pour cela, il détermine la valeur de l'hectare des coupes aux différents âges, en déduisant ces valeurs des faits constatés soit dans la forêt même, soit dans d'autres forêts semblables, d'après le façonnage des produits.

Par un simple calcul d'intérêts composés, connaissant le taux, il cherche quel est le revenu le plus avantageux (1) ; celui-ci lui montre l'âge de la coupe exploitable, soit n, par suite la récolte A que donnera cette coupe.

Sol. — Il estime le sol, comme capital susceptible de donner toutes les n années, au taux t connu, une récolte A. Soit C ce capital ; il est donné par la formule :

$$C = A \times \frac{1}{(1+t)^n - 1}$$

dans laquelle le facteur

$$\frac{1}{(1+t)^n - 1}$$

peut se calculer très rapidement à l'aide du tarif III de Cotta (2).

Il estime au même taux t le capital correspondant aux frais annuels a ; ce capital c est donné par la formule :

$$c = a\,\frac{100}{t}$$

La différence de ces deux valeurs $C - c$ lui donne la valeur nette du sol.

Superficie. — La superficie, à un âge quelconque donné, est considérée comme la valeur acquise par l'accumulation à intérêts composés du capital C.

Si la coupe a lieu à m ans, le capital a été engagé pendant m années, et la superficie est donnée par la formule :

$$S = C\,[(1+t)^m - 1]$$

dans laquelle le facteur $(1+t)^m$ se calcule très rapidement à l'aide du tarif I de Cotta.

La valeur à l'hectare en fonds et superficie est donnée par le total $(C - c) + S$, c'est-à-dire par la somme de la valeur nette du sol et de la superficie.

Pour obtenir la valeur de la coupe, il suffit de multiplier par la contenance de cette coupe.

(1) Le revenu le plus avantageux est celui qui se rapporte au capital correspondant le plus élevé, capital susceptible de donner le revenu annuel le plus élevé.

(2) Ce tarif est dans l'*Agenda du forestier*.

Enfin, toutes les coupes s'estiment de même et la valeur de la forêt est la somme des résultats obtenus.

Remarquons que, par un calcul de même ordre, il serait facile de tenir compte des produits accessoires, à récolter avant l'exploitation principale, ainsi que des dépenses à faire, soit à un moment donné, soit périodiquement.

2° *Pour le taillis composé.* — Broilliard admet qu'on détermine le taux de placement en forêts similaires dans la localité. Comme dans le cas précédent, il cherche à estimer chacune des coupes séparément, et le point de départ de sa méthode est que la valeur en fonds et superficie doit se déduire des revenus successivement réalisables, en ayant soin de bien connaître les époques auxquelles on réalisera ces revenus, et de les escompter à l'époque où se fait l'estimation.

Il admet, bien entendu, qu'il connaît, d'après l'état de la forêt, le rendement en argent de chaque coupe, à l'expiration des périodes successives où elles seront exploitables.

Notons enfin que Broilliard indique comme procédé usuel le procédé empirique suivant :

Pour estimer les taillis composés, on se borne souvent à calculer la valeur vénale de tous les arbres faits, modernes et anciens, et à y ajouter, pour les sous-bois et les baliveaux de l'âge d'une part, pour le sol d'autre part, des valeurs déduites du revenu de la forêt traitée en taillis simple avec baliveaux de l'âge seulement.

Pour un hectare de taillis composé portant un sous-bois âgé de quatorze ans qui sera exploitable à trente ans, le taux de placements en forêt étant d'ailleurs 3 p. 100 dans la localité, Broilliard donne l'estimation suivante :

		fr. c.
Arbres constitués (de 0m,20 de diamètre et plus)..		523,00
Sol capable de donner tous les 30 ans 700 francs, savoir 600 francs de sous-bois et 100 francs de petits modernes :		
Valeur brute $700 \frac{1}{(1+0,03)^{30}-1}$	490,42	
Frais capitalisés à déduire	200,00	
Valeur nette	290,42	290,42
Recru de 14 ans et baliveaux. 490,40 $[(1+0,03)^{14}-1]$, c'est-à-dire intérêts du capital sol et frais pendant 14 ans.............		251,58
Valeur à l'hectare		1 065,00

La valeur ainsi obtenue par ce procédé simplifié donne un chiffre inférieur à la valeur réelle.

3° *Sapinière jardinée.* — Dans ce cas, la méthode de Broilliard est la méthode commerciale. Une chose est certaine, dit-il, c'est la valeur actuelle des bois sur pied, généralement grande dans ces forêts.

On peut la calculer en comptant et mesurant de 5 en 5 centimètres, par exemple, les diamètres de tous les arbres, et en appliquant à chaque catégorie de grosseur les prix du commerce. Si l'on ajoute à cette valeur des arbres et perches, la valeur relativement faible du sol, simplement estimée par comparaison avec les terrains similaires du voisinage (1), on obtient une base d'estimation convenable.

Mais la forêt vaut, suivant les cas, plus ou moins que cette somme ; si le matériel sur pied est très considérable et en grande partie exploitable, la forêt vaut moins que ne l'indique le chiffre de l'estimation en valeurs actuelles pour un capitaliste qui veut la conserver à l'état de forêt ; si elle est à vendre, ce sont les marchands de bois qui l'achèteront.

Si, au contraire, les bois sont jeunes et en bon état de végétation, si ce sont principalement des perches par exemple, c'est le capitaliste, qui a l'intention de faire un placement d'argent en forêt, qui sera l'acquéreur probable, car la forêt vaut pour lui plus que ne l'indique le prix actuel du matériel sur pied.

MÉTHODE DE GALMICHE. — Enfin Galmiche, s'occupant plus spécialement du taillis composé, envisage autrement la question.

Il écarte d'abord toutes les considérations de convenance personnelle qui pèsent d'un grand poids dans la plupart des marchés relatifs aux forêts, mais ne peuvent être évalués que par l'acheteur lui-même.

Recherchant la valeur du massif boisé, *erga omnes emptores*, il écarte en outre :

1° La détermination de la valeur du sol par comparaison avec celle des sols voisins livrés à d'autres cultures, ou par les prix attribués au fonds dans les transactions dont les forêts voisines ont pu être l'objet ;

2° L'admission d'un taux déterminé soit par les achats effectués dans la région, soit par les projets de l'acheteur.

A son point de vue, le matériel sur pied vaut, comme celui d'une coupe, le prix auquel il peut être vendu ; les bois trop jeunes pour être commerçables, ont une valeur qu'il déduit du tracé d'une courbe allant de la valeur de 0 à 0 ou aux valeurs réalisables à divers âges.

Quant au sol pourvu d'un ensouchement ou de jeunes semis, il admet que sa valeur fonctionne au même taux (c'est le seul *postulatum* de sa méthode) que le matériel bois considéré à partir du moment où il a acquis une valeur commerciale, constituant à compter de cette date le capital, fonds et superficie, qui produit le revenu (2).

(1) Soit, par exemple, 200 francs, et s'il y a lieu de tenir compte des semis qu'il porte, on peut y ajouter la valeur d'un reboisement effectué depuis quelques années, soit encore 200 francs. Le sol avec les semis vaut alors environ 400 francs l'hectare.

(2) Pour plus de détails, consultez : CAZIOT, Expertises rurales et forestières (*Encyclopédie agricole*).

TROISIÈME PARTIE

PRINCIPAUX MASSIFS FORESTIERS

I. — ÉTUDE SPÉCIALE DES TAILLIS SIMPLES.

1. — GÉNÉRALITÉS.

Le taillis simple est très commun en France où il est appliqué sur une assez grande échelle, spécialement dans la propriété particulière. On trouve des taillis simples dans les régions méridionales comme dans les régions septentrionales, et cette catégorie de peuplements couvre plusieurs millions d'hectares. Les communes en possèdent environ 300 000 hectares, mais ce n'est qu'exceptionnellement que ce mode de traitement est appliqué par l'État.

Produits et débouchés du commerce. — Le taillis simple n'est susceptible de donner que du bois de chauffage, et exceptionnellement des produits spéciaux ; aussi son importance a-t-elle singulièrement diminué pendant la seconde moitié du siècle dernier, principalement à cause de la diminution progressive de la consommation des bois de feu. Les écorces à tan elles-mêmes, qui étaient autrefois un produit rémunérateur, sont aujourd'hui atteintes de la même façon.

Il résulte de ces faits que l'intérêt bien entendu des propriétaires particuliers les conduit à installer le taillis composé partout où existent les éléments d'un balivage en bonnes essences. Ce n'est plus que *par des raisons d'essences, de sols ou de produits spéciaux, que le taillis simple peut se justifier.*

Par exemple, le *chêne vert* n'arrive pas en France à des dimensions qui puissent permettre de l'utiliser comme bois d'œuvre, mais par contre son écorce est de toute première qualité pour la préparation des cuirs ; le taillis s'impose. De même le châtaignier possède un aubier peu abondant qui acquiert beaucoup plus vite que le chêne les qualités de bois parfait; mais en revanche, conservé comme bois d'œuvre, il est souvent altéré au cœur ; aussi l'exploite-t-on en taillis simple à courtes révolutions pour en faire des cercles de tonneaux et des échalas dans les pays vignobles. — Dans les mêmes conditions de culture agricole, ou bien aux environs des minières, il est encore possible qu'on ait avantage à traiter des forêts en taillis simple, soit pour produire des échalas (robinier, chêne, châtaignier) ou des piquets et perches de mine (toutes essences), soit pour tirer parti de l'écorce (chêne) ; mais il est en général bien rare que les bois d'œuvre ne soient pas assez recherchés pour qu'on n'ait pas intérêt à faire plutôt encore du taillis composé ; il faudrait pour cela que le sol très peu profond ne permît pas d'obtenir une hauteur de fût suffisante, au moins 6 mètres. Sans doute alors, dans l'intérêt général, il vaudrait mieux, comme aux expositions très chaudes, faire de la futaie avec des essences appropriées au sol et au climat. Mais il y a là une considération économique de capital engagé très importante pour le propriétaire particulier, considération qui peut obliger ce dernier à préférer le taillis simple.

Traitement en taillis simple. — Les points essentiels à étudier pour le traitement en taillis simple, concernent tous le repeuplement naturel par rejets de souche et drageons, et par suite la perpétuité de l'essence. Nous avons vu, en traitant du repeuplement, qu'ils se rapportent essentiellement au mode d'exploitation. Nous avons à compléter ici cette étude.

Rejets et drageons. — La base du traitement en taillis est la formation de rejets de souche et de drageons, dont un grand nombre sont susceptibles de s'affranchir sur pied ; les rejets sont en général de beaucoup les plus fréquents, et leur nombre ainsi que leur vitalité dépendent surtout de l'aptitude de l'essence à rejeter ; quant aux drageons ou rejets de racines, il est à remarquer que certaines essences, peu aptes à donner des rejets de souche, produisent de nombreux drageons, et sont ainsi précieuses pour assurer le maintien du taillis.

Les essences qui rejettent le plus abondamment de souche sont les chênes (moins le chêne yeuse), le charme, les ormes, les érables, le châtaignier, l'aune glutineux, le frêne, les saules, etc. Les essences les plus aptes à drageonner sont : le chêne yeuse, tauzin et liège ; le tremble, l'aune blanc, le robinier, etc.

Un certain nombre rejettent et drageonnent à la fois, tels que les ormes, la plupart des fruitiers, le frêne, les chênes à feuilles persistantes, le chêne tauzin ; le hêtre drageonne très rarement, et la plupart de ses rejets proviennent de bourgeons adventifs ; encore ne se produisent-ils que jusqu'à un âge peu avancé sauf, peut-être, dans certaines conditions de station (en montagne) ou de traitement (furetage).

Les résineux ne rejettent pas de souche, et par suite ne sont pas aptes à être traités en taillis.

Révolution. — Au point de vue du repeuplement, nous avons fixé une limite supérieure qu'il ne paraît pas possible de dépasser en général pour aucune essence (quarante ans au maximum) et nous avons vu qu'il n'y a pas de limite inférieure. Néanmoins il y a dans la pratique un âge d'exploitation au-dessous duquel on ne saurait descendre ; c'est le moment où les bois ont une valeur commerçable et représentent un placement avantageux. On conçoit que cette limite varie avec les essences, et que si une oseraie peut être coupée tous les ans ou tous les deux ans, il n'en est déjà plus de même d'une châtaigneraie qu'on ne peut exploiter utilement avant douze ou quinze ans ; un taillis simple d'aune ou de chêne rouvre et pédonculé ne doit pas se couper avant vingt ou vingt-cinq ans.

L'article 69 de l'ordonnance réglementaire du 1er août 1827 fixe pour les forêts de l'Etat la durée *minima* de la révolution à vingt-cinq ans, à l'exception des forêts dont les essences dominantes sont le châtaignier et les bois tendres (blancs). L'article 134 de la même ordonnance rend ces dispositions applicables aux forêts des communes et établissements publics (bois soumis au régime forestier). *C'est une excellente mesure, que les particuliers eux-mêmes auraient le plus souvent intérêt à adopter ;* ces derniers devront se rappeler toutefois que si dans les sols excellents on peut à la rigueur adopter une courte révolution, il est au contraire nécessaire dans les mauvais sols de la choisir longue.

Saison d'abatage. — En vue du repeuplement, l'abatage ne devrait être fait, ni avant les grands froids, ni pendant les grands froids, ni en temps de sève.

Il ne resterait ainsi pour l'exploitation qu'un temps assez restreint compris, en moyenne, entre le commencement de février et la fin de mars ; un délai aussi court aurait le double inconvénient d'exiger, à un moment donné, un nombre de bras impossible à trouver, et, en outre, de ne pas permettre d'utiliser pendant l'hiver tous les ouvriers de métier qui se font bûcherons pendant le chômage de leurs travaux. Aussi, en fait, admet-on en France, où le climat général est un climat tempéré, qu'on peut sans danger sérieux commencer les exploitations en automne, aussitôt l'arrêt de la sève, et les continuer pendant tout l'hiver, sauf au moment des fortes gelées, et ce n'est seulement que dans les situations exceptionnelles qu'il faut agir avec plus de prudence.

Quant à la coupe en temps de sève, nécessaire dans les taillis à écorce, elle présente des inconvénients, spécialement quand elle est suivie d'étés exceptionnellement chauds, et de sécheresses prolongés ; mais si la révolution du taillis est assez longue, le retard occasionné est insensible ; son grand inconvénient paraît consister dans la moindre qualité des produits récoltés.

Mode d'abatage. — Les précautions à prendre en ce qui concerne l'abatage sont autrement essentielles au point de vue du repeuplement, et nous avons indiqué que la section devait être *faite rez terre*, à la serpe pour les tiges de moins de 5 centimètres de diamètre, avec un instrument tranchant plus lourd (hache ou cognée) pour les tiges d'une dimension supérieure ; que la surface de section devait être ravalée, pour empêcher le séjour de l'eau sur la souche.

La coupe rez terre doit être prescrite et observée rigoureusement ; il n'y a d'exception que pour les endroits plats et bas, exposés à de fréquentes inondations ; alors il faut exploiter un peu au-dessus de la hauteur qu'atteignent habituellement les eaux pour empêcher leur séjour sur les souches, ou tout au moins il convient d'exploiter tard, après l'hiver, quand on n'a plus guère à craindre l'eau.

Enfin, dans certains cas spéciaux (furetage du hêtre ; exploitation en têtards), on peut être conduit à faire la section dans le jeune bois, laissant ainsi des tronçons de rejets sur lesquels vont se former de nouvelles pousses.

Façonnage. — Le façonnage doit être fait rapidement pour ne pas entraver le développement des rejets, et surtout pour éviter de les endommager, alors qu'ils se détachent encore facilement de la souche. Nous avons signalé cette opération comme condition essentielle d'un bon et rapide repeuplement ; pour la même raison, les ramiers ne doivent pas rester longtemps épars sur le parterre de la coupe. Si la main-d'œuvre manque, on peut tout au moins exiger que tous les produits soient façonnés avant l'apparition des rejets, et que les ramiers soient toujours rassemblés sur les endroits vides et mal garnis ; on en sera quitte pour effectuer sur ces places, après la vidange, quelques plantations.

Vidange. — Une bonne pratique consiste à faire transporter les produits aussitôt qu'ils sont façonnés le long de chemins désignés à l'avance, soit sur le parterre de la coupe, soit plutôt en dehors de la coupe sur une place de dépôt. On évite ainsi des dégâts souvent importants, occasionnés par le passage des voitures dans l'intérieur de la coupe, et par l'abroutissement des bêtes de somme qu'il est nécessaire d'y introduire ; si la surveillance n'est pas constante et très sévère, ces dégâts sont souvent très importants.

Le cahier des charges de l'administration des Eaux et Forêts trace à cet égard un certain nombre de règles adoptées, tant pour les délais d'exploitation et de vidange, que pour les prescriptions à imposer aux adjudicataires ou entrepreneurs ; il prévoit le cas où on pourra y déroger, à l'aide de clauses spéciales, lorsque des circonstances particulières le demanderont.

Il est bon toutefois de remarquer que le propriétaire particulier a intérêt à ne pas exagérer les obligations qu'il impose aux adjudicataires, afin de ne pas les écarter de sa forêt ; il ne devra exiger que les précautions indispensables pour assurer l'avenir du taillis.

Balivage. — Le traitement en taillis simple n'exclut pas forcément la réserve de baliveaux qui seraient destinés à parcourir seulement deux révolutions du sous-bois ; spécialement si les révolutions sont courtes, les souches de ces baliveaux ne perdent pas leur faculté de rejeter. Nous avons dit en parlant du repeuplement que ces réserves peuvent être très utiles, sinon indispensables, pour assurer la perpétuité du taillis ; leur rôle principal est de disséminer quelques semences, pour maintenir le taillis complet ; toutefois leur nombre doit être assez restreint si l'on ne veut pas que leur couvert vienne nuire au développement du taillis simple ; le meilleur moyen de les distribuer est de les disposer pour la plupart en cordons le long des lignes et chemins tout autour de la coupe. Abuser de ces réserves, dans un taillis simple, et leur demander la production de bois de charpente, serait changer la nature de l'exploitation, et dans ce cas le propriétaire a tout intérêt à adopter franchement le taillis composé.

Développement du taillis. — Opérations culturales. — Dès l'année qui suit l'exploitation, le peuplement se trouve formé de jeunes cépées ne couvrant que très imparfaitement le sol, et entre ces cépées, les herbes se développent en grande abondance. La production ligneuse est faible malgré la vigueur de végétation des jeunes pousses ; elle augmente d'année en année au fur et à mesure que l'espace se restreint entre les cépées, que les feuillages se développent pour arriver à se toucher et à former massif plein.

C'est dans le début de cette période qu'on peut avoir intérêt : 1° à effectuer des *repeuplements artificiels* sur les vides qui se produisent toujours par places, spécialement dans les taillis où il n'y a pas de porte-graines ; 2° à effectuer les *dégagements*, c'est-à-dire des opérations culturales ayant pour but spécial de dégager d'abord les brins de semence qui pourraient exister, et les plantations dont la végétation, lente au début, ne peut lutter avec la végétation rapide des rejets de souche de toute nature ; ces dégagements peuvent porter ensuite, s'il y a lieu, sur les rejets de souche, les morts-bois et mauvaises essences (saule marceau, tremble, etc.), et aussi, mais exceptionnellement, sur les ronces, les épines et autres morts-bois, toujours envahissants, qui tendent à étouffer les rejets des bonnes essences, et qui ne tardent pas, dans bien des cas, à les déposséder du terrain ; ils consistent généralement en étêtements ; leur but est donc de favoriser la végétation des chênes, hêtres, charmes, frênes, érables et autres arbres à bois dur, dont la culture est généralement plus avantageuse. Cette opération doit être faite dès que l'on s'aperçoit que les essences secondaires gênent la bonne croissance de celles que l'on a intérêt à conserver et à propager ; elle doit, quand cela est possible, être répétée à plusieurs années d'intervalle. Il est essentiel, dans ce cas, de ne pas aller au hasard dans chaque opération, afin de continuer à protéger les mêmes sujets qu'on a précédemment dégagés ; il est difficile d'indiquer l'âge auquel le dégagement doit être entrepris, puisque c'est l'inspection des lieux qui doit en décider ; disons cependant que très souvent cette opération est utile dès l'âge de six à dix ans.

Cette opération essentiellement culturale doit être effectuée avec une très grande prudence ; elle ne doit jamais avoir pour effet d'*interrompre le massif ;* il vaut mieux conserver des trembles, des saules, tilleuls et morts-bois çà et là, que de provoquer des vides dans le taillis par leur extraction complète. Elle consiste donc le plus généralement à étêter quelques bois tendres (blancs) afin de dégager les semis ou cépées du voisinage, sans les priver entièrement de l'appui que leur prêtent les tiges ainsi conservées dans leurs parties inférieures.

Dès l'âge de dix, quinze ou vingt ans, la production annuelle peut s'élever à 4 ou 5 mètres cubes par hectare et par an par exemple, plus ou moins suivant les forêts. Le peuplement passe alors de l'état de fourré à l'état de gaulis ou plutôt de bas perchis ; parmi le très grand nombre de tiges qui formaient le massif, un certain nombre seulement se sont développées, et ont pris l'avance pour constituer le peuplement principal ; les autres, après avoir végété quelque temps, à l'état de tiges minces, ont été éliminées progressivement. Plus la station est fertile, plus le peuplement principal se sépare rapidement du peuplement accessoire et prend un accroissement vigoureux.

Eclaircies dans les taillis. — A l'état de bas perchis, le massif reste constitué et le volume ligneux augmente rapidement ; si on laisse vieillir un peuplement ainsi constitué, il peut devenir utile de l'éclaircir, et l'éclaircie a pour but de venir en aide à la nature en desserrant les cimes du peuplement principal, afin de leur permettre de prendre plus rapidement un développement favorable ; ce que les dégagements ont commencé pour les brins de semence, les éclaircies doivent le continuer, mais d'une façon différente. Cette opération culturale n'est opportune que lorsque le massif est principalement composé, non plus de gaules, mais de petites perches ayant au moins

10 centimètres de diamètre à hauteur d'homme (inutile de dire qu'elle ne doit pas porter sur l'étage dominé, ni sur le sous-étage, mais bien sur certaines tiges dont la cime pénètre dans l'étage dominant) ; à ce moment on passe assez facilement sous bois et l'éclaircie peut être rémunératrice ; mais pour qu'elle soit utile, il faut que le taillis ait encore quelques années pour se développer, huit ou dix ans par exemple, ce qui suppose une révolution d'une trentaine d'années au moins.

Cette opération délicate serait absolument mauvaise si le propriétaire en abusait pour faire une récolte prématurée de produits, et dans ce but la dirigeait au hasard, ne craignant pas de desserrer ou d'interrompre le massif, ou bien de faire disparaître, sous prétexte d'éclaircie, des tiges franchement dominées dont le maintien est indispensable pour le bon état du sol et l'entretien de la fertilité de la station.

Dans les opérations de ce genre, on se rappellera qu'il y a toujours avantage à ce que le sol reste le plus garni et le mieux abrité possible.

Toujours exploité à un âge relativement jeune, en raison de la nécessité qu'il y a d'obtenir des rejets de souche, le peuplement ainsi conduit n'atteint pas la phase que nous avons signalée dans la futaie régulière, où il commence à s'éclaircir fortement et où par suite son état, de moins en moins serré, exerce une influence fâcheuse sur la fertilité de la station.

Mais, par contre, le sol est dénudé régulièrement à chaque exploitation, et en outre la récolte présente un caractère spécialement épuisant.

Il en résulte que, pour que les exploitations successives puissent se perpétuer indéfiniment sur le même sol, sans exercer une influence néfaste sur sa fertilité, le mode de traitement en taillis exige qu'on apporte un soin permanent à entretenir le bon état de massif. Plus que partout ailleurs, la moindre faute entraîne des conséquences fâcheuses ; plus l'état d'un taillis est mauvais, plus il tend à accentuer ce mauvais état, et à ruiner complètement la fertilité des stations. L'augmentation de la révolution est alors, bien souvent, un des meilleurs remèdes à conseiller.

Repeuplement artificiel. — Le repeuplement artificiel peut intervenir, et est appelé à rendre de grands services dans le taillis simple ; il consiste à venir reboiser les vides qui se produisent souvent dans un taillis où il n'y a pas de porte-graines. Cette introduction de sujets qui, après recépage, sont destinés à fournir des jeunes cépées, permet de maintenir l'état de massif complet. Partout où il est possible, le propriétaire a intérêt à l'effectuer, fût-ce lentement et progressivement, au passage des coupes. De tels travaux sont parfois onéreux ; ils exigent des opérations de dégagements faites avec soin ; aussi peut-on conseiller, si les vides sont nombreux mais petits, d'en attendre le repeuplement naturel en laissant vieillir le taillis en ceinture autour d'eux, sur une faible largeur, pendant toute une révolution ; il peut suffire pour cela de garder une ceinture formée de l'épaisseur d'une large cépée, en griffant les perches à conserver lors du passage de la coupe ; après une révolution ces cordons sont beaux et riches, et le vide qu'ils enserrent change d'état en s'améliorant.

S'il s'agit au contraire de grands vides, tout en les ceinturant, comme précédemment, on peut en même temps les repeupler en essences à végétation rapide, pins, bouleaux ou aunes suivant les sols ; sous ces essences, à couvert léger, le chêne vient s'établir naturellement.

2. — APPLICATION DU TAILLIS.

Le rôle et la composition des taillis diffèrent sensiblement d'une région à l'autre. Le chêne vert en Provence, le chêne tauzin dans l'ouest, spécialement dans le pays de Bayonne, les chênes rouvre et pédonculé dans le centre de la France et en Sologne, le chêne rouvre dans les Ardennes et les Vosges méridionales, sont fréquemment les essences presque uniques, ou tout au moins prédominantes, de certains taillis simples. Un peu partout aux chênes se mélangent le bouleau sur les sables pauvres, les bois blancs dans les stations fraîches, le charme, l'érable champêtre, le coudrier dans les sols secs et moins profonds.

En un mot, les taillis sont généralement formés d'essences mélangées, mais la très grande prédominance d'une essence leur donne parfois le caractère de peuplements purs. Nous avons donc à examiner plus en détail quelques-uns des types principaux de taillis simple.

Taillis simple d'essences mélangées. — Il existe en France d'immenses surfaces couvertes de taillis simples d'essences mélangées ; ce sont par exemple, d'après M. Broilliard : *sur les calcaires rocheux*, des taillis formés de charme, de coudrier et autres arbrisseaux, d'érables, d'alisiers et de fruitiers divers, de chêne et de hêtre disséminés, de saule, de tilleul, enfin d'une foule d'essences ; — *dans les sables frais*, on trouve des bouleaux, du tremble, du charme, du hêtre avec les chênes rouvre et pédonculé ; — *dans les dépressions humides*, de l'aune et quelques chênes ; — *dans les parties riches*, du tremble, du frêne, de l'orme et du chêne ainsi que d'autres essences diverses suivant la nature et l'humidité du terrain ; souvent une ou plusieurs essences sont dominantes suivant le climat, le sol et la manière dont sont dirigées les exploitations ; les autres restent à l'état subordonné.

Quand le mélange est bien proportionné, un tel peuplement se présente dans des conditions avantageuses, tant pour donner une production variée que pour assurer par un couvert suffisant le bon état du sol ; aussi le taillis à essences mélangées permet-il en général d'obtenir les peuplements les plus complets et les plus grands rendements en matière.

Les dégagements, tels que nous les avons définis, deviennent des opérations nécessaires, ayant pour but de maintenir le mélange, de l'améliorer et de diriger la production vers les produits les plus utiles ; ces dégagements, ou simples étêtements, permettent le plus souvent d'assurer le maintien du chêne tout en y utilisant pour le mieux les autres essences ; on doit les commencer de bonne heure, et les répéter fréquemment dès que le besoin s'en fait sentir.

Les éclaircies deviennent dans un tel peuplement des opérations utiles, spécialement là où il y a lieu de favoriser le chêne ; pour tendre à multiplier cette essence, on fait cinq ou six ans avant le terme de la révolution une éclaircie forte, qui, en relevant le couvert et en desserrant les perches de chêne, favorise la fructification de ces perches et par suite la production de semis naturels ; ces semis, recépés avec soin lors de l'exploitation du taillis, enrichissent alors le taillis en jeunes souches de chêne, et plus tard les opérations de dégagement ne doivent pas les oublier.

Pour que ces opérations culturales donnent le résultat

qu'on en attend, il faut opérer sur de longues révolutions.

Dans chaque cas particulier, la longueur de la révolution dépendra de l'essence à multiplier et des produits à obtenir ; *on n'oubliera pas que plus les révolutions sont courtes, plus elles sont favorables au développement des mauvaises essences, notamment des bois tendres.*

Bien traiter un taillis d'essences mélangées en vue d'obtenir d'une part une production soutenue en matériaux de bonne qualité, et d'assurer d'autre part la conservation de la fertilité de la station, n'est pas chose aussi facile qu'on le pense à première vue. La preuve en est dans ces pauvres taillis qui existent un peu partout et qui sont en voie d'appauvrissement très accentué ; rien de triste à voir comme certains terrains dits boisés, où les exploitations se répètent sur les mêmes surfaces à des intervalles de dix, quinze ou à peine vingt ans, pour donner des produits de peu de valeur, où les bonnes essences ont presque complètement disparu et sont remplacées par des morts-bois et des essences de qualité inférieure, où le massif est entrecoupé et interrompu par des vides et des friches incultes abandonnées par la culture forestière ou déjà livrées au bétail. Il est nécessaire de remédier à cette situation. Nous empruntons à Broilliard les conseils suivants :

En sol frais ou profond, les bois tendres (blancs), dont la végétation est rapide, ou les essences à couvert épais s'emparent souvent du terrain en lieu et place du chêne, plus précieux qu'elles. Or, seul le chêne, quand il a une belle végétation, réunit tous les avantages ; c'est donc lui qu'il importe de maintenir ou de multiplier dans ces terrains. Les moyens dont nous disposons à cet effet se trouvent dans la durée de la révolution, dans les éclaircies et dans les repeuplements.

Pour diriger les exploitations, il faut se rendre compte que l'état de la forêt montre toujours les fautes commises et les résultats acquis ; les conclusions qui découlent de cet examen sont les suivantes :

a. Si le chêne est bien représenté et bien venant, s'il est en bonne proportion dans le mélange et dominant, il convient le plus souvent de s'en tenir à la révolution en vigueur, à moins que les considérations locales (utilisation de produits spéciaux, etc.) ne portent à la modifier dans un sens favorable.

b. Si les arbrisseaux ou les bois blancs abondent, il est utile de reculer de quelques années l'âge d'exploitation du taillis ; une éclaircie des bois blancs faite cinq ou six ans avant le terme de la révolution est tout indiquée pour favoriser la production de semis de chêne en sous-étage.

c. Si au contraire ce sont les essences à couvert épais, ormes, charmes, érables ou hêtres qui occupent le terrain, il convient de prolonger notablement une première fois le maintien des taillis sur pied ; au lieu de les exploiter à dix-huit ans, on y fait une éclaircie, récoltant la plupart des arbrisseaux, dédoublant le nombre des rejets sur chaque souche, desserrant les bois tendres (1), dégageant les perches de chêne, et enlevant les brins traînants ainsi que les rejets grêles de cépées à couvert épais, de charme notamment. Le chêne se multiplie dès lors par brins de semence sous le couvert de taillis ainsi traités ; recépés avec soin au moment de la coupe du taillis, ces brins donneront des rejets qui feront plus tard de nombreuses cépées et d'excellents baliveaux.

Si le chêne est devenu trop rare, on peut compléter ces semis par des plantations faites après l'éclaircie, et quelques années seulement avant la coupe du taillis.

Notons enfin que dans de tels sols, la réserve de baliveaux bien choisis, et de bons cordons le long des lisières, avec une révolution convenable, suffit en général pour ramener l'essence précieuse.

En terrain calcaire, sur les plateaux ou versants rocheux, les taillis d'essences mélangées couvrent de grandes étendues ; parmi les essences variées qu'ils présentent, les unes sont peu longévives (arbrisseaux, coudriers, saules) ; d'autres ont une végétation rapide mais un bois tendre (tilleul) ; d'autres, un bois dur mais une végétation lente (charme, petit érable) ; le chêne et le hêtre en sont les essences précieuses.

Avec des révolutions courtes, la production de ces taillis consiste en fagots ou charbonnette ; si au contraire on les laisse sur pied jusqu'à trente et quarante ans, ils continuent à prospérer, d'une manière soutenue ; ceux qui fournissent 100 stères à vingt-cinq ans en donnent généralement 160 à trente-six ans et alors c'est surtout du rondin ou bois de moule, de sorte que la valeur du rendement est double ou triple ; ils passent par exemple, d'après Broilliard, de 200 francs à l'hectare à vingt-cinq ans, à 500 francs vers l'âge de trente-six ans. *A vingt-cinq ans, ces taillis entrent à peine en valeur ; ils ne sont qu'à la fleur de l'âge ; c'est de vingt-cinq à quarante ans qu'ils s'enrichissent, repeuplent leurs clairières, étiolent leurs morts-bois, et donnent la prédominance aux bonnes essences.*

Dans de tels taillis à longue révolution, le hêtre est une essence précieuse, et Broilliard conseille, sur ces plateaux calcaires, de réserver la plupart des hêtres, barres, baliveaux ou faibles brins, *au lieu de recéper ces derniers*, si grêles qu'ils soient.

Notons enfin, avec le même auteur, que, sur les plateaux calcaires, l'éclaircie n'est guère praticable avant l'âge de trente-six à quarante ans ; c'est-à-dire qu'elle y est peu applicable aux taillis ; mais, en

(1) Pour prospérer, chaque essence exige une place plus ou moins grande au soleil. Celles qu'il faut desserrer le plus sont : le tremble, le frêne, les grands érables, les ormes, le merisier, qui ne prospèrent qu'avec la cime entièrement libre ; puis le bouleau, l'aune, le chêne, le tilleul, l'érable champêtre, qui se développent mieux à l'état libre qu'en massif ; enfin le charme et le hêtre qui prennent en massif de très belles dimensions, pourvu que les cimes aient quelque ampleur (Broilliard).

revanche, les cordons continus, pleins, formant des haies d'arbres ou de hauts taillis, fournissent un excellent abri, très favorable à la végétation forestière sur les plateaux ; on peut leur donner une largeur de 4 à 5 mètres, et les disposer soit au pourtour des coupes, soit même à l'intérieur de trop grandes coupes, pour partager chacune d'elles en compartiments clos de 4 à 5 hectares au plus.

Quant aux *vacants* et aux *grands vides*, ils tiennent généralement aux abus de pâturage ; souvent aussi, sur certains sols sablonneux ou argilo-siliceux, ils sont provoqués par un état fortement acide du sol, état dû à une décomposition incomplète des feuilles de chêne et de bouleau. Si les vides ainsi créés sont de grande étendue, on doit y remédier en reboisant le terrain ainsi découvert, et le concours des essences résineuses, comme essences transitoires de reboisement, est alors généralement indispensable.

Taillis où domine le chêne. — Les écorces à tan, d'un produit autrefois rémunérateur, souffrent aujourd'hui d'une baisse considérable ; aussi l'existence de taillis où le chêne constitue pour ainsi dire l'essence unique du peuplement, taillis généralement exploités à de courtes révolutions (1) en raison de leur production spéciale, ne paraît plus aussi justifiée.

Le *chêne yeuse* ou chêne vert et le *chêne tauzin* sont cultivés presque uniquement en vue de la production des écorces et à des révolutions très courtes ; souvent très clairiérés en raison d'un pâturage abusif, et formés de tiges grêles ou même de broussailles naines, ils produisent peu par hectare et par an. Il n'est pas douteux qu'il y a beaucoup mieux à faire.

Dans la Sologne et le centre de la France, avec le *chêne rouvre* et le *chêne pédonculé* on adopte une révolution plus longue ; de vingt à vingt-cinq ans. Aussi les taillis y donnent-ils, outre de bonnes écorces, des produits ligneux assez importants, et même des perches utilisées comme menus bois d'œuvre. Là où le chêne pédonculé est seul, il couvre très mal le sol, et les taillis sont d'un entretien difficile ; il est alors préférable de le voir associé au charme.

Dans les Ardennes, les taillis simples de chêne rouvre et pédonculé, tantôt purs, tantôt mélangés entre eux ou avec des bouleaux, des charmes et des noisetiers, sont soumis au

(1) En laissant de côté le chêne-liège, l'écorce de chêne est d'autant meilleure pour le tannage des cuirs, qu'elle est récoltée sur des arbres plus jeunes et plus vigoureux.

sartage (1) ; on applique généralement aux taillis sartés une révolution de vingt-quatre ans. Les produits obtenus en dehors de la récolte de céréales consistent en étançons de mines, en charbonnette, en bois de chauffage et en écorce ; tous ces produits réunis donnent un revenu net moyen de 30 francs par hectare et par an environ ; la pratique du sartage n'est plus justifiée aujourd'hui, avec la facilité actuelle des communications, et tend à disparaître.

Les taillis de chêne se rencontrent souvent sur les terrains siliceux (sables, schistes, granites, grès), sols sur lesquels paraissent la bruyère, le genêt à balais ; le bouleau se présente alors habituellement avec le chêne. Ils se rencontrent aussi sur les terrains calcaires, et ce sont alors des épines noires, des églantiers, des cornouillers et autres morts-bois qui se trouvent répandus dans la forêt. Généralement, aussi, le charme et les fruitiers s'y montrent en mélange.

Dans de tels taillis, si les massifs sont complets, il n'est pas indispensable de modifier la révolution ; mais si les vides se montrent nombreux, la première chose à faire est d'allonger la révolution en la portant au moins de vingt à trente ans par exemple.

Les semis de chêne se multiplieront ensuite, les autres essences de la région viendront s'y adjoindre naturellement, et la forêt ira s'améliorant d'elle-même.

On favorisera cet enrichissement du taillis, en même temps que la création d'un mélange toujours avantageux dans ces conditions, en réservant le long des laies qui séparent les coupes des cordons de brins ou rejets de toutes essences, en gardant par pieds isolés les beaux sujets qui se présenteront sur le parterre de la coupe, ou en conservant, comme on le fait dans certains taillis de la Nièvre, des cépées de charme et de hêtre dites *volières*, destinées à parcourir deux révolutions.

Les *éclaircies*, opérations nécessaires dans de tels taillis, dès que les rejets montants, les *lances*, ont une grosseur moyenne de $0^{m},10$ au moins, ne produisent un effet utile que si le peuplement doit rester sur pied environ huit ou dix

(1) Après la coupe, on brûle les ramilles et tous les rémanents de l'exploitation, et on cultive des céréales pendant un an.

ans au moins après l'opération. Dans ce cas elles doivent avoir pour objet tout d'abord de desserrer les lances les plus vigoureuses, tout en maintenant le sol couvert et frais. On peut enlever dans chaque cépée une ou plusieurs tiges, parmi celles qui percent vers le ciel et qui nuisent à la tige la plus vigoureuse; mais on doit respecter tout ce qu'il n'est pas utile d'enlever (tiges franchement dominées, rejets étalés, branches basses, etc.), comme nous l'avons exposé précédemment. Quant aux essences mélangées au chêne, l'éclaircie peut servir à en régler la proportion, mais on doit se souvenir que le bouleau, le tilleul, le tremble, le saule même sont alors souvent une vraie richesse, à la condition qu'ils restent subordonnés au chêne, et qu'on ne doit pas en appauvrir systématiquement le taillis.

Taillis fureté de hêtre. — En dehors de ces types généraux, certaines régions spéciales se prêtent au taillis de hêtre, généralement soumis à un traitement particulier, le *furetage*, en raison de la faible faculté que possède le hêtre de rejeter de souche.

On trouve des taillis furetés principalement dans le Morvan, dans le Jura sur le versant suisse, et au pied des Pyrénées.

Les taillis furetés sont ordinairement des taillis simples, sans aucune réserve, dans lesquels on coupe dans une cépée les tiges les plus grosses en laissant subsister les plus faibles ; on revient sur le même point tous les huit ou dix ans, et si on coupe à l'âge de vingt-quatre ou trente ans, les trochées sont formées de tiges de trois âges ; c'est une sorte de jardinage appliquée aux taillis.

Dans l'Ariège, la révolution des taillis furetés, variable suivant les régions et la vigueur de la végétation, est en moyenne de trente ans, et on la divise en deux rotations de quinze ans ou trois rotations de dix ans ; la formule qui sert à diriger les exploitations est un peu différente de la précédente ; on doit enlever au passage de chaque coupe les perches exploitables et réserver : 1° tous les brins isolés ; 2° tous les rejets traînants ; 3° tous les autres rejets ayant moins de 20 centimètres de tour au collet de la racine ; 4° à défaut de ces rejets, la moitié ou le tiers des tiges de plus de 20 centimètres de tour dans toutes les cépées qui ne présentent pas de rejets de dimension inférieure.

Ce mode de traitement, qui s'est longtemps expliqué par la nécessité d'exploiter exclusivement du bois de moule, ne semble pas devoir être généralisé ; il paraît préférable de traiter le hêtre en futaie, et, pour les particuliers qui possèdent des forêts de hêtre, en taillis composé afin de produire du bois d'œuvre.

Pour transformer en taillis composé de tels peuplements, le point de départ paraît être de déterminer de suite, le plus simplement possible, et d'asseoir sur le terrain la division des nouvelles coupes de taillis composé. Suivant la rotation adoptée par les coupes de furetage, chaque coupe ancienne comprendra deux, trois coupes nouvelles ou plus, et si on dispose dès le début de bois exploitables, on commencera les coupes de taillis composé par ces parties ; si au contraire la forêt n'offre absolument aucun bois immédiatement exploitable, on sera évidemment forcé de reculer l'application du plan d'exploitation, quitte à faire en attendant quelques éclaircies dans les plus vieux bois ; c'est une question de tact, et pour agir avec méthode on devra se pénétrer du but que l'on poursuit et bien comprendre le résultat vers lequel on tend ; c'est ainsi, par exemple, que les éclaircies devront être conduites dans un esprit contraire à celui du furetage ; on se propose de laisser vieillir l'ensemble du taillis fureté, et dès lors l'opération culturale (qu'on ne doit faire, d'ailleurs, que si l'on tient absolument à réaliser de suite quelques produits disponibles) ne doit porter que sur les mauvaises tiges, au lieu des meilleures, dans le but d'améliorer l'étage supérieur au lieu de le dégrader.

Il paraît inutile d'ajouter qu'on peut trouver dans de tels taillis du chêne et d'autres essences, même du charme en mélange, et qu'il convient de les soigner et de les surveiller pour conserver et améliorer le mélange ; c'est ainsi qu'au passage des exploitations, les jeunes brins et tous les rejets de chêne, de charme et d'autres essences seront soigneusement recépés, et que, s'il est nécessaire, des dégagements ultérieurs viendront rabattre les brins de charme, d'érable, etc., qui tendraient à devenir envahissants au détriment du chêne et du hêtre.

Taillis de châtaignier. — Le châtaignier n'est pas spontané en France ; quand on peut le conduire à un âge avancé, il se carie au cœur, et ne donne que des produits très médiocres en raison du déchet. Au contraire, quand on l'exploite jeune, son bois est sain et durable ; très recherché pour les échalas de vigne, il est d'un grand produit.

Pour établir une châtaigneraie, il faut d'abord se rappeler

que le châtaignier se refuse à croître dans les terrains calcaires ; le sol qui lui convient le mieux est un sol graveleux et siliceux, comme celui qui résulte de la décomposition du granit. Le châtaignier est exposé aux gelées printanières sur les versants sud et ouest, et il craint beaucoup l'envahissement des herbes ; sa croissance est très rapide ; il rejette facilement.

D'après Bagnéris (1), il est bon de commencer par cultiver le terrain pendant deux ou trois ans, en choisissant de préférence des plantes sarclées, des pommes de terre, par exemple. Le sol est ainsi parfaitement nettoyé des mauvaises herbes, et il peut recevoir les jeunes plants qu'on a préalablement élevés en pépinière. On espace ces plants à 2 mètres en tous sens, et on peut encore cultiver pendant un an ou deux des pommes de terre dans l'intervalle. Au bout de six ou huit ans, on fait une première coupe dont les produits couvrent seulement les frais ; puis on exploite en taillis simple sans réserves, tous les douze ou quinze ans. Un assez bon indice de l'âge auquel il convient de couper le taillis est fourni par l'apparition de rejets au pied de certaines tiges.

Une châtaigneraie se maintient ainsi pendant environ un siècle et demi, après quoi il est opportun de la renouveler. Située auprès de vignobles, dans de bonnes conditions de sol et d'exposition, c'est une forêt d'un excellent rapport et parfaitement placée entre les mains des particuliers.

Taillis de micocoulier. — Le micocoulier vient bien dans les plaines et vallées des bords de la Méditerranée et dans une certaine mesure dans les régions tempérées de la France, spécialement sur les bons sols et dans les terrains divisés ; il s'exploite en taillis à courtes révolutions et donne des produits spéciaux recherchés par le commerce.

Pour établir un taillis de micocoulier, on plante à 2 ou 3 mètres d'espacement, en sol bien ameubli, des sujets de trois ans qui ont été protégés en pépinière contre les vents froids du nord ; on cultive des plantes sarclées entre ces jeunes brins ; on élague graduellement et rez tronc les branches basses pour former les fûts, et on émonde en mai les branches

(1) G. Bagnéris, *Manuel de Sylviculture.*

gourmandes qui repoussent après ces élagages ; on bine le terrain chaque année une ou deux fois ; on irrigue quand on peut le faire, surtout au printemps, et au moins une fois par semaine.

La première coupe a lieu à quinze ans, et les coupes suivantes tous les huit, dix ou douze ans, quand les barres ont 8 à 12 centimètres de diamètre à hauteur d'homme, et 3 mètres sous branches. On ne conserve que deux ou trois rejets sur chaque souche, pour que les tiges soient plus droites et l'accroissement plus rapide.

Dans de bonnes conditions de sol et d'exposition, ces taillis sont d'un excellent rapport, et parfaitement placés entre les mains des particuliers.

Dès qu'on s'éloigne des bords de la Méditerranée, il faut avoir soin de ne planter les jeunes sujets qu'à l'âge de cinq ou six ans seulement, et de garantir les jeunes tiges des froids trop vifs pendant toute leur jeunesse.

Taillis de robinier. — Le robinier ou faux acacia n'est pas spontané en France ; toutefois il est très rustique. Il s'exploite en taillis à courtes révolutions et donne des produits spéciaux recherchés par le commerce.

Pour établir des taillis de cette essence, il faut se rappeler que le robinier craint le vent, exige beaucoup de lumière, redoute le mélange avec d'autres essences, et réussit médiocrement dans les terrains compacts ou très secs ; les sols légers et frais lui conviennent bien, et il est susceptible, en raison des qualités de son bois, à aubier très mince, de donner de riches produits.

La plantation doit être faite à 2 mètres environ d'intervalle ; en général, après avoir récépé à trois ou quatre ans, on exploite rez terre tous les dix, douze ou quinze ans. On peut conserver plus longtemps le robinier à l'état de massif, à la condition de l'éclaircir souvent et très fortement ; tant qu'il prospère, le propriétaire peut avoir intérêt à le garder sur pied pour obtenir les produits de luxe qu'il donne dès l'âge de quarante à cinquante ans. D'ailleurs, à quelque âge qu'on l'exploite, il se reproduit facilement par rejets et surtout par drageons.

Taillis d'aune. — L'aune se prête très bien au taillis simple ; c'est une essence qui rejette vigoureusement et longtemps ; elle est précieuse pour rendre productifs des terrains mouilleux.

L'aune est rarement en mélange avec d'autres essences, tant en raison des terrains qu'il habite que de sa croissance très rapide, mais c'est une essence très bonne à titre temporaire pour préparer l'installation d'essences plus utiles, propres à la station, telles que le chêne pédonculé, le frêne, etc.

Selon la nature des produits à obtenir, la révolution à appliquer est plus ou moins longue et varie entre vingt et vingt-cinq ans ; il peut même être intéressant de garder sur ces taillis quelques réserves destinées à fournir des perches de plus fortes dimensions.

Culture de l'osier (1). — Les taillis de saule ou *oseraies* sont plutôt des cultures industrielles que des cultures forestières. Tous les saules ne se prêtent pas également bien à cette culture, et ne fournissent pas un bon osier. Nous citerons parmi les espèces les plus employées :

L'*osier vert* ou ***saule viminal***, qui aime les terrains aquatiques, légers, et donne des produits abondants, mais grossiers; l'*osier brun*, ou ***saule amandier*** ou ***saule à trois étamines***, qui préfère les terrains humides et donne une bonne production ; l'*osier rouge* ou ***saule pourpre***, qui vient bien sur les terrains simplement frais, sur les bords des eaux courantes, et donne un osier très fin ; le ***saule blanc***, qui forme des oseraies très productives, et est susceptible d'être traité en têtards ; le ***saule fragile***, qui peut supporter les terres fortes et donne des osiers de seconde qualité.

La création d'une oseraie demande trois années, et l'oseraie se trouve en plein rapport à la quatrième.

Cette culture, souvent très rémunératrice, sort du domaine des exploitatoins forestières proprement dites, car elle peut coûter à l'hectare 1 200 francs environ de frais d'établissement, et demande 200 à 300 francs de frais annuels d'entretien.

(1) Voir au sujet de la création d'une oseraie et des soins à ui donner, l'ouvrage de BROILLIARD, *Traitement des bois en France*

Fig. 79. — Taillis-sous-futaie. Coupe en exploitation (Nièvre).

II. — ÉTUDE SPÉCIALE DES TAILLIS-SOUS-FUTAIE

1. — GÉNÉRALITÉS.

Caractère et produits. — Le taillis-sous-futaie présente l'avantage de réunir à la fois les mérites du taillis simple (régénération simple, facile, presque toujours certaine) et une partie de ceux de la futaie. Il permet d'élever des arbres d'âges gradués sur des espaces très restreints et d'obtenir dans un temps relativement court des produits d'assez gros calibre ; il fournit des produits très variés, bois de feu et bois d'œuvre, susceptibles de satisfaire dans une très large mesure à la demande du commerce (fig. 79).

Mieux que le taillis simple, il procure l'utilisation du sol jusqu'à une certaine profondeur ; découvrant moins complètement le sol, il est plus susceptible d'assurer la permanence de la forêt par le maintien de la fertilité de la station ; enfin il se plie facilement aux diverses exigences d'une exploitation forestière.

A tous points de vue l'emploi de ce mode d'exploitation est à conseiller dans la propriété boisée particulière, quand il s'agit de tirer le parti le plus avantageux possible d'essences feuillues, à la condition toutefois que le terrain ne manque pas de profondeur et qu'il ne soit pas mal doté sous le rapport des qualités du sol ou du climat.

Le taillis-sous-futaie (fig. 80) diffère, comme nous l'avons vu, du taillis simple, en ce qu'il comprend toujours une réserve d'arbres âgés au moins de deux ou trois révolutions ; en employant ce mode de traitement, on se propose de produire à la fois des bois de faible dimension, qui se coupent à des époques peu éloignées, et des arbres de futaie qui restent longtemps sur pied et acquièrent une grosseur plus ou moins considérable. Le taillis proprement dit, ou *sous-bois*, n'est plus ici l'élément principal de la forêt ; c'est la *réserve*, constituée par les arbres de futaie, qui en forme la partie la plus importante ; c'est elle dont la valeur pécuniaire est de beaucoup

Fig. 80. — Taillis composé avant la coupe. Forêt de Champenoux (Meurthe-et-Moselle). « Les Forêts », par MM. Boppe et Jolyet.

la plus considérable, et dont les produits sont, en général, les plus utiles et les plus recherchés (fig. 81).

Ces deux éléments, sous-bois et réserve, par leur nature même, s'entravent, se contrarient réciproquement ; le sous-bois est gêné dans son développement par le couvert des réserves ; les réserves, isolées périodiquement au moment des exploitations successives du sous-bois, se couvrent souvent de branches gourmandes ; elles se développent latéralement au détriment de leur hauteur, et peuvent devenir branchues et noueuses, en restant relativement peu élevées ; cet inconvénient toutefois est atténué dans une certaine mesure par l'accroissement considérable en diamètre que prennent ces réserves, spécialement pendant les quelques années qui suivent l'exploitation du sous-bois.

Enfin le sol, partiellement découvert à des intervalles assez courts, s'améliore difficilement.

Quoi qu'il en soit, il y a toujours antagonisme entre la réserve et le sous-bois et dès lors, dans un traitement rationnel, il faut chercher le moyen de concilier autant que possible les exigences de ces deux éléments. On y arrive en tenant compte des considérations générales suivantes, pour fixer d'une part la *révolution du taillis*, et d'autre part le *choix des semences à réserver*, *leur répartition*, *leur nombre* et *leur âge d'exploitation*.

1° *Révolution du taillis.* — En principe, la révolution du sous-bois doit être plus longue que celle qui aurait convenu à un taillis simple situé dans les mêmes conditions, et cela pour deux raisons : *a*) plus la révolution du sous-bois est longue, en se tenant bien entendu dans les limites indiquées précédemment pour obtenir la régénération par rejets de souche, plus le sol reste couvert, et par suite en bon état, et moins il a à souffrir du découvert occasionné par les exploitations ; *b*) plus la révolution du sous-bois est longue, plus la hauteur de fût des baliveaux, et par suite de toutes les réserves, est considérable ; il est en effet démontré par l'expérience que le fût des perches, qui ont ainsi crû en massif, n'est plus susceptible de s'allonger d'une façon sensible une fois que l'arbre a été isolé, bien que leur cime continue à s'accroître, ainsi d'ailleurs que le diamètre du tronc.

Comme conséquence de ce deuxième fait (hauteur de fût des réserves), plus les révolutions sont longues, plus le couvert des réserves est élevé au-dessus du taillis naissant, et par suite, moins son effet (bien entendu à nombre égal de réserves) est préjudiciable à la croissance de ce taillis.

Le mode de traitement en taillis-sous-futaie exige, en raison même de sa constitution propre, des révolutions assez longues

Fig. 81. — Taillis-sous-futaie. Arbres de réserve et jeune taillis âgé de deux ans. Forêt de Fontainebleau (Seine-et-Marne).

celles de vingt ans et même de vingt-cinq ans, qu'on rencontre pourtant si fréquemment, ne sont généralement pas suffisantes pour atteindre le but proposé. A notre avis, il faut proscrire d'une façon presque absolue la révolution de vingt ans ; on peut adopter celle de vingt-cinq ans quand la végétation, eu égard au sol (sol excellent), au climat ou à l'exposition et à l'essence cultivée, offre une vigueur suffisante ; mais lorsque les conditions de végétation sont insuffisantes et mauvaises, spécialement dans les mauvais sols, la révolution doit être portée à trente ou trente-six ans.

2° *Choix des essences à réserver.* — Avant tout on préférera les *essences de lumière*, puisque le besoin qu'elles ont d'espace pour étaler leur cime, les dispose tout naturellement à croître à l'état isolé plutôt qu'en massif, et que leur couvert généralement léger exercera une influence moins préjudiciable sur le développement du taillis.

Parmi elles on choisira tout d'abord le chêne (chêne rouvre et chêne pédonculé), auquel on associera, suivant les stations, des essences disséminées telles que le frêne, l'orme champêtre, les grands érables (érable plane, érable sycomore) ; le châtaignier (1), l'alisier, le sorbier (notamment le cormier) et des fruitiers, tels que les merisiers, dont les fruits sont précieux à tous égards. Là où manqueront les essences précieuses, le propriétaire particulier trouvera intérêt à réserver quelques bois tendres (blancs), tels que le tremble et le bouleau, dont le couvert très léger entrave peu la croissance des cépées qu'ils dominent. Toutes ces essences sont susceptibles de donner d'excellents produits.

Quant aux *essences d'ombre*, leur emploi ne vient qu'en deuxième ligne, en raison de leur couvert épais ; parmi elles on réservera le hêtre et le charme, spécialement à titre de porte-graines ; le hêtre s'accommode assez mal de l'état isolé ; il rejette mal de souche ; aussi, dans les bons sols, tend-il à disparaître ; dans les sols médiocres, au contraire, il persiste plus longtemps, et souvent, n'ayant pas mieux à obtenir à sa place, on devra chercher à le maintenir dans le taillis, à l'aide de brins de semence donnés par les porte-graines. Le charme rejette abondamment et est par excellence une essence précieuse dans le sous-étage ; il présente l'avantage de donner une semence légère, qui réussit presque chaque année ; à ce titre, quelques réserves de charme sont souvent précieuses pour combler les vides du taillis. Ces deux essences ne doivent en principe être réservées qu'en nombre restreint ; leur couvert bas et épais tue le plus grand nombre des cépées qu'ils recouvrent, aussi ne leur laisse-t-on généralement parcourir qu'un nombre restreint de révolutions (le hêtre à peine trois à quatre révo-

(1) Les réserves de châtaignier se carient rapidement au cœur, et on ne peut guère les conserver utilement au delà de soixante ans.

lutions, et le charme deux) ; en général, on est conduit à les exploiter dès qu'ils sont devenus franchement fertiles.

Enfin, dans des conditions spéciales, la conservation de l'aune et du tilleul, dont le couvert est assez épais, peut être utile ; pour l'aune, sur les bords des ruisseaux, dans les parties mouilleuses et franchement humides ; pour le tilleul, dans les pierrailles amoncelées, les débris de carrières, où aucune autre essence ne prospère souvent aussi bien que lui.

Le choix des baliveaux, dont dépend la constitution de la réserve future, doit se baser, non seulement sur les considérations d'origine que nous avons exposées à propos du repeuplement, mais encore sur leur forme ; on ne doit en principe accepter que des baliveaux de bonne forme, c'est-à-dire ceux qui joignent à une hauteur de fût suffisante, un diamètre proportionné et une cime bien développée ; le développement de la cime, pour les baliveaux de l'âge qui se choisissent en plein massif, peut toujours s'apprécier par l'inspection du pied ; un arbre dont le pied s'évase bien, et en tous sens, à l'endroit où il pénètre dans le sol, est un arbre vigoureux. Ajoutons enfin que les baliveaux de l'âge doivent être pris exclusivement dans les tiges droites, et qu'on doit écarter ceux dont la tige se partage, à peu de hauteur, en deux ou trois branches s'élevant à peu près parallèlement.

3° *Répartition des réserves.* — La répartition des réserves, comme nous l'avons déjà exposé précédemment, dépend essentiellement de l'importance qu'on donne à cette réserve et nous distinguerons plusieurs cas :

1er Cas. — *La futaie est claire.* Le taillis composé se rapproche alors beaucoup du taillis simple ; la futaie y est peu nombreuse et disséminée et elle n'occasionne au taillis aucun dommage sensible.

2e Cas. — *La futaie est en proportion normale* ; c'est-à-dire qu'on se propose d'obtenir une croissance satisfaisante, uniforme et soutenue du taillis, sans négliger la production de la futaie. Dès lors, les réserves de toutes catégories, choisies au moins en grande partie parmi les essences de lumière, doivent en général être régulièrement distribuées, afin de répartir l'ombrage et le couvert sur toute la surface de la coupe ; toutefois, si cette uniformité est utile en principe, elle ne doit pas être acquise au détriment de considérations culturales de premier ordre, qui imposent : 1° de tenir compte des différences qui peuvent exister dans la nature du sol et de l'exposition ; 2° de prendre l'arbre bon à réserver là où il se trouve, et non de lui préférer un sujet médiocre susceptible d'être réservé précisément à l'endroit où on le désirerait ; c'est ainsi que dans les parties les plus fertiles on pourra serrer davantage la futaie ; qu'aux expositions chaudes on tendra, autant que possible, à rendre la réserve plus nombreuse, en la composant principalement de baliveaux et de modernes ; toutefois, autant que le permettent la qualité du sol et les ressources présentées par les peuplements, les différentes classes de réserve doivent se succéder et se mélanger sur les différentes parties de la coupe, dans la proportion déterminée par le nombre total des arbres à conserver pour chaque catégorie, et il y a lieu, en principe, de s'abstenir d'accumuler les arbres âgés sur le même point.

Dans la pratique, nous engageons les opérateurs à se pénétrer de cette vérité que *sur chaque point, l'arbre le meilleur à conserver est toujours celui qui, eu égard à l'espèce à laquelle il appartient, à sa vigueur, à son état sain, à ses dimensions, à sa valeur actuelle, travaille plus utilement dans l'intérêt du propriétaire;* ici nous réserverons un chêne ancien, là un hêtre moderne, ailleurs autre chose, et par suite notre attention se porte tout d'abord sur la grosse réserve.

Nous ajouterons à ce conseil celui de Broilliard avec le mérite de l'essence et l'absence de tares, toutes choses à constater en examinant chaque sujet, la végétation donne le critérium essentiel des arbres à réserver dans les taillis composés ; aussi peut-on résumer en deux mots les conditions du balivage des arbres de réserve : *enlever les mauvais, garder les bons.* C'est pourquoi, au lieu de chercher d'abord les sujets à réserver, est-il bien préférable de prendre pour point de départ la recherche des arbres à réformer. Quels sont-ils? premièrement, les *arbres dépérissants*, couronnés, dégradés ou affectés d'une tare grave ; en même temps il y a lieu d'abandonner les *arbres exploitables* par suite de leurs dimensions ; enfin il convient de disposer des *arbres surabondants* qui entravent le développement d'autres sujets plus précieux ; on procure, par cela même, aux arbres et aux sous-bois, une place suffisante. Tout en procédant ainsi, on marque en réserve les arbres non réformés.

C'est seulement quand le choix de cette réserve est bien arrêté qu'on s'occupe des baliveaux, en les répartissant dans les espaces où les arbres manquent, en évitant surtout de les marquer trop près des modernes et des anciens ou, comme cela se fait trop souvent, sous leur projection. Ce serait d'ailleurs se faire illusion que d'en exagérer le nombre pour masquer l'indigence d'une réserve trop pauvre en arbres constitués. Il ne faut pas non plus, sous prétexte d'éviter de grands trous et de répartir également l'ombrage, réserver un grand nombre de baliveaux de l'âge d'essence charme, ou d'une autre essence inutile comme bois d'œuvre ; de tels baliveaux ne donneront toujours que du chauffage quand ils seront devenus modernes, et en les réservant on se sera privé de cépées au moins aussi productives qu'eux, et qui auraient mieux assuré l'état complet du sous-bois.

3e Cas. — *La futaie est prépondérante ;* la direction de la culture tend à donner à la futaie une place prépondérante, et dès lors il est impossible d'éviter l'action préjudiciable du couvert sur le sous-bois. Dans ce cas il peut être bon de chercher à répartir la futaie d'une manière irrégulière ; cette disposition de la futaie, tantôt par groupes (spécialement pour les classes jeunes et d'âge intermédiaire), tantôt par sujets isolés, paraît non seulement imposée par les circonstances, mais encore elle semble de nature à favoriser le but de l'exploitation, qui est dans ce cas de faire surtout du bois d'œuvre ; elle présente la faculté de profiter des conditions du terrain pour donner aux sujets d'élite tout l'espace nécessaire à leur développement, et de stimuler, par le groupement, la croissance en hauteur des arbres choisis à cet effet. Sous le couvert de chênes ainsi réservés, on a des chances de trouver des semis qui assureront en temps utile les besoins du balivage.

Cette distribution inégale amène la même inégalité dans la répartition et le développement du taillis, qui d'ailleurs, au point de vue de la production totale, demeure relégué à l'arrière-plan. Là où la futaie se groupe en bouquets plus ou moins formés en massif, le taillis végète, ou lui cède complètement le terrain ; il forme dans l'ensemble un peuplement très irrégulier, interrompu par places, et prend plutôt le caractère d'un *peuplement de protection*.

Si la futaie est constituée essentiellement d'essences de lumière, et si les brins de semence disséminés au travers du taillis sont assez nombreux pour assurer le recrutement futur des baliveaux, la forêt peut continuer à se perpétuer dans cet état ; mais si, en raison du couvert des réserves, le taillis vient à dépérir presque totalement, si son état d'appauvrissement rend impossible le recrutement ultérieur de la future réserve, la forêt ainsi traitée perd son caractère de taillis-sous-futaie, et elle conduit infailliblement à une impasse dont il peut devenir difficile de sortir.

Mieux vaut alors, spécialement dans les régions du nord-est de la France où le chêne a une très belle venue, recourir franchement au traitement en *futaie claire* que nous avons défini précédemment (page 187).

Dans les taillis-sous-futaie une très bonne mesure, quels que soient les cas, consiste à réserver le long des lisières de la forêt ou des coupes, le long des tranchées ou des chemins, des cordons plus ou moins épais d'arbres de futaie, qui bénéficient de la mise en lumière, et rendent le double avantage de servir de rideaux de protection du plus heureux effet, et d'assurer une riche épargne pour le propriétaire ; ce dernier, le cas échéant, peut toujours en disposer, dût-il, après exploitation, procéder à un repeuplement artificiel des parties exploitées (1).

4° *Nombre des réserves.* — La question du nombre des réserves à maintenir dans un taillis composé, se rattache beaucoup à la question précédente en ce sens qu'on doit encore ici se baser sur la quantité du couvert qui peut être imposé au taillis, sans nuire trop fortement à son développement. Ce

(1) Nombre de propriétaires particuliers enrichissaient ainsi autrefois leurs forêts, tout en les embellissant ; aujourd'hui cette coutume semble se perdre, et c'est regrettable.

nombre de baliveaux, modernes et anciens, dépend d'une foule de circonstances ; il ne peut être donné d'une façon absolue, puisqu'il doit varier d'une forêt à l'autre, dans les divers cantons d'une même forêt, souvent sur les différents points d'une même coupe, et enfin suivant les ressources qu'offrent les peuplements.

M. Rivet énonce trois lois à cet égard (1) :

1° A surface égale, l'intensité du couvert est proportionnelle à l'épaisseur du feuillage des essences de réserve ;

2° A surface égale et pour une même essence, l'intensité du couvert est en raison inverse de la hauteur des fûts ;

3° L'intensité du couvert est proportionnelle à l'épaisseur de la cime, et par conséquent à l'âge des réserves (puisque la cime s'allonge en hauteur avec l'âge, et que la hauteur de fût reste sensiblement stationnaire après la première révolution du taillis).

De ces trois règles découlent les conclusions suivantes énumérées par M. Muel (2) : les essences à couvert léger, telles que le chêne, frêne, bouleau, nuisant moins au sous-bois, pourront être réservées en plus grand nombre que celles à couvert épais, comme les hêtres et les charmes ; — dans les forêts et les cantons fertiles, la réserve pourra être plus serrée, parce que les arbres, ayant plus de hauteur de fût, donneront un couvert moins dommageable au taillis, et que celui-ci sera, grâce à la bonne qualité du sol, plus à même de résister à l'action du couvert ; — pour la même raison (hauteur des fûts), le nombre des réserves peut augmenter avec la durée de la révolution ; — un taillis formé d'essences supportant bien le couvert, comme les charmes, les hêtres et certains morts-bois, pourra être surmonté avec moins d'inconvénients d'une réserve plus abondante ; — à surface égale, le couvert des arbres âgés est plus nuisible parce que leur feuillage est plus épais ; on se gardera donc d'en réserver une trop forte proportion ; — aux expositions chaudes, le nombre des réserves devra être assez grand pour protéger le recru contre les ardeurs du soleil ; mais on conservera peu d'arbres âgés, parce que leur couvert plus

(1) Extrait du cours professé à l'Institut national agronomique par M. Rivet.
(2) E. Muel, *Notions de Sylviculture*.

étendu et plus épais serait plus nuisible qu'utile au taillis, et que d'ailleurs leur croissance plus lente, et leur longévité généralement moindre à ces expositions chaudes, rendent leur maintien sur pied peu avantageux. La même recommandation est applicable aux sols secs, peu profonds et de médiocre qualité ; enfin, dans les sols très pauvres et aux expositions très chaudes, c'est-à-dire dans les plus mauvaises conditions, si le propriétaire n'est pas apte à faire de la futaie avec les essences spontanées, il est obligé de préférer le taillis simple au taillis composé ; c'est le conseil que donne Bagnéris aux propriétaires de tels terrains.

Le nombre et l'importance des réserves à conserver dans un taillis composé varie encore, dans les mêmes situations, avec l'intensité que le propriétaire veut donner à sa culture ; selon qu'il conserve peu ou beaucoup de réserves, et notamment des arbres âgés, son capital fonctionne à des taux très différents, et cette considération est pour lui une des plus importantes ; nous l'avons signalée précédemment.

Malgré ces causes d'incertitude, il peut être bon d'avoir un type moyen de balivage, sauf à s'en écarter plus ou moins dans chaque cas particulier. Si nous tenons compte que dans la pratique, afin de faciliter l'opération et d'arriver à une plus grande régularité, on ne distingue en général que trois catégories de réserves, baliveaux, modernes, anciens, pour chacune des essences principales qui se trouvent dans la coupe, et que l'on établit ces catégories plutôt sur la grosseur des arbres, que sur le nombre exact des révolutions qu'ils comptent, nous pouvons adopter le type de balivage moyen que donne M. Muel pour la région de l'Est.

Ces chiffres, qui représentent le nombre d'arbres à réserver par hectare répartis par catégories et par essences, constituent ce qu'on appelle *le plan de balivage*.

Baliveaux	Arbres comptant généralement moins de 40 ans...	$0^m,45$ de tour environ et au-dessous..	de 80 à 120	Nombre d'arbres à réserver par hectare.
Modernes.	Arbres de 50 à 100 ans environ.........	$0^m,50$ à $1^m,10$ de tour.....	de 50 à 90	
Anciens..	Arbres de plus de 100 ans..	$1^m,20$ de tour et au delà...	de 6 à 15	

De l'examen du plan de balivage, il est facile de déduire le nombre d'arbres de futaie à abandonner en principe à l'exploitation si l'on veut conserver le matériel de la forêt dans le même état ; on peut le calculer de la façon suivante :

CATÉGORIES DE RÉSERVES.	Arbres existant immédiatement avant l'exploitation (d'après l'ancien balivage).	Plan de balivage (ou arbres à marquer en réserve).	Arbres à abandonner à l'exploitation.
Baliveaux.....	»	80	»
Modernes	80	50	80 — 50 = 30
Anciens.......	50	6	50 — 6 = 44

Ce plan de balivage, que nous ne donnons qu'à titre d'indication, n'a rien d'intensif, car il ne comporte que six anciens réservés, parmi lesquels doivent ou peuvent être représentées plusieurs catégories de réserves (anciens, bisanciens, vieilles écorces) ; dans bien des cas le propriétaire aura intérêt à adopter un type plus riche en réserves de ces diverses catégories.

Les chiffres précédents n'ont rien d'absolu ; ils varient, comme nous l'avons exposé, dans de grandes limites, suivant les circonstances ; lorsqu'une classe de réserves est rare, on doit y suppléer en augmentant le nombre des réserves d'une autre catégorie, à raison de trois ou quatre baliveaux pour un moderne, et de deux ou trois modernes pour un ancien ; mais il serait tout aussi puéril de prétendre atteindre le nombre réglementaire à l'aide d'essences quelconques, que de s'arrêter sous prétexte qu'on a le nombre voulu, eu égard à l'étendue totale de la coupe, quand on n'en a parcouru que la moitié ou les trois quarts.

Dans la plupart des cas, à chaque exploitation une coupe change d'état ; riche en vieux arbres avant le dernier passage de la hache, elle n'offre guère ensuite que de jeunes baliveaux ou inversement ; aussi essayer de maintenir un taillis composé dans un état constant, c'est poursuivre une chimère ; prescrire dans un règlement de jouissance un nombre déterminé de modernes et d'anciens, c'est aller trop loin. On doit tendre, autant que le permettent les circonstances, à se rapprocher d'un balivage moyen, mais on ne peut se fixer une règle absolue, et l'on doit se laisser guider par les circonstances, par les règles culturales et par le but qu'on se propose. Enfin on doit surtout se rendre compte de ses actes.

5° *Age des réserves.* — En principe on devrait, dans les taillis composés, conserver les arbres de réserve aussi longtemps qu'ils restent sains, vigoureux, et que leur accroissement se maintient en bonne voie ; c'est le moyen d'obtenir *les produits les plus utiles* et les plus demandés aujourd'hui par le commerce des bois.

En se plaçant au point de vue du *plus grand rendement en argent*, on arrive à un résultat du même genre ; pour voir si l'on a intérêt, à ce point de vue, à conserver un arbre de réserve, par exemple un ancien, ou à l'abattre, il suffit de comparer la valeur qu'acquiert cet arbre en restant sur pied une révolution de plus, au prix qu'on pourrait en tirer actuellement augmenté des intérêts composés de cette somme pendant une révolution, et augmenté en outre de la valeur du recru qui se serait produit si l'arbre considéré avait été abattu immédiatement.

Ce calcul est facile à faire, et nous empruntons à M. Muel l'exemple suivant :

Supposons qu'un chêne de cent ans mesure 1^m^,20 de tour (à 1^m^,50 du sol) sur 8 mètres de hauteur, qu'il cube 0^mc^,743 de bois d'œuvre et vaille, à 40 francs le mètre cube, la somme de 30 francs ; à l'âge de cent vingt-cinq ans ses dimensions pourront être de 1^m^,60 de circonférence sur 9 mètres de hauteur propres au service ; le volume du bois d'œuvre serait de 1^mc^,485 et sa valeur à 50 francs le mètre cube atteindrait 74 francs. (On néglige le bois de feu à tirer du houppier, celui-ci représentant à peu près les frais d'abatage, de façon, de vidange et de vente.) En restant sur pied pendant vingt-cinq ans, cet arbre est passé de la valeur de 30 francs à celle de 74 francs.

Or ces 30 francs placés à intérêts composés à 3 p. 100 pendant vingt-cinq ans acquièrent une valeur de 62 fr. 82 (1). Ajoutons à ce chiffre le montant du dommage causé aux cépées qui n'ont pu prendre le même accroissement que si cet arbre avait disparu, soit environ 8 francs, le total deviendra 62 fr. 82 + 8 = 70 fr. 82. Mais pendant ce temps notre ancien a acquis une valeur de 74 francs ; il y a donc profit à conserver ce chêne jusqu'à cent vingt-cinq ans.

Par un calcul analogue, on pourra savoir s'il y a encore avantage à le conserver jusqu'à cent cinquante ans, ce qui se réalise très souvent dans les sols de bonne qualité.

(1) Chiffre obtenu par la formule des intérêts composés ; la valeur à la fin de n années d'un capital C placé à intérêts composés au taux t est $C(1+t)^n$. Le facteur $(1+t)^n$ pour toutes les valeurs de t et de n est donné, dans la pratique, par la table I de Cotta (Voir *Agenda du forestier*).

A moins de circonstances exceptionnellement favorables, M. Muel estime qu'en moyenne, lorsqu'on cherche à obtenir la production en argent la plus considérable, on arrive aux résultats suivants (1).

1° Les chênes de 1m,50 à 1m,80 de circonférence (dont l'âge peut varier de cent vingt à cent cinquante ans) ne doivent plus être réservés, sauf peut-être dans les bas-fonds, où la conservation d'un ou deux de ces arbres par hectare peut achalander une coupe ;

2° Il n'y a pas avantage à conserver, du moins en thèse générale, des frênes, des érables, de plus de 1 mètre à 1m,20 de tour (âgés d'environ soixante-quinze à quatre-vingt-dix ans) ;

3° Les bouleaux sont exploitables dès l'âge de cinquante à soixante-dix ans ;

4° Enfin, pour les hêtres et les charmes, réservés sur les taillis composés à défaut d'essences plus précieuses, et qui ne se débitent la plupart du temps qu'en bois de feu, on ne leur laisse guère dépasser 1m,20 de tour pour le hêtre (quatre-vingts à cent ans) et 80 à 90 centimètres pour les charmes (soixante-quinze à quatre-vingt-dix ans).

Ajoutons une remarque importante : en ce qui concerne le nombre d'arbres à réserver dans les taillis composés, ainsi que l'âge de ces réserves, le propriétaire fait intervenir la considération du capital engagé dans l'exploitation, capital qui devient de plus en plus considérable avec le nombre et la valeur des réserves engagées dans son exploitation ; dès lors il tient compte du taux de placement de son capital engagé, beaucoup plus que du revenu brut à obtenir, et cette considération vient modifier pour lui, dans une certaine mesure, les considérations précédentes. Un ancien représente un capital engagé considérable, en raison du temps qu'il met à devenir exploitable, et ce capital fonctionne à un taux de placement financier moins

(1) Ces chiffres ne peuvent être que de simples indications, car ils dépendent de l'activité de la végétation. Or, il arrive souvent, dans les taillis composés, que les chênes ont de 1m,50 à 1m,80 de tour avant cent ans, et on peut alors avoir grand intérêt à les conserver. Pour chaque arbre, c'est l'activité de la végétation qui doit guider.

élevé que le même capital représenté par de jeunes réserves ou simplement du taillis.

Dès lors apparaît une difficulté nouvelle : dans les limites imposées par les règles culturales, le propriétaire, suivant l'état de sa fortune, reste maître de faire fonctionner son taillis composé de façons très diverses, soit avec un petit nombre de réserves, soit avec des futaies plus ou moins nombreuses et plus ou moins âgées, et à chacun de ces états de la forêt correspondront des sortes de placement en argent différentes. Ainsi le traitement en taillis composé se prête, dans la généralité des cas, à toutes les fortunes, à toutes les exigences, voire même, dans une certaine mesure, à tous les placements et à toutes les épargnes. C'est un de ses plus précieux avantages pour le propriétaire particulier. Disons aussi qu'il se prête à toutes les dilapidations si le propriétaire abuse des exploitations sans se rendre compte de ce qu'il fait.

Opérations culturales. — Les dégagements et éclaircies dont nous avons parlé à propos du taillis, sont des opérations culturales justifiées *à fortiori* dans les taillis composés, et l'on peut s'y préoccuper spécialement d'assurer la conservation des brins de semence d'essences précieuses. Dirigées dans ce but, ces opérations culturales tendent à assurer un bon recrutement de baliveaux. Dans les éclaircies, on néglige presque toujours et à tort de dégager les cimes des modernes et des anciens gênées par les perches du taillis qui tendent à les embrasser ; cependant les arbres restent exposés ainsi à perdre quelques-unes de leurs branches principales, ce qui amène la dégradation de leur tige ; bien souvent c'est surtout aux arbres menacés que l'éclaircie est utile, à la réserve donc plutôt qu'au sous-bois, mais à la condition qu'elle soit opérée *autour des cimes, mais non pas en dessous d'elles.*

Si l'on joint à ces opérations quelques repeuplements artificiels bien conduits, on aura contribué à entretenir le bon état de la forêt, et à la rendre susceptible du plus grand rendement en matière et en argent.

Une excellente pratique consiste à arracher toutes les souches mortes ou impropres à rejeter vigoureusement, pour repiquer sur leur emplacement 3 ou 4 plants ; l'extraction des grosses souches peut être permise à l'exploitant, ou concédée à des ouvriers à qui l'on donnera le bois comme salaire de leur travail, en leur imposant même l'obligation de reboiser l'emplacement de la souche ; quelquefois même le propriétaire peut retirer de ce travail une redevance de 0 fr. 50 à 1 fr. 50 par stère de bois de souches. Dans tous les cas, on devra toujours choisir avec soin les essences à replanter, en adoptant celles qui sont le mieux appropriées au sol, au climat, et aussi aux produits à obtenir.

Ces repeuplements artificiels s'imposent aussi pour reboiser les vides occasionnés par l'envahissement des épines et morts-bois, ou pour restreindre l'envahissement des bois tendres.

Souvent enfin ils peuvent être effectués dans le but de créer des ressources, ou de venir compléter les éléments du balivage à la prochaine exploitation : il n'est pas rare en effet de rencontrer fort peu de brins de chênes propres à former des baliveaux, même dans certaines coupes où la vieille réserve en chêne est abondante ; ce fait d'ailleurs s'explique facilement par le tempérament de cette essence, qui ne tarde pas à languir ou à succomber sous le couvert.

Dans la pratique, on fait presque toujours la plantation au moment de la coupe du taillis ; ce mode de procéder coûte cher si l'on plante des hautes tiges ; il est incertain si l'on opère avec des basses ou moyennes tiges qu'il est difficile de venir dégager à temps, et qui dès lors sont exposées à être étouffées par le recru.

Il est préférable d'effectuer les repeuplements artificiels quelques années avant l'exploitation, au plus cinq ans et au moins deux ou trois ans avant la coupe principale, à la suite d'une dernière coupe d'éclaircie ; on plante alors de basses tiges qu'on dispose régulièrement sur des places dégarnies, ou sur celles où le couvert est le plus relevé ; ces plants, sans se développer beaucoup, prennent possession du terrain, et quand vient l'exploitation du taillis on les recèpe, si leur végétation laisse à désirer ; des baguettes fichées en terre à côté des plants permettent de les retrouver et de les dégager au moment du passage des coupes de dégagement.

Enfin une dernière opération utile dans la plupart des taillis composés est l'émondage des réserves, c'est-à-dire la coupe des branches gourmandes qui se développent sur le fût des arbres après leur isolement, et qu'on enlève avant de leur laisser prendre un certain développement.

2. — APPLICATION DU TAILLIS-SOUS-FUTAIE.

Les observations recueillies par M. Mathey (1), dans le bassin de la Saône, et les conclusions souvent d'ordre très

(1) « Étude sommaire des taillis-sous-futaie dans le bassin de la Saône », par A. Mathey (*Bulletin de la Société forestière de Franche-Comté et Belfort*, septembre 1898).

général qu'il en déduit, intéressent les propriétaires de taillis composés de toute la France. L'auteur répartit les taillis composés de cette région en six catégories, définies par les qualités du sol et caractérisées par leur flore ligneuse et herbacée.

MM. Boppe et Jolyet résument ainsi ces divers groupes : *les trois premiers groupes* comprennent les terres à chênes, celles où le taillis composé donne son plein rendement ; à tout seigneur, tout honneur... la futaie est constituée en chêne. Pourtant, *sur les colmatages* dont la fertilité est exceptionnelle, on lui associe des essences disséminées : frêne, orme champêtre, sans toutefois donner une trop grande prépondérance à ces espèces dont l'accroissement n'est supérieur à celui du chêne que pendant les deux premiers âges, dont la valeur marchande est variable, et qui sont très épuisantes. Dans les sables *argileux et siliceux fins*, une petite place est faite au hêtre, auquel on ne laisse pas dépasser la dimension d'ancien de $1^m,50$ de tour. Enfin, *dans les marnes compactes mais profondes et fertiles*, les baliveaux et modernes de bouleau et de tremble, essences à couvert très léger et d'un bon rapport, sont utilement associés au chêne quand celui-ci est insuffisant. On cède trop souvent sur de pareils sols à la fâcheuse habitude de réserver des charmes.

Le quatrième groupe englobe des argiles oxfordiennes ou autres, des conglomérats calcaires ou siliceux, terres de composition variée, mais toujours *compactes*, *froides* et *acides*. Le chêne seul doit y constituer la futaie, mais au milieu des maigres taillis que décime la bruyère, il végète mal. Aussi le forestier doit-il se préoccuper, avant tout, de resserrer la trame ordinairement trop lâche et trop uniforme du sous-bois.

Quant aux *deux derniers groupes*, leur caractéristique est la profondeur de plus en plus faible du sol, et comme corollaire, le rôle de plus en plus prépondérant du hêtre. Sur les *calcaires marneux* des pays de collines et de basse montagne, la terre est mélangée de plaquettes calcaires ou de rognons marneux ; le chêne décline ; il devient logique d'accepter largement le hêtre, qui est, en fait, l'essence la plus productive ; il ne faut pas craindre de le multiplier en modernes, et d'en garder les plus beaux anciens, les plus longs ; quelques chênes, là où la profondeur sera suffisante, quelques alisiers terminaux, enrichiront la réserve et achalanderont les coupes. Sur les *arènes* provenant de la décomposition des granites ou des porphyres, sur la terre rouge que recouvrent certains calcaires jurassiques, sols éminemment superficiels tous deux, reposant tous deux sur des roches dures, la réserve du chêne ne compense, à aucun âge, la perte du recru qu'elle entraîne ; le hêtre, jusqu'aux dimensions d'ancien, est l'essence fondamentale et exclusivement rémunératrice de la futaie.

Taillis-sous-futaie d'essences mélangées. — C'est le cas général, dans les stations qui ne présentent rien d'exceptionnel, et la prédominance de l'une ou de l'autre des essences du mélange s'accuse en bien ou en mal suivant la gestion.

Les règles générales à leur appliquer sont celles que nous avons données précédemment ; revenons sur quelques points :

Dégagements. — Les semis ou brins très faibles d'essences précieuses (chêne par exemple) peuvent être noyés dans un recru de charme qui les anéantit d'une façon complète, et au moment du balivage des coupes, les baliveaux chênes ne sont pas en nombre suffisant ; dès lors des dégagements partiels et réitérés sont nécessaires pour les sauver ; si ces brins de semence sont répartis sur toute l'étendue du terrain, et si la proportion de chêne est réellement compromise par l'abondance du recru de charme, le moyen le plus sûr est de recéper ce dernier seul à l'âge de quatre, cinq ou six ans, selon que la végétation est plus ou moins rapide, en ayant soin toutefois d'agir avec prudence dans les places dépourvues d'arbres de réserve.

Eclaircies. — Avec une révolution suffisamment longue, l'éclaircie est utile huit ou dix ans avant la coupe ; elle a pour but, principalement, de préparer le balivage en desserrant les cimes des sujets intéressants, tant dans la réserve elle-même qui peut être gênée par des perches du taillis, qu'autour des sujets d'avenir disséminés par pieds isolés dans le taillis ; quand cette opération aura desserré ainsi 50 à 60 sujets de l'âge par hectare, le nécessaire sera fait.

Balivage. — Le balivage est effectué, autant que possible, en automne et en hiver, pendant la période où le feuillage ne gêne pas l'opérateur, qui a besoin d'examiner les cimes de toutes les réserves.

Dans le choix des bonnes essences, on évite de garder simultanément deux sujets de l'âge qui se touchent, par exemple deux rejets sur une jeune souche ; le meilleur des deux, conservé seul, travaillera mieux (1). Entre deux chênes d'âges différents qui se gênent l'un l'autre, c'est en général le plus gros, s'il est sain, qu'il y a intérêt à conserver au point de vue du travail qui s'effectuera pendant la révolution suivante.

En principe, dans les taillis mélangés, il y a intérêt à porter d'abord son attention sur les réserves chêne ; après le chêne, sur les essences précieuses disséminées (frêne, orme, etc.) ; puis, à défaut de ces sujets d'élite, sur les arbres bien venants des autres essences intéressantes quelle que soit leur grosseur, car ici le mètre cube de bois fabriqué n'augmente pas sensiblement de valeur avec le diamètre.

Exploitation. — L'abatage des arbres abandonnés peut être effectué en même temps que l'exploitation du taillis ; cette méthode facilite la vente des coupes. Toutefois, si les conditions du marché le permettent, un propriétaire particulier peut trouver avantage à n'exploiter les arbres de futaie, y compris dès lors toutes les perches de l'âge du taillis susceptibles de donner des baliveaux, qu'après exploitation du sous-bois ; il est alors nécessaire que le taillis abattu soit façonné et enlevé, ou transporté hors de la coupe avant le 1er novembre au lieu du 15 avril suivant.

Avant l'abatage, les arbres de futaie doivent être ébranchés, pour éviter les dégâts qu'occasionne leur chute, soit sur l'arbre lui-même, soit sur ceux qui l'entourent.

Exploitation du taillis. — L'exploitation du taillis doit être faite avec soin, comme il a été indiqué, rez terre, sauf peut-être pour le hêtre. On doit recéper avec soin tous les brins de semence (le hêtre excepté) qui se trouvent dans la coupe et qui sont trop faibles pour être désignés immédiatement comme

(1) Deux chênes contigus de $0^m,30$ de diamètre et de 8 mètres de tronc valent par exemple 10 francs chacun, et au total 20 francs. Tandis qu'un seul chêne de $0^m,40$ et de même hauteur vaut à lui seul 24 francs, et il a plus d'avenir (Broilliard).

baliveaux ; le rejet de ces jeunes souches, généralement unique, donnera à l'exploitation suivante d'excellents baliveaux.

Conservation du mélange. — Dans certains taillis-sous-futaie, le chêne tend à disparaître, envahi par le charme, et cette question du retour du chêne sur un terrain occupé par le charme est une des plus difficiles à résoudre.

On peut mettre à profit la régénération naturelle, obtenue grâce à la réserve de chênes bien venants ; mais il est bon d'agir aussi par repeuplements artificiels ; on fera planter par exemple environ 200 plants par hectare de chênes de trois, quatre ou cinq ans, deux ans avant l'exploitation ; ce travail peut être fait par un bon garde qui opère avec soin, et place les plants sur tous les points où le couvert du taillis est le moins épais, en ayant soin de les espacer d'au moins 5 mètres, et de ne jamais les placer à proximité de réserves chêne où ils sont inutiles ; on profite du passage de l'exploitation pour recéper ces plants avec soin, et il ne reste plus qu'à les soigner à l'aide de dégagements successifs pour éviter qu'ils ne soient étouffés par les rejets voisins pendant la première croissance du taillis.

En sol humide ou très riche, on peut même planter, immédiatement après l'exploitation du taillis, quelques chênes de haute tige, de 2 mètres environ, qui reprennent alors facilement, et s'élancent avec le recru.

Enfin, s'il y a à lutter contre l'envahissement du hêtre, il est nécessaire de ne réserver que très peu de porte-graines de cette essence on doit avoir soin surtout de ne pas réserver de hêtre sur des brins ou rejets de chêne, si faibles, s déjetés ou si misérables qu'ils soient.

Taillis-sous-futaie où domine le chêne. — Si la prédominance du chêne s'accuse dans le peuplement, c'est en général le *chêne rouvre* qui existe, tant dans le sous-bois que dans la réserve, car le chêne pédonculé ne se trouve guère naturellement à l'état pur (1). De tels peuplements se rencontrent soit sur la roche, soit dans l'argile, soit dans le sable ; ils se présentent en général sous un aspect clairiéré, malvenant

(1) En raison des sols frais ou riches qu'il affectionne il est accompagné d'essences diverses plus ou moins nombreuses.

le taillis a une végétation peu vigoureuse, sauf pendant quelques années après la coupe ; les baliveaux y languissent et meurent en cime.

En présence d'un état de végétation aussi mauvais, le propriétaire tend souvent à restreindre la durée des révolutions, *sous prétexte que le bois ne pousse plus.* Il exploite plus souvent et commet ainsi une faute culturale de première importance, car plus les révolutions sont courtes, plus le sous-étage est exposé à se clairiérer, à prendre une végétation languissante, et plus aussi les bonnes essences tendent à disparaître. On doit au contraire, partout où cela est possible, allonger la révolution, la doubler au besoin, peut-être même la porter jusqu'à quarante ans. Au lieu de la coupe ordinaire, faite à l'âge de vingt à vingt-cinq ans par exemple, on pourra se contenter d'opérer une éclaircie pour desserrer les rejets des cépées, en conservant soigneusement tous les charmes, érables et hêtres disséminés, et on recommencera cette opération dix ou douze ans plus tard, quelques années avant l'exploitation.

Partout où ce sacrifice immédiat n'est pas possible, on doit se rappeler que pour améliorer la forêt, trois choses sont utiles : 1° tendre à allonger et non à restreindre la durée de la révolution ; 2° favoriser la végétation du taillis par une éclaircie opérée uniquement dans les cimes ; 3° rechercher avec soin les hêtres, charmes, tilleuls, coudriers même, toutes essences fertilisantes, pour en favoriser le développement ou pour les conserver comme baliveaux, même en *cépées ou volières ;* mieux encore, en situation mal abritée, dans les grandes coupes, l'action des cordons pleins réservés autour des coupes, ou même en travers, afin de les diviser en compartiments bien abrités, paraît ici indispensable.

Sur certains terrains froids et humides, sur des sols argilo-siliceux plats, où l'eau n'a pas d'écoulement, la décomposition incomplète des détritus organiques, des feuilles de chêne et de bouleau rend le sol acide, tourbeux, apte à être envahi par la bruyère, et le mauvais état des taillis y est caractéristique. En pareil cas, il est à conseiller d'avoir recours au *coudrier* pour changer ces conditions mauvaises ; on plante par exemple, aussitôt après l'exploitation du taillis, un millier de coudriers, en ayant soin au préalable de remuer la terre du trou par quelques coups de pioche, de manière à le mêler et à l'aérer ; après les coudriers, des charmes dans les argiles, des aunes dans les bas-fonds, peuvent être utiles. La couverture morte, améliorée par les débris végétaux que donnent ces essences, est d'une décomposition plus facile ; les lombrics reviennent cultiver le sol ; ils abondent sous les coudriers et *le chêne sur coudrier végète toujours aussi bien que possible en taillis et en arbres.*

Taillis-sous-futaie où domine le hêtre. — Si la prédominance du hêtre s'accuse dans le peuplement, le taillis composé prend un nouvel aspect ; et il doit en être ainsi, si toutefois le climat convient au hêtre, dans les sols secs, peu profonds, ou bien dans les terrains formés de pierrailles ou de sable grossier, terrains dans lesquels le chêne se développe rarement et ne devient qu'exceptionnellement beau et vigoureux.

Malheureusement, sur de tels terrains, l'exploitation en taillis à courtes révolutions a substitué les cornouillers, coudriers, épines, petits érables, etc., ou bien des bouleaux rachitiques, la bourdaine et la bruyère, au hêtre mélangé de chênes, de frênes, de grands érables ; la broussaille y occupe la place de la forêt. Le remède qu'il faut apporter à cette situation consiste alors à allonger la révolution jusqu'à trente-six ou quarante ans ; — à réserver en modernes ou en baliveaux de l'âge tous les sujets bien venants, quand même les cimes se touchent, pourvu qu'elles ne soient pas étriquées ; — à y adjoindre les chênes d'élite, mais en les tenant écartés des hêtres, de même que les plus beaux sujets des autres essences. C'est, en un mot, tendre vers un type de taillis composé à futaie prépondérante dans lequel on cherche à constituer la futaie, d'abord avec des chênes bien constitués, réservant les anciens bien sains et vigoureux, ainsi que les modernes bien venants, en ayant soin d'isoler leurs cimes ; ensuite avec des hêtres, groupés même par petits bouquets de modernes et de jeunes anciens, et formant entre eux non un massif serré, mais un massif clair ; enfin accessoirement, là où cela est utile, avec des charmes, sorbiers, alisiers, à la condition que ces arbres soient bien venants. Quant au choix des baliveaux, il doit porter sur les chênes et les hêtres, n'acceptant que ceux qui sont vigoureux et bien constitués.

Sous une telle forêt, qui prend en quelque sorte l'aspect d'une futaie claire, inégale et entrecoupée avec sous-étage de taillis; les semis ne feront pas défaut; on aura soin alors, au moment des exploitations, de conserver intacts sans les recéper tous les semis de hêtre, et de recéper avec soin ceux des autres essences.

Si le sol est calcaire, et s'il est envahi par les morts-bois, coudriers, cornouillers, troënes, saules, épines, viornes, ronces, etc., le mieux est de laisser vieillir ces morts-bois au lieu de les recéper, et de passer ensuite en éclaircie, afin de permettre aux semis de hêtre de venir peu à peu s'installer à leur place.

Si au contraire le sol est siliceux, sablonneux, s'il devient *tourbeux* ou tout au moins *acide* et est envahi par la bourdaine, les genêts, la bruyère, on peut avoir recours au coudrier, comme nous l'avons indiqué précédemment; sous les plantations de coudrier, le terreau redevient doux, et le semis de hêtre s'installe naturellement.

Partout enfin, s'impose le respect des hêtres, grands et petits; les arbres porte-graines doivent rester pour donner de la semence; les jeunes hêtres ne doivent pas être recépés; seuls les jeunes brins de cette essence qui sont courbés ou brisés doivent être coupés, mais encore vaut-il mieux ne les recéper qu'à 2 ou 3 centimètres au-dessus du sol, et même leur laisser une branchette, ou tout au moins un bourgeon bien formé.

Les taillis-sous-futaie de la propriété boisée particulière présentent une variété infinie d'aspect; des fautes culturales fréquemment répétées, des balivages défectueux, et surtout l'adoption de trop courtes révolutions pour les exploitations du taillis ont très souvent provoqué dans ces peuplements l'envahissement des morts-bois et des mauvaises essences au détriment des bonnes essences, l'appauvrissement progressif de l'état de massif, la diminution de la fertilité du sol, et un ralentissement marqué dans la végétation du taillis et de la réserve.

Une telle situation est la note caractéristique des taillis composés mal gérés.

Nous dirons qu'un taillis composé *est en mauvais état*, quand toutes ces causes réunies ont tendu à faire disparaître, tout au moins en grande partie, les bonnes essences. Un grand nombre de taillis composés se trouvent aujourd'hui en mauvais état; il y a lieu de les restaurer progressivement.

3. — RESTAURATION DES TAILLIS-SOUS-FUTAIE EN MAUVAIS ÉTAT.

Lorsqu'une forêt, traitée en taillis composé, est en mauvais état, deux méthodes sont à la portée du propriétaire particulier pour la restaurer progressivement, et nous distinguerons : 1° la restauration proprement dite, qui a pour but de reconstituer un bon état de peuplement sans abandonner la forme du taillis composé ; 2° la conversion en futaie résineuse.

Restauration proprement dite. — La restauration proprement dite des taillis composés en mauvais état varie avec les circonstances, et, en fait, nous avons traité cette question en examinant successivement, dans le chapitre précédent, les divers types de taillis composé.

L'opération de restauration consiste à augmenter la durée de la révolution, à faire un balivage raisonné approprié à la situation et à favoriser l'installation d'un mélange d'essences justifié par les circonstances où l'on se trouve. En général, ces trois opérations sont intimement liées l'une à l'autre.

Pour remédier à des situations très défavorables, nous avons signalé l'emploi très utile qu'on peut faire du coudrier, essence très facile à planter en sous-étage, et dont les débris végétaux tendent à améliorer un terreau trop acide.

Dans les régions de plaines et de coteaux, voire même en montagne (bien qu'en montagne une véritable substitution d'essences paraisse plus justifiée), les résineux peuvent fournir une aide des plus utiles ; l'introduction par voie de plantation du pin sylvestre, si le sol est sablonneux, du pin noir, si le terrain est calcaire, est tout indiquée pour rétablir l'état de massif dans des taillis clairiérés, entrecoupés de vides, où la végétation devient languissante. Il nous paraît inutile d'insister à nouveau sur le rôle que jouent ces résineux ; l'amélioration de la fertilité de la station par la reconstitution progressive de la couche d'humus suffit à justifier leur présence, et ces arbres, par leur croissance rapide, ont vite compensé les frais de plantation. Leur introduction d'ailleurs n'est faite qu'à titre temporaire, et nous savons que sous ces essences, sur le sol amélioré par leurs aiguilles, apparaissent spontanément, dès que le massif s'éclaircit, les essences feuillues de la région, et notamment les chênes dont les glands sont apportés par les oiseaux et les rongeurs.

Conversion en futaie résineuse. — La restauration de l'état boisé peut se proposer un autre but ; s'il s'agit par exemple de mauvais taillis, incapables de donner une production avantageuse, le propriétaire peut être conduit, même si la forêt ne renferme pas de vides, à recourir aux résineux pour faire une forêt plus riche et plus productive.

Il peut agir par voie de plantation artificielle ; faisant coupe rase du taillis, il plante des pins sylvestres sur les sables, des pins noirs sur les calcaires, et l'opération est en général fructueuse. Mais ce mode de procéder demande qu'on exécute un véritable reboisement ; il demande en outre que des opérations culturales viennent pendant un certain temps dégager les jeunes plantations et les protéger contre l'envahissement des rejets des essences feuillues.

Pour réduire la dépense, et procéder d'une façon progressive et plus lente, il peut suffire d'appliquer le système que préconise M. Runacher dans son mémoire présenté au Congrès international de sylviculture en 1900 : planter à chaque révolution du taillis cent épicéas ou sapins (1), même deux ou trois cents, qu'on exploitera vers l'âge de quatre-vingt-dix ans ; ces arbres finiront probablement, à la longue, par ensemencer les taillis en résineux ; ajoutons même que rien n'empêche d'utiliser par places le pin Weymouth et le mélèze qui, dans les situations qui leur conviennent, méritent de coopérer à cette œuvre de restauration.

En montagne, si la futaie résineuse doit prendre la place du taillis composé, il peut être avantageux d'opérer plus radicalement. Le but qu'on se propose alors est de créer un massif plein en résineux, à la place du taillis composé, dans le temps le plus court et avec le moins de frais possible.

(1) L'épicéa se recommande par la facilité de sa reprise ; le sapin, par une aptitude à se réensemencer naturellement au milieu des taillis. Rappelons toutefois que le sapin, tout en acceptant de vivre assez loin des montagnes, où il est spontané, exige néanmoins des stations suffisamment fraîches, accidentées ou maritimes. Le plus sage sera souvent de planter des épicéas en majorité, avec une faible proportion de sapins destinés à servir plus tard de porte-graines (Boppe et Jolyet).

Suivant les cas, suivant les situations, plusieurs manières d'opérer peuvent être admises (1), mais le propriétaire qui veut réunir toutes les chances de réussite fera bien d'employer concurremment l'épicéa et le sapin, donnant, suivant les régions, la prédominance à l'une ou l'autre de ces essences ; il devra avoir soin en outre de conserver du hêtre, et à son défaut du chêne, des divers ou des bois blancs afin d'obtenir un mélange dans cette forêt naissante, mettant ainsi en pratique le conseil suivant de Broilliard : les épicéas ne durent pas bien longtemps sous le couvert de leurs frères ; aussi se rencontre-t-il en sous-étage des sujets d'essences feuillues, hêtre, coudrier, chêne ou divers ; ils sont fort utiles, gardez-les soigneusement ; et si par hasard il se trouvait en mélange quelques feuillus en arbres, même élancés au-dessus des épicéas, ainsi des bouleaux, un cerisier, un hêtre, à moins qu'ils ne soient très nombreux, conservez-les tels ; ces feuillus sont les amis de nos amis, les oiseaux et les lombrics, si utiles et si rares dans les massifs d'épicéa.

Il résulte de ces considérations que les propriétaires particuliers ont souvent grand intérêt à se servir des résineux pour l'amélioration de leurs forêts, et qu'ils peuvent avec profit utiliser ces essences, beaucoup plus qu'on ne l'a fait jusqu'à présent.

III. — ÉTUDE SPÉCIALE DES FUTAIES

Peu de propriétaires particuliers possèdent des futaies d'essences feuillues, parce qu'un placement en futaie représente de longues épargnes accumulées, par suite un capital argent élevé, fonctionnant à un taux relativement faible, et parce que les essences feuillues se prêtent à d'autres méthodes d'exploitation (taillis et taillis composé) qui répondent mieux pour eux aux conditions économiques de placement qu'ils recherchent.

(1) De très utiles conseils pour les opérations de ce genre sont résumés dans les trois mémoires présentés par MM. Runacher, Rosemont et Lamiable au Congrès de la Société forestière de Franche-Comté et Belfort, tenu à Gérardmer en 1902, et publiés au bulletin de la Société. Nous ne pouvons que renvoyer le lecteur à ces intéressants travaux.

Mais, par contre, les arbres résineux, ne rejetant pas de souche, sont tous forcément élevés en futaie, à révolution plus ou moins longue, suivant les cas et le but qu'on se propose.

L'étude des futaies feuillues ne peut toutefois être négligée, d'abord à cause des mélanges entre feuillus et résineux qui donnent très souvent d'excellents peuplements ; et ensuite parce que c'est en ne se confinant pas dans sa forêt, mais en regardant autour de soi, chez les autres, et en comprenant ce qui s'y passe, qu'on devient capable de gérer un peuplement quel qu'il soit. Nous étudierons donc, en général, les divers types de peuplements qui peuvent se présenter.

1. — PEUPLEMENTS PURS.

Les peuplements purs sont constitués, au moins en très grande majorité, d'une essence unique, qui donne seule son caractère propre au peuplement.

§ 1. — Essences feuillues.

Chêne rouvre et chêne pédonculé ; Futaie régulière. — Le peuplement de chêne pur prend naissance par semis, par plantation ou par régénération naturelle, et dans ce dernier cas, le semis général ne peut être obtenu qu'à la condition de voir toutes les réserves de futaie qui dominent les semis enlevées plus ou moins rapidement après les années de semence.

Suivant son origine, suivant les qualités du sol ou de la station (climat, etc.), les conditions de croissance et de développement de ce peuplement sont très inégales, et ces différences s'accentuent plus ou moins avec l'âge. Le peuplement, toutefois, tire de sa constitution même des caractères spéciaux, qui permettent de résumer les phases successives de son existence.

a. *Première jeunesse.* — Croissance vigoureuse en hauteur pendant les deux premières années, si le repeuplement est suffisamment serré. (On admet que dans une régénération naturelle, le repeuplement est assuré par la présence d'un jeune plant par mètre carré en moyenne, mais généralement le semis

Fig. 82. — Peuplement de chêne pur à l'état de fourré.

Forêt domaniale de Blois (Loir-et-Cher).

naturel est beaucoup plus serré, tout au moins par places.)

b. *Formation en massif.* — Dès la troisième année, la croissance en hauteur se ralentit, et toute la vigueur de la végétation se porte sur le développement des branches latérales, développement qui hâte la formation du fourré. Cet état persiste jusqu'à l'âge de huit à dix ans, souvent plus, spécialement en sol pauvre, en situation exposée aux gelées, etc. Puis la production foliacée devient abondante, l'état de massif est obtenu, et le peuplement se présente à l'état de fourré épais et bien constitué, à couvert complet et très bas (fig. 82).

c. *Relèvement du couvert.* — A cette phase succède le relèvement progressif du couvert par l'élagage naturel ; les tiges se poussent en hauteur, et cette croissance en hauteur dure plus ou moins, suivant la qualité de la station ; en bonne station (climat tempéré, sol profond, frais, etc.), le maximum d'accroissement en hauteur est atteint dès l'âge de trente à quarante ans ; en station médiocre ou mauvaise (climat rude, sol maigre, etc.), ce maximum n'est atteint que plus tard (trente-cinq à soixante ans), à la condition toutefois que l'état de massif puisse persister jusque-là.

Le massif, qui peut être assez dense jusqu'à l'état de bas perchis, tend ensuite à s'éclaircir plus ou moins fortement (fig. 83).

d. *Desserrement du massif.* — *En station médiocre ou mauvaise* (sol peu frais et peu fertile), l'élimination qui se produit dès l'état de bas perchis s'accentue rapidement, le massif s'éclaircit, le couvert et l'abondance des détritus végétaux (feuilles, etc.) diminue, et le sol perd de sa fraîcheur et de sa fertilité ; les herbes l'envahissent, les fûts se couvrent de mousses et de lichens, et, à part quelques sujets vigoureux qui persistent disséminés, la végétation se ralentit et devient mauvaise. Les conditions dès lors sont défavorables pour obtenir la régénération naturelle du peuplement.

En station favorable (sol fertile, abondamment pourvu d'humidité et d'humus, climat favorable, etc.), par exemple sur les alluvions des grandes vallées fluviales (1), la tendance à

(1) Futaies de chêne de l'Adour.

Fig. 83. — Peuplement de chêne pur à l'état de haut perchis.
Forêt domaniale de Blois (Loir-et-Cher).

l'éclaircissement s'accentue dès l'âge du perchis, et peut aller jusqu'au complet isolement et à la rupture entière du massif, mais cette mise en lumière progressive des sujets d'élite a pour effet, non seulement de stimuler vigoureusement leur croissance et de provoquer la production d'un fort volume de bois, mais encore de maintenir cette croissance pendant une longue période et de donner au bois une bonne qualité. Dans de telles stations, suivant que le sol sera ou ne sera pas profond et fertile, les arbres seront hauts et élancés ou courts et étalés.

Les chênes provenant de peuplements purs ne présentent pas les formes régulières et élancées qui caractérisent ceux des futaies mélangées ; dans tout le nord et l'est de la France, et de moins en moins, au fur et à mesure qu'on s'avance vers le centre, vers l'ouest et la région girondine, les massifs purs de chêne sont exposés à souffrir pendant leur période de jeunesse des effets de la gelée ; les jeunes plants découverts sont alors tourmentés et retardés ; ils s'élèvent difficilement au-dessus de la zone dangereuse et conservent souvent pendant toute leur existence les traces de cette lutte.

Il résulte de ces diverses considérations, qu'à tous les points de vue, il y a lieu de préférer, dans toute station, à la futaie régulière de chêne pur, un peuplement d'essences mélangées, où le chêne pourra être, suivant la station, l'essence principale et la plus abondante.

e. *Repeuplement naturel.* — Le chêne se régénère facilement par ensemencement naturel, tout au moins dans les stations qui lui conviennent. En raison de l'éclaircissement prononcé du massif de chêne pur, dès qu'il arrive à un âge un peu élevé, les coupes préparatoires ne sont pas nécessaires ; les coupes de régénération s'effectuent en général assez rapidement ; la coupe d'ensemencement, relativement sombre, est souvent inutile, si ce n'est pour faire disparaître les sous-bois et l'étage dominé, c'est-à-dire relever le couvert (fig. 84) ; on doit nettoyer radicalement le sol, excepté pourtant dans les régions où les années de semence sont rares ou très rares ; en pareil cas, on attendra pour faire l'opération que la glandée soit certaine. Partout et toujours il est bon d'effectuer un crochetage au moment de la chute des glands.

La semence lourde du chêne tombe au pied des porte-graines, qui dès lors doivent être nombreux et régulièrement répartis sur toute la surface à régénérer. Le semis général ne peut être que le résultat d'une glandée complète, car les résultats partiels disparaissent rapidement sous un couvert prolongé. Aussitôt après la glandée générale, dès qu'on juge la régénération acquise, on est conduit à faire très rapidement les coupes secondaires et définitives, et on les effectuera dès la deuxième ou la troisième année, par exemple, si le climat s'y prête, si l'on ne redoute pas les gelées, et si l'on n'a aucun

Fig. 84. — Futaie de chêne pur en ensemencement. Forêt de Bercé (Sarthe).

motif de conserver le peuplement primitif une fois qu'il a rempli ses fonctions de porte-graine ; on y procédera dans les six ou dix années qui suivent l'ensemencement, parfois plus lentement dans certaines stations humides et mouilleuses, si l'on redoute l'abondance de l'herbe, les effets de la gelée, l'envahissement des morts-bois, etc. Dans la région girondine, une coupe secondaire ou deux au plus, précèdent la coupe définitive ; dans le centre et l'ouest, deux ou trois coupes secondaires sont nécessaires ; enfin, dans le nord et l'est de la France, on doit procéder plus lentement pour éviter les accidents de gelée et pour permettre aux essences de remplissage de combler les lacunes d'une régénération trop souvent incomplète.

Dans les bons sols, il peut être avantageux de laisser quelques beaux sujets isolés bien hauts de fût, comme réserves au-dessus de la coupe définitive, afin de leur faire acquérir, par la mise en lumière, un développement et par suite une valeur supérieure.

Remarquons qu'un propriétaire particulier peut trouver un gros inconvénient à jeter sur le marché, aussi rapidement, une grande quantité de gros bois de chêne ; dès lors, il peut être amené à n'effectuer la régénération que par parties, en profitant de glandées successives ; chacune des glandées lui donne un certain nombre de bouquets, petits ou grands, répartis irrégulièrement. Si en procédant de cette manière on a soin de favoriser, fût-ce même artificiellement, la création d'un certain mélange, la méthode de traitement devient, dans un grand nombre de cas, plus sûre et plus commode pour le propriétaire particulier.

f. *Soins culturaux.* — Les *dégagements de semis* sont presque toujours indispensables, sauf peut-être dans la région girondine ; leur nécessité s'impose partout où la rareté des années de semence permet aux morts-bois et au hêtre de s'installer avant le chêne.

Pendant la période de jeunesse, il est plus nécessaire d'entretenir le massif et la fertilité du sol que de stimuler la croissance, et jusqu'à l'état de bas perchis, le chêne pur peut former des massifs assez denses ; les premières éclaircies seront donc modérées et très prudentes ; mais à partir de la période de perchis, un tel peuplement, constitué par une essence de lumière, demande de plus fortes éclaircies ; les cimes ont besoin d'être desserrées, et dès qu'on voit les tiges se couvrir de gourmands on peut être certain que les arbres souffrent et qu'il faut intervenir ; les éclaircies deviennent rapidement plus fortes, et il faut alors procéder hardiment en faveur des tiges d'avenir qui s'affirment ; on peut revenir tous les dix ans et même plus souvent, jusqu'à l'état de haut perchis ; on peut à la rigueur enlever au passage de ces éclaircies certains chênes dominés qui sont voués à une mort inévitable, mais on doit respecter tous les sous-bois de hêtre ou d'essences diverses qui peuvent exister. Dans les hautes et vieilles futaies, l'éclaircie peut ne revenir sur le même point que tous les vingt ans.

Hêtre ; Futaie régulière. — Le hêtre a la semence lourde, le couvert épais et le jeune plant délicat ; il en résulte que les forêts, dont il est l'essence dominante, se régénèrent facilement par la semence, et que le hêtre devient souvent, si on n'y met ordre, l'essence unique de la futaie.

En fait, ce n'est en général qu'au moyen de la régénération

Fig. 85. — Haut perchis de hêtre dans le Morvan.

naturelle, complétée au besoin par des plantations, qu'on obtient des massifs purs de hêtre. Le jeune peuplement naît sous l'abri de porte-graines qu'on fait tomber ensuite progressivement ; en raison de son tempérament qui lui permet de résister longtemps sous le couvert, et du poids des faînes, le jeune semis est généralement réparti par bouquets ; sa croissance reste assez lente pendant une dizaine d'années, tant que le fourré n'est pas complètement constitué et que l'état de massif n'est pas acquis. Puis l'accroissement en hauteur s'accentue de plus en plus, pendant toute la période de gaulis, et bien souvent, en France, le hêtre croît plus vite que le chêne pendant presque le premier demi-siècle de son existence ; mais au delà, sa végétation reste ralativement faible et assez lente. L'état de perchis, entre la trentième et la cinquantième année, correspond ordinairement au maximum de croissance, et dans les bonnes stations, les pousses s'allongent de 30 à 50 centimètres par an ; cette vigueur de la végétation dépond toutefois de la fertilité du sol et de la densité du massif. C'est jusqu'à cette période du perchis, que le sol se recouvre d'une abondante couche de feuilles mortes, et que, grâce à la densité du peuplement et au peu d'élévation des cimes, les effets du vent et de la sécheresse sont le plus atténués ; c'est le moment où la fertilité du sol est la plus active, et où le peuplement concourt le plus efficacement à son entretien ; c'est alors aussi que se présente le maximum de son accroissement en volume, en général au milieu de la phase du perchis, entre quarante et soixante ans (fig. 85).

Un tel peuplement de hêtre pur ne restera en bon état, surtout dans les terrains de fertilité et d'humidité médiocres, qu'à la condition de *conserver rigoureusement la couche de feuilles mortes et de terreau qui recouvre le sol ;* si le sylviculteur la laisse détruire soit par un enlèvement continu de litière, soit sous l'action du vent qui dans certains peuplements exposés peut être néfaste pendant la deuxième moitié de l'existence du peuplement, le sol tend à se dénuder, à se durcir et à se dessécher et les conditions d'une bonne croissance cessent d'exister, car la feuille du hêtre, toujours lente à se décomposer et à se pourrir, exige plus que d'autres, pour former une bonne couverture de litière et d'humus, une grande humidité et une atmosphère calme ; la myrtille et la bruyère apparaissent et deviennent facilement envahissantes ; le nombre de plus en plus considérable des arbres morts et dépérissants dénote une végétation languissante et le peuplement s'éclaircit de plus en plus.

Dans les conditions moyennes, le peuplement de hêtre pur est exploitable vers l'âge de cent à cent vingt ans, et à cet âge, on peut y faire les coupes régulières de futaie ; un bon massif moyen, obtenu dans ces conditions, peut renfermer 550 à

750 arbres par hectare à l'âge de cent vingt ans et peut donner un produit de 500 à 750 mètres cubes.

D'après Broilliard, qui conseille pour le hêtre des éclaircies fortes et hardies, dans un sol où la production du massif plein est de 5 mètres cubes à l'hectare par an, la futaie de hêtre peut donner en un siècle 150 à 250 mètres cubes de produits accessoires dans les éclaircies, et 300 mètres cubes de produits principaux, dont moitié en bois d'œuvre dans les coupes de régénération ; à raison de 10 à 15 francs le mètre cube, cela représenterait au moins 6.000 francs, soit un produit moyen de 60 francs par hectare et par an.

Ce serait une faute que de se désintéresser aujourd'hui de tels massifs qui peuvent exister sans mélange et à des âges les plus divers chez plusieurs propriétaires particuliers. En général, des forêts de cette nature constituent d'excellentes stations où on peut songer à introduire avec succès, et grand avantage, le chêne en mélange dans le peuplement ; le hêtre est susceptible en effet de constituer, associé au chêne, au sapin, à l'érable, au pin sylvestre, etc., d'excellents mélanges.

Régénération naturelle par coupes successives. — Dans la régénération naturelle du hêtre, le point essentiel est de tenir compte des conditions de la station où l'on opère, conditions qui sont très variables en raison de la diversité des stations de cette essence, et de tenir compte aussi des phénomènes qui influent sur la première croissance du hêtre en variant d'intensité d'un endroit à un autre. On n'oubliera pas que le jeune hêtre demande un sol délité, suffisamment meuble, riche en humus, mais libre d'acide et frais ; que la lumière lui est très favorable, à la condition qu'elle ne lui soit pas donnée à trop haute dose, c'est-à-dire avec chaleur trop forte, qu'il est très sensible à la sécheresse et plus sensible encore à la gelée jusqu'à l'âge de gaulis ; enfin qu'il supporte bien un couvert prolongé.

Les coupes successives présentent en général les caractères suivants : 1° *Les coupes préparatoires*, si elles sont nécessaires même dans des peuplements déjà éclairois, doivent être effectuées lentement ; si leur action est par places insuffisante pour la préparation du sol, on doit les compléter par l'intervention d'une certaine culture ; ainsi, suivant les cas, on pratiquera un ratissage des couches trop épaisses de feuilles mortes, on effectuera un crochetage des surfaces tassées, de la couverture vivante, des mousses et plantes diverses qui tapissent le sol, retournant partiellement et par places la terre par grosses mottes, ouvrant quelques bandes ou sillons ; ou bien on pourra se contenter d'introduire des troupeaux de porcs sous bois pendant la période préparatoire, etc.

2° *La coupe d'ensemencement* doit être faite d'une façon très prudente, très sombre même, formant un abri régulièrement réparti si la station est fertile, interrompu par petites trouées si le sol est pauvre et superficiel ; on laissera donc les cimes des porte-graines se toucher presque, mais avec l'intention de faire tomber assez rapidement une partie de cet étage supérieur dans les coupes secondaires dès que le semis sera formé ; on ne craindra pas de profiter des semis préexistants s'ils n'ont pas été trop longtemps dominés, et on saura attendre que les faînées partielles complètent une régénération insuffisante au début (fig. 86).

3° *Les coupes secondaires* seront très prudentes, au nombre de quatre à cinq, limitées chacune à l'enlèvement d'un arbre sur trois ou quatre avec retour tous les cinq à six ans. Toutefois, suivant les stations, la première de ces coupes pourra devenir rapidement urgente ; les suivantes, ainsi que la coupe définitive, le seront moins en raison du tempérament du hêtre, et on n'a plus intérêt, en général, à les conduire rapidement ; il est au contraire bon de conserver aux jeunes plants pendant quelque temps l'abri et la protection contre les gelées.

Enfin, en principe, il est utile d'opérer avec le hêtre par coupes restreintes, et non par surfaces de trop grande étendue.

Opérations culturales. — a. *Dégagements de semis.* — Le hêtre se défend contre les semis de toutes les autres grandes essences ; parfois des dégagements peuvent s'imposer pour le protéger contre l'envahissement des rejets, des morts-bois et des ronces.

b. *Eclaircies.* — Le hêtre se plaît en massif serré ; la première éclaircie n'est nécessaire qu'une fois l'état de bas perchis bien affirmé. Cette essence possède la faculté d'*allonger rapidement ses branches du côté du jour et de refermer ainsi très promptement des trouées faites dans le massif* ; il en résulte qu'un jeune perchis de hêtre peut être éclairci sans grandes précautions ; toutefois il est encore nécessaire d'agir prudemment pour favoriser l'élagage naturel, et éviter l'envahissement des ronces sur le sol ; on respectera d'une façon absolue l'étage dominé,

Fig. 86. — Coupe d'ensemencement et, au dernier plan, coupe secondaire dans une futaie de hêtre. Forêt de Lyons-la-Forêt (Seine-Inférieure). « Les Forêts », par MM. Boppe et Jolyet.

et on profitera du passage des éclaircies pour enlever systématiquement tous les sujets branchus ou tarés qui ne paient pas la place qu'ils occupent.

Dès que les sujets du peuplement principal commenceront à croître avec vigueur, les éclaircies se suivront à de courts intervalles et seront de plus en plus fortes ; à partir de l'âge de quarante ans on peut, en se bornant à desserrer les plus belles cimes par l'éclaircie, enlever tous les dix ans 30, 40 ou

50 stères à l'hectare, suivant le sol, sans dégrader le peuplement. Si l'on a soin de conserver tous les brins dominés encore vivants, on peut même isoler pour ainsi dire, dans chaque éclaircie, les cimes des sujets d'avenir, car le massif se referme rapidement ; les arbres grossissent très vite, et le capital engagé dans la futaie se trouvant périodiquement réduit par un prélèvement sensible, le taux du placement reste longtemps suffisant pour satisfaire des propriétaires particuliers.

Pour tendre à la futaie mélangée, toujours préférable à la futaie de hêtre pur, il y a lieu, dans toutes ces opérations d'éclaircie, de ménager, en les desserrant largement, les chênes bien venants qui se rencontrent, de conserver les beaux pieds de bouleaux et de bois blancs, qui gênent très peu le hêtre, et de même les frênes disséminés, les charmes nécessaires pour compléter le peuplement, et les sujets de toutes essences quand ils sont plus utiles que nuisibles. Malgré ces soins, le hêtre devient facilement très prédominant, parce que le régime de la futaie lui est plus favorable qu'à tout autre arbre feuillu.

§ 2. — Essences résineuses.

Sapin pectiné ; Futaie régulière. — Le jeune plant de sapin présente la faculté de se maintenir longtemps sous un couvert épais, et de continuer à végéter lentement, pouvant attendre ainsi assez longtemps qu'on vienne lui donner la lumière nécessaire à son développement. Il en résulte que les futaies dont le sapin est l'essence dominante se régénèrent facilement par la semence.

Le jeune peuplement de sapin pur naît sous l'abri des porte-graines qu'on ne fait tomber ensuite que progressivement ; le jeune plant commence par étaler ses branches latérales ; il devient verticillé vers l'âge de six à huit ans, et dès la dixième année il allonge vigoureusement sa pousse terminale. De l'état de fourré, il passe à celui de gaulis et de perchis avec des accroissements annuels en hauteur de plus en plus forts ; cette croissance en hauteur atteint de bonne heure son maximum : dans de bonnes conditions entre vingt et trente ans, ordinairement entre trente et quarante ans, et dans des circonstances

Fig. 87. — Haut perchis de sapin. Forêt domaniale de Thézillieu (Ain).

très défavorables, entre soixante et soixante-dix ans ; elle se maintient vigoureuse jusqu'à un âgé avancé (fig. 87 et 88).

Régénération sous le couvert par coupes successives. — Dans la régénération naturelle du sapin, il est bon de tenir compte des conditions de la station où l'on opère; privé prématurément d'abri, le jeune plant est exposé à souffrir de l'abondance des mauvaises herbes, de la gelée et de la sécherscse ; la mousse très épaisse lui nuit aussi, en arrêtant les précipitations atmosphériques ; mais sur un sol nu, ce sont surtout la gelée et la sécheresse qui lui sont funestes.

L'exploitation en bloc d'un massif de vieux sapins ne peut être admise que s'il s'agit d'une petite surface, d'un bouquet de bois à exploiter en un ou deux ans, mais dans ce cas le repeuplement du sol doit être complété dans une large mesure par voie artificielle ; l'abri latéral de massifs voisins peut être très utile pour faciliter l'opération.

L'exploitation graduelle s'impose dès qu'il s'agit de surfaces plus ou moins étendues, pour obtenir la régénération naturelle par coupes sous le couvert.

En général, les *coupes préparatoires* sont inutiles, car elles n'auraient d'autre objectif que ce que l'on peut obtenir par les éclaircies successives.

La *coupe d'ensemencement* sera sombre ou très sombre, sauf peut-être dans les bonnes stations où elle peut indifféremment être moins sombre ; la présence d'une couche de mousse de peu d'épaisseur, alternant avec une végétation claire de myrtilles, n'est pas défavorable à l'installation du semis ; toutefois, si cette couverture vivante est trop abondante, il peut y avoir lieu de la détruire (herbes, myrtille, bruyère) et de mettre le terreau à nu par bandes. Il est inutile de recéper les morts-bois feuillus (sureaux, coudriers, etc.) qui envahissent fréquemment le parterre des coupes, car le sapin s'installe volontiers sous leur couvert dans l'excellent terreau formé par leurs détritus.

Les *coupes secondaires* sont commencées quand le sapineau est verticillé, c'est-à-dire âgé de six à huit ans ; les premières ont avant tout pour objet de mettre en lumière les bouquets de recru bien formés, et les semis préexistants dont l'avenir

Fig. 88. — Futaie de sapin. Forêt domaniale de Thézillieu (Ain).

ne paraît pas compromis ; les suivantes sont conduites avec lenteur ; les semis préexistants, qui n'ont plus d'avenir, sont détruits, ou plutôt conservés pendant un certain temps comme abri et élagués ensuite peu à peu pour les faire disparaître quand un bon semis les entoure.

Aux grandes altitudes, où il y a lieu de craindre les chablis, il est permis de laisser la régénération s'installer solidement pendant un certain temps, puis après dix ou douze ans, voire même plus longtemps, de passer sans transition à la coupe définitive.

Le maintien sur coupe définitive de quelques beaux sujets d'élite peut être une bonne opération en station fertile ; l'arbre est propre, d'une façon très évidente, à être mis peu à peu en lumière, et à condition qu'on l'isole d'une façon progressive, il est susceptible de résister et de donner des produits d'une valeur supérieure.

Opérations culturales. — Dégagements de semis. — Le jeune sapin arrive en général à percer, par ses seuls moyens, des fourrés épais de hêtres ou de morts-bois. Néanmoins, afin d'éviter que les sujets dominés soient déshonorés par la perte de leur flèche, il est toujours utile d'intervenir par des dégagements de semis sobres et par suite peu coûteux.

Eclaircies. — Dans un jeune peuplement uniforme ainsi obtenu, les sapineaux, très nombreux d'ordinaire, se pressent, et dès lors le massif ne tarde pas à se diviser en deux ou plusieurs étages. Dans le peuplement dominant les sujets d'avenir se dessinent, et il est temps d'intervenir par des éclaircies pour desserrer les plus hautes cimes en diminuant leur nombre. Broilliard appelle cette éclaircie, qui consiste à venir prendre des tiges une à une, et d'un point à un autre, une éclaircie jardinatoire ; il est bon d'y revenir fréquemment, tous les six à huit ans par exemple. L'éclaircie jardinatoire ainsi comprise permet d'obtenir de beaux arbres, assez rapidement et tout en maintenant l'état de massif; elle peut se continuer indéfiniment à la condition d'être prudente, et de ne jamais porter sur l'étage dominé. Enfin on doit profiter du passage de ces éclaircies pour enlever avant tout les arbres champignonnés, chaudronnés, ou mal conformés.

Sapin ; Futaie à coupes jardinatoires. — Les formes d'âges multiples conviennent beaucoup mieux que les autres à la nature du sapin pectiné. Considérons d'abord l'aspect du peuplement pendant sa jeunesse ; le peuplement antérieur exploitable et présentant des différences d'âge de dix à cinquante ans au moins est en usance depuis vingt à trente ans ; il est très clairiéré et très inégal ; ici il est encore formé en massif, le sol porte un recru peu abondant et qui échappe souvent à l'œil, perdu dans la mousse et les myrtilles ; là, il vient d'être enlevé, à l'exception de quelques vieilles réserves encore vigoureuses, dans le but de donner aux jeunes bouquets de cinq à dix ans, déjà formés en massif, la lumière nécessaire ; ailleurs encore, ce sont des perchis, massifs de vingt à trente ans et plus, en pleine croissance. Ainsi l'aspect général est des plus variés ; les classes d'âges les plus jeunes jouissent de l'abri des bouquets plus avancés, et de celui des restes de l'ancien peuplement ; réparties d'abord en groupes isolées, elle s'étendent de plus en plus, grâce à l'enlèvement progressif des vieilles classes qui les entourent et grâce à l'occupation graduelle des lacunes qui divisent les bouquets de perchis ; enfin les innombrables groupes de repeuplement arrivent à se mettre en contact étroit, et le sol est entièrement recouvert par le massif ondulé et inégal des cimes ; du peuplement primitif, il ne reste que des sujets réservés, plus ou moins nombreux, et le nouveau peuplement prend possession du terrain. Rien ne peut mieux donner l'idée de l'exubérance de la nature et de la vigueur de la végétation arborescente, qu'une jeune forêt de sapin traitée par la méthode des coupes jardinatoires.

Pendant toute la phase suivante, qui correspond à la période moyenne de son existence, le peuplement passe par l'état de gaulis et de perchis pour arriver à l'âge adulte. Par suite du peu de besoin d'espace de l'essence, et de la facilité avec laquelle elle supporte la privation de lumière, le massif reste serré pendant toute cette phase ; aucun rayon de lumière n'arrive jusqu'au sol, la mousse elle-même disparaît complètement et fait place à la litière et aux restes abondants du peuplement accessoire. Des coupes judicieusement dirigées dégagent les plus vieilles parties du perchis pour stimuler leur croissance ; les sujets ont les dimensions de la futaie en sortant de la période, et donnent même parfois, suivant la plus ou moins grande densité du massif, de la graine fertile. Pendant ce temps, les classes les plus jeunes entrent dans la phase active du perchis.

A l'âge de quatre-vingts ans environ, commence pour les plus vieilles classes la période de haute futaie; dans les bonnes stations, le massif reste serré ; la croissance terminale se ralentit, l'insertion de la cime remonte à une grande élévation, l'enlèvement des bois morts et chancruex éclaircit peu à peu le massif, et la lumière, en réapparaissant sur le sol, y fait renaître peu à peu la mousse, au sein de laquelle le repeuplement commence lentement à se montrer.

Quand le besoin de régénération se montre ainsi dans les vieilles parties de la forêt, c'est signe que le moment de l'exploitation et des coupes d'ensemencement approche ; on retombe au point de départ.

La culture ainsi comprise se distingue de la culture en peuplement uniforme, en ce que le principal accroissement n'est pas recherché dans la jeunesse de l'arbre et dans le massif, mais bien au moment de la plus forte croissance à l'état dégagé, et en effet, chez certains sujets, le résultat est véritablement prodigieux.

Mais pour obtenir cet accroissement par la mise en lumière, un choix attentif des sujets et des stations est nécessaire ; la spécialisation de la culture trouve là un champ d'opération des plus rémunérateurs ; c'est là que se produisent ces pièces de dimension et de haute valeur, que le sapin est si apte à fournir en raison de sa forme et de la qualité de son bois.

Régénération sous le couvert par groupes ou bouquets. — Dans la régénération du sapin par groupes ou bouquets, on se donne pour règle de tirer tout le parti possible des semis préexistants et de provoquer par places ou par bouquets, en un temps plus ou moins long, là où ils n'existent pas, de nouveaux semis.

Les coupes prennent par places, sur toute l'étendue du peuplement, le caractère de coupes préparatoires, de coupes d'ensemencement, secondaires ou définitives, ou encore de simples éclaircies. La durée de la régénération de tout le peuplement est fort variable, elle est de vingt, trente à quarante ans et plus, pour tout l'ensemble du peuplement, condition nécessaire pour que les diverses parties du nouveau peuplement ne puissent pas se raccorder avec le temps.

Si l'on combine cette forme de peuplement avec le mélange d'essences (sapin avec hêtre, épicéa, chêne, etc., suivant les cas), on obtient des futaies excellentes à tous égards dans la région du sapin.

Sapin ; *Futaie jardinée.* — Le jardinage vrai ne convient qu'aux essences d'ombre, et en fait c'est dans la sapinière qu'il a pris naissance, c'est à elle seule qu'il peut s'appliquer sans réserves (1).

Dans la sapinière jardinée, les vieux arbres qui ont crû en bouquets se répartissent plus ou mois uniformément dans tout le peuplement, séparés par les groupes encore nettement tranchés de perchis et de fourré. Malgré ce groupement des différentes classes d'âge, les vieux sujets, considérés seuls, semblent distribués d'une manière assez égale dans l'ensemble.

Mais il est évident que cette forme type n'est pas constante en tous temps et en tous lieux ; selon la nature de l'exploitation et les perturbations de toute nature qui peuvent se produire, certaines classes d'âges peuvent prendre le dessus. Les forêts jardinées de sapin de la petite propriété privée, assez soignées, mais exploitées d'après les principes les plus divers, nous montrent, tout en conservant leur caractère, des variétés de forme qui vont depuis la vraie forêt jardinée jusqu'à la culture plutôt jardinatoire.

Et en fait, si dans la culture jardinatoire nous étendons la durée de la période de régénération à quarante ans et plus, au lieu de la restreindre à une limite variant entre vingt et quarante ans, nous tendons vers la forme jardinée.

Conduite des coupes. — Dans la sapinière jardinée, la pratique des opérations est guidée par les principes suivants : agissant sur toute l'étendue de la forêt, on fait tomber sous les premières coupes les sujets malades, dépérissants et de

(1) La présence du hêtre ne s'oppose en rien à l'application d'une méthode grâce à laquelle le mélange se maintient en d'excellentes proportions (Boppe et Jolyet).

fortes dimensions ; en même temps on se préoccupe des semis préexistants et des bouquets de recru qui sont découverts par les coupes locales d'un ou de quelques arbres ; enfin on tend à conserver les arbres moyens, à bonne cime et vigoureux, en les répartissant irrégulièrement pour servir de porte-graines.

Épicéa; Futaie régulière. — La futaie pure et régulière d'épicéa est rare dans la propriété privée ; elle ne se trouve que dans les situations abritées de haute et de moyenne montagne, et en sol frais et fertile.

Le peuplement prend naissance, soit par semis ou plantation en terrain nu, soit par régénération naturelle au moyen des porte-graines de la coupe, soit par réensemencement naturel et latéral au moyen de la semence venue d'un peuplement voisin.

La caractéristique de l'épicéa est qu'il demande à être *maintenu en massif sombre*, mais que, de tempérament assez robuste, il *végète mal à l'état dominé* et se constitue naturellement en un seul étage. Sa cime, qui reste toujours conique, lui permet de vivre *à l'état très serré*, et de former des peuplements très riches en matériel (fig. 89).

Tant que le massif d'épicéa n'est pas formé, les jeunes épicéas s'étalent horizontalement et se développent peu en hauteur ; dès la formation en massif, la croissance terminale s'accentue ; le jeune peuplement se constitue naturellement en un seul étage, auquel le grand nombre de tiges conserve toute sa densité, et dès le commencement de la période de gaulis, le sol est aussi abrité que possible.

Parfois, à la suite d'un semis trop abondant, la densité même du peuplement peut devenir un obstacle à sa bonne croissance, et si l'on n'y porte remède, les arbres dépérissent ; mais en général l'élimination spontanée du peuplement accessoire se produit suffisamment, et le peuplement principal entre alors, avec des pousses terminales de plus en plus fortes, dans la période du perchis.

Le maximum de la croissance de la pousse terminale se présente dès la première moitié de la période du perchis (pousses annuelles $0^{m},40$ à $0^{m},60$, entre la vingtième et la vingt-cinquième année) ; il se présente plus tôt dans les bonnes stations que dans les mauvaises.

Le ralentissement de la pousse annuelle reste longtemps peu sensible, et sa croissance annuelle se maintient à 0m,25 pendant quatre-vingt-dix ans environ dans les bonnes stations, pendant soixante-dix ans dans les médiocres.

Pendant toute cette période de végétation vigoureuse, de

Fig. 89. — Futaie d'épicéa. Forêt de Tharandt (Saxe).

peuplement reste très dense, les fûts sont cylindriques, serrés et très élancés ; il en résulte que le peuplement est très sensible, dans les situations exposées, aux bris de la neige et à l'action des vents.

Pendant la période de futaie, l'accroissement en hauteur se ralentit notablement, et de plus en plus avec l'âge ; le massif se relâche peu à peu (fig. 90), et sur le tard, le sol est envahi par la mousse, puis par une végétation herbacée où dominent les airelles.

Dans les conditions normales, le massif peut devenir exploitable dès l'âge de quatre-vingts à quatre-vingt-dix ans; mais dans les hautes régions montagneuses des Alpes, la lenteur de la croissance devient parfois extraordinaire, et elle a pour effet de donner au bois d'épicéa une qualité toute spéciale (bois de résonance).

Les peuplements d'épicéa purs et d'un seul âge sont toujours plus ou moins exposés, suivant les stations, aux dangers de la neige (massif très serré), des vents (enracinement superficiel), et des insectes, notamment des bostriches.

Régénération. — Suivant l'état du massif et du sol, les *coupes préparatoires* sont plus ou moins utiles; continuant les effets des éclaircies, elles ont pour résultat d'augmenter la résistance des sujets destinés à devenir des porte-graines, en les dégageant graduellement.

Elles deviennent inutiles si le peuplement est déjà interrompu ou suffisamment éclairci, si le sol a une tendance à être envahi par la mousse ou par une végétation herbacée trop abondante.

La coupe d'ensemencement, faite de préférence au commencement d'une bonne année à graine, doit être plutôt claire, pouvant enlever environ le tiers ou la moitié de la masse totale des bois existant dans le peuplement ; son intensité sera d'ailleurs réglée par la nécessité d'enrayer l'envahissement de la végétation herbacée et des morts-bois ; toutefois, les chablis étant à redouter, il vaut mieux procéder par trouées éparses, en enlevant trois ou quatre arbres sur le même point.

Une couche de mousse épaisse et compacte sur le sol, ayant par exemple plus de 3 centimètres d'épaisseur, est un obstacle à la germination, spécialement dans les sols qui ne sont pas suffisamment humides ; il en est de même des couches d'aiguilles non décomposées ; un ratissage par bandes ou par places peut dès lors être nécessaire pour faciliter l'installation des semis ; au contraire, une couche de mousse peu serrée et peu épaisse, entremêlée d'aiguilles en partie décomposées, constitue un milieu favorable à la germination. La semence légère et ailée de l'épicéa se dissémine très facilement et le semis se répartit assez régulièrement.

Une fois le semis installé, les *coupes secondaires et définitives*

Fig. 90. — Épicéas de Gilley (Doubs). Arbres atteignant 50 mètres de hauteur.

« Les Forêts », par MM. Boppe et Jolyet.

le découvrent rapidement ; les fourrés d'épicéa peuvent toutefois rester vigoureux sous un couvert léger, et ne subir par ce fait qu'un faible retard, sans conséquence pour l'avenir.

Si l'on a procédé par trouées, la régénération se produit sous le couvert par groupes ou bouquets ; les coupes suivantes viennent alors élargir les premiers vides et en créer de nouveaux.

Opérations culturales. — *Les dégagements* sont utiles à l'épicéa pendant sa première jeunesse, mais les premières *éclaircies* ne devront guère commencer avant l'âge de trente à trente-cinq ans ; elles seront très prudentes, c'est-à-dire faibles, mais fréquemment répétées ; plus tard, ces éclaircies peuvent devenir de plus en plus fortes, à la condition, toutefois, de tenir compte du caractère de l'essence, et de la station ainsi que de l'état du sol.

Au passage de ces éclaircies, doivent tomber tous les arbres tarés et dépérissants.

Dans ses stations naturelles, et en situation favorable, le peuplement pur et uniforme d'épicéa est un bon mode de culture ; il donne, dans les sols de fertilité moyenne, de 600 à 850 mètres cubes de bois par hectare à l'âge de cent à cent vingt ans ; dans les stations les plus fertiles, il peut donner jusqu'à 1 000 ou 1 200 mètres cubes par hectare à cent quarante ans, et son action conservatrice sur le sol est considérable ; toutefois, il paraît avantageux de préférer au peuplement pur d'épicéa un mélange avec le sapin et le hêtre ou tout au moins de constituer sous de tels peuplements un sous-bois de ces essences.

Stations anormales de l'épicéa ; *Plantations.* — La simplicité et la facilité de la plantation ou du semis d'épicéa en terrain nu ont contribué à propager la culture de l'épicéa à l'état de plantations ou jeunes futaies en dehors de ses stations naturelles, jusque dans les plaines basses et les parties de collines, dont le climat se caractérise par la douceur de la température et la longueur de la période de végétation ; mais dans ces stations anormales, la vigueur de la végétation ne se maintient généralement pas longtemps ; elle se paralyse souvent dès l'âge de quarante à soixante ans ; la résistance du peuplement aux agents destructeurs, neige, insectes, champignons, etc., y est moindre que dans les stations normales. La croissance, très rapide, a pour effet de donner un bois tendre et peu résistant, putrescible et sujet à la destruction ; aussi le massif se disloque-t-il de bonne heure, et, si l'on n'y prend garde, la fertilité de la station diminue ; la plupart de ces peuplements doivent être exploités entre quarante et soixante ans

Mélèze ; *Futaie régulière.* — Le mélèze peut constituer,

Fig. 91. — Futaie de mélèze en ensemencement. Forêt de Crévoux (Hautes-Alpes).

dans la région qui lui est propre (à partir de 1 000 mètres dans les Alpes), de charmantes futaies régulières pures de tout mélange (fig. 91).

Le peuplement homogène de mélèze se caractérise par l'espacement considérable des tiges, dès le commencement de la seconde moitié de son existence. Les phases successives de son existence sont les suivantes :

Croissance forte, dès les premières années, supérieure même à celle de presque toutes les autres essences, ce qui permet aux jeunes plants de mélèze de lutter, en général victorieusement contre l'envahissement de la végétation herbacée. Dès la formation en massif, qui a lieu au bout de cinq à six ans, si le jeune repeuplement est assez serré, commence la période du plus grand accroissement en hauteur. Dans de bonnes conditions de station, spécialement dans les sols frais et profonds, cette période de forte croissance se maintient parfois jusqu'à l'âge de trente ou quarante ans, avec des pousses annuelles de $0^m,60$ à 1 mètre, et le peuplement atteint alors, en un temps relativement court, une hauteur considérable, plus considérable que chez toute autre essence. Dans les stations médiocres, au contraire (basses altitudes, sol peu frais et peu profond), la croissance terminale se ralentit très vite ; dès l'âge de vingt à trente ans elle devient inférieure à celle de presque toutes les autres essences, et peut même souvent être considérée comme arrêtée. Il en est de même de la densité et de l'état de massif du peuplement ; le mélèze étant avide d'espace et de lumière, l'élimination des tiges trop serrées ou dominées se produit très vite et le massif se desserre rapidement.

Il en résulte que *les meilleures stations seules*, celles qui, par suite de leur situation à de hautes altitudes, et de la nature de leur sol, peuvent se passer du couvert, et ne pas ressentir les effets de l'éclaircissement, permettent au mélèze d'arriver à un âge avancé ; dans ces stations, la lutte pour l'espace et la lumière commence très vive dès le commencement de la période de perchis ; soutenue par l'énergie de la croissance terminale, elle élimine rapidement un très grand nombre de sujets, et cet éclaircissement s'accentue avec l'âge. Les arbres cependant prennent des fûts élancés et sans nœuds ; le sol, recevant chaque automne des aiguilles abondantes et molles, reste frais et s'enrichit ; l'herbe même, au lieu de se montrer dense et touffue de très bonne heure, comme il arrive entre de jeunes sujets isolés, se fait attendre quelques années, mais elle se développe mieux dans la suite, sous les cimes élevées.

Dans les stations médiocres ou mauvaises, même de qualité moyenne et aux basses altitudes, l'éclaircissement s'accentue rapidement pour arriver au point où chaque cime est complètement dégagée de ses voisines, et n'a aucun point de contact avec elles ; le développement rapide et la fin prématurée sont dès lors le caractère presque général de tels peuplements de mélèze à l'état pur ; il est rare qu'on puisse les maintenir plus de quarante à cinquante ans, et souvent l'exploitation doit être faite dès l'âge de vingt-cinq à trente ans. Dans de telles stations, le mélange avec d'autres essences est nécessaire à la bonne croissance du mélèze.

Repeuplement. — Le peuplement pur et uniforme de mélèze prend naissance en terrain nu par semis ou plantation artificielle ou par ensemencement latéral d'arbres voisins ; il n'est pas rare de voir le mélèze se reproduire à découvert sur les terrains voisins de la forêt, cultivés ou enherbés, et même, si les prairies avoisinantes n'étaient pas fauchées annuellement, elles passeraient bien vite à l'état boisé. Le semis prend aussi naissance sous les vieux peuplements entrecoupés ou interrompus par ensemencement naturel sous le couvert de porte-graines.

Dans la région du mélèze, cet arbre tend ainsi à se répandre partout, en sol frais, comme le chêne de nos plaines.

Pour obtenir en forêt un semis général et immédiat, il suffit d'établir une coupe d'ensemencement, ne gardant que des arbres espacés, en enlevant par exemple deux arbres sur trois du peuplement complet ; on peut en outre sillonner le sol de petites rigoles, larges d'un fer de bêche sur les points où il est fortement enherbé ; il est inutile que le semis soit abondant et bien égal ; on peut donc se borner à ouvrir des rigoles écartées de 2 mètres environ ; quelques brins naîtront d'ailleurs intercalés ; mais il est indispensable de mettre rigoureusement en défens les parties à repeupler et de les y maintenir jusqu'à la formation du perchis.

Le semis de mélèze devenu général et haut de $0^m,50$ au moins, on peut opérer hardiment la coupe secondaire, partout où l'on n'a pas à craindre des éboulements et des avalanches; sinon le jardinage des arbres morts est le seul mode de traitement à conseiller.

Opérations culturales. — Dégagements de semis. — En raison de la croissance rapide des jeunes sujets, les dégagements sont peu nécessaires, spécialement aux hautes altitudes où la végétation basse est peu redoutable ; il suffit d'opérer un dépressage dans les semis trop serrés.

Eclaircies. — Le mélèze étant franchement une essence de lumière, se trouve mal à l'état serré ; les éclaircies doivent avoir pour but de venir en aide à la nature en favorisant l'élimination naturelle ; dans les bonnes stations, les éclaircies peuvent être faites de bonne heure et hardies, afin d'empêcher la végétation de devenir languissante dans un massif trop serré ; toutefois elles doivent se borner à suivre les indications naturelles, c'est-à-dire à n'enlever dans l'étage principal que les cimes les plus faibles, sans isoler celles qui sont conservées, afin de ne pas entraver le fonctionnement de l'élagage naturel ; elles ne doivent pas toucher à l'étage dominé et au sous-bois, afin de conserver au sol le plus d'abri possible.

Pin sylvestre ; *Futaie régulière.* — Le pin sylvestre est une essence très rustique et il ne se trouve peut-être pas de station où il ne puisse vivre ou du moins végéter ; il en résulte une allure très diverse dans les différents phénomènes de sa végétation, de sorte qu'il est très difficile de donner une description générale de ce peuplement (fig. 92).

Le peuplement pur et uniforme de pin sylvestre prend naissance par plantation ou semis artificiel en terrain découvert, ou par régénération naturelle. En bonne station et dans des conditions favorables, la première croissance du pin sylvestre est très rapide, et le massif peut être formé au bout de cinq à six ans. Mais dans un grand nombre de cas, notamment dans les stations médiocres ou mauvaises où on l'installe si souvent, il n'en est plus ainsi ; au moment de leur reprise et de leur première croissance les jeunes plants ont à lutter contre de multiples obstacles dont les principaux sont le climat, les insectes, certaines maladies et souvent aussi la nature de la station. La germination des graines, l'installation et le premier développement des jeunes plants, exigent une certaine humidité du sol ; or, les terrains occupés par le pin sylvestre sont souvent maigres et secs ; si à ces conditions défavorables s'ajoutent des vents secs et persistants au printemps, de fortes chaleurs et un été sec, la première croissance est très ralentie, et un très grand nombre de plants sont exposés à périr ; si dès lors on ne vient pas immédiatement combler ces clairières et ces lacunes souvent très considérables, les plants croissent

Fig. 92. — Peuplement de pin sylvestre de Haguenau à l'état de haut perchis.

Arboretum national des Barres.

isolés ou en petits groupes, ils ne se forment que très lentement en massif et cette situation est très défavorable, car la formation en massif est la principale condition d'une croissance vigoureuse dans la jeunesse de cet arbre. Ce fait est important à signaler aux nombreux propriétaires particuliers qui laissent leurs jeunes plantations de pin sylvestre très souvent beaucoup trop clairiérées et entrecoupées ; des regarnissages sont indispensables, tant que l'état de massif n'est pas acquis ; ils doivent être d'autant plus soignés que les conditions sont plus mauvaises.

Quand le peuplement échappe à ces diverses causes de destruction, il met environ huit ans à devenir fourré, et alors commence la période de la plus forte croissance terminale dont le maximum arrive entre la dixième et la vingt-cinquième année ; à cette époque, les pousses annuelles dépassent 60 centimètres ; c'est la phase du bas perchis ; les cimes très touffues empiètent largement les unes sur les autres (1) ; le couvert est parfait, les aiguilles s'accumulent sur le sol et ne tardent pas à le couvrir d'une couche protectrice de litière qui élève sa fertilité au maximum ; les détritus d'un tel peuplement sont plus abondants qu'on ne pourrait le croire tout d'abord ; ils produisent annuellement un poids de litière sensiblement égal à celui que donnent les forêts d'épicéa et de hêtre, c'est-à-dire un peu plus de 3 000 kilos de matière absolument sèche par hectare ; ils sont pour le sol un excellent engrais, d'une décomposition lente cependant, en raison de la consistance coriace, de la structure fibreuse des aiguilles, et souvent aussi du manque de fraîcheur superficielle qui se fait sentir dans les forêts de cette essence.

La fertilité du sol se maintient aussi longtemps que durent lesdites conditions ; bien plus, pendant toute cette période, si l'on a soin de ne pas toucher à la litière de la forêt, *le peuplement possède la faculté de restaurer un sol primitivement pauvre et de relever sa force productrice.*

Le massif favorable au développement du pin sylvestre ne doit pas avoir le même degré d'intensité dans toutes les sta-

(1) Dans les stations à climat rude, cet état serré constitue parfois un danger assez sérieux, car le peuplement résiste mal au poids du givre et de la neige.

tions ; *en sol fertile*, l'état de massif serré favorise l'accroissement en hauteur et facilite l'élimination du peuplement accessoire ; mais dans les sols maigres et peu profonds, il n'en est plus de même, et l'état serré du massif rend cette élimination difficile ; il peut occasionner un arrêt ou un retard de la croissance et parfois même le rabougrissement des arbres ; il appartient alors à des éclaircies bien dirigées de régler cet état de massif.

Durant cette courte période où le massif reste serré, le peuplement principal se développe sans manifester de très grandes exigences, particulièrement en ce qui concerne l'espace ; mais à mesure que le pin prend de l'accroissement, ses besoins augmentent, et la caractéristique de cet arbre *devient un grand besoin de lumière et d'espace* ; il faut alors que la plus grande partie des arbres disparaisse et le peuplement de pin sylvestre s'éclaircit rapidement. Cet espacement des sujets prend une telle intensité qu'il ne peut plus être question de massif et de conservation du sol, et cela, d'autant moins que les cimes arrondies et étroites remontent jusqu'au sommet des arbres, s'aplatissent en laissant complètement vide l'espace qui les sépare du sol. A cette époque, l'accroissement en hauteur s'est progressivement ralenti.

Cette phase d'éclaircissement spontané est plus ou moins précoce selon la qualité du sol ; en bonne station, en sol sablonneux, fertile, profond et frais, en sol argileux, riche en humus, le massif persiste souvent jusqu'à soixante-dix et quatre-vingts ans ; en sol calcaire et peu profond, l'éclaircissement spontané se produit dès l'âge de quarante à cinquante ans ; il s'ensuit que la révolution à adopter est très variable, que certains peuplements sont exploitables à cinquante ou soixante ans, d'autres à soixante-dix ou quatre-vingts ans, et que dans les meilleures stations ils peuvent vieillir au delà de cent et cent vingt ans ; leurs rendements varient en conséquence. L'aspect de tels peuplements est particulier : généralement purs de tout mélange d'autres essences, en massif clair et diffus, ils restent ouverts à la lumière ; le sol n'est couvert que d'aiguilles mortes et de longues herbes aux tiges grêles ; le bouleau et le chêne peuvent se trouver mélangés au pin sylvestre, mais ils sont, comme lui, insuffisants pour bien couvrir le sol.

Opérations culturales. — *Dégagements de semis.* — Si les dégagements de semis ne sont que rarement nécessaires, du moins est-il important de pratiquer des dépressages toutes les fois que les semis trop nombreux se constituent en fourrés trop denses, où l'évolution des champignons parasites est à craindre. Les dépressages s'imposent dans les pineraies de création artificielle.

Eclaircies. — L'éclaircie est la base du traitement des essences de pleine lumière, comme le pin sylvestre, dont la cime, franchement desserrée dès le jeune âge, isolée même à partir de l'état de haut perchis, doit alors occuper au moins le tiers de la hauteur totale du sujet ; sinon la croissance est ralentie, l'arbre ne forme pas de bois de cœur, prend une forme étriquée et devient la proie des insectes ou des champignons.

Pour réaliser ces conditions, les massifs de pin sylvestre ou pinatelles demandent à être desserrés de bonne heure, sans quoi les sujets s'alanguissent, et pour opérer d'une manière sûre et bonne on doit pratiquer *l'éclaircie forte mais partielle et répétée souvent*, tous les six, huit ou dix ans par exemple.

Il importe, en effet, dans les éclaircies successives du pin sylvestre, non pas d'isoler les cimes, mais d'exposer progressivement à la lumière toute la pyramide des branches, et pour cela on se borne, au passage de chaque éclaircie, à dégager les belles perches d'un côté de l'arbre seulement, ou tout au plus de deux côtés sur quatre, quitte à revenir sur les autres côtés des mêmes arbres lors des prochains passages d'une nouvelle éclaircie. Dans les peuplements artificiels, ces éclaircies peuvent être commencées dès l'âge de dix ans ; dans les peuplements naturels, on peut les retarder quelque peu.

Au passage de ces éclaircies, les pins dominés et les sujets mal conformés doivent être enlevés systématiquement ; au contraire, on doit s'abstenir d'une façon absolue, conseil qu'on ne saurait trop répéter, d'élaguer les branches basses, et de faire disparaître, sous prétexte d'éclaircies, les essences feuillues qui peuvent se présenter en mélange dans le massif, les morts-bois ou bonnes essences (bouleaux, chênes, etc.), qui se trouvent en sous-étage à l'état de buissons, de broussailles ou de jeunes sujets. La présence de ces éléments est très utile à tous les points de vue ; elle conserve au sol un peu de fraîcheur dans le sable, diminue par ses détritus l'acidité naturelle du terrain sous les pins sylvestres, comble les vides, couvre le sol, attire les oiseaux, etc.

Le peuplement de pin sylvestre est d'une utilité multiple, et donne en peu de temps un certain nombre de produits appréciés ; il est peu exigeant et facile d'entretien ; c'est pourquoi la culture de cette essence s'est beaucoup propagée en France, un peu dans toutes les stations, et elle y rend de grands services.

Il résulte de cet examen que le peuplement de pin sylvestre possède la faculté de relever la fertilité du sol pendant sa jeunesse, et aussi longtemps qu'il reste formé en massif, mais qu'il perd d'autant plus cette faculté qu'il est laissé plus longtemps à l'état espacé ; au point de vue de l'amélioration du sol, un tel peuplement ne se justifiera que jusqu'au moment où l'éclaircissement commence à se manifester.

Le propriétaire d'un peuplement de pin sylvestre peut se proposer deux choses : relever le degré de fertilité d'un sol ou produire du bois.

1° *Il se propose de relever le degré de fertilité d'un sol, d'améliorer le terrain pour permettre d'y faire ensuite soit une culture agricole, soit une culture forestière plus exigeante.* — Il est bon, dans ce cas, d'exploiter le massif à l'âge de trente-cinq à quarante ans ; c'est à ce moment que le sol est le mieux préparé par les détritus abondants de la forêt de pins. Broilliard indique dans les termes suivants la manière de créer ce massif et de le conduire jusqu'à cet âge ; dans un sol convenable au pin sylvestre, où l'on peut espacer les sujets de $1^m,40$, on en plante 5 000 à l'hectare ; quand ces pins ont en moyenne 10 centimètres de diamètre à hauteur d'homme, vers l'âge de vingt ans, on en retrouve 4 000 valant 50 centimes pièce, soit environ 2 000 francs ; on en coupe dès lors et en deux fois les trois quarts peut-être, 2 000 d'abord à vingt ans, puis 1 000 à vingt-cinq ans, les plus laids, donnant par exemple 1 000 francs en tout. Quand les autres ont acquis 20 centimètres de diamètre, vers l'âge de trente ans, il en reste encore un millier, cubant chacun 2 décistères et pouvant valoir à 12 fr. 50 le mètre cube, 2 fr. 50 l'un, soit en somme 2 500 francs ; on en prend encore en deux fois par exemple 350 d'abord à trente ans, puis 150 à trente-cinq ans, donnant peut-être de nouveau 1 000 francs pour l'ensemble. Enfin, quand les survivants ont 30 centimètres, vers l'âge de quarante ans, il n'en reste plus guère que 500, cubant 5 décistères en moyenne, et pouvant valoir, à 16 francs le mètre cube, 8 francs pièce, soit en somme 4 000 francs. On peut les exploiter en bloc, et entreprendre immédiatement soit une culture agricole, soit une nouvelle culture forestière améliorante.

2° *Le propriétaire se propose simplement de produire du bois*, et trouve avantageux de maintenir les pins jusqu'à l'âge de fertilité, pour obtenir un repeuplement par voie naturelle.

Il est nécessaire de maintenir les pins au delà de quarante ans, en continuant à les éclaircir tous les dix ans par exemple ; mais dans ce cas, l'installation, voire même la création artificielle d'un sous-bois de sapin ou mieux encore de hêtre, sous les perchis de pins arrivés à l'âge de trente ou quarante ans, ne saurait être trop recommandée.

Tant que les pins restent bien venants, ce qui dépend surtout de la station et du climat, le revenu annuel ne fait que s'accroître ; ainsi, d'après Broilliard, la pineraie qui a produit 4 000 francs dans les quarante premières années, en produira peut-être autant dans les vingt années suivantes, à moins de quelque dégradation accidentelle.

Dans de tels massifs, il y a lieu vers l'âge de soixante ans, ou même beaucoup plus tard suivant l'état de la végétation, de commencer les coupes de régénération. La coupe d'ensemencement est faite très claire ou plutôt par trouées, et il peut être nécessaire de donner une culture au sol souvent durci, tassé et couvert de sous-arbrisseaux de grande taille et envahissants (bruyères, genêts, etc.) ; on peut au besoin procéder par arrachis, suivant des bandes plutôt espacées et larges ($0^m,50$ et plus) que nombreuses et étroites ; mais, en général, il est facile d'éviter en partie tout au moins cette dépense, en effectuant l'extraction des souches des arbres exploités.

En bonne station, le pin sylvestre se prête très bien à l'accroissement par la mise en lumière, et la réserve des plus beaux sujets sur coupe définitive, disséminés au-dessus de la nouvelle forêt naissante, peut être une bonne opération.

Pin laricio d'Autriche, ou pin noir d'Autriche. — *Plantations.* — Le pin laricio d'Autriche, plus connu sous le nom de pin noir d'Autriche, qu'il doit à la couleur d'un vert sombre de ses aiguilles, n'est pas spontané en France, et son introduction remonte seulement à 1834. Son tempérament robuste, la rapidité de sa croissance, le rendent précieux pour le repeuplement des terrains où peu d'autres essences pourraient croître. Ce pin peut en effet végéter *dans les sols calcaires les plus ingrats* ; les terrains argileux et humides lui sont défavorables ainsi que les sables purement siliceux.

Il réussit mieux que le pin sylvestre dans les plaines crayeuses de la Champagne et sur les côtes arides des montagnes jurassiques. A ce titre, il est très précieux pour le reboisement des terrains calcaires et crayeux.

Pin maritime *; Futaies régulières et plantations.* — Le pin maritime est une essence de lumière ; sa cime peu fournie donne un couvert léger ; ses graines abondantes se disséminent facilement. Dans les pays où cet arbre prospère, il n'y a guère à se préoccuper du repeuplement qui s'opère naturellement ; les semis, qu'ils soient naturels ou artificiels, sont généralement trop serrés ; il convient de les desserrer vers la dixième année, et de réitérer cette opération tous les cinq ans. Quand le peuplement a atteint sa vingtième année, on l'éclaircit en gemmant à mort les sujets qui doivent disparaître ; une seconde éclaircie est faite par le même procédé cinq ans après. Enfin, quand les arbres qui constituent le peuplement définitif ont atteint leur trentième année, on commence à les gemmer à vie, et l'on continue à les soumettre à ce traitement jusqu'à leur soixantième ou leur soixante-dixième année. Arrivés à cet âge, ils sont gemmés à mort et abattus.

Toutes les pignadas ainsi créées par semis artificiels, et traitées en vue de la production de la résine, peuvent être considérées comme des exploitations industrielles, nécessitant des méthodes de production et d'exploitation particulières ; nous renvoyons, à leur sujet, à l'ouvrage de Broilliard (1) et à des traités spéciaux.

Le pin maritime est quelquefois employé au nord de son aire d'habitation normale comme essence de reboisement. Cette extension est dangereuse, et nous n'en citerons qu'un exemple célèbre concernant la Sologne. Les premiers travaux de reboisement, effectués depuis 1830 en Sologne, avaient eu pour conséquence de provoquer un véritable enthousiasme ; on choisit à ce moment de préférence le pin maritime, parce que cette essence s'accommodait bien de ce terrain sablonneux et humide, qu'elle présentait sur les autres pins l'avantage d'être d'un ensemencement facile, d'une croissance très rapide, et par suite d'une exploitation assez rémunératrice. De tous côtés on se mit à l'œuvre avec une prodigieuse activité ; l'État et plus tard le Comité central favorisèrent cet essor en faisant distribuer, par les agents forestiers, des milliers de jeunes plants, en ouvrant des concours, et en facilitant aux propriétaires la première installation ; les établissements

(1) BROILLIARD, *Le traitement des bois en France*, 1894.

modèles de la Motte-Beuvron expérimentaient et indiquaient les meilleures méthodes.

Un cruel désastre faillit tout perdre ; pendant l'hiver de 1879-1880, des froids comme on n'en avait jamais vu de mémoire d'homme, atteignant 30 et 35° au-dessous de zéro, gelèrent toutes les pineraies de pins maritimes ; la perte causée par la gelée a été estimée par un inspecteur des forêts, M. Caquet, à quarante millions de francs. Il y avait de quoi décourager pour longtemps d'une entreprise encore si près de ses débuts.

Mais une remarque fut faite à ce moment. Partout où les pins maritimes avaient succombé, le pin sylvestre, qu'on avait moins prôné jusque-là, parce qu'il donnait moins de revenu, avait résisté. Beaucoup de propriétaires se résignèrent donc à replanter du pin sylvestre. Beaucoup d'autres ont replanté en pin maritime ; il est évident qu'ils sont exposés aux mêmes désastres, et la spéculation est peut-être dangereuse ; d'un autre côté, les hivers rudes ne se reproduisent qu'à de longues échéances, peut-être seulement tous les siècles ; et alors on ne peut désapprouver ces propriétaires de courir le risque, pour profiter de cette essence, qui à tous les autres points de vue est avantageuse, et leur procure, en vingt, vingt-cinq ou trente ans, des produits beaucoup plus rémunérateurs, avec moins de peine et moins de soins.

Pin d'Alep; Futaie quasi-jardinée. — Sur les calcaires de Provence, on trouve encore de vastes forêts de pin d'Alep en futaie espacée avec sous-étage de chêne kermès, de chêne vert et de chêne blanc ; souvent on exploite les feuillus en taillis et on se borne, lors du passage des coupes, à réserver les plus beaux pins qui constituent l'essence la plus précieuse. Broilliard conseille de subordonner la coupe du taillis à celle des pins, et d'exploiter ceux-ci par jardinage. La forêt, dit-il, est divisée en vingt ou vingt-cinq coupes ; au passage de chaque coupe on peut se borner à enlever successivement les pins mûrs ou dominant des semis, et les tiges trop serrées, en même temps qu'on recèpe avec soin le taillis de chêne. Ce recépage, effectué sous des pins isolés pour la plupart, entretiendra un sous-bois des plus utiles par son couvert et par ses produits, tout en permettant la reproduction de la pineraie ; le jardinage des pins, réduit aux bois mûrs et surabondants, donnera bientôt la prépondérance à l'essence la plus précieuse en assurant le développement des arbres.

Le même auteur ajoute deux conseils : 1° n'exploiter les pins que lorsqu'ils sont assez gros pour fournir de bonnes planches, ou des bois de marine d'un certain prix, dont le débouché est assuré par Marseille et Toulon ; 2° interdire le pâturage des moutons et des chèvres, ou tout au moins ne le permettre que dans les parties les plus âgées de la forêt, et ne jamais en abuser. La suppression du pâturage, à elle seule, permettrait la constitution en vingt ans à peine de peuplements de chêne et de pin beaucoup trop rares aujourd'hui ; le meilleur état de massif ainsi obtenu, l'amélioration du sol, et par suite une plus forte production, sont susceptibles de compenser dans une large mesure les faibles bénéfices que donne le pâturage bien peu rémunérateur sur de tels rochers.

2. — PEUPLEMENTS MÉLANGÉS.

Nous donnerons moins d'extension à l'étude des peuplements mélangés, d'abord en raison du cadre restreint de notre ouvrage, et ensuite parce que dans les mélanges par groupes ou bouquets, chaque essence se comporte dans chaque groupe ou bouquet comme nous l'avons examiné dans les chapitres précédents.

Dans un mélange, les associations simples d'essence à essence peuvent être groupées d'après leur caractère cultural en trois catégories : essences d'ombre entre elles ; essences d'ombre avec essences de lumière ; essences de lumière entre elles.

Quant au nombre, à la proportion et au tempérament des essences à introduire dans un mélange, ils dépendent de la qualité de la station, c'est-à-dire non seulement de sa fertilité mais aussi de la mesure dans laquelle l'action conservatrice du peuplement est nécessaire ; ils dépendent aussi de la forme du peuplement et des soins qu'on peut lui donner.

Nous avons conseillé en principe et sauf exceptions, en parlant des peuplements mélangés, les règles suivantes :

1° Chercher à introduire en majorité dans les mélanges les essences d'ombre, et souvent le hêtre ;

3° Choisir de préférence les peuplements ingéaux, d'âges multiples, et, dans ces formes, constituer le mélange par groupes, par places ou par bouquets.

§ 1. — *Mélange des essences d'ombre entre elles.*

Les peuplements qui résultent du mélange d'essences d'ombre entre elles sont composés d'essences se ressemblant par leur caractère cultural, et par suite généralement aptes à s'accommoder d'une même station. De tous les mélanges, c'est celui qui réclamera le moins le concours de l'art pour se maintenir.

Sapin et épicéa. — Dans les régions moyennes de son aire d'habitation le sapin peut être traité à l'état pur ; mais sur les limites supérieures de celle-ci, aux altitudes élevées, il semble indiqué d'avoir recours à l'épicéa et de donner dans le mélange, au besoin par voie artificielle, une large part à cette essence, comme cela se présente spontanément dans le Jura et dans les Alpes.

Cette association constitue un très bon mélange, surtout dans les zones moyennes des montagnes, et présente de notables avantages culturaux sur le peuplement d'épicéa. Pour prendre un développement prospère, un tel mélange demande un sol satisfaisant aux exigences du sapin pectiné, c'est-à-dire profond, fertile, sans être détrempé.

En peuplement uniforme mélangé par sujets isolés, le sapin tend, dans une certaine mesure, à supplanter l'épicéa, et le mélange intime est parfois maintenu difficilement.

Tout en conservant le type, il paraît plus sûr de procéder *par bouquets entremêlés*, lesquels ne doivent pourtant pas excéder l'étendue d'un are environ, si l'on ne veut pas s'exposer à perdre les avantages du mélange.

Mieux que le peuplement uniforme, le peuplement inégal ou d'âges multiples se prête à une croissance prospère des mélanges de sapin et d'épicéa, et assure la conservation du mélange. Cette forme de peuplement permet non seulement de satisfaire de la manière la plus naturelle aux exigences que chacun des deux arbres manifeste pendant sa jeunesse, à l'égard de la lumière et de l'espace, mais encore d'obtenir de très beaux résultats, au moyen de l'accroissement par la mise en lumière.

Sapin et hêtre. — Sur les limites inférieures de l'aire

d'habitation du sapin, un mélange rationnel avec les essences qui le précèdent est souvent indispensable ; à ces altitudes basses du sapin, dans la région moyenne des montagnes, la nature lui associe très souvent, on pourrait dire de préférence, le hêtre.

Un tel mélange est très favorable au hêtre dont il allonge les fûts ; il est aussi très utile au sapin.

Dans les peuplements uniformes, d'un seul âge, la période de première jeunesse est souvent la plus critique pour l'existence du mélange, spécialement si le hêtre est en forte proportion et en mélange intime, et si le sol n'est pas très fertile ; à ce moment le sapin, dont la croissance est lente les premières années, risque d'être étouffé par l'accumulation des feuilles de hêtre ; puis il est environné de toutes parts par un épais fourré de hêtre et tend à disparaître. Quand le mélange a échappé à ce double danger, le sapin commence à croître vigoureusement en hauteur, rattrape le hêtre qu'il passe en hauteur pendant la période de gaulis et de perchis ; souvent alors, le hêtre s'efforçant de se maintenir au même niveau devient élancé et se dépouille de branches jusqu'à une grande hauteur. Plus tard le sapin laisse en arrière le hêtre qui ne le suit plus dans son développement ; le hêtre se borne, dans le mélange adulte, à occuper les dépressions du niveau général des cimes, et souvent même il reste dans le sous-étage.

Il paraît préférable d'obtenir un mélange par *bouquets entremêlés*, dans lesquels même on aura tout avantage à donner une certaine avance au sapin. Le mélange par bouquets, même petits, est susceptible de donner des massifs très bien formés et de longue durée.

Mieux que les peuplements uniformes, les peuplements d'âges multiples se prêtent à une croissance très prospère du mélange du sapin et du hêtre.

Épicéa et hêtre. — Une certaine proportion de hêtre, à titre auxiliaire, dans les peuplements d'épicéa, est une condition très utile pour leur bonne croissance et leur conservation, de même que l'introduction d'une certaine proportion d'épicéa dans les peuplements de hêtre permet d'améliorer sensiblement la croissance du hêtre, et l'état général du peuplement.

Ces deux essences n'ont presque rien de commun comme port, ni même comme exigences de terrain ; l'épicéa prend place volontiers dans les endroits détrempés, fortement humides, et le hêtre recherche ceux qui ne sont que frais.

Dans de tels peuplements jeunes, en voie de croissance, le hêtre reste généralement en arrière sous le couvert de plus en plus épais et envahissant de l'épicéa, et en est éliminé de bonne heure, si le mélange est intime. Aussi le mélange n'a-t-il d'existence durable qu'à la condition d'être réparti par groupes au sein du peuplement d'épicéa.

Toutefois, le maintien du hêtre est plus assuré quand on lui donne une certaine avance sur l'épicéa, avance qu'on peut obtenir, soit en régénérant de bonne heure le hêtre d'après le principe des coupes jardinatoires, soit en comblant après coup, à l'aide d'épicéas, les lacunes qui se seraient produites dans les peuplements de hêtre.

Épicéa, sapin et hêtre. — A tous points de vue, le mélange de ces trois essences est avantageux ; aux altitudes élevées, il paraît nécessaire d'y donner, au besoin par voie artificielle, une large part à l'épicéa, comme cela se présente spontanément dans le Jura et dans les Alpes.

Dans de tels mélanges, l'épicéa est toujours quelque peu dominant par rapport aux espèces associées, ou du moins il tend à les dépasser en hauteur ; on ne peut que se féliciter d'un pareil état de choses.

§2. — *Mélange des essences d'ombre avec les essences de lumière.*

Les peuplements qui résultent du mélange d'essences d'ombre avec des essences de lumière (fig. 93) sont composés d'éléments très dissemblables par leur caractère cultural ; les différences très marquées qui existent entre ces deux catégories d'essences, tant au point de vue de leur port, de leur croissance en hauteur, de leur longévité et de leur tempérament, qu'au point de vue de l'influence de la station, donnent à ce mélange un caractère artificiel.

Dans l'appréciation d'un tel mélange, il y a lieu de tenir

Fig. 93. — **Futaie de chêne et hêtre. Forêt domaniale de Fontainebleau** (Seine-et-Marne).

compte essentiellement des deux considérations suivantes :

1° L'essence de lumière a un impérieux besoin de lumière et par suite d'air et d'espace pendant toutes les phases de son existence ; le concours d'une essence d'ombre dans le mélange rend cette condition difficile à maintenir ;

2° L'essence de lumière seule ne peut entretenir la densité du massif et la fertilité du sol pendant toutes les phases de l'existence du peuplement, et le concours d'une essence d'ombre est très utile pour obvier à cet inconvénient.

Quand les tendances envahissantes qu'a par sa nature l'essence d'ombre, sont encore exagérées par une meilleure adaptation au milieu, l'essence de lumière succombe toujours victime de l'essence d'ombre si l'on n'y veille avec le plus grand soin ; il en est ainsi du chêne et du hêtre dans les forêts du nord et de l'est de la France, où le hêtre, qui se trouve dans le centre de son aire, a toujours des tendances à éliminer le chêne (fig. 94) et le mélange ne peut être conservé qu'à la condition de venir sans cesse cantonner, par des éclaircies bien conduites, l'essence d'ombre au rôle secondaire qui lui est dévolu.

§ 3. — *Mélange des essences de lumière entre elles.*

Ce mélange se justifie rarement, car dans de tels peuplements, l'état de massif tend de plus en plus à se relâcher au fur et à mesure que le peuplement vieillit. Le desserrement du massif est d'autant plus caractérisé et hâtif que le besoin de lumière des essences du mélange est plus accentué et que la fertilité du sol est moindre.

C'est donc spécialement dans les circonstances exceptionnelles seules que de tels mélanges pourront se justifier, par exemple :

1° Dans les stations de qualité tellement supérieure que leur fertilité est indépendante de l'état du massif ;

2° Dans les sols maigres, et alors dans un but spécial et temporaire, le peuplement transitoire ainsi constitué présentant moins d'intérêt que le but à atteindre.

Fig. 94. — Futaie de chêne et hêtre. Forêt domaniale de Haye Meurthe-et-Moselle).

Dans la plupart des cas, c'est la futaie régulière seule qui sera admissible.

Observation.

En terminant cette étude des principaux massifs, ne serait-il pas bon de mettre en garde le propriétaire forestier contre *l'abus de la hache*? La coupe étant le grand moyen de traitement des forêts, nous en parlons presque à chaque ligne dans ce livre ; mais, sur le terrain, il est sage de l'économiser. En gestion forestière, il est nécessaire de se rappeler qu'après chaque coupe, c'est l'action lente de la végétation qui restaure le peuplement.

APPENDICE

Pâturages boisés ou prés-bois.

Un pré-bois est un terrain mi-partie en prairies ou en pâturages à peu près dépourvus d'arbres, et mi-partie à l'état de bouquets ayant une certaine consistance ; les arbres isolés n'y sont qu'exceptionnels. Cette culture mixte, très avantageuse dans certaines régions montagneuses, permet de concilier la production du bois et l'entretien du bétail.

On peut distinguer trois types de prés-bois :

1° *Les prés-bois du Jura*, dont le vrai type se rencontre surtout dans le haut Jura, où l'essence forestière dominante est l'épicéa ;

2° *Les prés-bois des Alpes*, prés-bois fauchables et pâtures isolées qui n'apparaissent guère que comme des taches isolées, comme des oasis de verdure au milieu des pâturages dénudés et des ravinements du sol ; l'essence forestière dominante est le mélèze.

3° *Les prés-bois du Plateau central.* — Sur les terres dénudées des montagnes du centre de la France, au climat en quelque sorte intermédiaire, entre le climat des Alpes et celui du Jura, existent d'immenses étendues de terrain granitique à grains grossiers, ou formé par la désagrégation d'autres roches siliceuses ; là existent près de 400 000 hectares de terrains improductifs auxquels on pourrait faire produire de l'herbe ou du bois. Le moyen est simple : c'est de créer des forêts claires, des prés-bois de pin sylvestre et de mélèze.

Nous renvoyons le lecteur à l'ouvrage de Broilliard où l'auteur étudie de la façon la plus instructive ce mode de culture spéciale, aux intéressants travaux de M. E. Cardot sur le reboisement des Hautes-Alpes et des prés-bois, ainsi qu'à notre livre, *Forêts, pâturages et prés-bois*, où nous avons résumé la question.

Arbres isolés.

L'éducation des arbres isolés permet d'en obtenir à peu près partout des produits importants, à la condition qu'on choisisse avec soin les essences, et qu'on prenne grand souci de la plantation.

Le chêne, l'orme champêtre, le frêne, le cormier, le mélèze et le pin, essences à couvert léger, parfois le hêtre, les grands érables, l'épicéa et le sapin malgré leur couvert épais, le noyer, le châtaignier et tous les arbres fruitiers, les peupliers, les saules, enfin certaines essences exotiques, telles que le robinier et le platane actuellement bien acclimatés, et peut-être quelques autres moins bien connues, tous ces arbres peuvent être plantés utilement à l'état isolé, chacun dans le milieu qui lui convient.

Pour donner les produits utiles, ils ne doivent pas être mutilés et la culture doit leur réserver une place suffisante.

Que de terres nous connaissons où quelques arbres, fût-ce seulement en bordure, ne feraient pas grand mal à la culture, et seraient susceptibles de donner de beaux produits ! Nous souhaitons que cet appel soit entendu de ceux qui ne plantent pas, uniquement par insouciance de l'avenir.

TABLE DES MATIÈRES

PREMIÈRE PARTIE

LA FORÊT EN GÉNÉRAL ET SES ÉLÉMENTS CONSTITUTIFS.

DEUXIÈME PARTIE

PRATIQUE SYLVICOLE.

TROISIÈME PARTIE

PRINCIPAUX MASSIFS FORESTIERS.

APPENDICE

3377-17. — CORBEIL. Imprimerie CRÉTÉ.

www.ingramcontent.com/pod-product-compliance
Ingram Content Group UK Ltd.
Pitfield, Milton Keynes, MK11 3LW, UK
UKHW020126220726
13923UKWH00001B/19

9 782019 991678